住房城乡建设部土建类学科专业『十三五』规划教材

高等职业教育建筑设计与规划类专业『十四五』数字化新形态教材

建筑室内设计材料·构造·施工

刘超英　主编

孙耀龙　主审

中国建筑工业出版社

图书在版编目（CIP）数据

建筑室内设计材料·构造·施工／刘超英主编．—
北京：中国建筑工业出版社，2021.11
住房城乡建设部土建类学科专业“十三五”规划教材
高等职业教育建筑设计与规划类专业“十四五”数字化新形态教材
ISBN 978-7-112-26949-5

Ⅰ．①建… Ⅱ．①刘… Ⅲ．①室内装饰设计－高等学校－教材②室内装饰－工程施工－高等学校－教材 Ⅳ．
① TU238.2 ② TU767

中国版本图书馆 CIP 数据核字（2021）第 269787 号

本教材面向建筑室内设计专业、建筑装饰工程技术专业、环境艺术设计专业室内方向本科、高职学生，除了介绍课程的重要概念之外，重点从理论层面详细介绍楼地面、顶棚、墙柱面、木制品工程等4个设计课题的基本概念、基础材料、基本原理；从实践层面通过引用大量企业优秀作品应用案例对理论进行延伸扩展，并设计了5个针对性极强的实训项目。通过这样理论与实践紧密关联的教学，使学生掌握绘制建筑室内设计工程系列平面图（地面铺装图、顶棚设计图）、系列立面图、系列节点详图所必需的材料、构造、施工3个核心关键知识与技能。本教材还提供了多个课程思政案例及大量的高清施工图案例。

本教材也适合志愿学习室内设计专业知识的其他人士使用。

为更好地支持本课程的教学，我们向使用本书的教师免费提供教学课件，有需要者请与出版社联系，邮箱：jckj@cabp.com.cn，电话：(010) 58337285，建工书院：http://edu.cabplink.com。

责任编辑：周　觅　杨　虹
责任校对：党　蕾

住房城乡建设部土建类学科专业“十三五”规划教材
高等职业教育建筑设计与规划类专业“十四五”数字化新形态教材
建筑室内设计材料·构造·施工
刘超英　主　编
孙耀龙　主　审
*
中国建筑工业出版社出版、发行（北京海淀三里河路9号）
各地新华书店、建筑书店经销
北京雅盈中佳图文设计公司制版
北京云浩印刷有限责任公司印刷
*
开本：787毫米×1092毫米　1/16　印张：$18^1/_2$　字数：404千字
2024 年 3 月第一版　2024 年 3 月第一次印刷
定价：56.00元（赠教师课件）
ISBN 978-7-112-26949-5
（35023）

前　言

在2019年5月前的高等职业教育的专业体系中，建筑室内设计（540104）与建筑装饰工程技术（540102）分属两个不同的专业。前者是做建筑室内方案和施工图设计，后者是做建筑室内工程施工，即将前者的设计转化为工程现实。2019年5月教育部首批公布的本科层次职业教育试点专业目录（试行）54个，高等职业教育形成了专、本层次齐全的新专业体系。高职的建筑室内设计与建筑装饰工程技术对应的职教本科专业是建筑装饰工程专业（240103）。据编制专业目录的专家领导宣讲，职教本科专业目录不宜像普通本科专业一样，搞“大而全”。建筑室内设计专业的内涵基本能够包含在建筑装饰工程专业中，因此就不单独另开职本专业。

事实上，建筑室内设计与建筑装饰工程技术两个专业确实互为相邻、紧密交叉，一个偏重设计，一个偏重施工。学习内容“你中有我，我中有你”。很多人容易混淆，但其实它们有明确的分界。其分界线是施工图交付这个专业环节：交付前是建筑室内设计，交付后是建筑装饰工程技术。

两个专业都要求开设材料、构造、施工课程。但建筑室内设计专业的材料、构造、施工与建筑装饰工程技术专业的材料、构造、施工学习的内容和重点有所不同。前者以服务建筑室内设计为主，后者以服务建筑装饰工程施工为主。两个专业对材料、构造、施工三个部分的学习要求和学习重点见表1。

建筑室内设计、建筑装饰工程技术专业对“材料·构造·施工”课程的学习要求和重点　　表1

专业	材料部分		构造部分		施工部分	
	学习要求	学习重点	学习要求	学习重点	学习要求	学习重点
建筑室内设计	熟悉	美学特征 品种规格 选择应用	掌握	表达清晰 构造美感 设计优化	理解	工艺流程
建筑装饰工程技术	熟悉	理化性质 质量标准 检验标准	理解	结构科学 安全牢固	掌握	操作流程 工艺要求 质量标准

因此两个专业采用一样的教材有很多弊端。所以2016年至今，住房和城乡建设职业教育教学指导委员会分别制定了建筑装饰工程技术专业国家教学标准和建筑室内设计专业国家教学标准，分别规划了“建筑装饰装修材料 · 构造 · 施工”和“建筑室内设计材料 · 构造 · 施工”两门课程。2017年，国家住房和城乡建设部“十三五”规划教材也分别将这两本教材列入出版选题。经过多年的研究与实践，教材编写团队终于完成了《建筑室内设计材料 · 构造 · 施工》教材的编写任务。

本教材的编写无论在教学内容还是编写理念以及教学实践上均高度体现了最先进的职业教学元素。具体体现在以下“六个注重”：

一、注重突出“按岗位典型工作流程设计项目教学内容与实训任务”。教材采用理论教学与实践教学双通道设计，展现本行业室内设计师先进的工作流程、前沿技术、经典构造、最新工艺、企业案例；强调产教融合、任务驱动、项目导向、名师示范。教材面向建筑室内设计专业及建筑装饰或环境艺术室内设计方向的学生，除了介绍课程的重要概念之外，重点从理论层面详细介绍楼地面、顶棚、墙柱面、木制品工程四个室内设计关键课题的基本概念、基础材料、基本原理、工作流程、经典工艺、验收方法；从实践层面通过引用大量企业优秀作品应用案例对理论进行延伸扩展，并设计了五个针对性极强的实训项目。通过这样理论与实践紧密关联的教学，使学生掌握绘制建筑室内设计工程系列平面图（地面铺装图、顶棚设计图）、系列立面图、系列节点详图所必需的材料、构造、施工三个核心关键知识与技能。通过本课程的教学，建筑室内设计专业学生学习本课程要达到以下教学目标（表2）：

“建筑室内设计材料·构造·施工”课程学习要求 **表2**

学习内容	学习要求
建筑室内各个部分工程设计基本概念	能正确理解建筑室内工程设计的基本概念、分类、功能
建筑室内各个部分工程设计基础材料	能基本了解建筑室内工程设计涉及的基本装饰材料 能自行搜集学习其他扩展的装饰材料
建筑室内各个部分工程设计基本原理	能正确理解建筑室内工程设计基础构造的设计原理 能正确抄绘建筑室内工程设计基础构造的节点详图 能基本了解建筑室内工程设计基础构造的施工工艺
建筑室内各个部分工程设计延伸扩展与应用案例	能初步设计建筑室内工程各部分设计图纸，详细标注相关技术细节和技术要求，即： 能初步编制室内工程设计项目的材料表 能初步设计室内工程设计项目的系列平面图、立面图、节点大样图 能初步编写室内工程设计项目的施工说明 能初步完成室内工程设计项目的技术交底

二、注重体现“1+X课赛证融通”的教学理念。主要章节的教学内容与二级建造师的考证内容密切相关，只要学深学透相关内容，就能正确理解二级建造师的考试中涉及装饰构造、施工、检验的相关考试内容。同时，还与职业院校技能大赛建筑装饰技术应用赛项竞赛内容密切相关，只要学懂学透本教材四个项目的教学内容，就能很好地把握赛项考核的主要内容，对提高竞赛成绩有明显的帮助。

三、注重体现“既要教技术技能，也不忘技术育人”的理念。新教材创新融入了“课程思政”的教学内容。教材设立了课程素质总目标：通过课程素质教学，强化学生未来将作为建筑装饰行业从业人员的职业荣誉意识、责任意识、法律意识、环保意识、标准意识、诚信意识、安全意识。项目章节的素质目标设计与教学内容紧密相关。如概述章节的素质目标是通过介绍建筑装饰行业对国民经济和社会发展贡献很大，让学生树立职业荣誉意识；顶棚项目的素质目标是通过介绍“某汽车4S店顶部坍塌，进行追责”案例，让学生树立职业责任意识，明白建筑装饰装修专业人员需对设计与施工工程质量终身负责；楼地面项目的素质目标是通过介绍“因大面积使用深色地面石材，对用户造成伤害”的案例，让学生树立职业环保意识，明白建筑装饰装修专业人员在家用装修中要慎用深色石材，等等。课程思政设计中还创新了“素质案例”“职业警示”和“素质实践”等生动活泼的教学形式和内容，师生可以选择性地开展课程思政的教与学。

四、注重体现“互联网+”和“新形态”的教学元素。教材通过大量二维码、课程网站/APP，为师生链接教学资源、章节测验和项目案例。教师可以联系主编，加入课程授课团队，了解详细情况。

五、注重体现“职教二十条”中倡导的“工作手册式教材”。每个项目章节为学生提供一个“项目实训任务书写作模板”的“实训任务书电子活页”。通过它将项目任务书的任务要求、实训目的、行动描述、工作岗位、工作过程、工作方法一一列出，并配套设计相关考核内容、成绩评定标准。学生只要扫描教材中的二维码就可以获得每个章节的“项目实训任务书写作模板”。考虑到各个学校所处地域、软硬件设施条件的差异，将工作任务设计成四选一、三选一等菜单式的构造设计、施工验收等实训项目。

六、注重体现“产教融合”“校企结合”的特色。本教材引用大量企业优秀案例，还邀请行业一线的企业实战专家担任实训项目主审，不仅为建筑室内设计专业的师生拓宽了眼界，展示了当今室内设计领域优秀企业和优秀设计师的设计水平，还为学生提供了诸多行业真实场景下的实训项目。在这里向这些优秀企业和著名设计师以及企业一线实战专家表示由衷的敬意和深深的感谢。

希望使用本教材的学校和师生，在使用过程中能及时发现并提出问题，更希望师生能提出您的宝贵意见，以便在今后的再版中加以改进。

编者

目　录

1 课程概述

★教学内容

项目 1.0 “建筑室内设计材料·构造·施工”课程素质目标

● 理论教学

项目 1.1 本课程的重要概念

项目 1.2 建筑室内设计的经典流程及设计内容

● 实践教学

项目 1.3 课程概述实训

★教学目标

职业素质目标

1. 能全面了解本课程课程素质总目标
2. 能正确树立职业荣誉意识

知识目标

1. 能正确理解本课程的重要概念
2. 能全面了解室内设计经典流程

技术技能目标

1. 能联系实际实地考察当地建筑室内设计的项目、企业、市场
2. 能基本具备按正确的视角观察思考建筑室内设计专业问题

专业素养目标

1. 形成正确的“建筑室内设计材料、构造、施工”课程概念
2. 养成按正确的概念观察思考建筑室内设计专业问题的素养

项目 1.0 “建筑室内设计材料 · 构造 · 施工”课程素质目标

1.0.1 课程素质总目标

“建筑室内设计材料 · 构造 · 施工”课程素质总体目标是：通过本课程的课程素质教学，强化学生未来将作为建筑装饰行业从业人员的职业荣誉意识、龙头意识、责任意识、创新意识、法律意识、环保意识、标准意识、诚信意识、安全意识。扫描二维码 1.0–1 查看课程素质设计方案。

二维码 1.0–1

1.0.2 概述项目课程素质培养

素质目标：能正确树立职业荣誉意识（1）

素质主题：建筑装饰行业对国民经济贡献很大

素质案例：建筑装饰行业不仅对国民经济的贡献很大而且还盈利丰硕

“十三五”期间全国建筑装饰行业与宏观经济增长速度基本持平，年增 7% 左右。2016 年全国建筑装饰行业生产总值达到 4.3 万亿人民币。它是国民经济支柱产业——建筑业的重要组成部分，也是建筑业子行业中的盈利大户，对国民经济的贡献很大。

建筑装饰行业不仅贡献大，而且还盈利好。2017 年上半年公布的各行业净利润中，建筑装饰行业名列第 4 位，达 636 亿元（表 1.0–1）。说明建筑装饰行业是各行各业中行业净利润大户。

2017年上半年我国各行业净利润（单位：亿元） **表1.0–1**

行业	净利润
	7746
非银金融	1181
	727
建筑装饰	636
	612
采掘	604
	579
交通运输	570
	489
食品饮料	387
	376
家用电器	336
	320
传媒	274
	266
钢铁	217
	213
有色金属	190
	159
轻工制造	149
	126
农林牧渔	124
	116
计算机	112
	109
综合	48
	40
休闲服务	40

0 2000 4000 6000 8000 10000

数据来源：wind资讯

净利润这个经济指标不同于生产总值，它是指企业当期利润总额减去所得税后的金额，即企业的税后利润。对从业人员而言，这个指标更重要。

作为一个未来的建筑装饰行业从业人员，你将从事的行业是各行各业中行业净利润大户，是不是感到有点幸运和光荣呢？

素质思考：你认为行业所创造的总量重要还是行业所产生的利润重要，为什么？

素质目标：能正确树立职业荣誉意识（2）

素质主题：建筑装饰行业对社会发展贡献很大

素质案例：震惊世人的中国大型公共建筑的室内设计与建筑装饰场景

中国的建筑装饰行业对社会发展的贡献最直接地体现在中国大型公共建筑的室内装饰设计上。例如大型公共民用生活设施，如机场车站、金融中心、商业场所、旅游服务、餐饮娱乐、医疗卫生、文化教育等各种公共空间的建筑室内设计和建筑装饰场景。

以北京大兴国际机场为例（图 1.0–1），它是 4F 级国际机场、世界级航空枢纽、国家发展新动力源。北京大兴国际机场航站楼由法国 ADP Ingenierie 建筑事务所和扎哈·哈迪德（Zaha Hadid）工作室设计。航站楼按照节能环保理念，建设成为中国国内新的标志性建筑。航站楼设计高度 50m，采取屋顶自然采光和自然通风设计，同时实施照明、空调分时控制，采用地热能源、绿色建材等绿色节能技术和现代信息技术。

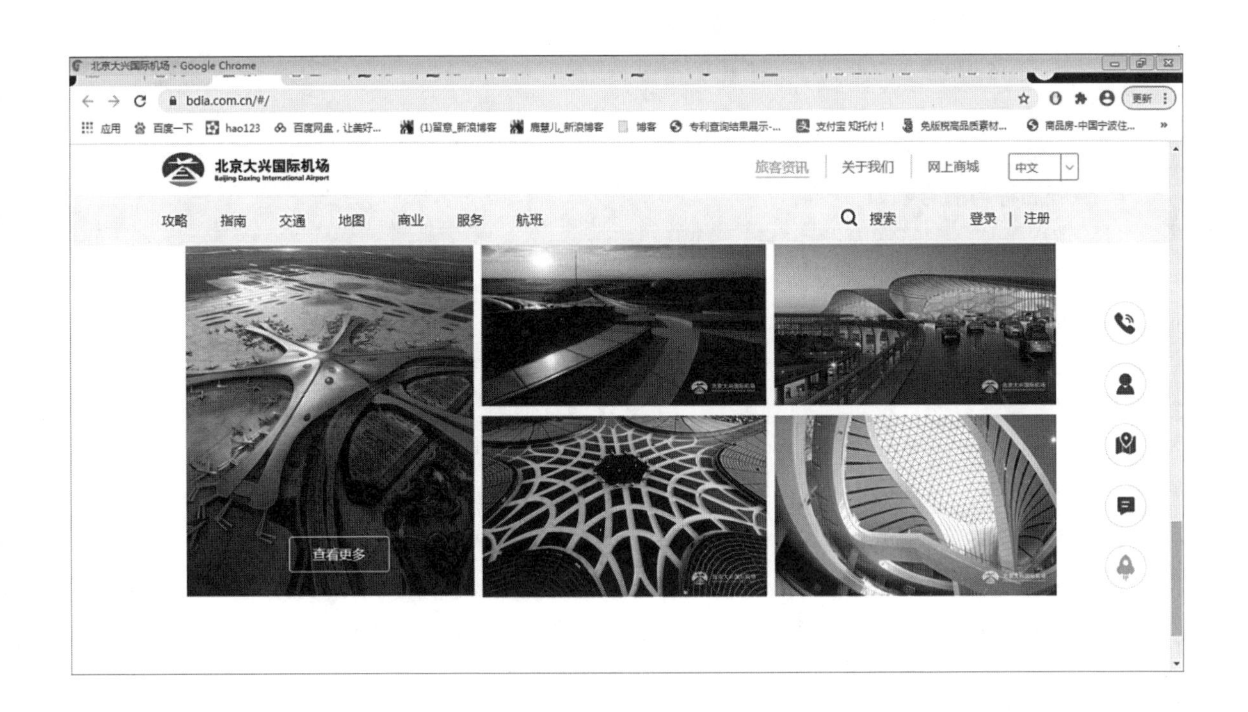

图 1.0–1　北京大兴国际机场官网首页截图

素质实践：网上搜索国内外知名的大型公共建筑的室内设计与建筑装饰场景，并通过微信朋友圈分享给你的朋友。

理论教学

项目 1.1　本课程的重要概念

1.1.1　学科定义与课程名称

1. 学科名称与学科逻辑

（1）中文：建筑室内设计

（2）英文：Interior Design of Architecture

建筑室内设计的学科来源详见图 1.1–1。它的一级学科是建筑学（0813），二级学科是建筑设计与理论（081302），建筑室内设计是三级学科。

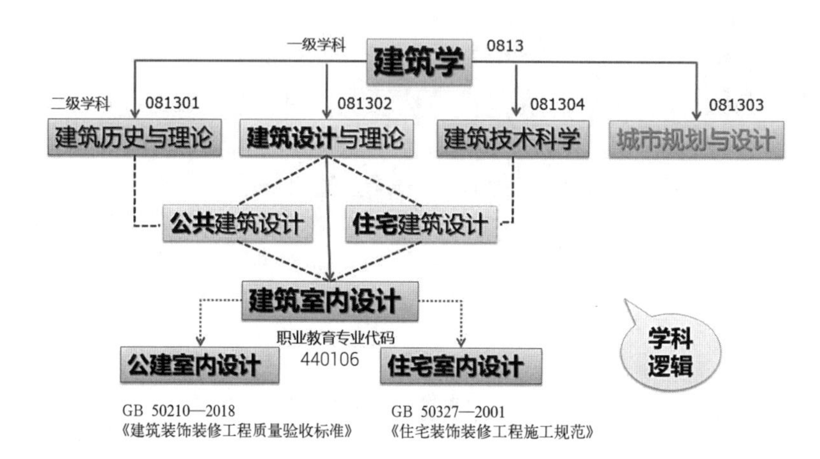

图 1.1–1　建筑室内设计的学科来源

2. 课程名称与服务领域

（1）课程名称：建筑室内设计材料、构造、施工。

（2）服务领域：建筑室内设计对应行业建筑装饰业。所以，这门课程的服务领域是建筑室内工程，在行业内常常被称为建筑装饰工程。所以为了表述方便，以下涉及“建筑室内设计／材料／构造／施工”的内容，其概念大体等同于“建筑装饰设计／材料／构造／施工”。要细说它们的区别是建筑室内设计对材料、构造、施工更关注于设计美学的效果，而建筑装饰则更关注于工程技术的实现。

3. 学习要求与学习重点

在高等职业教育的体系中，建筑室内设计与建筑装饰分属两个不同的专业，前者是做建筑室内的方案和施工图设计，后者是将前者的设计进行工程实施，即建筑室内工程的施工。这两个专业学习内容有所交叉，但有明确分界，其界线是施工图交付：交付前是建筑室内设计，交付后是建筑装饰工程技术。两个专业都要求开设材料、构造、施工课程。但建筑室内设计专业的材料、构造、施工与建筑装饰工程技术专业的材料、构造、施工学习的内容和重点有所不同。前者以服务建筑室内设计为主，后者以服务建筑装饰工程施工为主（参见前言表 1，扫描二维码 1.1–1）。

二维码 1.1–1

4. 课程目标

建筑室内设计专业学生学习本课程要达到的教学目标参见前言表 2（二维码 1.1–2）。

二维码 1.1–2

1.1.2　建筑室内设计、材料、构造、施工的内涵与要求

1. 建筑室内设计

（1）建筑室内设计的定义。设计者根据业主和顾客的要求，运用建筑室内设计原理，在国家法律法规和社会公共道德的框架下，对建筑的室内空间进行先进的艺术与科技的综合规划和系统设计，使建筑实现预定功能和使用要求，使空间展现独特文化和艺术风格，使人们享受美好舒适的建筑环境。这样的工程设计活动，称之为建筑室内设计。

二维码 1.1–3

（2）建筑室内设计的逻辑关系及内涵。建筑室内设计各关键词的逻辑关系见图 1.1–2。其内涵在本专业第一课《建筑室内设计专业学业指导》[①] 的第一章中已经做了详细的讲解，请扫描二维码 1.1–3 查看。

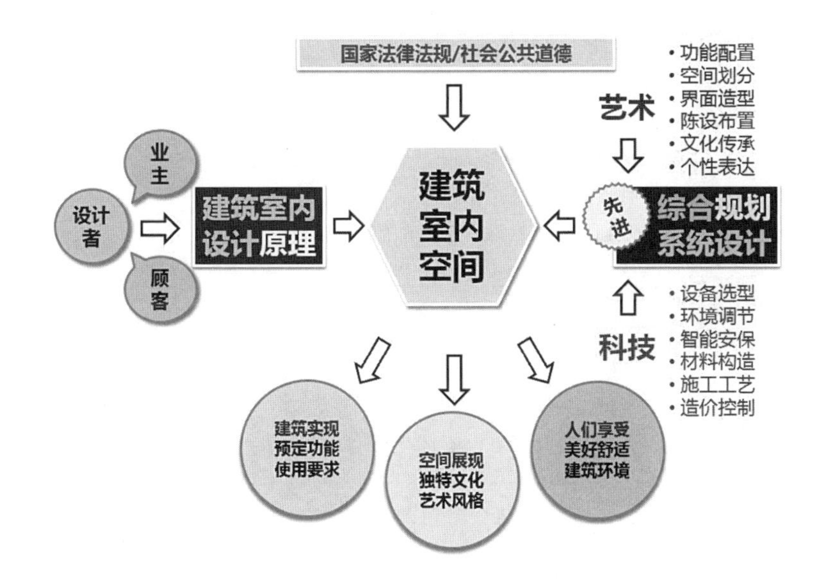

图 1.1–2　建筑室内设计定义关键词及逻辑关系图

2. 建筑室内设计材料

（1）建筑室内设计材料定义。建筑室内设计工程中所有材料的总称。它们是建筑室内设计工程的物质基础，在建筑室内设计工程中占有极其重要的地位。因为材料的美感直接影响建筑室内设计工程的视觉效果；材料的质量直接影响建筑装饰装修构造的安全和耐久性；材料的价格直接影响工程的总造价，

① 《建筑室内设计专业学业指导》由刘超英主编，中国建筑工业出版社 2019 年 2 月出版。

在建筑室内设计工程中，材料费用一般占建筑总造价的 50% 左右，有的甚至高达 70%。

（2）建筑室内设计材料选择。为确保建筑室内设计工程的设计效果和工程质量，设计师在选择材料时需要考虑 3 个方面的因素：

①材料等级与室内工程类型和等级协调；

②材料视觉效果与建筑室内的设计风格协调；

③材料的耐久性、经济性、环保性。

（3）建筑室内设计材料分类。建筑装饰装修材料分类见表 1.1–1。

建筑装饰装修材料分类表 **表1.1–1**

分类方法	材料大类	装饰材料的种类
化学成分	非金属材料	1.无机非金属材料：如大理石、玻璃、建筑陶瓷等 2.有机非金属材料：如木材、建筑塑料等
	金属材料	1.黑色金属材料：如不锈钢等 2.有色金属材料：如铝、铜、金、银等
	复合材料	1.非金属与非金属复合：如装饰混凝土、装饰砂浆等 2.金属与金属复合：如铝合金、铜合金等 3.金属与非金属复合：如涂塑钢板等 4.无机与有机复合：如人造花岗石、人造大理石等 5.有机与有机复合：如各种涂料等
使用功能	装饰装修材料	地毯、涂料、墙纸、壁纸等装饰材料
	功能材料	防火、防水、隔声、保温等功能材料
装修部位	外墙	外墙面砖、天然石材、锦砖、外墙涂料、玻璃、装饰砂浆、装饰混凝土
	内墙	天然及人造石材、釉面砖、木贴面、金属饰面、玻璃、塑料饰面、墙纸、墙布、织物
	地面	天然及人造石材、地砖、地面涂料、木地板、塑料地、地毯
	顶棚	铝合金及轻钢龙骨吊顶、矿棉、岩棉、膨胀珍珠岩制品、玻璃棉板、涂料、壁纸、石膏板、塑料吊顶
燃烧性能	A	不燃性材料
	B_1	难燃性材料
	B_2	可燃性材料
	B_3	易燃性材料

（4）关于建筑室内设计材料组成与结构，可以扫描二维码 1.1–4 查阅《建筑装饰装修材料 · 构造 · 施工（第二版）》1.3.2。

二维码 1.1–4

（5）关于建筑室内设计材料的基本性质，可以扫描二维码 1.1–5 查阅《建筑装饰装修材料 · 构造 · 施工（第二版）》1.3.3。

二维码 1.1–5

（6）关于建筑室内设计材料的名称编码。室内设计工程施工图中标示材料通常用直接表示法和代码表示法。

直接表示法，见图 1.1–3，是在工程图纸中直接表示材料名称，如大理石、纸面石膏板、木饰面等。这种表示法的好处是比较直观，特别是行外人也能明白。但缺点是施工图的图面会因为材料众多、材料名称长短不一而造成图面信息过于密集、对齐困难、图面混乱等情况。所以各大设计公司更多地采用代码表示法，就是“材料代码＋材料短名称”的表示法，见图 1.1–4，图面信息比较简明，材料名称大类编码见表 1.1–2。

建筑室内设计材料的名称大类编码表 **表1.1–2**

编码符号	指代材料名称	编码符号	指代材料名称
ST	石材	WD	木饰面
PU	软硬包	WF	木地板
TL	瓷砖	MT	金属
PT	乳胶漆	MR	镜子
GL	玻璃	WP	墙纸
FL	地板	FB	布艺
FA	窗帘	CP	地毯

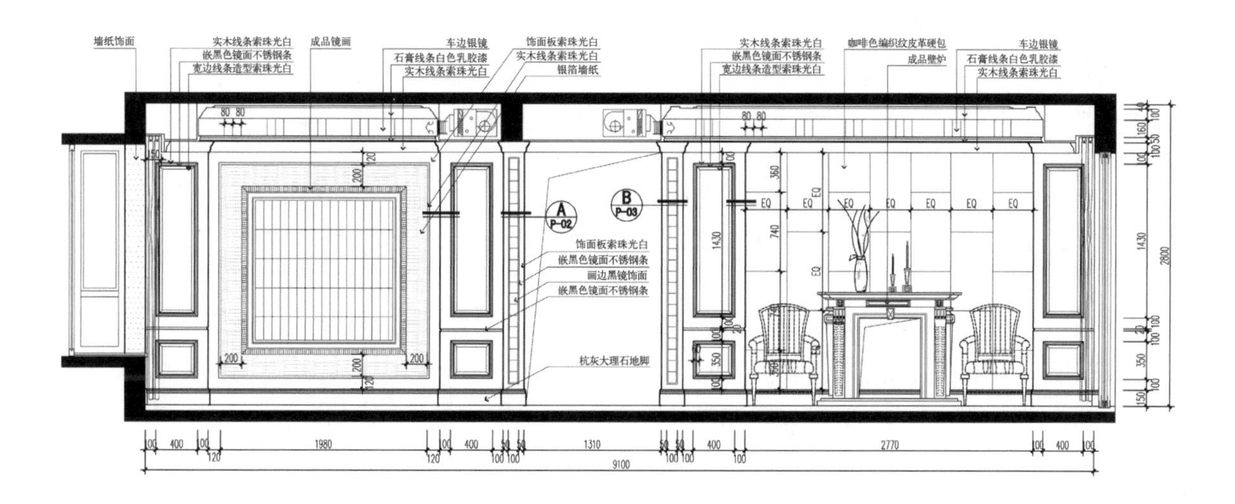

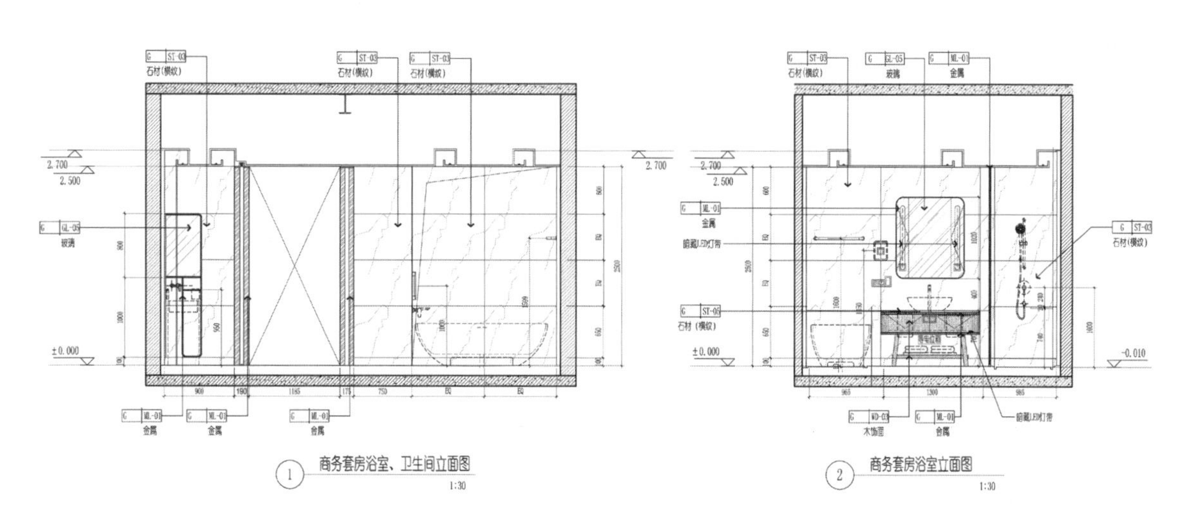

图 1.1–3 用直接表示法表示的建筑室内设计施工图（上）
图 1.1–4 用代码表示法表示的建筑室内设计施工图（下）

在大类材料代码下可以自行以数字或字母来编辑材料子代码，见表1.1-3。

建筑室内设计材料的名称编码表 **表1.1-3**

编码符号	指代材料名称
ST-01	大理石
ST-01a	爵士白大理石
ST-01b	啡网纹大理石
……	依次类推
ST-02	花岗石
ST-02a	大花绿
ST-02b	中国黑
……	依次类推

3. 建筑室内设计构造

（1）建筑室内设计构造的定义：建筑室内设计的结构与构造方案、材料选择和施工方法。通俗地说，建筑室内设计就是工程的方案设计，建筑室内构造设计就是工程的施工图设计。

（2）构造设计的3项基本内容：①设计室内工程方案每一个部位的详细构造；②提出室内工程每一个部位的材料选择；③提出室内工程每一个部位的施工技术要求。

下面通过图1.1-5可以清晰地了解建筑室内设计工程——某家装设计工程中玻璃移门的构造设计案例，通过1个玻璃移门立面图和2个该门的剖面图（构造详图）解析整个玻璃移门的立面效果、构造设计（各个部分的节点构造大样、材料选择与施工工艺）。甲方单位可以知道这扇移门的设计效果、造价人员可以按图计算这扇移门的工程量和造价、施工人员可以按图进行这扇移门的施工、检验人员可以按图检验这扇移门的施工效果。

（3）建筑室内设计构造的类型。建筑室内设计构造有3种类型，见表1.1-4。

建筑室内设计构造类型表 **表1.1-4**

序号	类型	说明	主要方式
1	结构类构造	与建筑主体结构连接在一起的木骨架、金属骨架	竖向支撑、水平悬挂等
2	饰面类构造	在建筑表面覆盖一层保护或装饰面层	涂刷、铺贴、胶粘、钉嵌等
3	配件类构造	成品、半成品，在现场安装	粘结、焊接、钉接、榫接等

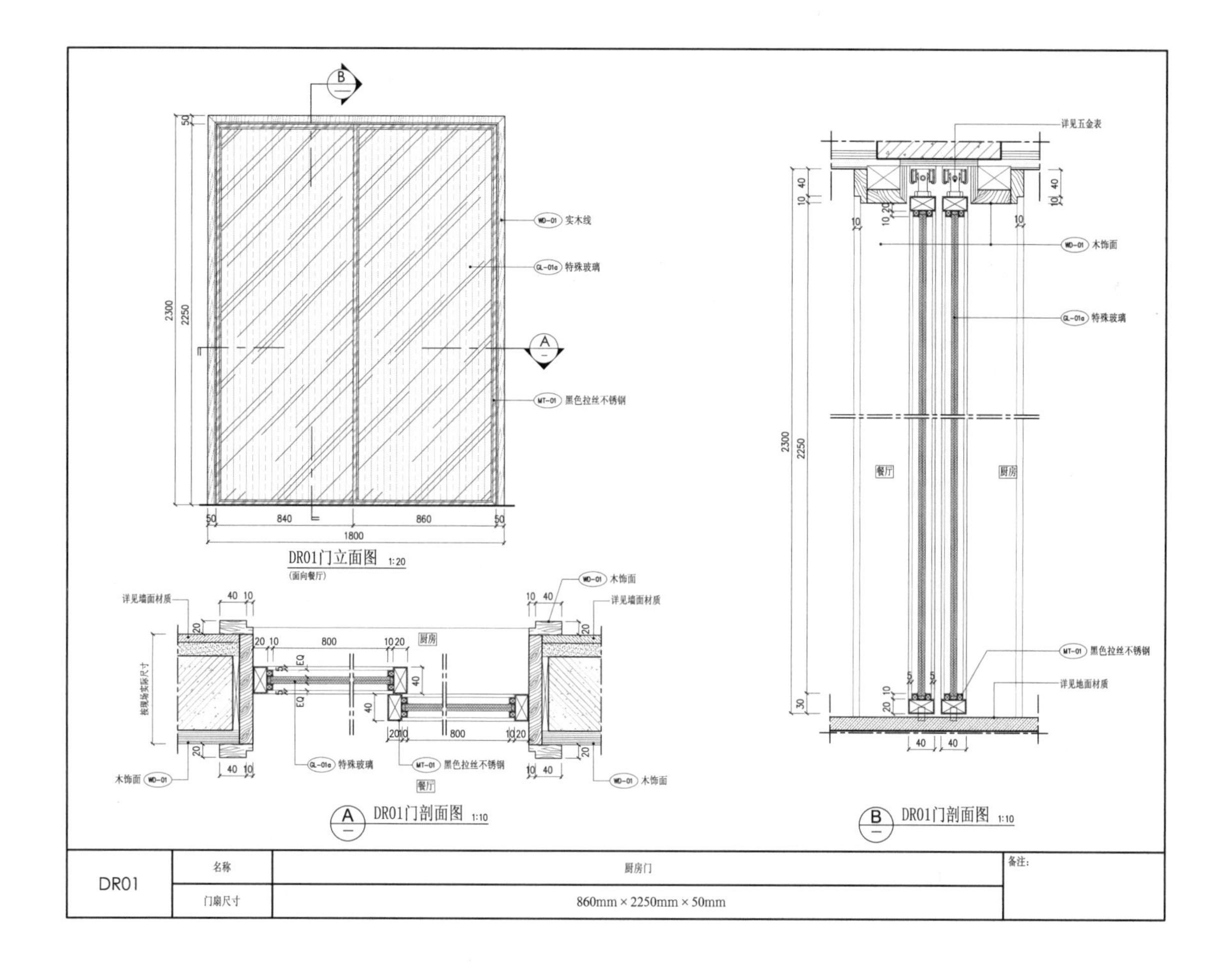

图 1.1–5 建筑室内设计——某家装设计工程中玻璃移门的构造设计案例

(4) 建筑室内设计构造设计要求。建筑室内设计构造有 8 条设计要求，见表 1.1–5。

建筑室内设计构造设计要求表 **表1.1–5**

序号	要求	说明
1	服从	构造设计的目的是为了实现方案的效果，因此，方案设计是构造设计的依据。构造设计必须服从方案设计，想方设法完美地实现方案设计者设想的艺术效果
2	规范	构造设计是施工命令，构造设计图本身应该高度规范。各项设计表达和图例应符合国家相关的制图标准和规范。与制图有关的国家标准主要有： 1）《房屋建筑制图统一标准》GB/T 50001—2017 2）《建筑制图标准》GB/T 50104—2010 3）《房屋建筑室内装饰装修制图标准》JGJ/T 244—2011 4）《建筑结构制图标准》GB/T 50105—2010 5）《建筑给水排水制图标准》GB/T 50106—2010 6）《暖通空调制图标准》GB/T 50114—2010

续表

序号	要求	说明
3	可行	方案设计通过构造设计实现效果。构造设计方案必须是可以进行现实施工的。要把握三个要点： 1）选用正确的装饰材料。装饰材料种类繁多，变化迅速。要根据材料的使用部位和作用，选择不同性能的材料 2）考虑现实的施工条件。构造设计必须考虑现实的施工条件，运用现实、可行的施工工艺，全面考虑施工条件 3）考虑合理的性价比。要根据工程的造价要求和经济性，合理选用合适的材料和合适的施工工艺。成本太高的材料选择时必须慎重，过于复杂的施工工艺也要慎用
4	安全	建筑为人类提供自我保护、赖以生存的空间。如果没有安全保障，建筑的其他功能就会变得毫无意义。构造设计必须考虑安全性。安全性有五个要点： 1）主体结构的完整性。装修构造大多依附在主体结构上，重新设计室内空间和界面会导致主体结构荷载变化及结构受力性能变化等。如地面构造和顶棚构造将增加楼盖荷载。还要考虑抗震、抗风、避雷击等因素，尽量减少自然灾害带来的损失。所以，构造设计必须符合力学原理，选择可靠的材料和结构方案 2）装饰构件的稳定性。装饰构造自身的强度、刚度、稳定性一旦出现问题，不仅直接影响装饰效果，而且还可能造成人身伤害和财产损失。如玻璃幕墙的玻璃和铝合金骨架在正常荷载情况下应满足强度、刚度等要求。因此要正确验算装饰构件和主体结构构件的承载力，尤其是当需要拆改某些主体结构构件时 3）连接部件的可靠性。装饰构件与主体结构的连接也必须保证安全可靠。连接点承担各种荷载，并传递给主体结构。不经计算校核和批准，后果十分危险。如果连接点强度不足，会导致装饰构件坠落 4）材料选择的规范性。构造设计受很多规范的制约，尤其是材料选择受国家标准《建筑内部装修设计防火规范》GB 50222—2017的制约。这个规范是强制性的国家标准，它对不同的建筑作了不同的防火要求，还把建筑材料分成四个防火等级。因此，必须严格按照建筑的类型，选择防火等级对应的相关材料 5）不能越权设计。要注意遵守国家相关法规的规定，室内设计师不做涉及结构安全的设计，任何情况下都不能做越权设计
5	可持续	建筑室内设计构造设计的理念必须把节能、节约资源、环境保护作为一个设计考量的重点。彻底改变建筑环境使用耗能高、维护费用大、使用周期短、循环利用差的现象。改变必须从设计入手，重点从以下三个方面做出努力： 1）节约能源。保温、节电、节水，充分利用自然光，大力选用节能光源 2）节约资源。节约使用不可再生资源，倡导采用循环材料，二次利用材料 3）环保减污。建筑装饰材料的选择和施工应符合国家《民用建筑工程室内环境污染控制标准》GB 50325—2020的要求，避免选择含有毒性物质和放射性物质的建筑装饰材料，防止对使用者造成身体伤害
6	整合	现代建筑，尤其是一些特殊要求的或大型的公共建筑，其结构空间大、设备数量多、功能要求复杂、各种设备错综布置。设计师要巧妙地利用各种构造设计方法将复杂的设施进行有机的整合，如将通风口、窗帘盒、灯具、消防管道设施等与顶棚或墙面有机整合，不仅可减少设备占用空间、节省材料，而且可起到美化建筑物的作用 建筑装饰装修工程是建筑施工的最后一道工序，它具有将各工种之间协调统一的整合作用。如果装饰构造设计合理，就能够更好地满足使用功能的要求
7	美观	除了功能之外，美观是装饰装修的一个主要目的，构造设计必须美观。不仅造型形式要美观，色彩搭配悦目协调、肌理搭配舒适得当，衔接收口自然得体，还要与整体设计风格统一协调
8	创新	创新是各类设计永恒的主题，包括构造设计。创新目的是使构造形式更新颖、造型更美观、结构更牢固、造价更经济、施工更方便、使用更舒适。建筑装饰装修是随着时代的进步在不断发展的。许多习以为常的做法其实有着更大的改进空间

4. 建筑室内设计施工

1）建筑室内设计施工的定义。以工程设计方案图、施工图规定的设计要求和预先确定的验收标准为依据，以科学的流程和正确的技术工艺，实施建筑室内设计各项工程内容的工程活动就是建筑室内设计施工，有施工技术、施工组织与管理两部分主要的内容。本课程着重探讨建筑室内设计的施工技术方面的内容。重点是施工流程和施工工艺，就是如何把建筑室内设计变成现实的技术问题。

2）建筑室内设计施工内容。见表1.1–6。

建筑室内设计施工内容表 **表1.1–6**

序号	施工内容	说明
1	施工流程	应该先做什么，后做什么。上一步需要做到什么程度才能接着做下一步等，即建筑装饰装修工程实施的科学程序
2	施工工艺	如何施工才会有好的效果，施工的技术要点是什么，施工需要注意什么问题，怎样施工才能通过法定的质量检验等，即装饰装修工程实施的科学方法
3	施工部位	凡是建筑装饰装修构造设计涉及的各个部位都要进行施工，如顶棚、墙面、柱子、楼面、地面、门窗、木制品，还包括智能工程、消防工程等
4	施工类别	水泥类、石膏类、陶瓷类、石材类、玻璃类、塑料类、裱糊类、涂料类、木材类、金属类、设备类、管线类等
5	施工方法	抹、刷、涂、喷、滚、弹、铺、贴、裱、挂、钉、焊、裁、切等
6	施工工种	木工、镶贴工（泥工）、水电工、漆工、玻璃工、金属工、美工、杂工、设备安装工等

3）建筑室内设计施工要求。工程施工已成为一门独立的新兴学科，其技术的发展与建材、轻工、化工、机械、电子、冶金、纺织及建筑设计、施工、应用和科研等众多的领域密切相关。随着建筑室内设计工程规模和复杂程度的不断扩大和加深，对工程施工的要求也越来越高。建筑室内设计工程施工要求见表1.1–7。

建筑室内设计工程施工要求表 **表1.1–7**

序号	要求	说明
1	规范性	由于建筑室内设计工程大多是以饰面为最终效果，所以许多处于隐蔽部位而对于工程质量起着关键作用的项目和操作工序很容易被忽略，或是其质量弊病很容易被表面的美化修饰所掩盖，如不规范操作容易造成质量隐患和安全隐患。整个施工过程要严格按照国家标准《建筑装饰装修工程质量验收标准》GB 50210—2018所规定的规范要求执行
2	专业性	建筑室内设计工程施工，不仅关系到美学效果，而且还涉及强电弱电、给水排水、空调电梯、设备安装等专项技术设计，许多工种的互相配合；它还涉及空气及环境质量、建筑物的长期使用及使用安全等重大问题。所有涉及的工种和技术都有各自的专业要求，需要持证的专业技术人员的专业操作，并且必须符合国家的技术标准和检验规范

续表

序号	要求	说明
3	复杂性	建筑室内设计工程的施工工序繁多，工种也十分复杂，如水、电、暖、卫、木、瓦、油漆、金属等。对于较大规模的工程，还要加上消防、音响、保安、通信等系统。一个普通的工程通常几十道工序。这些工种和工序还经常需要交叉或轮流作业。为此，必须依靠具备专门知识和经验的施工组织管理人员，并以施工组织设计为指导，实行科学管理，使各工序和各工种之间有序衔接，人工、材料和施工机具科学调度
4	安全性	建筑室内设计工程施工过程中涉及方方面面的安全问题。主要的危险来自结构坍塌、高空坠落、设备操作失误、触电、火灾、其他违规操作及不可抗因素等。所以工程施工人员都必须有强烈的安全意识，严格执行安全规程和各项规章制度，要随时警惕和密切防范发生安全事故
5	经济性	工程施工费用是整个建筑造价的重要组成部分。因此，必须科学地做好建筑装饰装修工程的预算和估价工作，认真研究工程材料、设备及施工技术和施工工艺的经济性、安全性、操作简易性和工程质量的耐久性等诸多因素，严格控制工程施工的成本，提高工程的经济效益和质量
6	可持续性	建筑室内设计工程施工同样必须把节能、节约资源、环境保护作为一个重要的要求。彻底改变工程施工中使用高耗能、高污染、高浪费、高维护、使用周期短、循环利用差、管理粗放的施工工艺和手段，各项施工措施应符合国家《民用建筑工程室内环境污染控制标准》GB 50325—2020的要求，防止对使用者和施工者造成身体伤害
7	发展性	建筑室内设计学科时代性和发展性极强，新材料、新技术和新工艺不断涌现，非线性技术、BIM技术、装配式技术、智能化技术、施工机器人等新的施工技术可谓是日新月异。可以毫不夸张地说，在这个行业，几乎每天都在诞生着新的施工工艺和施工技术

1.1.3 建筑室内设计、材料、构造、施工的相互关系

下面用3句话归纳建筑室内设计、材料、构造、施工的相互关系。

1. 方案设计是工程材料选择和构造设计的依据。

2. 室内设计材料是所有设计和施工的物质基础。

3. 方案设计通过构造设计转化为施工指令（编制施工流程和施工工艺的依据），实现最终效果。

理论学习效果自我检查

1. 简述建筑室内设计的学科来源。
2. 简述本课程的服务领域。
3. 简述建筑室内设计定义关键词及逻辑关系图。
4. 简述建筑室内设计材料定义。
5. 简述构造设计的3项基本内容。
6. 简述建筑室内设计施工内容。
7. 简述建筑室内设计、材料、构造、施工的相互关系。

项目 1.2　建筑室内设计的经典流程及设计内容

常规的室内设计项目，设计师按下列设计流程制作室内设计方案和施工图（图 1.2–1）。

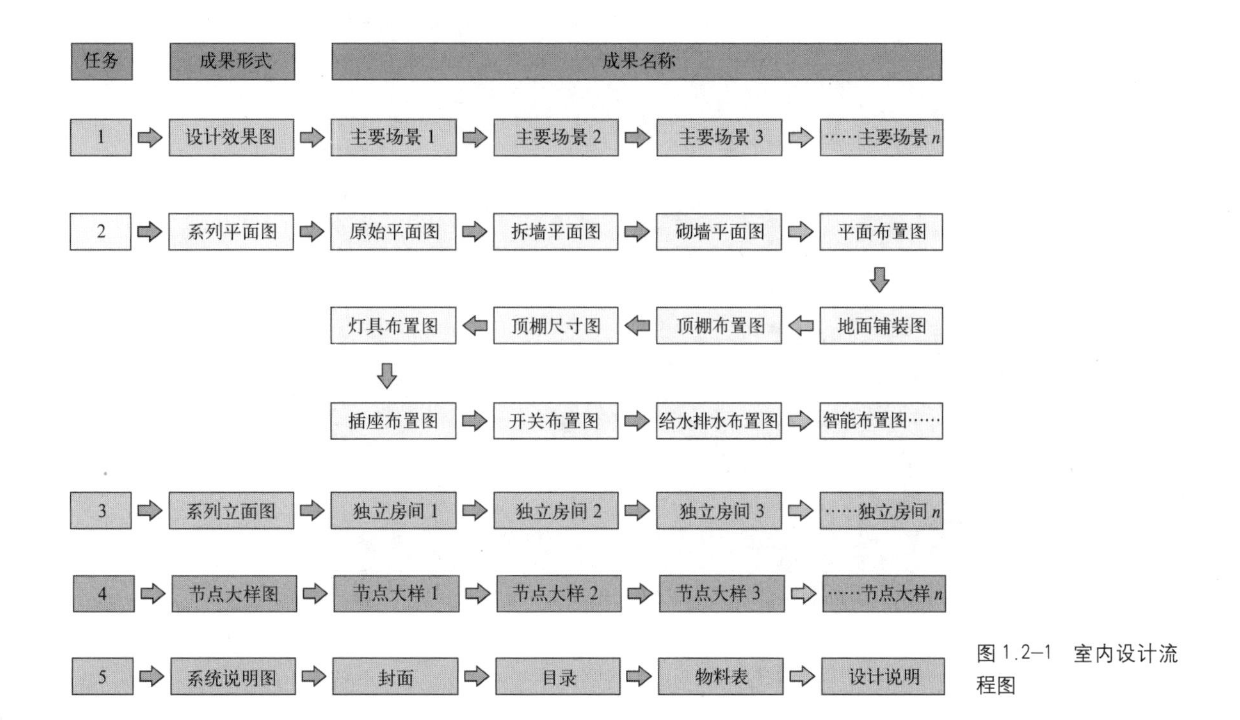

图 1.2–1　室内设计流程图

设计师要按设计流程完成所设计室内工程项目的空间划分、房间分配、界面效果（包括造型、色彩、肌理）、构造设计、材料选择、设备选型、设备安装位置、施工工艺、设计说明等所有详尽的设计信息的技术图纸。

下面通过一个公装项目、一个家装项目两个企业设计案例，逐一说明室内设计的流程，及需要完成的工程设计内容。

1.2.1　绘制室内效果图

一般需选择主要的设计场景，用电脑绘图软件绘制若干张效果图。

1）公装设计案例：佛山南海 ×× 广场甲级写字楼内一个小型公司的办公空间室内设计（图 1.2–2、图 1.2–3）。

2）家装设计案例：广州中山样板房设计。这是一个刚需户型的室内设计。首先是效果图设计，这里提供了两张效果图，图 1.2–4 为客餐厅效果图、图 1.2–5 为卫生间效果图。在本案例的设计流程中属于效果图设计阶段，扫描二维码 1.2–1 见设计流程示意图 1。

二维码 1.2–1

图 1.2–2 公司前厅效果图（左）
图 1.2–3 公司办公区效果图（右）

图 1.2–4 客餐厅效果图（左）
图 1.2–5 卫生间效果图（右）

1.2.2 划分室内空间

将某一个空间赋予某项功能，就是划分室内空间。在设计流程中它是属于拆／砌墙平面图这个设计节点。室内设计师的设计基础通常是建筑师给出的原始平面图。无论是公装还是家装，目前经常遇到的建筑结构多为框架结构或框剪结构。这样的结构在整个户型中除了厨房、卫生间，其他空间是可以根据业主的要求自由定义的。

1）公装设计案例：办公大楼中的某一块可供设计的空间。小型公司业主需求有前台、接待、总经理室、秘书室、会议室、财务室、设计办公室、茶水室等功能空间，设计师的任务是将这些空间的形状和大小精确地确定下来。设计师要提供砌墙平面图（图 1.2–6）和平面布置图（图 1.2–7），全图扫描二维码 1.2–3、二维码 1.2–4。这些工作在本案例的设计流程中属于系列平面图的平面设计阶段，扫描二维码 1.2–2 见设计流程示意图 2。

二维码 1.2–2

2）家装设计案例：$100m^2$ 的刚需户型室内设计。需要安排玄关、客厅、餐厅、主卧室、次卧室、卫生间、厨房、阳台等功能。在原始平面图的基础上，需要划分相应的空间。空间的形状和精确尺寸通过砌墙平面图表达出来。设计师同样要提供砌墙平面图（图 1.2–8、二维码 1.2–5）和平面布置图

二维码 1.2–5

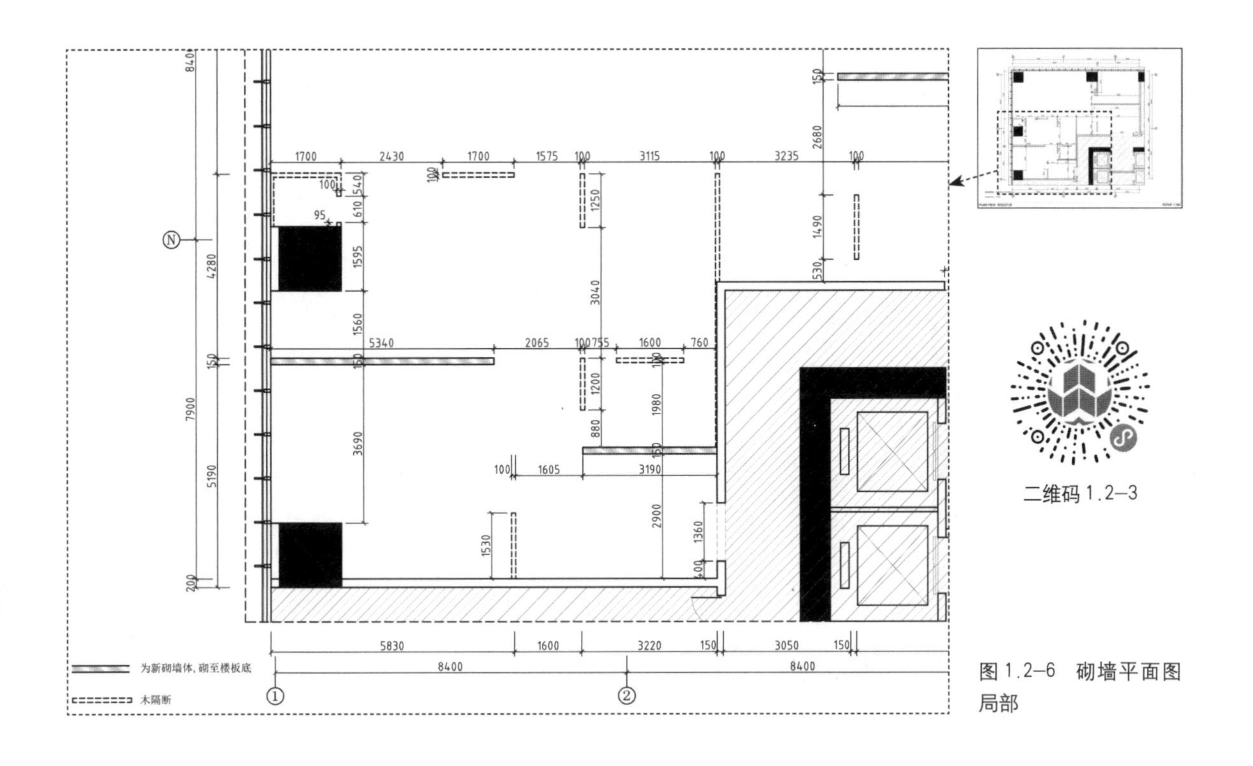

二维码 1.2-3

图 1.2-6　砌墙平面图局部

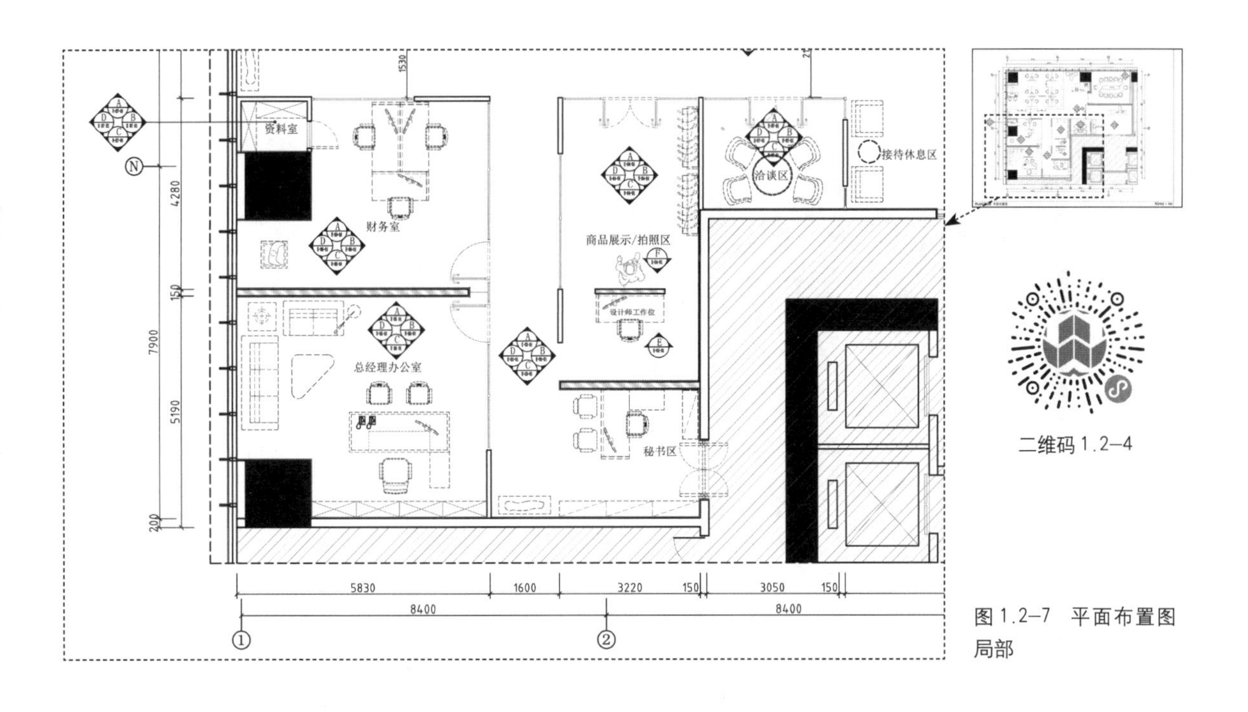

二维码 1.2-4

图 1.2-7　平面布置图局部

（图 1.2-9）。平面布置图可以是彩色平面图，也可以是黑白的 CAD 图。这些工作在本案例的设计流程中同样属于系列平面图的平面设计阶段，见设计流程示意图 2。

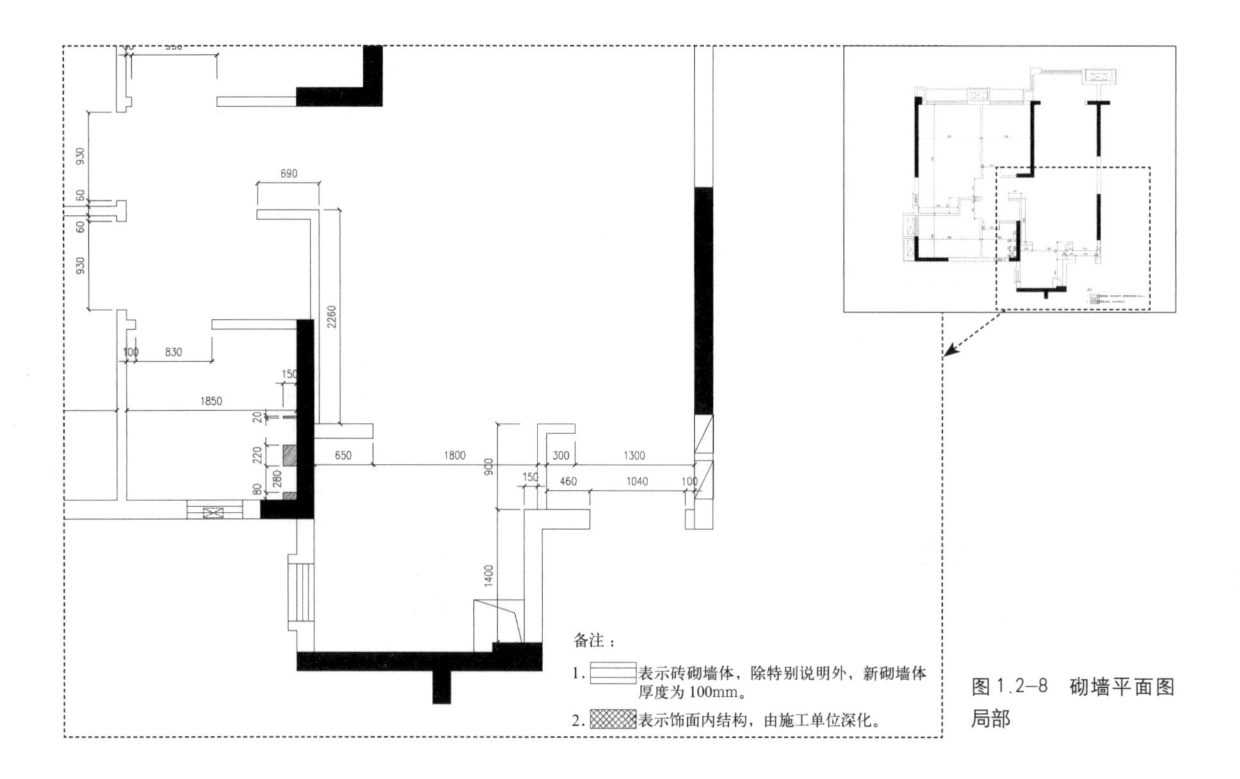

图 1.2–8　砌墙平面图局部

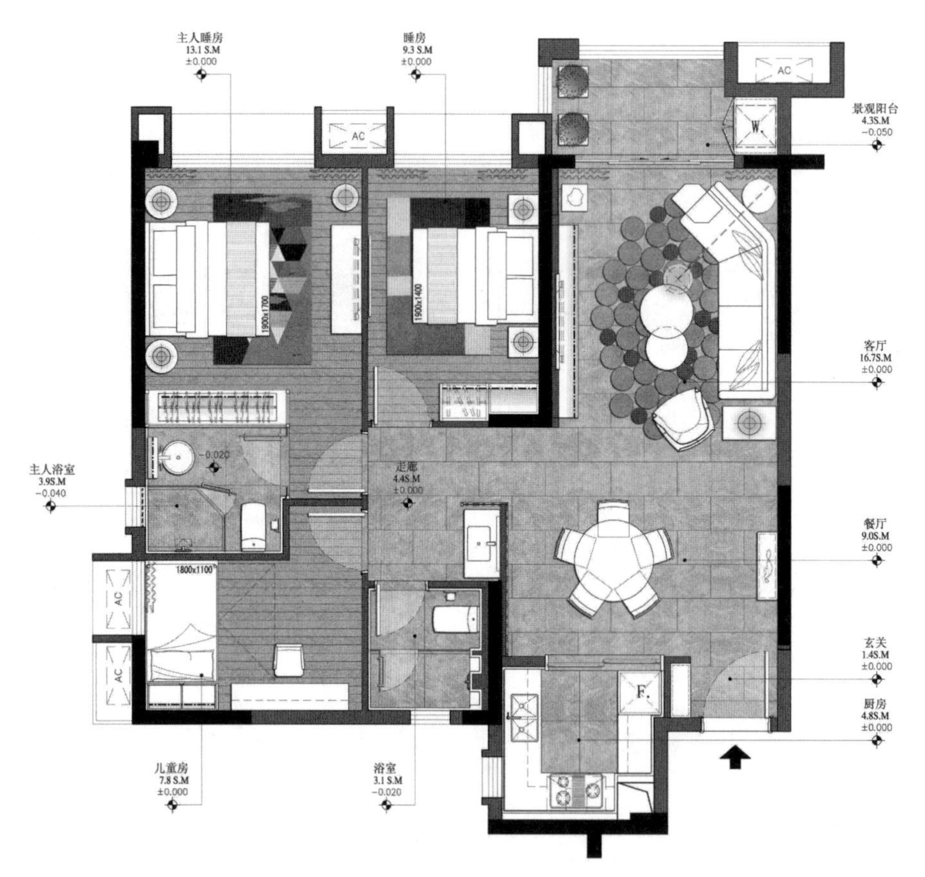

图 1.2–9　平面布置图

1.2.3 确定室内界面设计方案

通常一个室内空间都会有地面、顶棚及东南西北六个界面。设计师首先要对这六个界面进行艺术设计，然后再在此基础上进行技术设计。在平面图设计流程中主要给出地面和顶棚的界面艺术设计。处理好地面的图案形状、色彩、材料、肌理效果，给人美的感受。

1. 地面 / 顶棚平面图

界面设计中首先是设计地面铺装图和顶棚布置图。

1）公装设计案例：公装的地面和顶棚的界面设计要考虑界面设计的气质与整体设计风格的协调。公共区域与各个房间的图案造型、色彩搭配与材料运用要既有变化，又有统一。地面铺装图通常是一张图纸（图 1.2–10、二维码 1.2–7）。顶棚布置图除了艺术设计以外，还涉及大量的技术设计，例如空调、灯具、检修口等。所以顶棚布置图需要多张图才能充分表达。如顶棚布置图（图 1.2–11、二维码 1.2–8）、顶棚尺寸图、灯具布置图、灯具定位图、灯具连线图等，这些图纸将在后续课程中展示。这些工作在本案例的设计流程中属于系列平面图的界面设计阶段，扫描二维码 1.2–6 见设计流程示意图 3。

2）家装设计案例：家装设计同样要提供地面铺装图（图 1.2–12、二维码 1.2–9）和顶棚布置图（图 1.2–13、二维码 1.2–10）。地面铺装图一般也是一张图纸，而顶棚布置图同样需要顶棚尺寸图、灯具布置图、灯具定位图、灯具连线图等。这些工作在本案例的设计流程中同属于系列平面图的界面设计阶段，扫描二维码 1.2–6 见设计流程示意图 3。

二维码 1.2–6

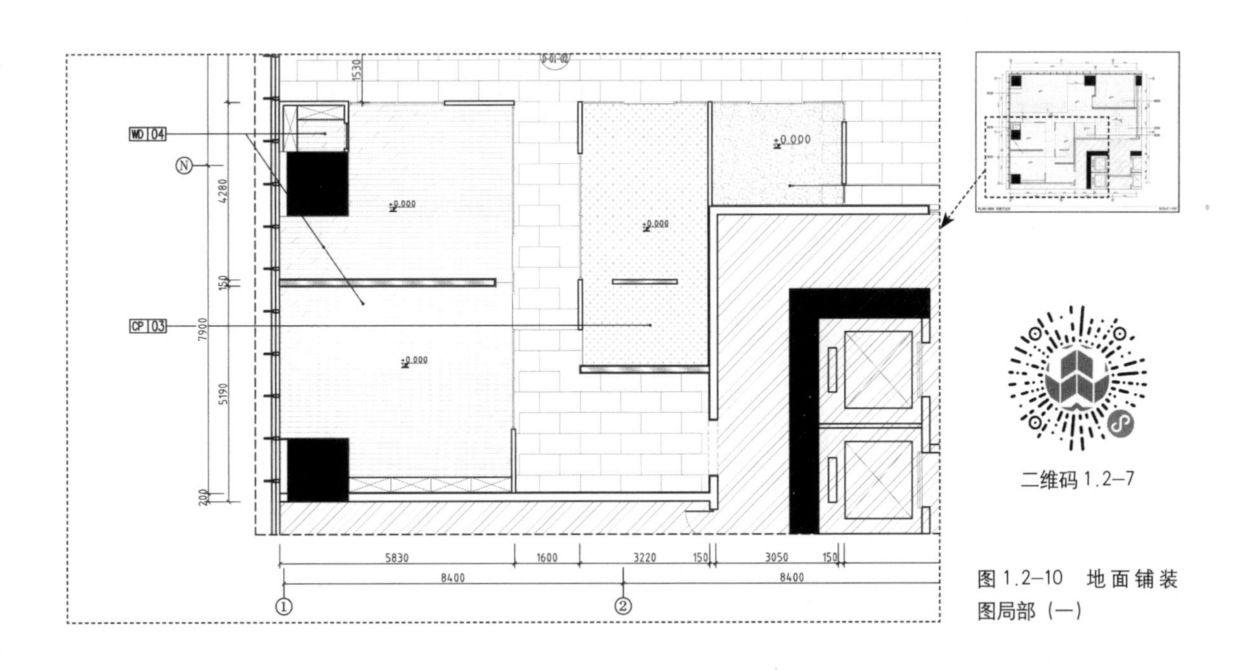

二维码 1.2–7

图 1.2–10　地面铺装图局部（一）

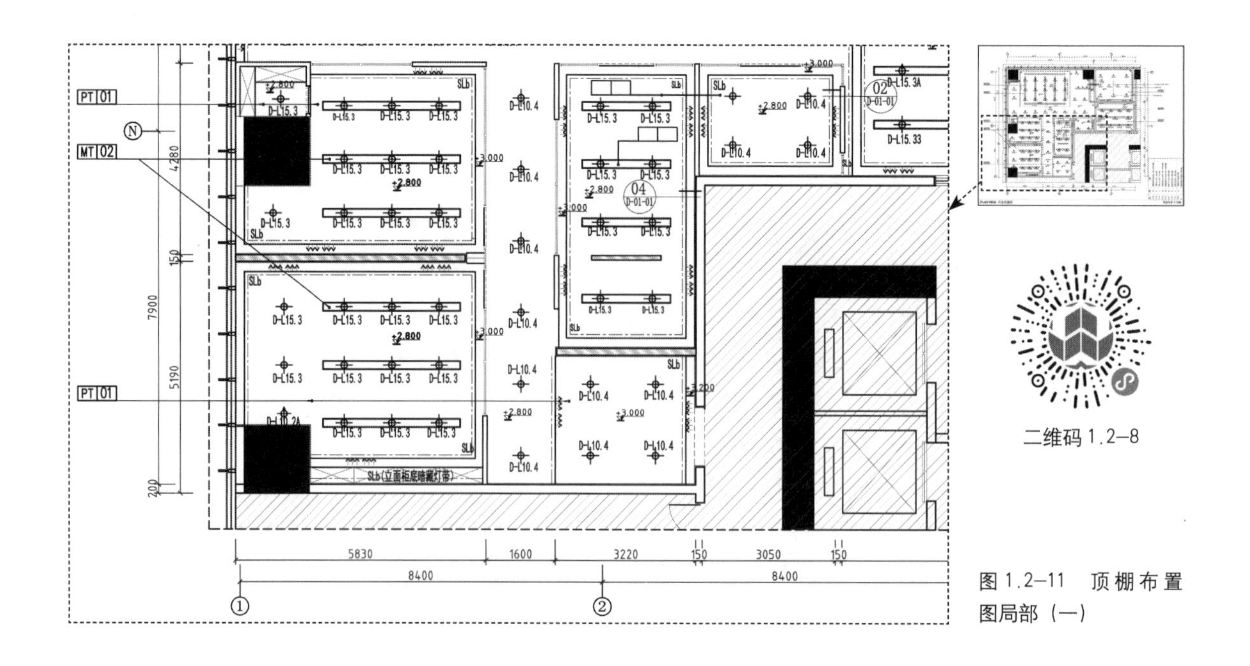

图 1.2–11 顶棚布置图局部（一）

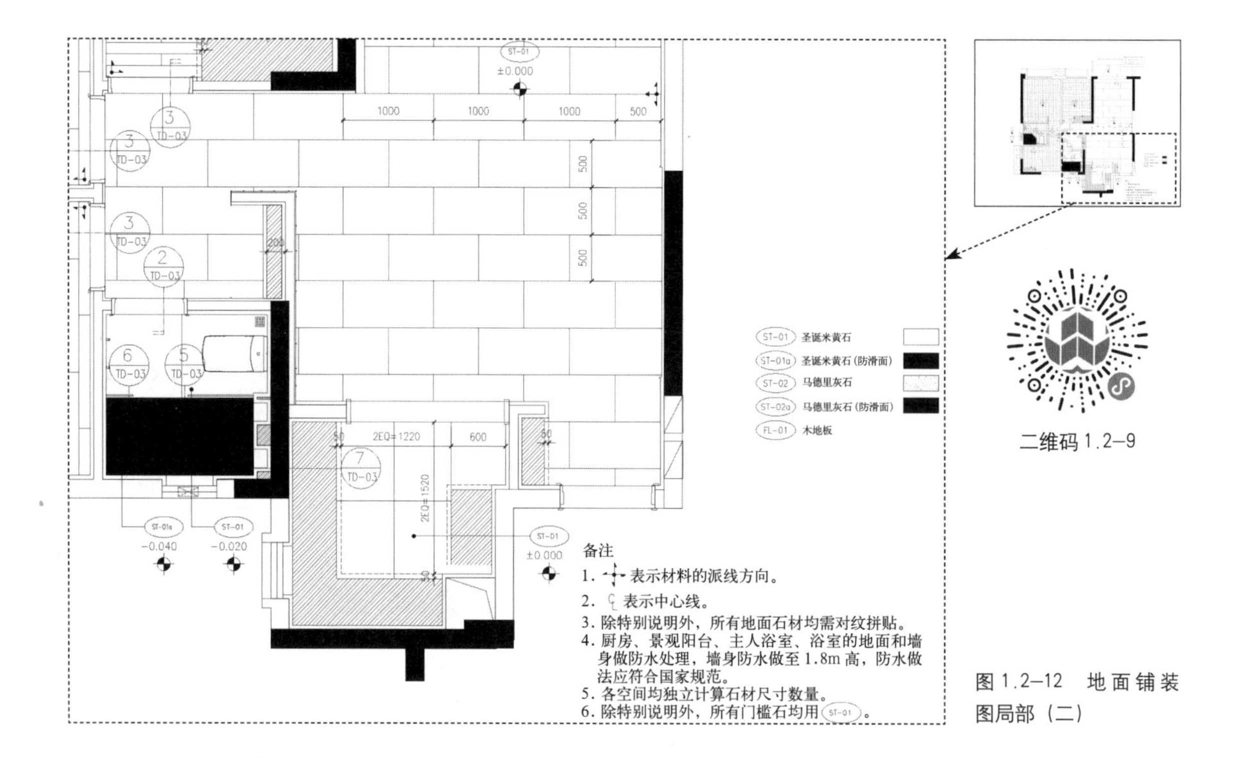

图 1.2–12 地面铺装图局部（二）

2. 立面设计

每一个独立空间一般都要有东南西北四个立面。这四个面对应的是各个墙柱面的造型、色彩、肌理、材料。设计师要对这四个立面进行详细的立面设计，立面设计要求面面俱到。

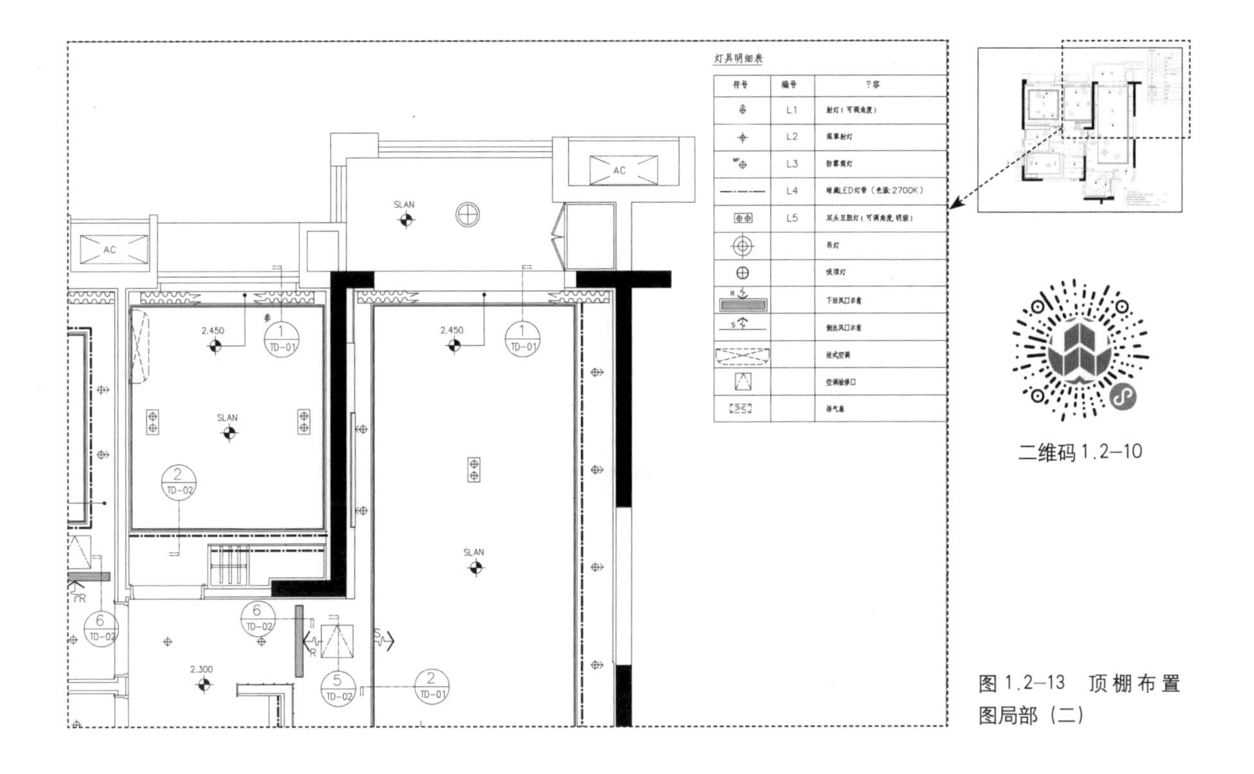

二维码 1.2–10

图 1.2–13 顶棚布置图局部（二）

1）公装设计案例：本案例在平面图中规划有前台、接待、总经理室、秘书室、会议室、财务室、设计办公室、茶水室等独立空间，这里仅展示总经理室（图 1.2–14、二维码 1.2–11）、会议室（图 1.2–15、二维码 1.2–12），其他立面图在后续章节中展示。这些工作在本案例的设计流程中属于系列立面图设计阶段，扫描二维码 1.2–13 见设计流程示意图 4。每个立面都要做完整的界面设计。

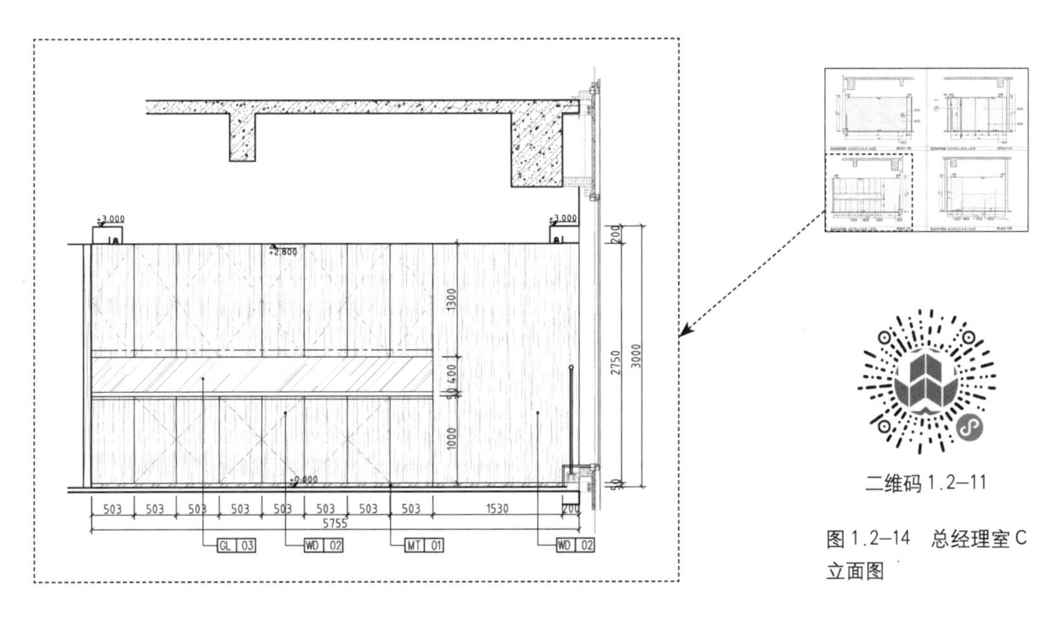

二维码 1.2–11

图 1.2–14 总经理室 C 立面图

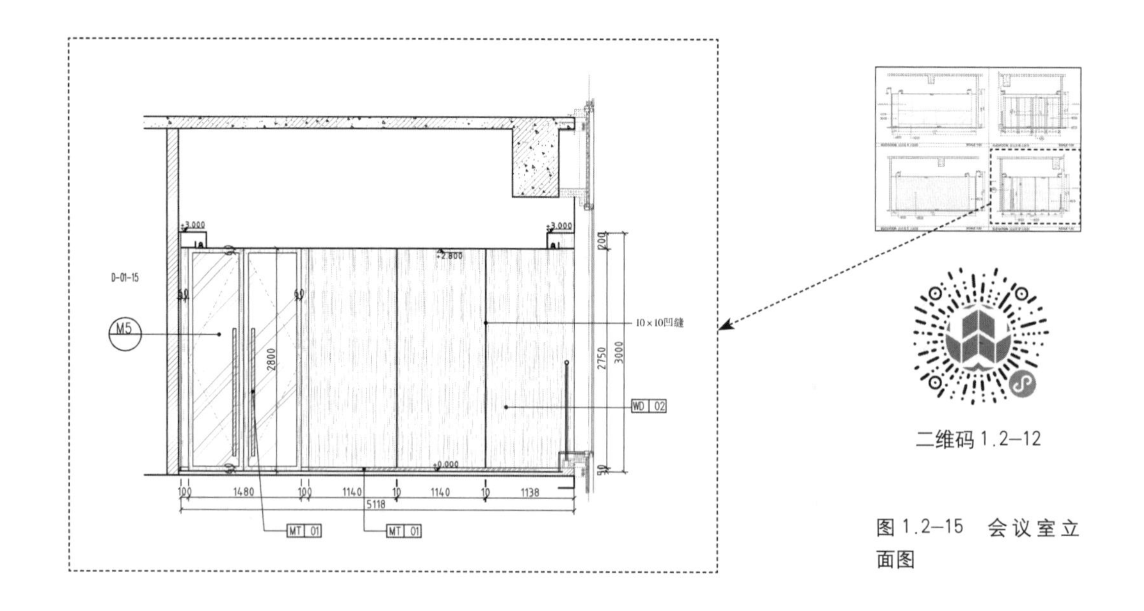

二维码 1.2–12

图 1.2–15　会议室立面图

2）家装设计案例：本案例有玄关、客厅、餐厅、主卧室、次卧室、卫生间、厨房、阳台等独立空间，每一个独立空间也都有四个立面。同样需要对每个房间墙界面的造型、色彩、肌理、材料进行详细的设计。这里仅展示客厅、餐厅四个立面（图 1.2–16、二维码 1.2–14），其他立面图在后续章节中展示。这些工作在本案例的设计流程中也属于系列立面图设计阶段，扫描二维码 1.2–13 见设计流程示意图 4。

二维码 1.2–13

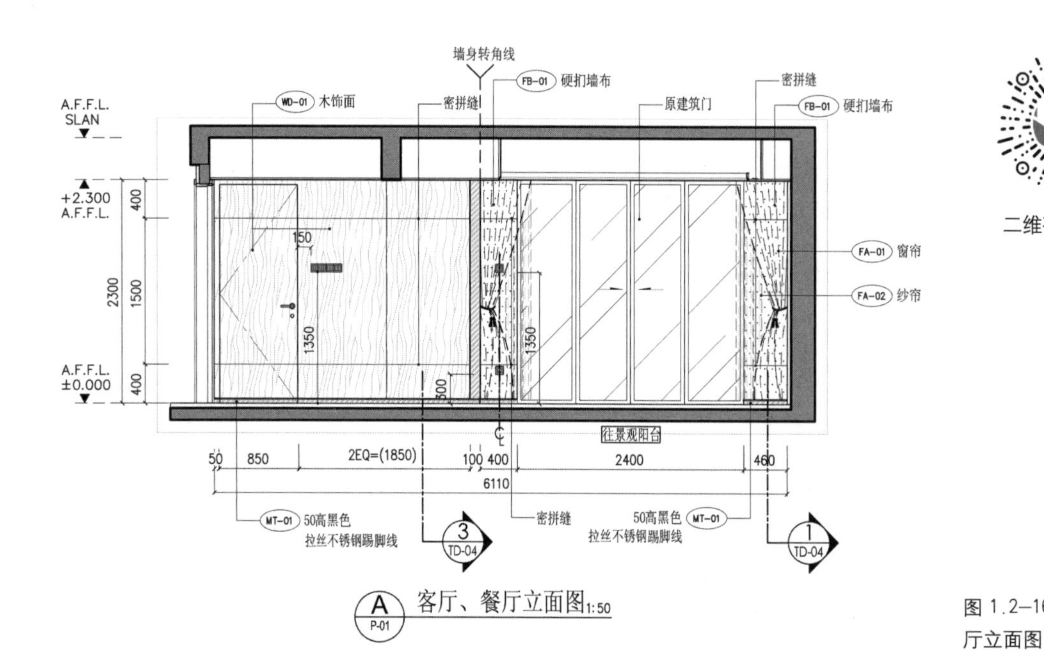

二维码 1.2–14

图 1.2–16　客厅、餐厅立面图

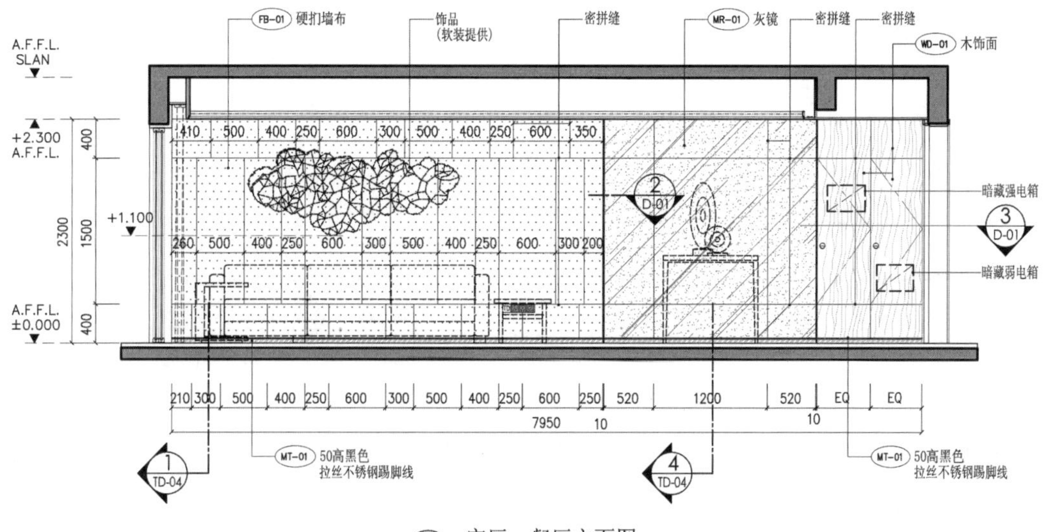

图 1.2–16 客厅、餐厅立面图（续）

1.2.4 设计构造详图和节点大样

在进行了系列平面图和系列立面图设计之后，对无法在这两个系列的图纸中表达清楚的其他设计细节则需要通过楼地面、顶棚、墙柱面的各个部分进行节点大样图的设计，以完整地表达出设计师的设计意图。这些图纸要在剖切位置给出准确的剖切符号，并按制图规范进行准确的编码。以便图纸的使用者能快速地找到相应的图纸。

1. 楼地面构造

1）公装设计案例：公装的楼地面节点大样图一般要表现出地面的主要构造、它与顶棚和地面的关系、不同地面材料交接是如何处理、涉及用水的空间还要给出防水的设计方案。图 1.2–17 给出了两个地面不同材料交接处的节点大样图。

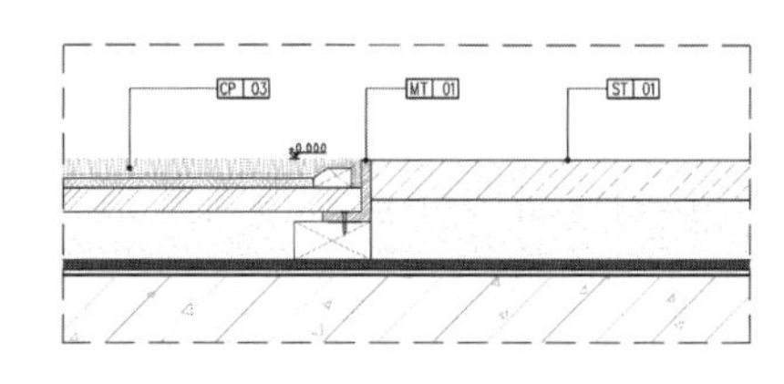

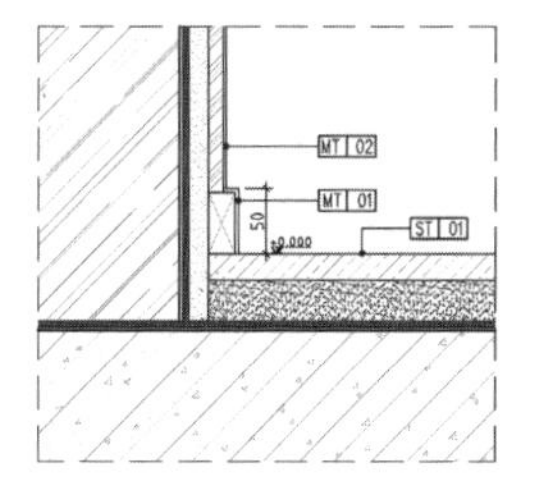

图 1.2–17 地面构造详图

2）家装设计案例：家装的楼地面节点大样图与公装类似。如图 1.2–18 给出了两个不同房间地面不同材料交接处的节点大样图。阳台、卫生间、厨房防水处理，各个房间不同地面材料怎样过渡等都要交代清楚。这些工作在本案例的设计流程中属于系列节点大样图设计阶段，扫描二维码 1.2–15 见设计流程示意图 5。

二维码 1.2–15

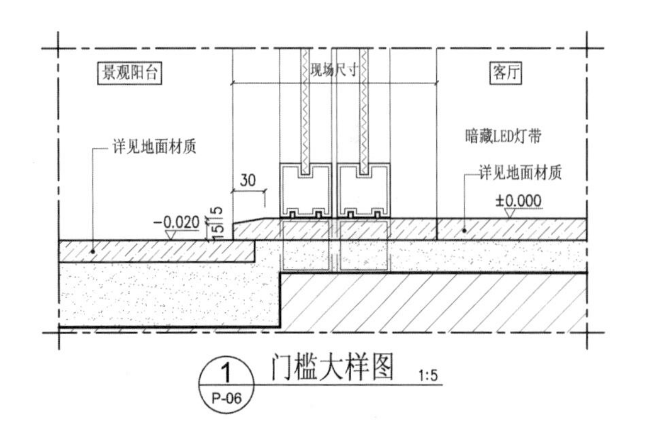

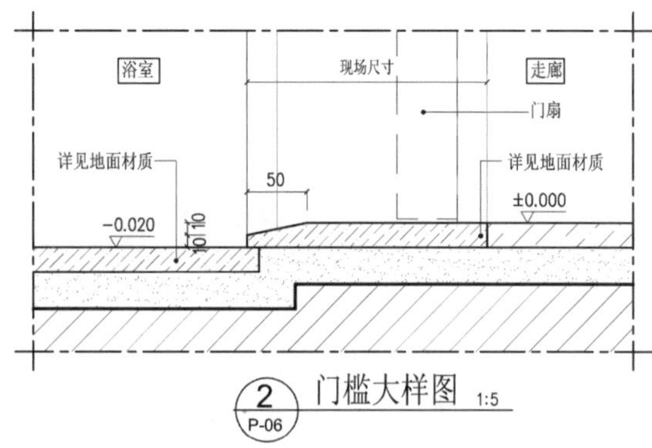

图 1.2–18　不同房间地面门槛节点大样图

2. 顶棚构造

顶棚除了界面造型、材料肌理和色彩的选择以外，更重要的是要处理好灯具、新风、空调、水气管线、强弱电等隐蔽工程设备如何科学合理有序地布置在顶界面中。

1）公装设计案例：公装顶棚设计这部分比较复杂。室内设计师需要与其他技术工种的技术人员很好地配合，重点是处理好灯光范围、灯具位置、空调进出风口、检修口等造型构造和施工工艺。如图 1.2–19 是顶棚灯带和空调进出风口节点大样图。其他顶棚详图还有很多，将在“3 建筑室内顶棚工程设计”这一部分详细展开介绍。

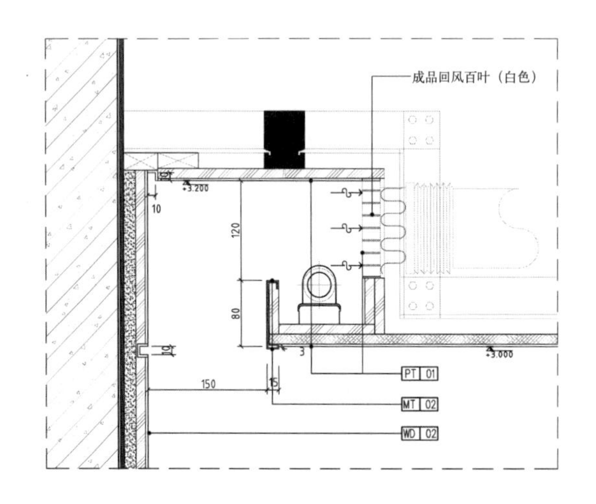

二维码 1.2–16

图 1.2–19　顶棚灯带和空调进出风口节点大样图

2）家装设计案例：家装顶棚相对公装要简单得多，但也需要一系列顶棚详图进行表现。图 1.2–20 是顶棚灯带、空调出风口、窗帘盒节点大样图，更多大样图在“3 建筑室内顶棚工程设计”详细展开。

3. 墙柱面构造

无论是公装还是家装，墙柱面造型方式千变万化，涉及墙柱面的节点

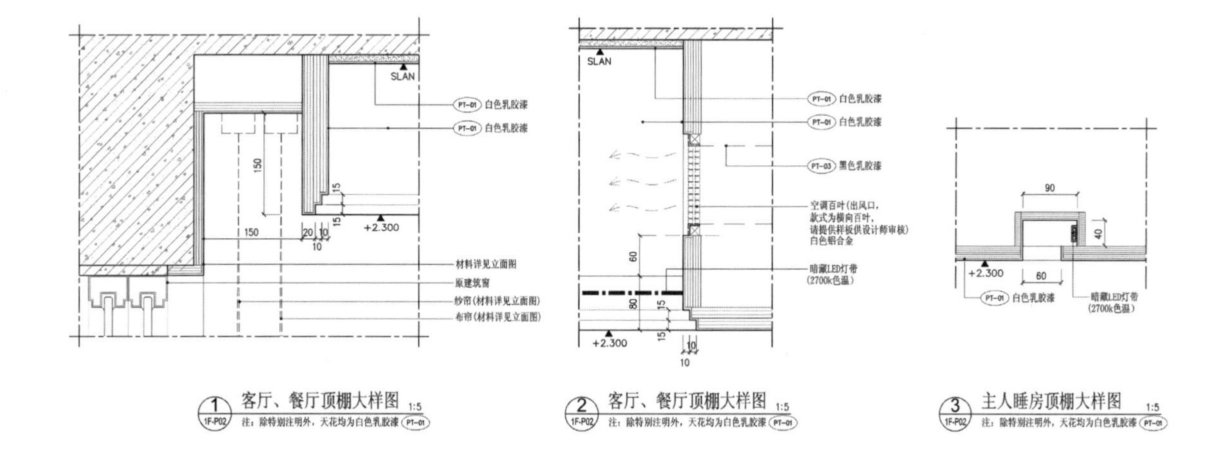

大样图是很多的。例如镶板、涂刷、软硬包等各类墙面的构造方案，墙柱面与隔断、墙柱面与门窗、墙柱面与视听设备等连接构造都要用详图表达清楚。

图 1.2–20 顶棚灯带、空调出风口、窗帘盒节点大样图

1）公装设计案例：图 1.2–21 是两个部位的墙柱面构造节点。

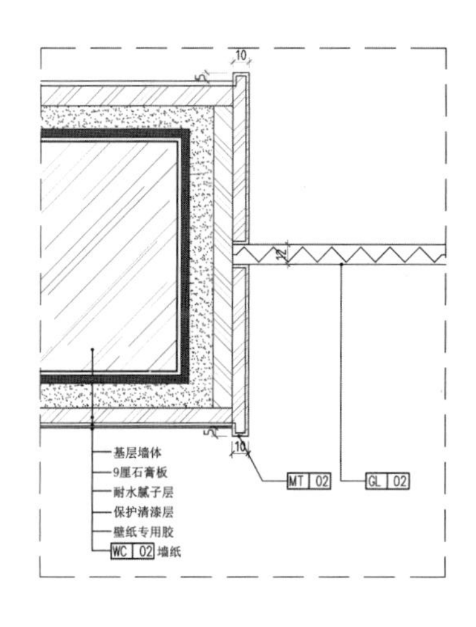

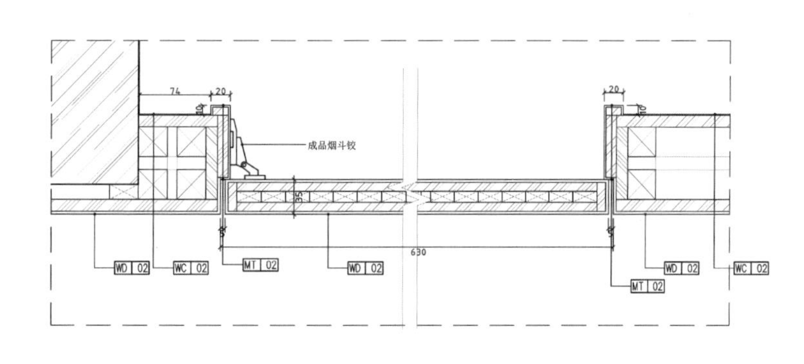

图 1.2–21 墙柱面构造节点

2）家装设计案例：图 1.2–22 是客厅电视墙节点详图及剖面图。

4. 固定家具构造

无论公装还是家装，都会有一定数量的固定家具，其构造也需要很多节点大样图表示。固定家具一般要画出横剖面和竖剖面的节点以及家具门、隔板、内装灯具的节点大样。家具需要通过三视图和节点图来完整地表达设计细节。

1）公装设计案例：图 1.2–23 是一个吧台节点大样图，其他固定家具的节点大样图案例在"5 建筑室内木制品工程设计"详细展开。

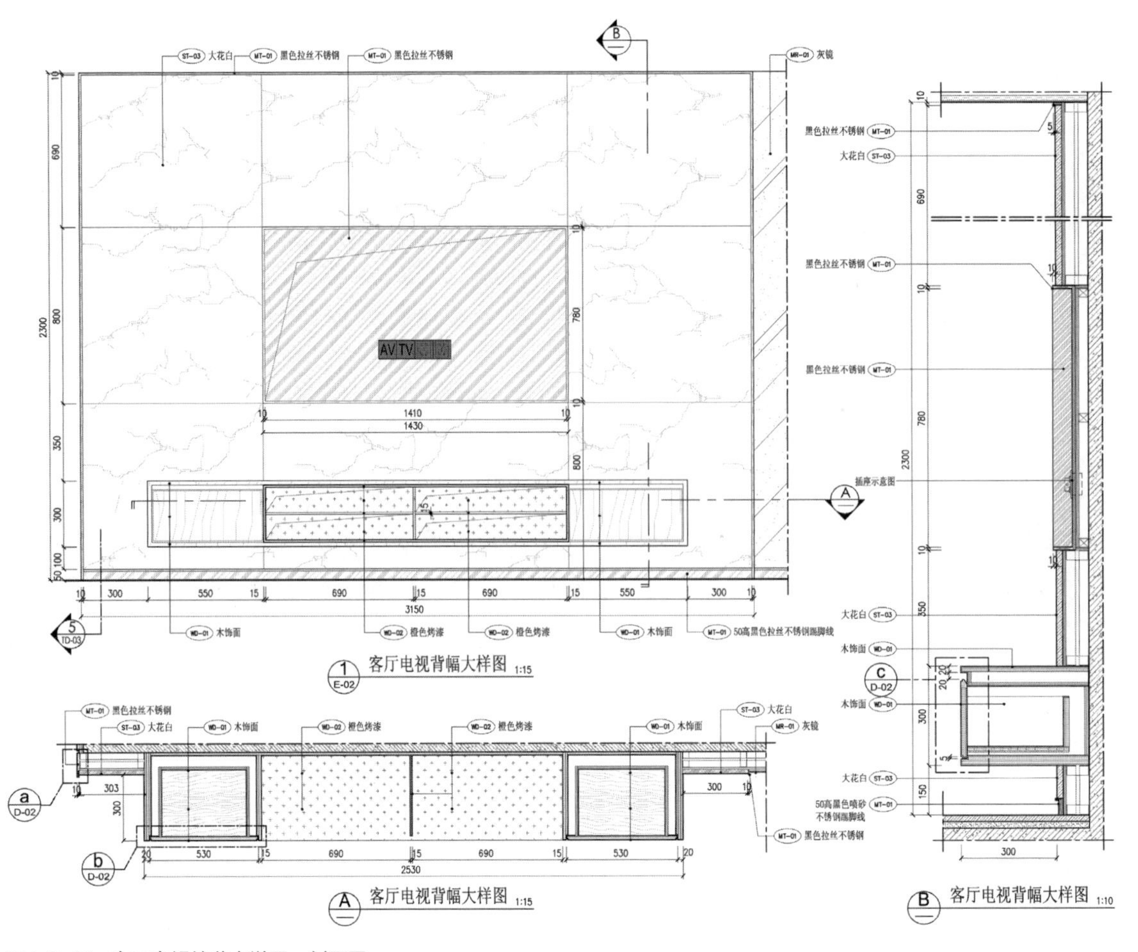

图 1.2–22　客厅电视墙节点详图、剖面图

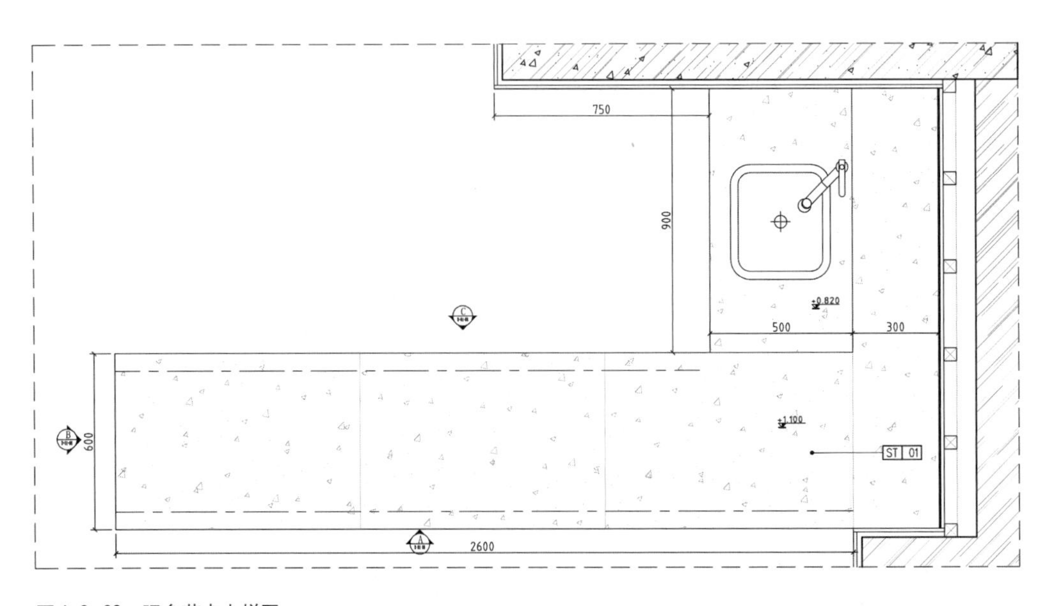

图 1.2–23　吧台节点大样图

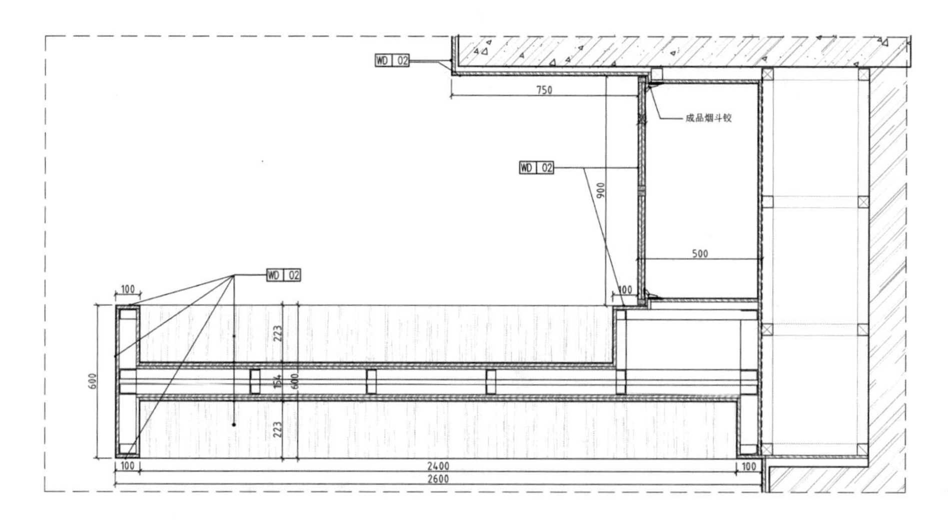

图 1.2–23 吧台节点大样图（续）

2）家装设计案例：图 1.2–24 是儿童房固定家具详图及节点大样图，其他固定家具的节点大样图案例在"5 建筑室内木制品工程设计"详细展开。

图 1.2–24 儿童房固定家具详图

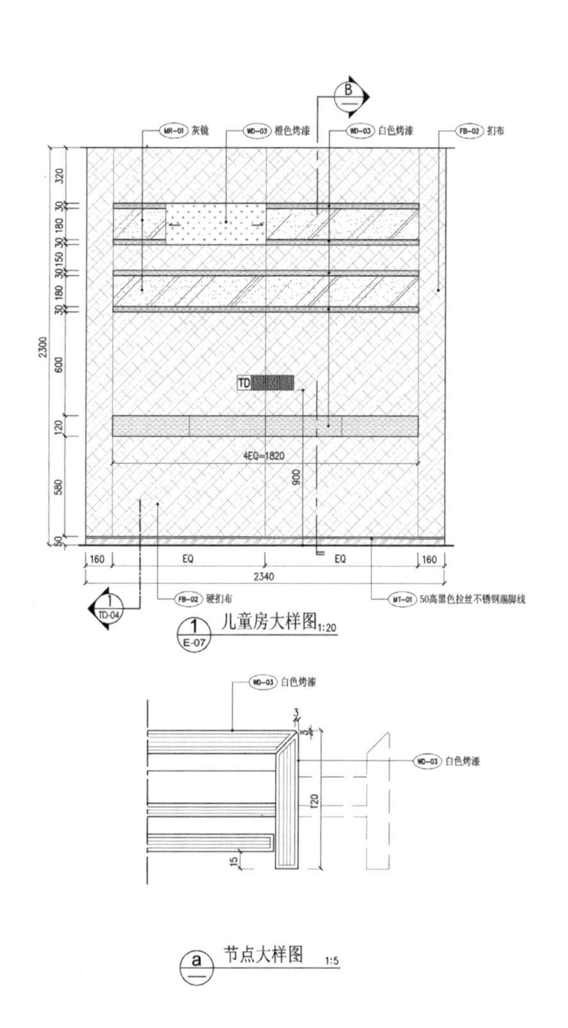

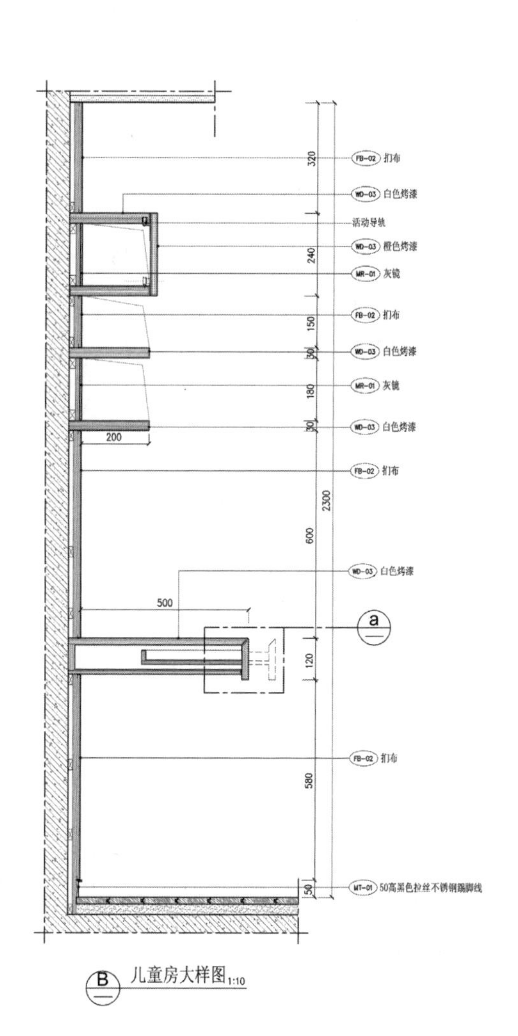

5. 门窗构造

无论是公装还是家装，门窗是不可或缺的，涉及门窗的节点大样图也是节点详图的重要表现内容。标准的门窗可以套用门窗标准图集，但个性化的门窗，则需要通过详图进行说明。除了表现门窗本身以外，还需要将门套、窗套、窗台板等细节表达清楚。

1）公装设计案例：图 1.2–25 是双开门的节点大样图，至少用三个视图将门的立面、横剖面、竖剖面表达清楚。

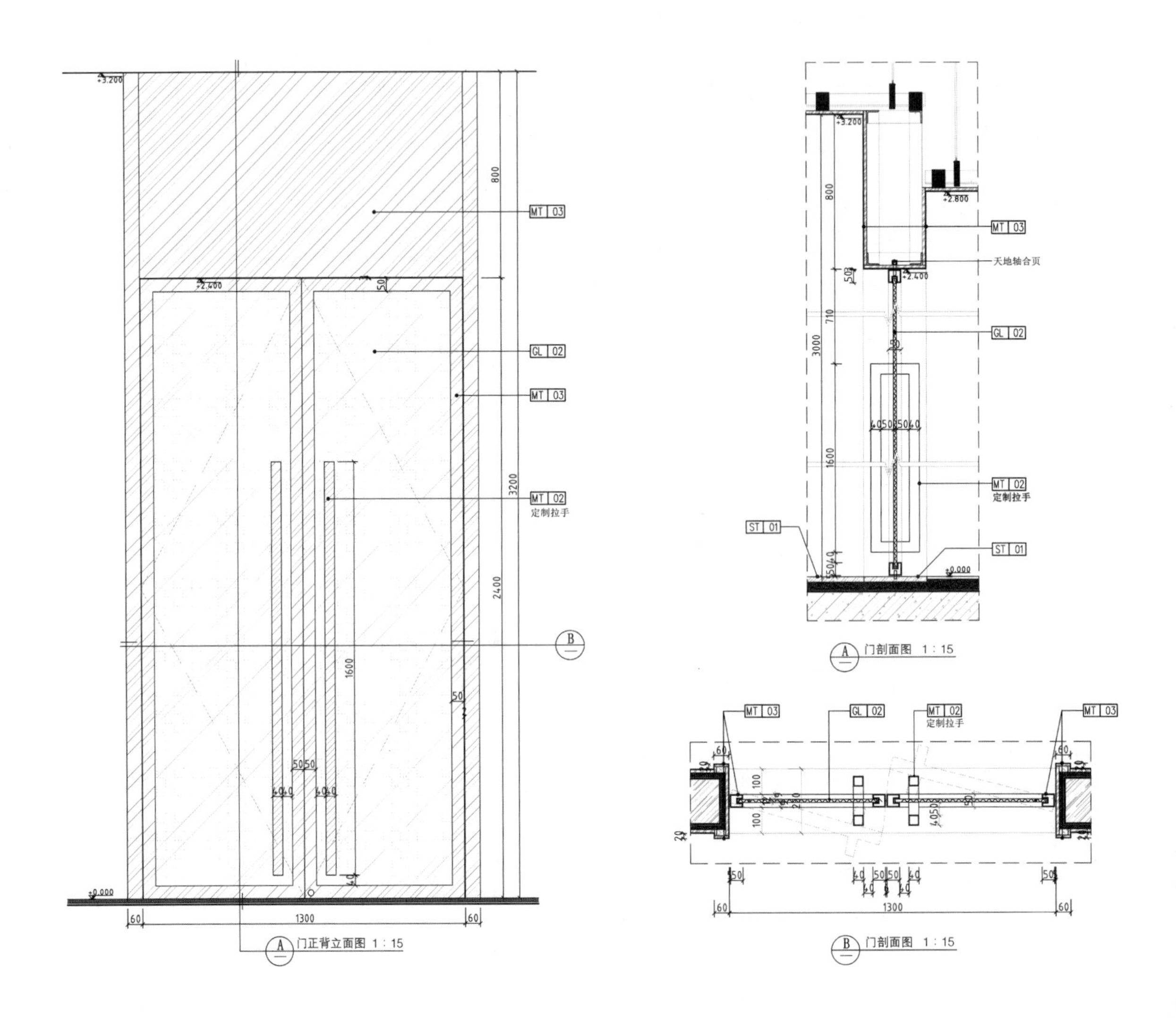

图 1.2–25　双开门节点大样图

2）家装设计案例：图 1.2–26 是房间门详图及节点大样图。同样，需画出正反两个视图以及横、竖两个剖面，把门的造型、构造、门套与墙的连接等细节表达清楚。

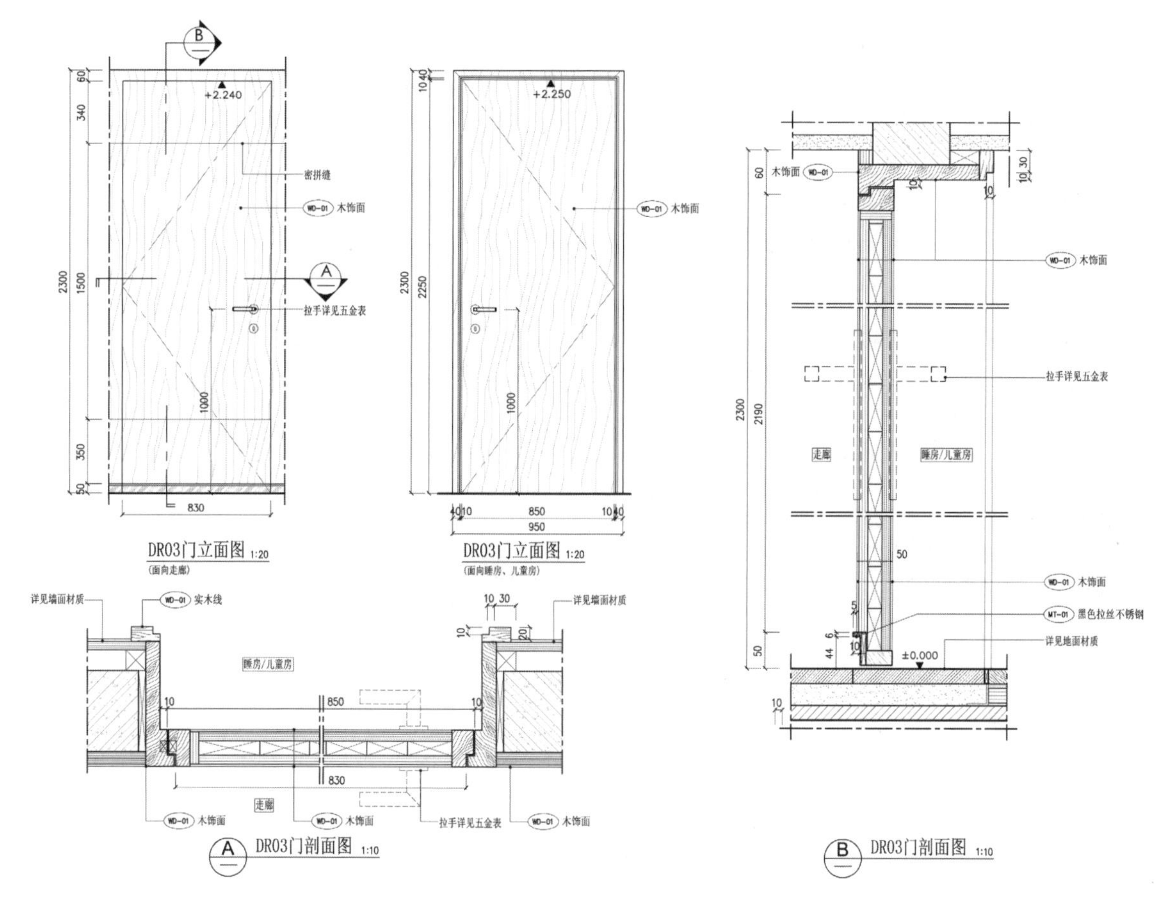

图 1.2-26 房间门详图及节点大样图

1.2.5 系统文件

1. 封面

无论是公装还是家装，所有项目都需要有整套设计图和封面。成熟的设计公司对自己公司的设计图封面有特定格式来表达以下基本内容：①项目名称；②图纸性质，如方案图还是施工图等；③设计单位（企业 Logo）；④设计日期。这四个要素不可或缺，见图 1.2-27。

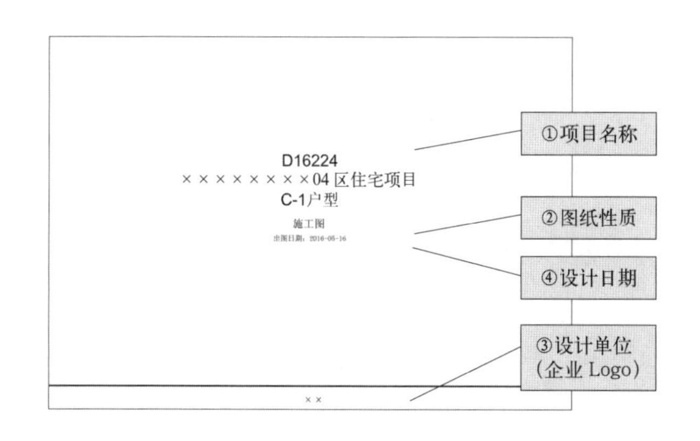

图 1.2-27 设计图封面

2. 目录

无论是公装还是家装，项目的整套设计图包含许多内容。为了查找方便，都需要编制目录。目录通常包含：①项目名称；②图纸编号；③图纸名称及比例；④页码。

图纸的顺序按封面、目录、设计说明、效果图、平面图、立面图、详图的顺序排列。同类的图纸要按逻辑关系有序排列，如系列平面图要按原始平面图、平面设计图、拆墙砌墙图、地面铺装图、顶棚布置图、顶棚尺寸图、灯具布置图（连线图）、灯具尺寸图、插座开关布置图等顺序排列。立面图一般按空间的重要程度排序，如客厅、主卧室、次卧室、主卫生间、次卫生间等。详图按图纸索引编码排序。案例见图 1.2—28。

DRAWING LIST 图纸目录

PROJECT 项目名称：×××××××× 04区住宅项目 C-1户型　　PROJECT REF. 项目档案：D16224　　DWG. NO. 图号：LM-01

DWG. NO. 图号	TITLE 内容	SCALE 比例	REV. 修订	DATE 日期	DWG. NO. 图号	TITLE 内容	SCALE 比例	REV. 修订	DATE 日期
LM-01	图纸目录	-		2016-05-16	D-01	客厅大样图（1）	图示		2016-05-16
					D-02	客厅大样图（2）	图示		2016-05-16
MS-01	物料明细表 (1)	-		2016-05-16	D-03	客厅大样图（3）	图示		2016-05-16
MS-02	物料明细表 (2)	-		2016-05-16	D-04	客厅大样图（4）	图示		2016-05-16
					D-05	主人睡房大样图（1）	图示		2016-05-16
P-00	原建筑平面图	1 : 50		2016-05-16	D-06	主人睡房大样图（2）	图示		2016-05-16
P-01	平面布置图	1 : 50		2016-05-16	D-07	主人睡房大样图（3）	图示		2016-05-16
P-02	顶棚布置图	1 : 50		2016-05-16	D-08	主人睡房大样图（4）	图示		2016-05-16
P-03	顶棚尺寸图	1 : 50		2016-05-16	D-09	睡房床背幅大样图	图示		2016-05-16
P-04	灯具尺寸图	1 : 50		2016-05-16	D-10	儿童房大样图	图示		2016-05-16
P-05	灯具连线图	1 : 50		2016-05-16	D-11	睡房衣柜大样图（1）	图示		2016-05-16
P-06	地面材质图	1 : 50		2016-05-16	D-12	睡房衣柜大样图（2）	图示		2016-05-16
P-07	插座布置图	1 : 50		2016-05-16	D-13	儿童房衣柜大样图（1）	图示		2016-05-16
P-08	墙身开线图	1 : 50		2016-05-16	D-14	儿童房衣柜大样图（2）	图示		2016-05-16
P-09	活动家具、灯具索引图	1 : 50		2016-05-16	D-15	儿童房床大样图	图示		2016-05-16
		1 : 50		2016-05-16	D-16	主人睡房洗手台大样图（1）	图示		2016-05-16
E-01	客厅、餐厅A B立面图	1 : 50		2016-05-16	D-17	主人睡房洗手台大样图（2）	图示		2016-05-16
E-02	客厅、餐厅C D 立面图	1 : 50		2016-05-16	D-18	浴室洗手台大样图（1）	图示		2016-05-16
E-03	走廊立面图	1 : 50		2016-05-16	D-19	浴室洗手台大样图（2）	图示		2016-05-16
E-04	主人睡房立面图	1 : 50		2016-05-16					
E-05	主人浴室立面图	1 : 50		2016-05-16	DR-01	门大样图（1）	图示		2016-05-16
E-06	睡房立面图	1 : 50		2016-05-16	DR-02	门大样图（2）	图示		2016-05-16
E-07	儿童房立面图	1 : 50		2016-05-16	DR-03	门大样图（3）	图示		2016-05-16
E-08	浴室立面图	1 : 50		2016-05-16	DR-04	门大样图（4）	图示		2016-05-16
E-09	厨房立面图	1 : 50		2016-05-16					
TD-01	顶棚大样图 (1)	图示		2016-05-16					
TD-02	顶棚大样图 (2)	图示		2016-05-16					
TD-03	地花大样图	图示		2016-05-16					
TD-04	墙身大样图	图示		2016-05-16					

图 1.2—28　目录

3. 设计说明

无论是公装还是家装，所有项目的整套设计图中必须包含设计说明。设计说明以文字形式对以下内容进行说明：

①项目概况：一般包含工程名称、工程地点、建设单位、设计范围、设计面积等。

②设计依据：一般包含甲方要求（招标说明书）、国家或地方的设计标准、工程验收标准等。

③施工工艺：工程所涉及各个部分的施工工艺、技术条件、技术要求、验收标准等。

④免责条款：遇到设计说明或图纸未涉及的部分如何处理，例如：或按国家某某标准执行，或立即联系设计单位，要求给予解答等；施工企业如擅自施工，设计单位免于追责等。

⑤图例说明：如有设计企业独特的图例表达方法，要给出说明。

案例见图 1.2–29。

室内设计施工工艺说明(一)

项目	工程一般规范	项目	工程一般规范	项目	工程一般规范
	(一) 项目概说 1. 项目名称： ××××甲级写字楼精装修 2. 项目地点： 佛山南海 (二) 设计图纸依据： ① 业主(建设单位)与设计单位双方协商许可的设计范围与设计边界。设计任务委任书以及相关的函件要求。 ② 建设单位(业主)认可的平面布置方案。 ③ 国家有关规范要求以及项目所在职能部门的案例要求： 《建筑装饰装修工程质量验收标准》GB 50210-2018、《民用建筑室内环境污染控制标准》GB 50325-2020。 ④ 本项目设计阶段所运用之规范标准若在施工阶段有所调整，则依据最新相应之规范进行。 (三) 本图纸会审需由项目参与方及项目各专业同时进行。提出实施的指导原则、避让原则。本设计施工放线前，必须有业主（建设单位或监理单位)、设计单位、施工单位三方（或四方）进行施工前图纸交底与施工图纸交底；同时校核完现场与图纸间尺寸关系。并形成书面文件通知到业主、设计、施工三方；如因图纸与现场的出入没有即时通知设计单位、知会业主而擅自施工，其后果将由施工单位自行承担。 (四) 定义放线：现场放线共有两块，其一是标高，其二是平面定位，图中标高以m为主，其余尺寸以mm为单位。图中尺寸应以标注为准，不得以尺子度量；如现场与图纸标注有出入，须与设计者协商调整，同时形成书面文件报业主批准为准。本图纸中结构天花标高现场与图纸有出入时，以±0.000现场为准。各空间标高需采用相对标高，地面完成面为图纸的标高点。 (五) 施工单位必须在第一次施工图纸技术交底一周内参照设计提供的材料样板及业主提供的材料组织为完整的实施材料样板，由甲方、设计方给予书面确认。 (六) 关于项目问题解决的沟通渠道与方式：项目实施中施工单位有设计方面问题时必须以书面形式呈业主方转设计单位进行解决，设计单位将与业主进行沟通，再由业主将沟通指令下达到施工单位。若设计方面需现场解决问题，必须三方均在场（业主、设计、施工单位），同时形成书面文件当场签字认可。 (七) 凡本项目施工前务请认真阅读和熟悉图纸，同时以书面形式在施工前提出。任何非书面形式的问题将不作为问题进行解决。 (八) 项目实施中除需形成例会外，还需定出具体的部位进度，以便于设计相关人员进行现场跟进。 (九) 项目实施必须按国家现行施工规范、地方的施工验收规范进行。	泥水作业	(一) 工艺说明 ① 在作业开始前必须对原有基底表面进行浸湿，以保持完好的结合条件。 ② 煽灰工艺必须在水泥砂浆基底相对平整、垂直的表面进行。 ③ 砖砌筑或水泥砂浆找平批荡，作业方式必须符合中华人民共和国对于建筑施工所制定的有关工艺程序。 ④ 必须注意场地的控制，讲究清洁，特别是对其他饰面的保护，以及部分成品的保护问题。 (二) 技术规范 根据中华人民共和国住房和城乡建设部发布的《建筑装饰装修工程质量验收标准》，装饰砌筑或泥水的抹灰饰面工程必须遵守以下技术规范： ① 混凝土板和墙体的基底批荡——使用水泥砂浆，或水泥混合砂浆，或聚合物水泥砂浆。 ② 水泥砂浆的配合比和稠度等应在经检查合格后，方可使用。 ③ 水泥砂浆，或掺有水泥或石膏拌制的砂浆，应控制在初凝前用完。 ④ 木结构与砖石结构、混凝土结构等相接处基体表面的抹灰，应铺钉金属网，并绷紧牢固。 ⑤ 冬期施工，水泥砂浆应采取保温措施，涂抹时砂浆的温度不宜低于5C°。 ⑥ 各种砂浆的抹灰层，在凝结前，应防止快干、水冲撞击和振动。 ⑦ 砖体工程应在基础工程验收合格后，方可施工。 A. 饰面煽灰 材料　　质量比 海菜胶　　75 立得粉　　1000 酚醛清漆　　100 石膏粉　　50 ① 将原墙体清刷干净，浇水湿润。 ② 如发现原墙体批荡有空壳，必须铲掉重新批荡，方可施工。 ③ 施工过程中用强光灯侧射其墙体，检查其平整度。 ④ 要求基底抹灰层反复乱抹，并经打磨至平滑光洁。 ⑤ 验收标准： • 无掉粉，起皮，漏刷，透底，反碱，流坠。 • 无沙眼，刷痕，直观效果光洁、平整，无凹凸感，无空壳、裂缝。 • 墙身平整度：2m内+2mm； 垂直度：+1mm； 所有阴阳角不能大于或小于90°。 • 天花2m内+2mm。 B. 面砖铺贴 ① 面砖必须是形状精确，平整对称，无瑕疵或其他缺陷。 ② 铺贴面砖前必须清扫或清洗原有基底，有待铺贴的区域在铺贴前必须以面砖放样，避免不必要的切割。 ③ 面砖铺贴应在按样板抹平的水泥砂浆中，并按规定的色彩填缝剂填缝。 ④ 面砖必须浸泡在清洁的水中24小时。 ⑤ 铺贴完成后必须进行适当的现场清扫与产品保护，避免碰撞、振动而引起的空壳。 ⑥ 水泥砂浆的稠度，必须严格控制，否则会因为收缩系数不同而产生局部空壳。 瓷片的铺贴亦可参照以上规范。	石材铺贴	(一) 工艺说明 ① 检查作业范围的隐蔽工程是否符合设计要求，须短管道是否检验合格。 ② 检查作业面的平整度、垂直度及强度是否符合设计要求，是否需要做二次找平批荡。 ③ 检查石材的品质情况，规格尺寸方正，表面平整光滑。 ④ 面积大，纹路多，自然色泽变化大的石材铺贴，必须进行试铺预排、编号、归类的工艺程序，令花纹、色泽均匀，纹理顺畅。 ⑤ 铺贴前应先找好水平线，垂直线及分格线。 ⑥ 铺贴后24小时内不可踏践或碰撞石材，以免造成破损松动。 ⑦ 各类异形台面板的磨边加工（特别是内藏式面板部分），必须经专业磨具进行专门加工。 ⑧ 各类异形台面板的异形尺寸，必须经现场放样后，编号保样，注意正、负反面及左、右尺寸的确定。 ⑨ 石材贴面完成后，必须用厂商提供的保护剂进行保护层的处理。 ⑩ 采用吊挂湿贴或直接粘贴两种工艺方式。 (二) 技术标准 A. 直接粘贴 ① 石材品质、规格、色泽、图案、拼贴工艺应符合设计要求。 ② 石材粘结牢固，无空鼓，缝隙顺直。 ③ 石材表面洁净、光滑，无缺棱、掉角。 ④ 色泽拼接自然，无生痕，无翘色现象。 ⑤ 表面平整度允许偏差为1mm（2m以内）。 ⑥ 立面垂直度允许偏差为2mm（2m以内）。 ⑦ 接缝平直允许偏差为2mm（2m以内）。 ⑧ 浅色石尖须用白水泥粘贴。 ⑨ 地面整水坡度，严格按图纸及有关施工规定执行。 ⑩ 石材粘贴后必须待结合面及基底干透后再补缝，以免造成应力变形。 ⑪ 因设备及管道影响（完成面尺寸超过50mm），需增加50mmx50mm镀锌角铁底架，间距应和石材的铺贴分格一致并应小于500mm，挂焊钢网进行铺贴 B. 干挂石 1. 挂石构件必须符合设计要求、强度要求（不锈钢挂件）、规范（石石胶）。 2. ① 石材品质、规格、色泽、图案、拼贴工艺应符合设计要求。 ② 石材表面洁净、光滑，无缺棱、掉角。 ③ 色泽拼接自然，无生痕，无翘色现象。 ④ 表面平整度允许偏差为2mm（2m以内）。 ⑤ 立面垂直度允许偏差为2mm（2m以内）。 ⑥ 接缝平直允许偏差为2mm（2m以内）。 C. 洗手间底托架 ① 卫生间的石材面板或洁具面盆的主要结构骨架，由于数量多，隐蔽性强，必须严格控制其施工质量。 ② 采用40mm×40mm优秀角钢为骨架用料，经烧焊成形，并置锡金属层，油防锈漆三次。 ③ 底托架的烧焊成形，必须符合根据不同型号房间的规格、尺寸、大面积的烧焊作业，必须在指定的专门作业面进行。 ④ 托架的现场安装，应注意预留水泥砂浆层与石材完成的厚度。 ⑤ 托架安装的膨胀螺栓钻孔，必须注意避开隐蔽工程预埋的各类水管等，以免造成今后墙体渗水、渗漏的长期隐患。

图 1.2–29　设计说明

4. 材料表

无论是公装还是家装，所有项目的整套设计图中必须包含材料表。

材料表通常包含以下信息：①材料名称；②材料编号；③使用部位；④产品规格；⑤耐火等级；⑥材料商及联系电话。材料表一般以集中列表形式表达，见图 1.2–30。也有设计公司以一个材料一张列表的形式提供材料表，图 1.2–31 是某建筑室内设计事务所的材料表。具体按什么形式编制材料表要尊重各自设计企业的具体规定。

MATERIAL SCHEDULE 物料明细表

PROJECT 项目名称：××××××××04区住宅项目 C-1户型　　PROJECT REF. 项目档案：D16224

CODE 代号	DESCRIPTION 内容	LOCATION 位置	MODEL 型号	SUPPLIER 供应商	
PT-01	白色乳胶漆	见图	ICI白色乳胶漆	承建商	
PT-02	白色防潮乳胶漆	见图	ICI白色防潮乳胶漆	承建商	
PT-03	黑色防潮乳胶漆	风口	ICI黑色防潮乳胶漆	承建商	
WD-01	木饰面	见图	见样板	承建商	
WD-02	橙色烤漆	见图	见样板	承建商	
WD-03	白色烤漆	见图	见样板	承建商	
MT-01	黑色拉丝不锈钢	见图	进口304钢，要求镜面反射效果不变形（块面：1.5mm厚，线条：1.2mm厚，背面均需开V槽折角）	××电梯装饰工程有限公司	联系人：张×
MT-02	白色焗漆铁艺	餐厅		承建商	
MR-01	灰镜	见图	除特别说明外，厚度均6mm	承建商	
MR-02	银镜	见图	除特别说明外，厚度均6mm	承建商	
GL-01a	特殊玻璃	主人睡房、主人浴室	样板和型号后补	广州市×××玻璃实业有限公司	联系人：张×
GL-01b	特殊玻璃	主人睡房、主人浴室	YG16051306	广州市×××玻璃实业有限公司	联系人：张×
GL-02	白色焗漆玻璃	餐厅	YG11080525	广州市×××玻璃实业有限公司	联系人：张×
GL-03	超白钢化玻璃	见图	除特别说明，厚度均12mm	承建商	
ST-01	圣诞米黄石	客厅、走廊、厨房地面、窗台石、门槛石		深圳市××石业有限公司	联系人：温×
ST-01a	圣诞米黄石(防滑面)	浴室地面		深圳市××石业有限公司	联系人：温×
ST-02	马德里灰	主人浴室地面		深圳市××石业有限公司	联系人：温×
ST-02a	马德里灰(防滑面)	淋浴间地面		深圳市××石业有限公司	联系人：温×
ST-03	大花白	浴室、主人浴室墙身、客厅电视墙		深圳市××石业有限公司	联系人：温×
FL-01	复合木地板	睡房地面	胡桃木（本色）	×××	联系人：王×
WP-01	墙纸	儿童房	RAND 6539-201 chamois	广州××××贸易有限公司	联系人：崔×
WP-02	墙纸	主人睡房主幅	30520	广州××××贸易有限公司	联系人：崔×
WP-03	墙纸	睡房	ASL-148082 Fresco	广州××××贸易有限公司	联系人：崔×

图 1.2–30　材料表（部分）

ST-02 北极灰大理石（亮面）

图 1.2–31　某建筑室内设计事务所材料表

5. 打印装订

设计文本的打印装订一般委托专门的图文制作公司或公司的专责部门。装订的数量根据设计合同要求执行。

要完成以上所有设计流程和所有设计图纸，都会涉及建筑室内设计／建筑装饰装修工程材料、构造、施工这三部分的基础知识，这些基础知识是我们室内设计专业学生必须完整掌握的。它们涉及很多技术性很强的内容，这些我们将在后续课程中逐一详细介绍。

理论学习效果自我检查

1. 用草图画出室内设计流程图。
2. 楼地面主要需要设计什么图纸，处理哪些构造细节？
3. 顶棚主要需要设计什么图纸，处理哪些构造细节？
4. 墙柱面主要需要设计什么图纸，处理哪些构造细节？
5. 节点详图有几个主要的内容，处理哪些构造细节？
6. 完整的图纸还包括哪些系统文件，各有什么要求？

实践教学

项目 1.3　课程概述实训

实地考察实训任务和要求

实训任务（3 选 1）扫描二维码 1.3–1 获得实训任务书电子活页。

二维码 1.3–1
（下载）

P1–1　实地考察本地建筑室内设计项目

实训内容

考察你所在城市著名的建筑室内设计项目，重点考察材料、构造的运用情况。

建议：选择车站、商店、学校、医院、影剧院等不同类型的建筑，考察它们的功能布局，室内墙面、顶棚、地面等界面设计以及木制品工程和装饰材料的运用情况。拿起手机，拍摄室内墙面、顶棚、地面等界面设计以及木制品工程相关照片或视频。回校以后进行整理分类。根据已有知识分辨室内墙面、顶棚、地面构造细节和表面材料。

P1–2　实地考察本地建筑室内设计企业

实训内容

考察一个本地知名的建筑室内设计企业和该企业的在建工地。

建议：由任课教师联系一个当地知名的建筑室内设计企业和工地，请企业设计总监做下列讲解，并带领学生参观该企业。

（1）企业最近正在进行的设计项目，实际项目的核心流程。

（2）设计企业的业务运作情况。

（3）参观企业的一个在建工地。了解建筑室内设计材料选择的重要性、构造设计的原则、建筑室内设计施工内容。

P1–3　实地考察本地建筑室内设计材料市场

1. 实训内容

考察一个大型的建材超市。

（1）大型的建材超市的地理位置、规模、定位。

（2）该建材超市的平面布局和该建材超市售卖的主要材料类型。

（3）该建材超市的运营模式。

2. 实训目的

通过上述考察，对课程讲解的内容加深理解，充分认识本课程的重要性。使自己在今后的学习中更好地掌握本课程应该掌握的基本知识与基本技能。同时培养自己的观察能力、记录能力、书面和口头表达能力。

3. 实训要求

（1）写出考察报告。在建筑室内设计项目、企业、材料市场三个要素中自由选择一个内容撰写考察报告，三个主题都要涉及通过建筑室内设计工程考察，如何学好"建筑室内设计材料 · 构造 · 施工"课程这部分内容。

（2）字数要求：不少于 1500 字。

（3）成果要求：图文并茂。

（4）成果展示与评论。

4. 自我测评和教师考核

系列	考核内容	考核方法	要求达到的水平	最高得分	自我评分	教师评分
基本素质	组织纪律性	电子签到	准时、安全到达考察地点	10		
		检查笔记情况	认真观察、认真听讲、认真做笔记	10		
实际能力	在校外实训室/场所，认真参与各项考察活动，完成考察的全过程	检测各项能力	现场观察能力	10		
			笔记能力	10		
			分析归纳能力	10		
			实习报告写作能力	10		
			理论联系实际能力	10		
表达能力	考察报告	考察报告质量	考察报告条理清楚、内容翔实、书写清晰	20		
	考察汇报	汇报质量	口头汇报交流条理清晰	10		
任务完成最终得分						

从下一章节开始我们将详细讲解建筑室内设计工程楼地面、顶棚、墙柱面、木制品工程的材料选择、构造设计、施工工艺的基础知识，欢迎大家继续学习。

建筑室内楼地面工程设计

★教学内容

项目 2.0 建筑室内楼地面工程设计课程素质培养

● 理论教学

项目 2.1 建筑室内楼地面工程设计基本概念

项目 2.2 建筑室内楼地面工程设计基本材料

项目 2.3 建筑室内楼地面工程设计基本原理

● 理论实践一体化教学

项目 2.4 建筑室内楼地面工程设计延伸扩展

项目 2.5 建筑室内楼地面工程设计应用案例

● 实践教学

项目 2.6 建筑室内楼地面工程设计实训

★教学目标

职业素质目标

1. 能正确树立职业环保意识
2. 能正确树立职业标准意识

知识目标

1. 能正确理解建筑室内楼地面工程设计基本的概念、分类、功能
2. 能基本了解建筑室内楼地面工程设计所涉及的基本装饰材料
3. 能正确理解建筑室内楼地面工程设计基础构造设计基本原理
4. 能正确理解建筑室内楼地面工程设计构造设计施工工作流程

技术技能目标

1. 能正确绘制建筑室内楼地面工程设计基础构造的节点详图
2. 能基本了解建筑室内楼地面工程设计基础构造的施工工艺
3. 能派生扩展建筑室内楼地面工程设计基础构造的现实应用
4. 能初步完成建筑室内楼地面工程铺装图标注详细技术细节
5. 能初步完成对施工人员楼地面工程铺装构造详图技术交底

专业素养目标

1. 养成科学严谨的建筑室内设计楼地面工程设计思维的素养
2. 养成能按经典的工作流程解决室内楼地面工程问题的素养

项目 2.0　建筑室内楼地面工程设计课程素质培养

素质目标：能正确树立职业环保意识

素质主题：建筑装饰装修专业人员在家庭装修中要慎用深色石材

素质案例：家庭装修中能不能大面积使用深色石材？

小王在 5 年前，贷款购买了婚房，并且自己进行装修。他在客厅地面铺上了最喜欢的大花绿大理石，在厨房和卫生间地面铺上了印度红花岗石。装修完工之后，一家人就欢欢喜喜住了进去。来参观他家的亲朋好友也都夸小王能干。

可是过了 4 年，小王 2 岁的儿子，经常咳嗽、发烧、胸痛。看了多次医生也找不出病因。

有一天，他的一位懂装修的朋友到他家做客，小王与他聊到此事。朋友看了他家的地面装修，大面积使用深色石材，心生怀疑，建议他测试一下地面装修材料的放射性物质含量。

果不其然，他家的花岗石放射性物质严重超标。氡浓度达到 668 Bp/m^2，大大超过国家规定不得高于 100 Bp/m^2 的水平。

职业警示：建筑装饰装修专业人员要有高度的环保意识，在家庭装修中要慎用深色石材。深色的花岗石和大理石常含有一些放射性元素，如镭、铀等，这些元素在衰变过程中会产生放射性物质，如氡等。长期呼吸高浓度的含放射性物质的空气，会对人的呼吸系统，尤其是肺部造成辐射损伤，并引发多种疾病，严重的还会导致人体部分细胞癌变，危及生命。

素质实践：搜索国家对石材适用分类的标准。石材共分为几类？哪一类除室内以外，其他地方均可适用？哪一类适用于室内环境？

素质目标：能正确树立职业标准意识

素质主题：建筑装饰装修专业人员在工作中要严格执行国家标准

素质案例：违反国家教学楼楼梯设计标准，造成重大伤亡事故！

2005 年 10 月 25 日晚 8 时许，四川省通江县广纳镇中心校发生重大安全事故，7 名小学生死亡，37 名小学生受伤，立即被送进县医院抢救。

新闻内容详见二维码 2.0–1.

二维码 2.0–1

从现场图片判断：发生事故的教学楼楼梯明显不符合《中小学校设计规范》GB 50099—2011 要求。

该规范 8.7.6 中小学校的楼梯扶手的设置应符合下列规定：

1　楼梯宽度为 2 股人流时，应至少在一侧设置扶手；

2　楼梯宽度达 3 股人流时，两侧均应设置扶手；

3　楼梯宽度达 4 股人流时，应加设中间扶手，中间扶手两侧的净宽均应满足本规范第 8.7.2 条的规定；

……

该楼梯梯段宽度为 1.50m（2.5 股人流），课后急拥下楼时，挤入 3 股人流，必然有人侧身下行，极易跌倒。

职业警示：建筑装饰装修专业从业人员要从严掌握国家针对各类建筑所颁布的各类设计规范。特别是设计人员，在进行工程设计时，要源头把握，要严格执行国家相关设计规范。

素质实践：搜索《建筑设计防火规范（2018 年版）》GB 50016—2014，阅读理解其中对民用建筑的防火要求。

理论教学

项目 2.1　建筑室内楼地面工程设计基本概念

2.1.1　地面与楼面的基本概念

地面与楼面是有区别的，图 2.1–1 清晰地告诉我们什么是楼地面。

1. 地面

地面指地坪层的构造层，地坪层构造下面是基土。它一般由面层、结合层、基层和基土组成。其构造组成见图 2.1–2。

1）面层。面层是地面承受各种物理、化学作用的表面层。因此，使用要求不同，面层的材料也各不相同，但一般都应具有一定的强度、耐久性、舒适性和安全性，以及具有较好的美化效果。

2）结合层。结合层是面层与下一构造层连结的构造层，有时也可以作为面层的弹性垫层。

3）基层。基层包括垫层、找平层、隔离层、填充层等。

（1）垫层。垫层是地坪层的结构层，它承受并传递地面荷载于基土。因此，垫层必须坚固、稳定，具有足够刚性，以保证安全与正常使用。垫层有刚性和

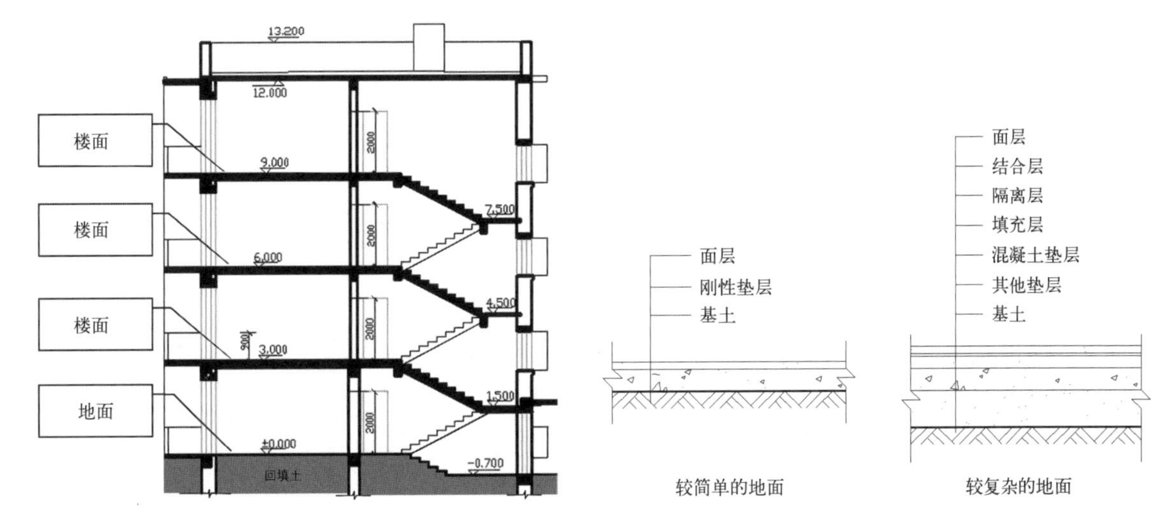

图 2.1–1　楼地面概念示意图（左）
图 2.1–2　地面构造组成（右）

柔性两类。刚性垫层有水泥混凝土、灰土和三合土垫层，柔性垫层有砂、砂石、炉渣、碎石和碎砖垫层。各类垫层厚度均需根据使用荷载大小确定。

（2）找平层。找平层是在垫层、楼板或填充层（轻质、松散材料）上起整平或加强作用的构造层。找平层一般采用水泥砂浆或水泥混凝土（细石混凝土）做成。

（3）隔离层。隔离层是防止建筑地面上的各种液体往下渗透或地下水（潮气）往上渗透至地面的构造层。当隔离层仅起防止地下潮气透过作用时，可称为防潮层。隔离层一般采用防水卷材、防水涂料或沥青砂浆做成。

（4）填充层。填充层是在建筑地面上起保温、隔声、找坡、敷设暗管道作用的构造层。填充层一般采用轻质、保温材料做成。

4）基土。基土通常是夯实的回填土，它是地坪的最下层，承受上层传来的各种荷载。

2. 楼面

楼面是指楼层的构造层，它的下面是楼下的空间。它一般由面层、结合层、基层和结构层组成，其基本构造见图 2.1–3。

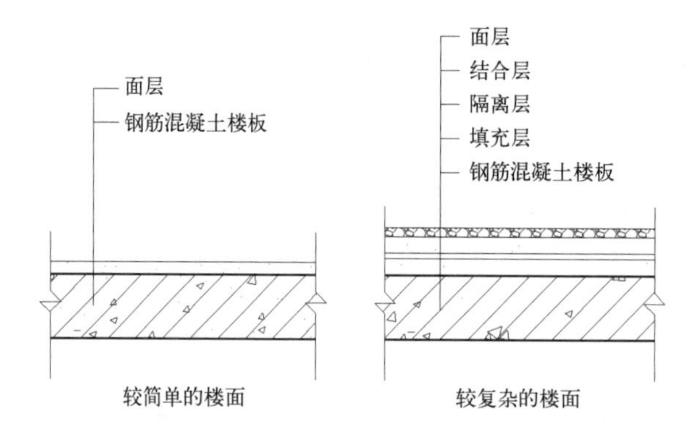

图 2.1–3 楼面构造组成

1）面层、结合层。楼面的面层、结合层与地面的对应构造层完全相同。

2）基层。楼面的基层构造层也与地面的相应构造层基本相同（如找平层、填充层），但没有垫层，一般没有仅起防潮作用的隔离层。

3）结构层。楼面的结构层是楼层的各类楼板，承受面层传来的各种使用荷载及结构自重。

2.1.2 楼地面的分类

楼地面可从四个不同角度进行分类，详见图 2.1–4。

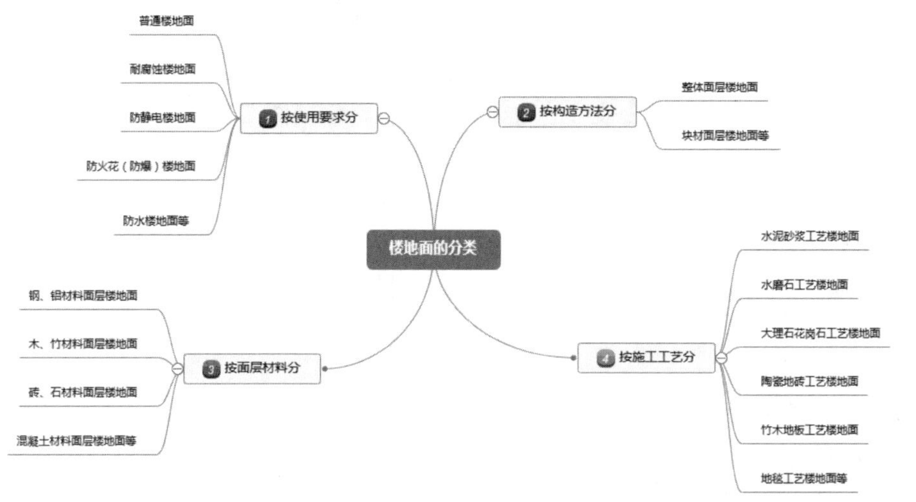

图 2.1-4 楼地面分类图

2.1.3 楼地面的基本功能

1. 保护功能

建筑的使用寿命与使用条件及环境有很大的关系。楼地面的面层在一定程度上缓解了外力对结构构件的直接作用，起到一种保护作用。它可以起到耐磨、防撞、防水、防锈蚀等作用，因此保护了结构构件，提高了使用寿命。

2. 使用功能

人们使用房屋的楼面和地面，因房间功能不同而有不同的要求，一般要求坚固、耐磨、平整、不易起灰和易于清洁等。对于居住和人们长时间停留的房间，要求面层具有较好的蓄热性和弹性，对于厨房和卫生间等房间，则要求防水、防滑等。有时，还必须根据建筑的要求考虑以下一些功能：

1）隔声要求。隔声主要是对楼面而言的，它包括隔绝空气声和撞击声两个方面。当楼地面的质量较大时，空气声的隔绝效果较好，且有助于防止发生共振现象。撞击声的隔绝，其途径主要有两个：一是采用浮筑面层的做法；二是采用软质面层的做法。前者构造施工较复杂，且效果一般；后者主要是利用软质材料作面层，做法简单。

2）吸声要求。在标准较高，室内音质控制要求较严格，使用人数较多的公共建筑中，需要有效地控制室内噪声，合理地选择和布置楼地面材料。一般来说，表面致密光滑、刚性较大的地面，如大理石地面，对于声波的反射能力较强，吸声能力极小；而各种软质地面，可以起到较大的吸声作用，如化纤地毯的平均吸声系数达到 0.55。

3）保温要求。从材料特性的角度考虑，水磨石、大理石楼地面等都属于热传导性较高的材料，而木地板、塑料地面等则属于热传导性较低的楼地面。

从人的感受角度考虑，人们容易以对某种地面材料导热性能的认识来评价整个建筑空间的保温特性。

4）弹性要求。一个力作用于一个刚性较大的物体与作用于一个有弹性的物体时的反作用力是完全不一样的，这是因为弹性材料的变形具有吸收冲击能量的性能，冲力很大的物体接触到弹性物体其所受到的反冲力比原先要小得多。因此，人在具有一定弹性的地面上行走，感觉比较舒适。对一些装饰标准较高的建筑室内地面，应尽可能采用具有一定弹性的材料作为楼地面的面层。

3. 装饰功能

地面的装饰是整个装饰工程的重要组成部分，对整个室内的装饰效果有很大影响。它与顶棚共同构成了室内空间的上下水平界面。同时，通过二者巧妙的组合，可使室内产生优美的空间序列感。楼地面的图案与色彩设计，对烘托室内环境气氛也具有一定的作用，楼地面饰面材料的质感，也可与环境构成统一对比的关系。

理论学习效果自我检查

1. 简述地面与楼面的区别。
2. 简述地面的构造组成，并用草图进行图示。
3. 简述楼地面的分类，并用草图画出示意图。
4. 用软件画出楼地面的三大功能思维导图。

项目 2.2　建筑室内楼地面工程设计基本材料

2.2.1　地面基层材料

图 2.2–1　黄沙（河沙）（左）
图 2.2–2　碎石（右）

1. 沙

沙是地面工程不可缺少的基础材料，一般分为河沙和海砂。室内设计工程要求用河沙，见图 2.2–1，不能用海砂。因为海砂含氯，盐分大，对建筑结构和装饰材料的质量会产生影响，尤其是对金属材料会造成腐蚀。河沙不含盐，对混凝土和钢筋无任何腐蚀作用。河沙和海砂的性质见表 2.2–1。

河沙与海砂对比表 **表2.2–1**

对比项	河沙	海砂
外观颜色	颜色黄亮	颜色较为暗沉，呈深褐色
颗粒大小	颗粒感更粗，表面粗糙适中	颗粒感更细，有的海砂可以达到粉末状
黏手程度	不黏手	海砂一般黏手，不好拍掉
气味	只有土味	有一定的咸味

河沙有粗、中、细、特细 4 档。粗沙沙径大于 0.5mm，中沙沙径在 0.35~0.5mm 之间，细沙沙径在 0.25~0.35mm 之间，特细沙沙径小于 0.25mm。室内设计工程一般要求使用中沙。除此之外，还要求杂质越少越好。如果混有泥土、枯叶等，就会大大增加空鼓和粘结不牢的概率。另外，同一个工程最好用同一家供应商的河沙。

2. 土

土是地面上的泥沙混合物，里面可能含有石子、砂子等杂物。土不具有刚性的联结，物理状态多变，力学强度低，这是土与岩石的根本区别。

地面基层用的基土严禁用淤泥、腐殖土、冻土、耕植土、膨胀土和含有有机物质大于 8% 的土作为填土，一般要求用原土。

3. 碎石

建筑用碎石（图 2.2–2）是天然岩石、卵石或矿山废石经机械破碎、筛分制成的，粒径大于 4.75mm 的岩石颗粒。建筑基层用的碎石分为Ⅰ、Ⅱ、Ⅲ类，其技术指标见表 2.2–2。

碎石的技术指标表 **表2.2–2**

等级	泥粉含量（质量分数）	泥块含量（质量分数）	针、片状颗粒含量（质量分数）	有害物质限量（硫化物及硫酸盐，按 SO_3 质量计）	坚固性指标（质量损失率）	压碎指标	吸水率
Ⅰ类石	≤0.5%	≤0.1%	≤5%	≤0.5%	≤5%	≤10%	≤1.0%
Ⅱ类石	≤1.5%	≤0.2%	≤8%	≤1.0%	≤8%	≤20%	≤2.0%
Ⅲ类石	≤2.0%	≤0.7%	≤15%	≤1.0%	≤12%	≤30%	≤2.5%

资料来源：《建设用卵石、碎石》GB/T 14685—2022。

4. 水泥

这里介绍的通用硅酸盐水泥是以硅酸盐水泥熟料和适量的石膏及规定的混合材料制成的水硬性胶凝材料。

通用硅酸盐水泥按混合材料的品种和掺量分为硅酸盐水泥、普通硅酸盐水泥、矿渣硅酸盐水泥、火山灰质硅酸盐水泥、粉煤灰硅酸盐水泥和复合硅酸盐水泥。

硅酸盐水泥的强度等级分为 42.5、42.5R、52.5、52.5R、62.5、62.5R 六个等级。

普通硅酸盐水泥的强度等级分为 42.5、42.5R、52.5、52.5R 四个等级。

矿渣硅酸盐水泥、火山灰质硅酸盐水泥、粉煤灰硅酸盐水泥、复合硅酸盐水泥的强度等级分为 32.5、32.5R、42.5、42.5R、52.5、52.5R 六个等级。

硅酸盐水泥是由硅酸盐水泥熟料、0~5% 的石灰石或粒化高炉矿渣、适量石膏磨细制成的水硬性胶凝材料。其生产的主要过程如图 2.2–3 所示。

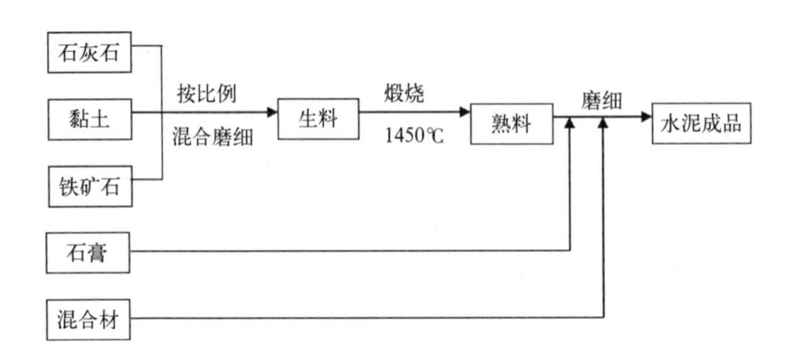

图 2.2–3 硅酸盐水泥生产的主要过程

通用硅酸盐水泥的特性：

1）早期及后期强度均高。适合早强要求高的工程，如冬期施工，预制、现浇等工程和高强度混凝土，如预应力钢筋混凝土。

2）抗冻性好。适合严寒地区受反复冻融作用的混凝土工程。

3）抗碳化性好。适合用于空气中二氧化碳浓度高的环境。

4）干缩小。可用于干燥环境的混凝土工程。

5）水化热高。不得用于大体积混凝土工程。但有利于低温季节蓄热法施工。

6）耐热性差。因水化后氢氧化钙含量高，不适合耐热混凝土工程。

7）耐腐蚀性差。不宜用于受流动水、压力水、酸类和硫酸盐侵蚀的工程。

8）湿热养护效果差。硅酸盐水泥在常规养护条件下硬化快、强度高。但经过蒸汽养护后，再经自然养护至 28d 测得的抗压强度往往低于未经蒸汽养护的 28d 抗压强度。

通用硅酸盐水泥在建筑室内设计工程中最基本的应用是作为抹灰材料的主要原料。清水水泥和混凝土饰面也成为粗野风格建筑装饰的饰面材料。

2.2.2 地面常用面层材料

1. 花岗石

花岗岩是常用的一种深成岩浆岩，经磨光的花岗石板材装饰效果好。主要矿物成分为长石、石英及少量暗色矿物和云母。由于次要矿物成分含量的不同，常呈整体均粒状结构，具有色泽深浅不同的斑点状花纹。

1）主要性能。详见表 2.2–3 花岗石主要技术指标。

花岗石主要技术指标 **表2.2–3**

技术性能	参数
表观密度（kg/m³）	2500~2800
干燥压缩强度（MPa）	≥100.0
吸水率（%）	≤0.60
弯曲强度（MPa）	≥8.0（四点弯曲）
莫氏硬度	6~7
结构	致密
抗压强度	高
化学稳定性、抗冻性、耐磨性和耐久性	好
风化变质	不易
耐酸性	很强
耐火性	差
放射性物质（镭、钍等放射性元素）	红色、深红色花岗石在衰变中会产生对人体有害的物质

2）主要颜色。有灰、白、黄、粉红、红、黑、棕色、金色、蓝色和白色等多种颜色（图 2.2–4~ 图 2.2–9）。

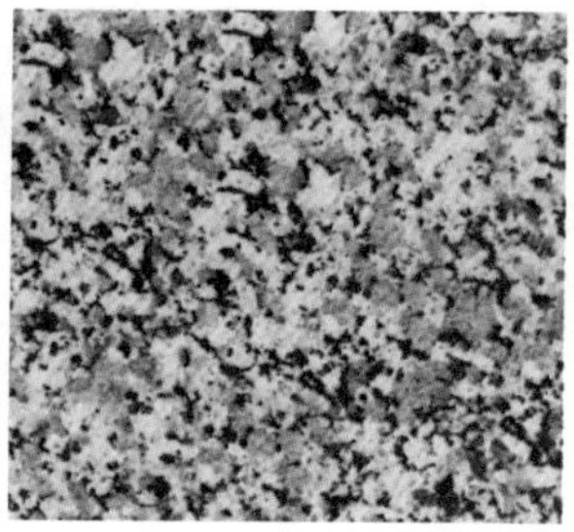

图 2.2–4 巴伊亚灰条红（左）
图2.2–5 白珠白麻(中)
图2.2–6 安德鲁白(右)

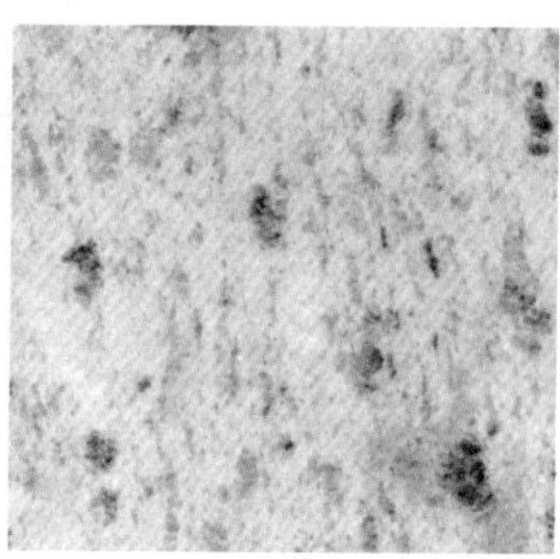
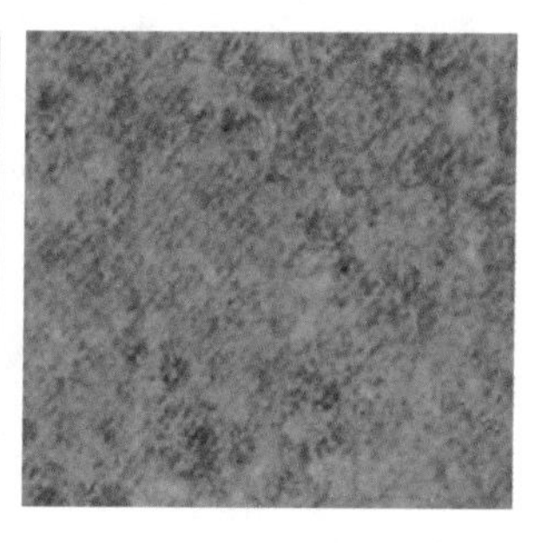

图2.2–7 巴希亚蓝(左)
图 2.2–8 雪中红（中)
图2.2–9 巴西玫瑰(右)

花岗石的产地分布非常广，许多国家都出产花岗石。中国约 9%的土地（约 80 万平方公里）都是花岗岩岩体。常见的花岗石品种见表 2.2–4。

花岗石产地表 表2.2-4

洲	产品名称	产地
亚洲	玉麒麟	越南
	宫廷石、印度中花、咖啡珍珠、蒙地卡罗、印度黑金	印度
	山西黑（山西）、玄武黑（福建）、泰山红（山东）、岑溪红（广西）、大红梅（海南岛）、中国红（四川）、黑金刚（内蒙古）、豆绿（江西）、青底绿花（安徽）、雪里梅（河南）	中国
美洲	Autumn Brown	加拿大
	美国白麻、德州红	美国
	高蛟红、绿蝴蝶	巴西
欧洲	瑞典桃木石	瑞典
	洞石	意大利
	蓝珍珠	挪威
	猫灰石	葡萄牙
	玫瑰红	西班牙
	小翠红、老鹰红、卡门红、绿玛宝、菊花岗	芬兰
非洲	南非红、森林蓝	南非

3）主要用途。花岗石普遍用于外墙面、柱面和地面装饰，也常用于砌筑基础、勒脚、踏步、挡土墙等。由于其有较高的耐酸性，可用于工业建筑中的耐酸衬板或耐酸沟、槽、容器等，碎石和粉料可配制耐酸混凝土和耐酸胶泥。

4）主要规格。多为方形和矩形，常用的矩形规格有：500mm×250mm、600mm×300mm、600mm×500mm、700mm×350mm等，厚度均为20mm。

地面板常用的方形规格有：300mm×300mm、400mm×400mm、500mm×500mm、600mm×600mm、800mm×800mm。

5）主要工艺。花岗石的表面加工工艺非常丰富，常见的加工工艺见表2.2-5。

石材表面加工工艺 表2.2-5

序号	加工工艺	说明
1	抛光	表面非常的平滑，高度磨光，有镜面效果，有高光泽。花岗石、大理石和石灰石通常是抛光处理，并且需要不同的维护以保持其光泽
2	亚光	表面平滑，但是低度磨光，产生漫反射，无光泽，不产生镜面效果，无光污染
3	粗磨	表面简单磨光，把毛板切割过程中形成的机切纹磨没即可
4	机切	直接由圆盘锯、砂锯或桥切机等设备切割成形，表面较粗糙，带有明显的机切纹路
5	酸洗	用强酸腐蚀石材表面，使其有小的腐蚀痕迹，外观比磨光面更为质朴。大部分的石头都可以酸洗，但是最常见的是大理石和石灰石。酸洗也是软化花岗岩光泽的一种方法

续表

序号	加工工艺	说明
6	荔枝	表面粗糙，凹凸不平，是用凿子在表面上密密麻麻地凿出小洞，有意模仿水滴经年累月地滴在石头上的一种效果
7	菠萝	表面比荔枝加工更加地凹凸不平，就像菠萝的表皮一般（图2.2–10）
8	剁斧	也叫龙眼面，是用斧剁敲在石材表面上，形成非常密集的条状纹理，有些像龙眼表皮的效果（图2.2–11）
9	火烧	表面粗糙。这种表面主要用于室内（如地板），或作商业大厦的饰面，劳动力成本较高。高温加热之后快速冷却就形成了火烧面
10	开裂	俗称自然面，其表面粗糙，不过不像火烧那样粗糙。自然面产品来源一般有两种，一是矿山开采时荒料表面形成的自然面，二是工厂加工的自然面
11	翻滚	表面光滑或稍微粗糙，边角光滑且呈破碎状。有几种方法可以达到翻滚效果。20mm的砖可以在机器里翻滚，30mm砖也可以翻滚处理，然后分裂成两块砖。大理石和石灰石是翻滚处理的首选材料
12	刷洗	表面古旧。处理过程是刷洗石头表面，模仿石头自然的磨损效果
13	水冲	用高压水直接冲击石材表面，剥离质地较软的成分，形成独特的毛面装饰效果
14	仿古	模仿石材使用一定年限后的古旧效果，一般是用仿古研磨刷或仿古水来处理，一般仿古研磨刷的效果和性价比高些，也更环保。火烧仿古：先火烧后再做仿古加工。酸洗仿古：先酸洗后再做仿古加工
15	喷沙	用普通河沙或是金刚砂来代替高压水冲刷石材的表面，形成有平整的磨砂效果的装饰面
16	拉沟	在石材表面上开一定的深度和宽度的沟槽
17	蘑菇面	一般是用人工劈凿，效果和自然劈相似，但是石材的表面却是呈中间突起四周凹陷的高原状

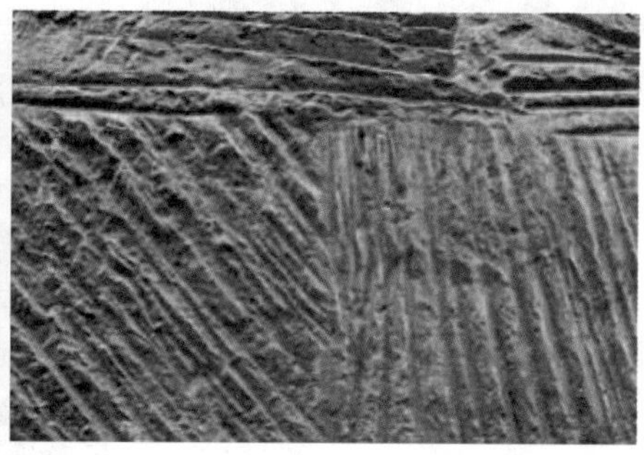

图2.2–10　石材菠萝工艺表面加工的效果（左）
图2.2–11　石材剁斧工艺表面加工的效果（右）

其他加工效果请扫描二维码 2.2–1 查看：不敢相信，家装石材的表面处理工艺居然可以高达 16 种？

6）产品标准。《天然花岗石建筑板材》GB/T 18601—2009、《天然花岗石荒料》JC/T 204—2011。

2. 大理石

大理岩也称大理石，是由石灰岩、白云石经变质而成的具有细晶结构的致密岩石。大理岩在我国分布广泛，以云南大理最负盛名。

1）主要性能。见表 2.2–6。

二维码 2.2–1

大理岩主要技术指标 表2.2–6

技术性能	参数
表观密度（kg/m^3）	2500~2700
干燥压缩强度（MPa）	≥50.0
吸水率（%）	≤0.50
弯曲强度（MPa）	≥7.0（四点弯曲）
质地	密实，表面磨光后十分美观
硬度	不高，锯切、雕刻性能好

2）主要颜色。有纯色和花斑两大类，纯大理石为白色，称作汉白玉。若含有不同的矿物杂质则呈现丰富多彩的颜色和斑条状、斑块状等各种斑驳状纹理，非常美观（图 2.2–12~ 图 2.2–23）。

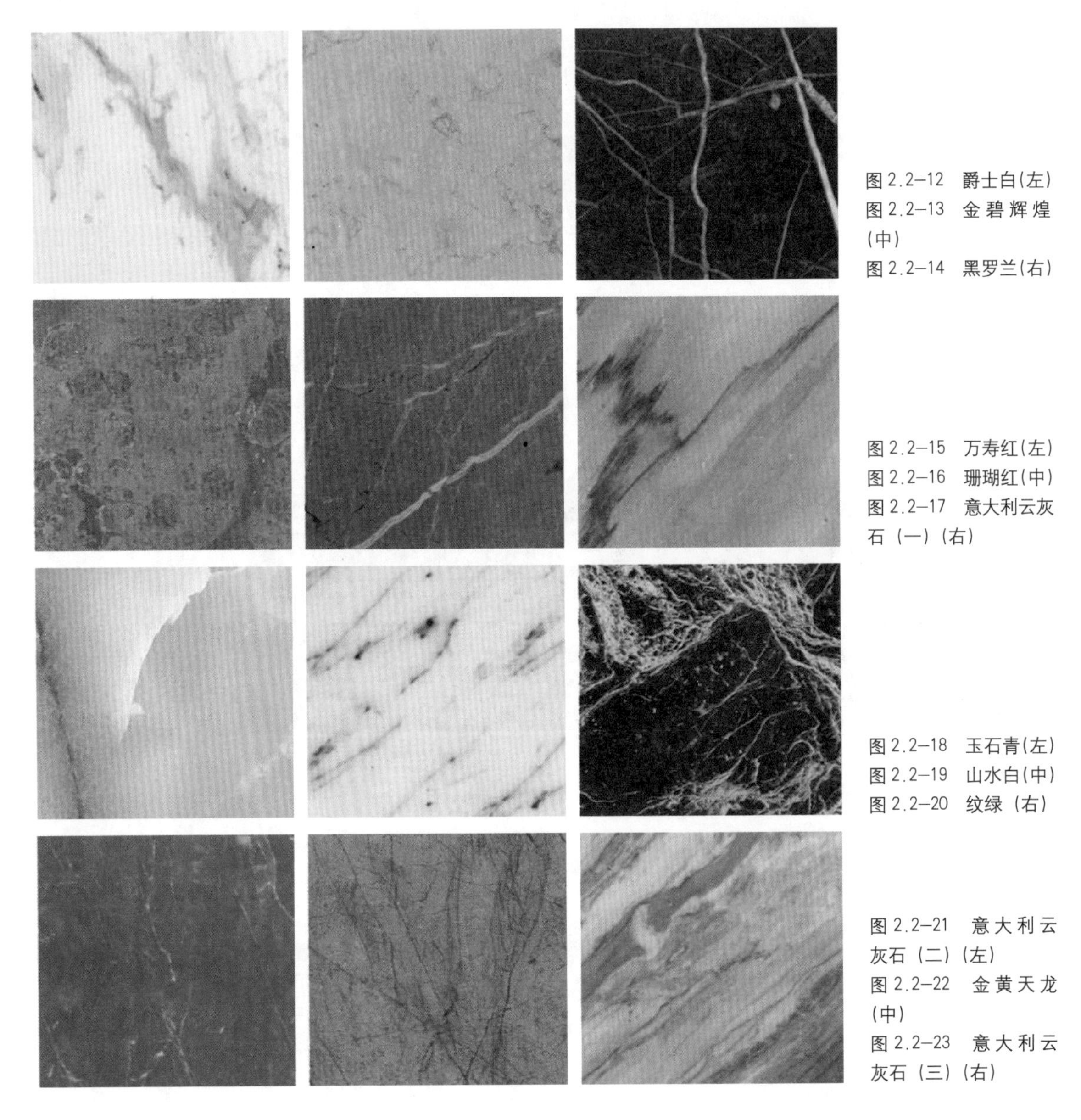

图 2.2–12 爵士白（左）
图 2.2–13 金碧辉煌（中）
图 2.2–14 黑罗兰（右）

图 2.2–15 万寿红（左）
图 2.2–16 珊瑚红（中）
图 2.2–17 意大利云灰石（一）（右）

图 2.2–18 玉石青（左）
图 2.2–19 山水白（中）
图 2.2–20 纹绿（右）

图 2.2–21 意大利云灰石（二）（左）
图 2.2–22 金黄天龙（中）
图 2.2–23 意大利云灰石（三）（右）

3）主要用途。大理石的主要矿物成分是方解石和白云石，空气中的二氧化硫遇水后对大理石中的方解石有腐蚀作用，生成易溶的石膏，从而使表面变得粗糙多孔，失去光泽。故大理石不宜用在室外或有酸腐蚀的场合。但杂质少、晶粒细小、质地坚硬、吸水率小的某些大理石可用于室外，如汉白玉、艾叶青等。

4）主要规格。天然大理石板一般多为方形和矩形，常用矩形板规格有：300mm×150mm、400mm×200mm、600mm×300mm、900mm×600mm、1200mm×600mm、1200mm×900mm 等，常用方形板规格有：300mm×300mm、400mm×400mm、500mm×500mm、600mm×600mm、800mm×800mm 等，厚度均为 20mm。

5）产品标准。《天然大理石建筑板材》GB/T 19766—2016、《天然大理石荒料》JC/T 202—2011。

3. 瓷砖

瓷砖是个统称，有釉面砖（内墙面砖）、墙地砖、陶瓷锦砖等。

1）釉面砖。是以难熔黏土为主要原料，再加入一定量非可塑性掺料和助熔剂，共同研磨成浆体，经榨泥、烘干成为含一定水分的坯料后，通过模具压制成薄片坯体，再经烘干、素烧、施釉、釉烧等工序而制成的。釉面砖正面有釉，背面有凹凸纹。

釉面砖的生产厂家很多，各种风格应有尽有，有现代的、仿古的等，见图 2.2–24~ 图 2.2–27。

现在还流行通体大理石抛光砖，尺寸很大，非常漂亮，当然价格也十分昂贵。见图 2.2–28、图 2.2–29 通体大理石抛光砖。

（1）主要性能。耐急冷、耐急热、耐腐蚀，防火、防潮、不透水、抗污染、易清洁。

（2）主要颜色。颜色和图案丰富，表面光滑。分为单色（含白色）、花色、图案砖。

（3）主要用途。主要用于厨房、浴室、卫生间、实验室、精密仪器车间及医院等室内墙面、台面等。

釉面砖不宜用于室外。因釉面砖为多孔精陶坯体，吸水率较大，吸水后将产生湿胀，而其表面釉层的湿胀性很小。因此会导致釉层发生裂纹或剥落，严重影响建筑物的饰面效果。

（4）主要规格。主要为正方形或长方形砖。常用长方形板规格有：

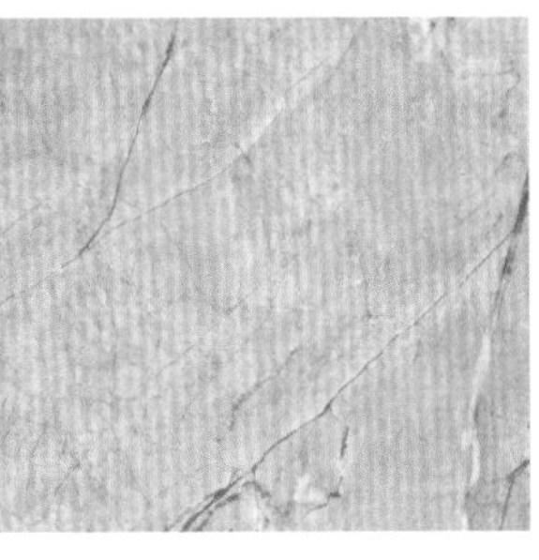

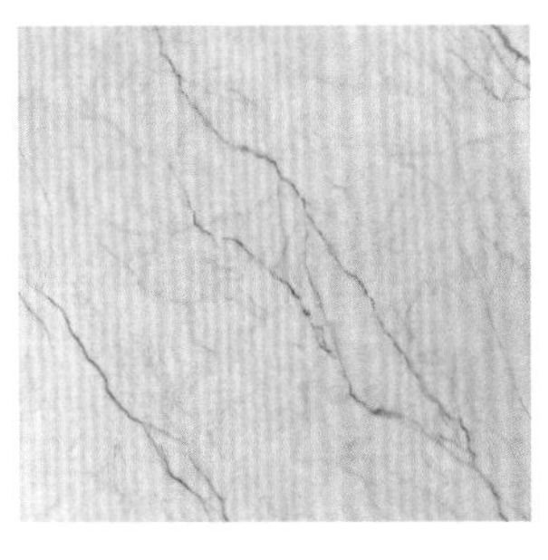

图 2.2–24　釉面砖（一）（左）
图 2.2–25　釉面砖（二）（中）
图 2.2–26　釉面砖（三）（右）

型号：C5001
500mm × 500mm

型号：C5002
500mm × 500mm

型号：C5003
500mm × 500mm

型号：C5004
500mm × 500mm

型号：C5005
500mm × 500mm

型号：C5006
500mm × 500mm

图 2.2–27　釉面砖（四）

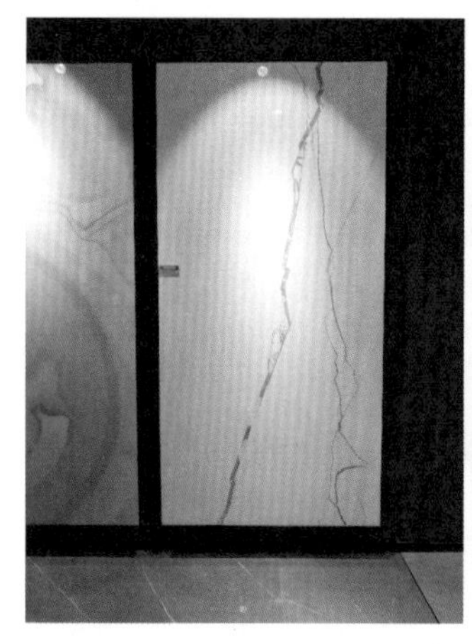

图 2.2–28　通体大理石抛光砖（左）
图 2.2–29　某厂商瓷砖销售展厅（右）

300mm × 150mm、400mm × 200mm、600mm × 300mm、900mm × 600mm、1200mm × 600mm、1200mm × 900mm 等，常用方形板规格有：300mm × 300mm、400mm × 400mm、500mm × 500mm、600mm × 600mm、800mm × 800mm 等。配件有圆边、无圆边、阴（阳）角、角座、腰线砖等。

2）墙地砖。墙地砖包括建筑物外墙装饰贴面用砖和室内外地面装饰铺贴用砖。由于此类砖可墙、地两用，故称为墙地砖。其特点是色彩鲜艳、表面平整，可拼成各种图案，有的还可仿天然石材的色泽和质感。具有耐磨、耐腐蚀，防火、防水，易清洗，不脱色，耐急冷急热等优点。主要产品见表 2.2–7。

墙地砖特点规格表　　表2.2–7

序号	产品	特点	主要规格/mm	用途
1	玻化砖	是将毛坯料在1230℃以上的高温进行焙烧，使坯中的熔融成分呈玻璃态，形成玻璃般亮丽质感的一种新型的高级陶瓷制品 玻化砖密实度好、吸水率低，长年使用不留水迹、不变色，抗酸碱腐蚀性强，耐磨性好，且原料中不含对人体有害的放射性元素	400×400、500×500、600×600、800×800、1000×1000等 厚度17	玻化砖广泛应用于公共建筑和住宅地面装饰
2	劈离砖（又称劈裂砖）	是将一定配比的原料经粉碎、练泥、密实挤压成型，再经干燥、高温焙烧而成。由于这种砖成型时双砖背联坯体，烧成后再劈离而成 劈离砖种类多、色泽丰富、自然柔和。有上釉和不上釉的。施釉的光泽晶莹，不施釉的质朴典雅、大方、无反射的眩光。劈离砖质地密实、吸水率低、强度高、抗冻性好、耐磨耐压、防潮防腐、耐酸碱和防滑的性能好	240×52、240×115、194×194、190×190等 厚度10、12	公共建筑的地面，较厚的砖还可用于广场、公园、停车场、人行道和走廊等露天地面和泳池及池岸
3	彩胎砖	是一种本色无釉的瓷质饰面砖，原材料为彩色颗粒，经混合配料，压制成多彩的坯体，再经高温焙烧而成。表面呈多彩细花纹，富有天然花岗石的纹点，质朴高雅，多为浅色调，有红、黄、绿、蓝、灰等多种基色。彩胎砖的表面有平面形、浮雕形两种，平面形又有无光、磨光、抛光之分。这种砖具有强度高、吸水率小和耐磨性好的优点	200×200、300×300、400×400、500×500、600×600等	适合人流密度大的商厦、影剧院、宾馆、饭店和大型超市等公共建筑的地面装饰，也可以用于住宅厅堂的地面装饰
4	麻面砖	是采用仿天然岩石色彩的配料，压制成表面凹凸不平的麻面坯体后，经一次烧成的炻质面砖。砖的表面酷似经人工修凿过的天然岩石面，纹理自然，粗犷质朴，有白、黄、红、灰、黑等多种色调。麻面砖吸水率小于1%，抗折强度大于20MPa，防滑耐磨	200×100、200×75、100×100等 长方形、正方形、六角形等	薄型砖适用于建筑物外墙装饰，厚型砖适用于广场、停车场、码头、人行道等

3）陶瓷锦砖。陶瓷锦砖俗称马赛克，它是一种边长不大于40mm、具有多种颜色和不同形状的小块砖镶拼组成各种花色图案的陶瓷制品。一般将设计图案反贴在大小相等的牛皮纸上，称作一联，每40联为一箱（图2.2–30~图2.2–35）。

（1）主要性能。质地坚实、抗压强度高、耐污染、耐腐蚀、耐磨、耐水、抗火、抗冻、不吸水、不滑、易清洗。

（2）主要颜色。颜色极为丰富，可自由搭配。可制成多种颜色或纹点，但大多为白色砖。其表面有无釉和施釉两种。

（3）主要用途。它主要用于室内地面铺贴。由于砖块小，不易被踩碎，适用于民用建筑的门厅、走廊、餐厅、厨房、盥洗室、浴室、游泳池等的地面铺装，也可用作高级建筑物的外墙饰面材料和工业建筑的洁净车间、工作间、化验室的地面铺装材料。用在建筑立面也有良好的装饰效果，艺术家可以将不同颜色的陶瓷锦砖拼成色彩绚丽的建筑壁画。

（4）主要规格。陶瓷锦砖采用优质瓷土烧制成方形、长方形、六角形等薄片状小块瓷砖。

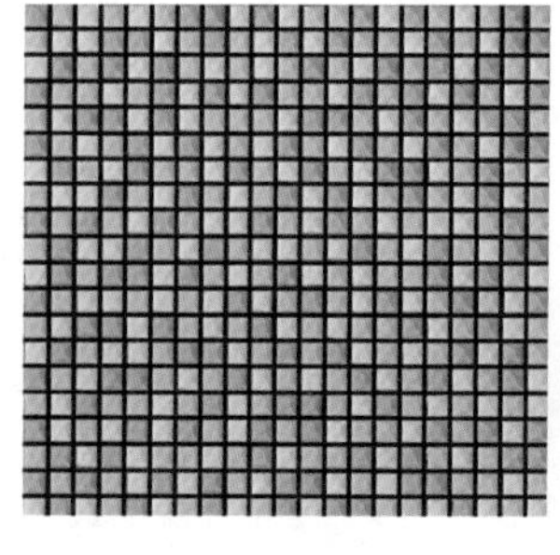

图 2.2–30 陶瓷锦砖（一）（左）
图 2.2–31 陶瓷锦砖（二）（中）
图 2.2–32 陶瓷锦砖（三）（右）

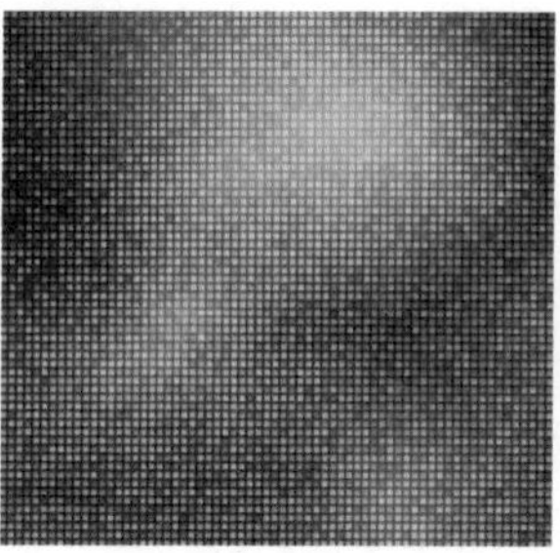

图 2.2–33 陶瓷锦砖（四）（左）
图 2.2–34 陶瓷锦砖（五）（中）
图 2.2–35 陶瓷锦砖（六）（右）

4. 实木地板

实木地板是天然木材经烘干、加工后形成的地面装饰材料，又名原木地板。

1）主要性能。它是用实木直接加工成的地板，具有木材自然生长的纹理。其基础材料是各类适合做地板的自然树木，其相关品种见表 2.2–8。

实木地板的树木品种表 **表2.2–8**

木材名称	树种名称		国外商用材名	误导名
	中文名	拉丁名		
落叶松	落叶松	Larix spp.; L.gmelinii	Larch	—
杉木	杉木	Cunninghamia lanceolata (Lamb.) Hook.	Chinese fir	—
硬槭木	槭木	Acer spp.	Hard maple	枫木
桦木	白桦 西南桦	Betula spp.; B.platyphylla, B.alnoides	Birch	樱桃木
重蚁木 铁苏木	平果铁苏木	Tabebuia spp. Apuleia spp.; A.leiocarpa	Ipe, Lapacho, Garapa, Paumulato	依贝、紫檀金象牙
摘亚木	—	Dialium spp.	Keranji, Nyamut	柚木王
双柱苏木	双柱苏木	Dicoryria spp.; D.guianensis	Angelique, Basralocus, Angelica	—
古夷苏木	—	Guiborutia spp.	Bubinga	非洲柚

续表

木材名称	树种名称		国外商用材名	误导名
	中文名	拉丁名		
李叶苏木 茚茄木	茚茄	Hymenea spp. Intsia spp.: I.bijuga	Courbaril, Jatoba, Merbau, Mirabow, Ipil	南美柚木波罗格
大甘巴豆	大甘巴豆	Koompassia spp.: K.excelsa	Kayu, Manggis, Tualang	金不换
紫心木	—	Peltogyne spp.	Amarante, Purpleheart, Morado	—
柯库木 龙脑香	柯库木 龙脑香	Kokoona spp.: K.reflexa Dipterocarpus spp.: D.alatus	Mataulat, Bajan, Perupok, Apitong, Keroeing, Keruing	柚仔木、克隆木
冰片香	—	Dryobalanops spp.	Kapur	—
重红娑罗双	—	Shorea spp.	Red balau, Balau merah, Guijo	玉檀
橡胶木	橡胶树	Hevea spp.: H.brasiliensis	Rubberwood, Para rubbertree	—
鲍迪豆	鲍迪豆	Bowdichia spp.: B.virgilioides	Sucupira	钻石柚木
二翅豆 香脂木豆	香二翅豆 香脂木豆	Dipteryx spp.: D.odorata Myroxylon spp.: M.balsamum	Cumaru, Tonka bean, Balsamo, Estoraque	龙凤檀 红檀香
美木豆	大美木豆	Pericopsis spp.: P.elata	Afromosia, Assamela, Obang	非洲柚木王

实木地板是热的不良导体，能起到冬暖夏凉的作用，具有脚感舒适、使用安全的特点。浅色木材一般质地较软、密度较小，质量较轻。深色木材质地较硬、密度较大、质量较重。

2）主要颜色。自然木材色为主，分浅、中、深色。也有很多厂商在自然木材色基础上进行人工设色，仿制名贵木材颜色。

3）主要用途。在家装中是卧室、客厅、书房等地面装修的理想材料（图 2.2–36）。

4）主要规格。实木地板的分类与规格见表 2.2–9。

图 2.2–36 实木地板的铺设效果

实木地板的分类 表2.2–9

<table>
<tr><th>序号</th><th>分类方法</th><th>常见品种</th><th>常见规格（mm）</th></tr>
<tr><td>1</td><td>按地板结构形式分</td><td>有榫接地板（企口地板）、平接地板、镶嵌地板</td><td rowspan="4">L：450、610、760、910、1210
W：61、71、85、91、95、122、180
H：12、15、18、20、25（地热地板厚度较小）</td></tr>
<tr><td>2</td><td>按用途分</td><td>有普通实木地板、体育场地木地板、集装箱木地板、潮湿环境木地板</td></tr>
<tr><td>3</td><td>按有无涂饰分</td><td>有油漆实木地板、未油漆实木地板（俗称素板）</td></tr>
<tr><td>4</td><td>按地板表面油漆光泽度分</td><td>有亮光实木地板和亚光实木地板</td></tr>
</table>

5. 复合地板

复合地板的构造一般都是由四层材料复合组成：底层、基材层、装饰层和耐磨层。

底层由聚酯材料制成，起防潮作用。

基材层一般由密度板制成，视密度板密度的不同，也分低密度板、中密度板和高密度板。

装饰层是将印有特定图案（仿真实纹理为主）的特殊纸放入三聚氢氨溶液中浸泡后，经过化学处理，利用三聚氢氨加热反应后化学性质稳定、不再发生化学反应的特性，使这种纸成为一种美观耐用的装饰层。

耐磨层是在强化地板的表层上均匀压制一层三氧化二铝组成的耐磨剂。三氧化二铝的含量和薄膜的厚度决定了耐磨的转数。每平方米含三氧化二铝为30克左右的耐磨层转数约为4000转，含量为38克的耐磨转数约为5000转，含量为44克的耐磨转数应在9000转左右，含量和薄膜厚度越大，转数越高，也就越耐磨。强化复合地板的耐磨值按耐磨转数分为高、中、低三个级别，通常住宅选用6000转以上，公共建筑应选用9000转以上。

（1）主要性能。复合地板的优缺点详见表2.2–10。

复合地板优缺点对比表 表2.2–10

优点	缺点
耐磨：约为普通漆饰地板的10~30倍以上 美观：可用电脑仿真出各种木纹和其他图案、颜色 稳定：彻底打散了原来木材的组织，破坏了各向异性及湿胀干缩的特性，尺寸极稳定，尤其适用于地暖系统的房间。此外，还有抗冲击、抗静电、耐污染、耐光照、耐香烟灼烧、安装方便、保养简单等优点	水泡损坏后不可修复，脚感较差 特别要指出的是过去曾有经销商称强化复合地板是“防水地板”，这只是针对表面而言，实际上强化复合地板使用中特别要注意的是水泡 实木复合地板、强化复合地板目前全部由供应商负责铺设

（2）主要颜色。复合地板的颜色是印刷而成的，色彩纹样主要仿自然木材。

（3）主要用途。在家装和公装领域有广泛应用，特别是公寓和办公环境（图2.2–37）。

（4）主要规格。条材强化复合地板的厚度常见的有：6mm、7mm、8mm、9mm；常用规格见表2.2–11，其尺寸偏差应符合有关规定。

图 2.2–37 复合地板铺设的房间

条材强化复合地板常用规格（单位：mm） 表2.2–11

序号	宽度	长度								
1	182	—	1200	—	—	—	—	—	—	—
2	185	1180	—	—	—	—	—	—	—	—
3	190	—	1200	—	—	—	—	—	—	—
4	191	—	—	—	1210	—	—	—	—	—
5	192	—	—	1208	—	—	—	1290	—	—
6	194	—	—	—	—	—	—	—	1380	—
7	195	—	—	—	—	1280	1285	—	—	—
8	200	—	1200	—	—	—	—	—	—	—
9	225	—	—	—	—	—	—	—	—	1820

6. 防腐木

木材最大的弱点是它的耐久性差。要作为建筑表皮材料，要么选用具有天然防腐功能的树种，要么对自然木材进行防腐处理，从而提高木材的耐久性。具有天然防腐功能的木材叫天然防腐木，经过人工处理的木材就叫人工防腐木。图 2.2–38 展示典型的人工防腐木处理工艺。

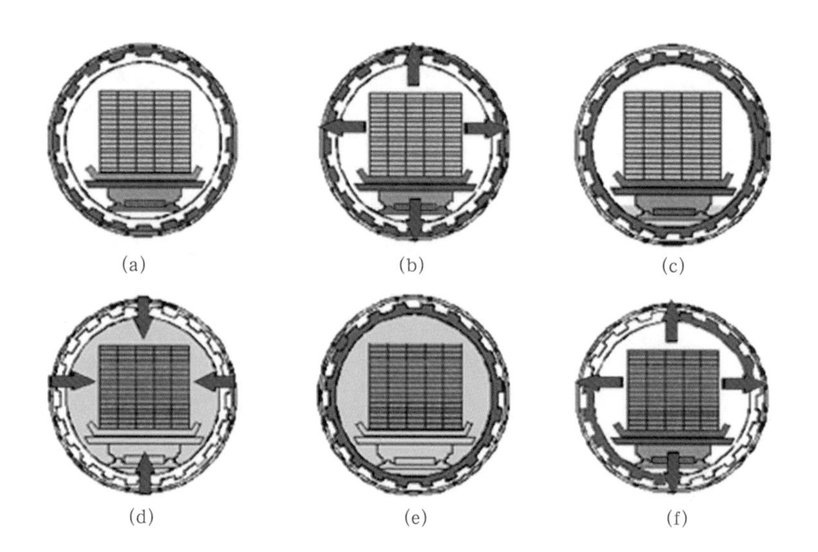

图 2.2–38 人工防腐木处理工艺流程图
(a) 木材分等窑干；
(b) 抽真空；
(c) 加入防腐剂；
(d) 加压使防腐液充分渗透；
(e) 排空防腐剂；
(f) 再次真空，固化

人工防腐木指经过防腐剂（又称防护剂）处理后的木材，目前一般是指经过不同类型的水基防腐剂或有机溶剂防腐剂处理后，达到一定的防腐等级的木材。人工防腐木具有防腐烂、防白蚁、防真菌的功效，可用于建筑外墙、露天木地板等户外环境。特殊型号的防腐木还可以直接用于与水体、土壤接触的环境中，是各类户外木地板及其他室外防腐木设施的首选材料。见图 2.2–39、图 2.2–40。

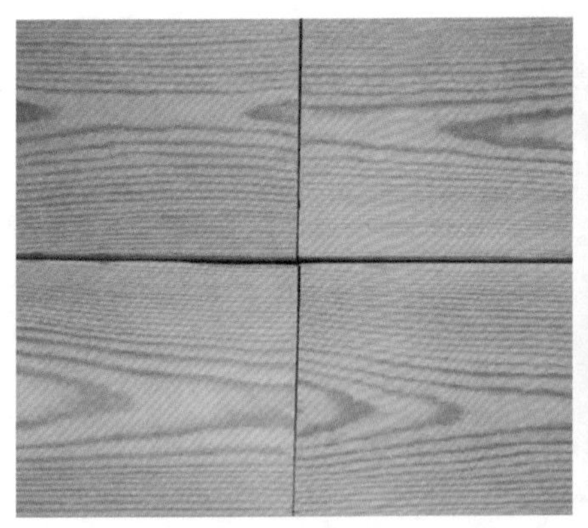

图 2.2–39　防腐木（左）
图 2.2–40　防腐木制作的户外庭院装饰（右）

人工防腐木有三个特点：

①使用含铜的水基防腐剂处理的防腐木呈绿色；

②使用化学药剂对木材进行处理，其环保和安全性能取决于防腐剂的种类和用量等；

③木材的力学强度基本不受影响。

目前防腐剂主要有 CCA、ACQ、CAB，CCA 主要成分为铜铬砷，ACQ 主要成分为氨溶烷基胺铜，CAB 主要成分为铜锉。

人工防腐木有六个适用等级，分别为 C1、C2、C3、C4A、C4B、C5。常用防腐木根据防腐等级与防腐剂的适用性，使用于不同的环境，具体见表 2.2–12。

不同使用环境的防腐木等级分类表　　**表2.2–12**

等级	使用条件	主要生物危害	防腐木材的典型用途	使用环境
C1	户内，不接触土壤，干燥	昆虫	建筑内部、装饰材料、家具	在室内干燥环境中使用，不受气候和水分的影响
C2	户内，不接触土壤，潮湿	腐朽菌、昆虫	建筑内部、装饰材料、家具、地下室、浴室	在室内干燥环境中使用，有时受潮湿和水分的影响，不受气候的影响
C3	户外，不接触土壤	腐朽菌、昆虫	（平台、步道、栈道）甲板、户外家具、建筑外门窗	在室外环境中使用，暴露在各种气候中，包括淋湿，但避免长期浸泡在水中
C4A	接触土壤或浸泡在淡水中，非重要部件	腐朽菌、昆虫	围栏支柱、支架、电杆和枕木（生物危害较低地区）	在室外环境中使用，暴露在各种气候中，且与地面接触或长期浸泡在淡水中
C4B	接触土壤或浸泡在淡水中，重要部件或难以更换的部件	腐朽菌、昆虫	木屋的基础，淡水码头护木、桩木、电杆和枕木（生物危害严重地区）	在室外环境中使用，暴露在各种气候中，且与地面接触或长期浸泡在淡水中，难于更换或关键结构部件
C5	浸在海水中	海生钻孔动物	海水码头护木、桩木，木质船舶	长期浸泡在咸水中使用

在我国，防腐木的主要木材是樟子松，这种木材价廉物美，它树质细、纹理直，经防腐处理后，能有效地防止霉菌、白蚁、微生物的侵蛀，能有效抑制处理木材含水率的变化，减少木材的开裂程度。我国大兴安岭、小兴安岭北部、内蒙古海拉尔以西的部分山区都有分布。

7. 地毯

1）地毯的分类。地毯有很多种类，具体的分类见表 2.2–13。

地毯的分类表 **表2.2–13**

序号	分类方法		说明
1	按照使用场所分类	商用地毯	是指在公共场所使用的地毯，如宾馆、酒店、写字楼、办公室等
		家用地毯	是指在家居环境中使用的地毯，多采用满铺和块毯相结合的方式。根据使用部位不同，有门厅用地毯、客厅用地毯、卧室用地毯等种类
		工业用毯	是指应用于工业产品如汽车、飞机、客船、火车等内部的地毯
2	按色彩图案的制作方法分类	原色地毯	地毯通过材料自身天然色泽体现艺术性，或通过绒面结构类型的不同形成图案和质感对比，具有原始、质朴的感染力
		染色地毯	通过对地毯的原材料进行染色而体现其艺术性，色彩丰富、效果生动
		提花地毯	在编织过程中通过纱线的显隐而组成装饰图案的地毯
		彩印地毯	地毯制成后，图案经印制而成。色彩鲜艳、图案丰富多样，具有新锐、时尚气息
		剪花地毯	多采用羊毛、腈纶等为原料，经多次机械梳毛、剪毛、烫光、高温定形、火焰复合后，用电剪子顺图案边缘剪下一定深度，形成凹凸感
3	按地毯制作工艺分类	手工地毯	手工地毯的主要织造原料为羊毛、腈纶和真丝。手工地毯分为手工打结羊毛（真丝）地毯、手工簇绒羊毛胶背地毯两类。手工编织地毯装饰效果极佳
		机制地毯	1）簇绒地毯。它不是经纬交织，而是将绒头纱线经过钢针插植在地毯基布上，然后经过上胶握持绒头而成。常用于办公或人流量较大的公共区域 2）机织威尔顿和阿克明斯特地毯。该种地毯是通过经纱、纬纱、绒头纱三纱交织，后经上胶、剪绒等多道工序整理而成。由于该地毯工艺源于英国的威尔顿和阿克明斯特，因此称为威尔顿和阿克明斯特地毯 3）无纺地毯。它是采用针刺、针缝、粘合、静电植绒等无纺织成型方法制成的地毯，是近几年发展起来的新品种，具有质地均匀、物美价廉、使用方便等特点。广泛用于宾馆、体育馆、剧院及其他公共场所

2）地毯常用材料与品种。地毯常用材料一般有天然纤维、化学纤维、高分子合成纤维、混合纤维、皮革等，结合多种织造技术及工艺，地毯品种丰富、花色多样（图 2.2–41、图 2.2–42）。

3）地毯的选择与搭配。重点是与家具、装修风格相呼应（图 2.2–43）。其次要选择合适的尺寸（图 2.2–44）。

8. 防水材料

防水材料是保证房屋建筑能够防止雨水、地下水和其他水分渗透，以保证建筑物能够正常使用的一类建筑材料，是建筑工程中不可缺少的主要建筑材料之一。防水材料质量对建筑物的正常使用寿命起着举足轻重的作用。近年来，

图 2.2–41　现代风格的地毯（左）
图 2.2–42　传统风格的地毯（右）

三人位沙发建议地毯：1.6m×2.3m

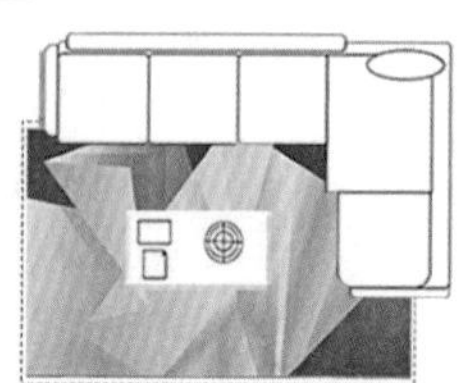

客厅三人＋二人位建议地毯：2m×2.8m

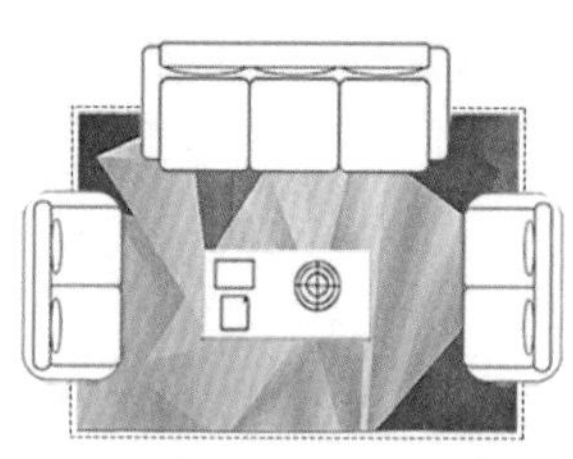

“U”形沙发建议地毯：2.4m×3.3m

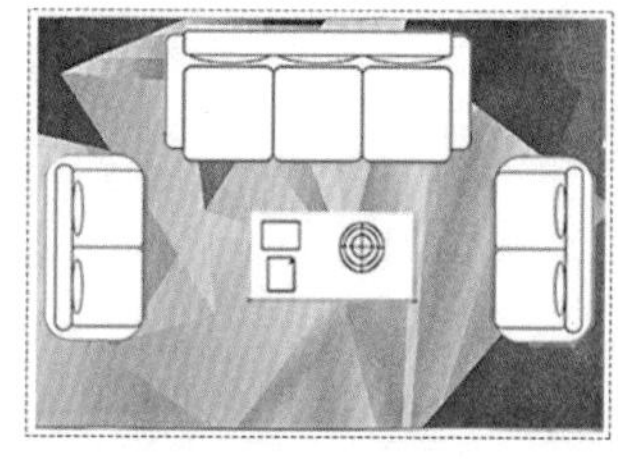

组合沙发建议地毯：3m×4m

图 2.2–43　风格协调的地毯搭配（左）
图 2.2–44　地毯尺寸的搭配建议（右）

防水材料突破了传统的沥青防水材料，改性沥青油毡迅速发展，高分子防水材料使用越来越多，且生产技术不断改进，新品种、新材料层出不穷。防水层的构造由多层向单层发展，施工方法由热熔法发展到冷粘法。防水材料按其特性又可分为柔性防水材料和刚性防水材料。其主要应用见表 2.2–14。

常用防水材料的分类和主要应用　　**表2.2–14**

类别	品种	主要应用
刚性防水材料	防水砂浆	屋面及地下防水工程。不宜用于有变形的部位
	防水混凝土	屋面、蓄水池、地下工程、隧道等
沥青基防水材料	纸胎石油沥青油毡	地下、屋面等防水工程
	玻璃布胎沥青油毡	地下、屋面等防水防腐工程
	沥青再生橡胶防水卷材	屋面、地下室等防水工程，特别适合寒冷地区或有较大变形的部位

续表

类别	品种	主要应用
改性沥青基防水卷材	APP改性沥青防水卷材	屋面、地下室等各种防水工程
	SBS改性沥青防水卷材	屋面、地下室等各种防水工程，特别适合寒冷地区
合成高分子防水卷材	三元乙丙橡胶防水卷材	屋面、地下室、水池等各种防水工程，特别适合严寒地区或有较大变形的部位
	聚氯乙烯防水卷材	屋面、地下室等各种防水工程，特别适合较大变形的部位
	聚乙烯防水卷材	屋面、地下室等各种防水工程，特别适合严寒地区或有较大变形的部位
	氯化聚乙烯防水卷材	屋面、地下室、水池等各种防水工程，特别适合有较大变形的部位
	氯化聚乙烯—橡胶共混防水卷材	屋面、地下室、水池等各种防水工程，特别适合严寒地区或有较大变形的部位
粘结及密封材料	沥青胶	粘贴沥青油毡
	建筑防水沥青嵌缝油膏	屋面、墙面、沟、槽、小变形缝等的防水密封。重要工程不宜使用
	冷底子油	防水工程的最底层
	乳化石油沥青	代替冷底子油、粘贴玻璃布、拌制沥青砂浆或沥青混凝土
	聚氯乙烯防水接缝材料	屋面、墙面、水渠等的缝隙
	丙烯酸酯密封材料	墙面、屋面、门窗等的防水接缝工程。不宜用于经常被水浸泡的工程
	聚氨酯密封材料	各类防水接缝。特别是受疲劳荷载作用或接缝处变形大的部位，如建筑物、公路、桥梁等的伸缩缝
	聚硫橡胶密封材料	各类防水接缝。特别是受疲劳荷载作用或接缝处变形大的部位，如建筑物、公路、桥梁等的伸缩缝

理论学习效果自我检查

1. 简述河沙和海砂的主要差别。
2. 简述硅酸盐水泥的六个强度等级。
3. 简述花岗石主要矿物成分。
4. 简述天然大理石板常用矩形板规格。
5. 简述墙地砖的主要优点。
6. 简述复合地板的构造，并用草图进行图示。
7. 简述人工防腐木的三个特点。
8. 地毯搭配要注意什么？

项目 2.3　建筑室内楼地面工程设计基本原理

2.3.1　楼地面基层

1. 基土

1）构造。基土的构造通常是夯实的回填土。将原土按预先设定的分层标记分层填筑压实遍数。

2）材料。基土的材料主要是原土和砂石回填料，其材料要求见表 2.3–1。

材料要求表　　表2.3–1

序号	材料	要求
1	原土	施工用土必须为取样的原土，土层、土质必须相同，并严格按照实验结果控制含水量，禁用淤泥、腐殖土、冻土、耕植土、膨胀土和含有有机物质大于8%的土作为填土
2	砂石回填料	若采用级配砂石回填，应按照级配要求和实验结果进行级配，严格控制级配比例

3）施工。基土的施工工艺流程及要点见图 2.3–1。

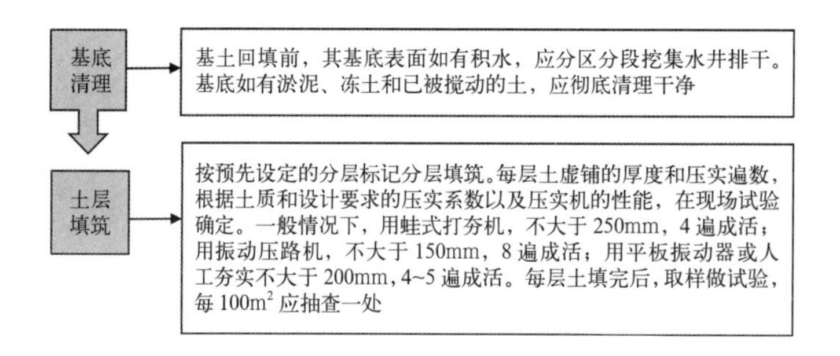

图 2.3–1　基土的施工工艺流程及要点图

2. 垫层

垫层的种类很多，有砂垫层、砂石垫层、碎砖垫层、碎石垫层、灰土垫层、三合土垫层、炉渣垫层、水泥混凝土垫层等，以下仅介绍常用的灰土垫层。

1）构造。灰土垫层的构造采用熟化石灰与黏土的拌合料铺设，其厚度不应小于 100mm，灰土垫层应铺设在不受地下水侵蚀的基土上。

2）材料。灰土垫层的材料主要是土料和石灰，其材料要求见表 2.3–2。

材料要求表　　表2.3–2

序号	材料	要求
1	土料	宜选黏土、粉质黏土或粉土，不得含有有机杂物，使用前应过筛，其粒不大于15mm
2	石灰	石灰应用块灰，使用前应充分熟化，不得含有过多水分。也可采用磨细生石灰，或用粉煤灰、电石渣代替

3）施工。灰土垫层的施工工艺流程及要点见图 2.3–2。

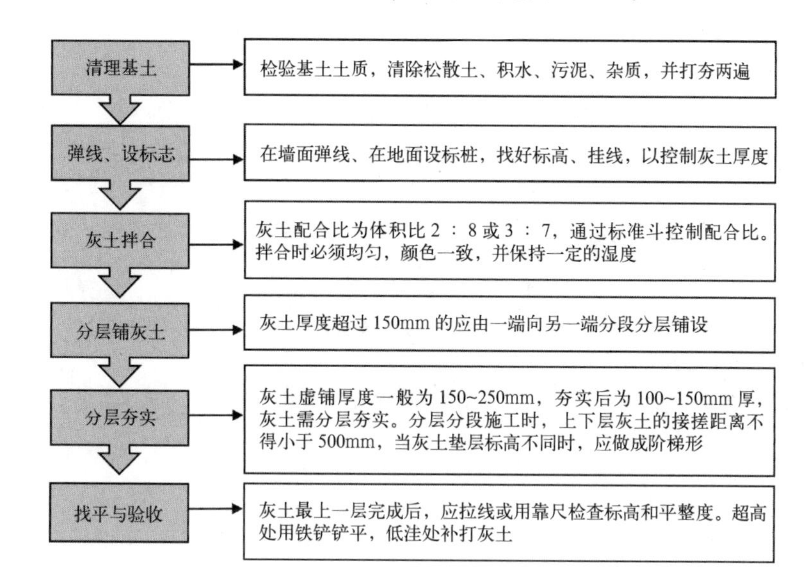

图 2.3–2　灰土垫层的施工工艺流程及要点图

3. 找平层

1）构造。找平层采用水泥砂浆、水泥混凝土、沥青混凝土等材料铺设而成。

2）材料。水泥砂浆、水泥混凝土是找平层较为常用的材料，其材料要求见表 2.3–3。

材料要求表　　　　**表2.3–3**

序号	材料	要求
1	水泥	采用硅酸盐水泥、普通硅酸盐水泥或矿渣硅酸盐水泥。其强度等级不得低于32.5级
2	砂	采用中砂或粗砂，含泥量不大于3.0%
3	石子	采用碎石或卵石，粗骨料的级配要适宜，其最大粒径不应大于面层厚度的2/3，含泥量不应大于2%
4	外加剂	混凝土中掺用外加剂的质量应符合有关的规定要求

3）施工。找平层的施工工艺流程及要点见图 2.3–3。

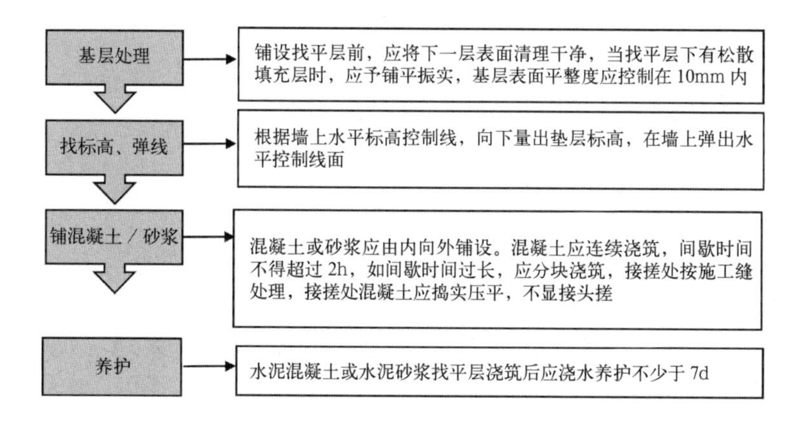

图 2.3–3　找平层的施工工艺流程及要点图

4. 隔离层

1）构造。铺设高聚物改性沥青防水卷材和合成高分子防水卷材是隔离层常见构造，厚度分别为 2~3mm 和 1.2~2mm。

2）材料。隔离层可采用防水类卷材、防水类涂料、沥青砂浆或水泥类材料铺设而成，其材料要求见表 2.3–4。

材料要求表 **表2.3–4**

序号	材料	要求
1	卷材	厚度分别为2~3mm和1.2~2mm的高聚物改性沥青防水卷材和合成高分子防水卷材等，质量符合相关国家标准
2	防水涂料	水乳型氯丁橡胶沥青防水涂料、聚氨酯防水涂料、水乳型SBS改性沥青防水涂料等，质量符合相关国家标准
3	密封材料	改性石油沥青密封材料或合成高分子密封材料（弹性体密封材料）。常用的合成高分子密封材料有双组分聚氨酯建筑密封膏、单组分丙烯酸乳胶密封膏、单组分氯磺聚乙烯密封膏、塑料油膏，质量符合国家相关标准
4	基层处理剂	卷材和涂料的冷底子油，质量符合相关国家标准

3）施工。隔离层的施工工艺流程及要点见图 2.3–4。

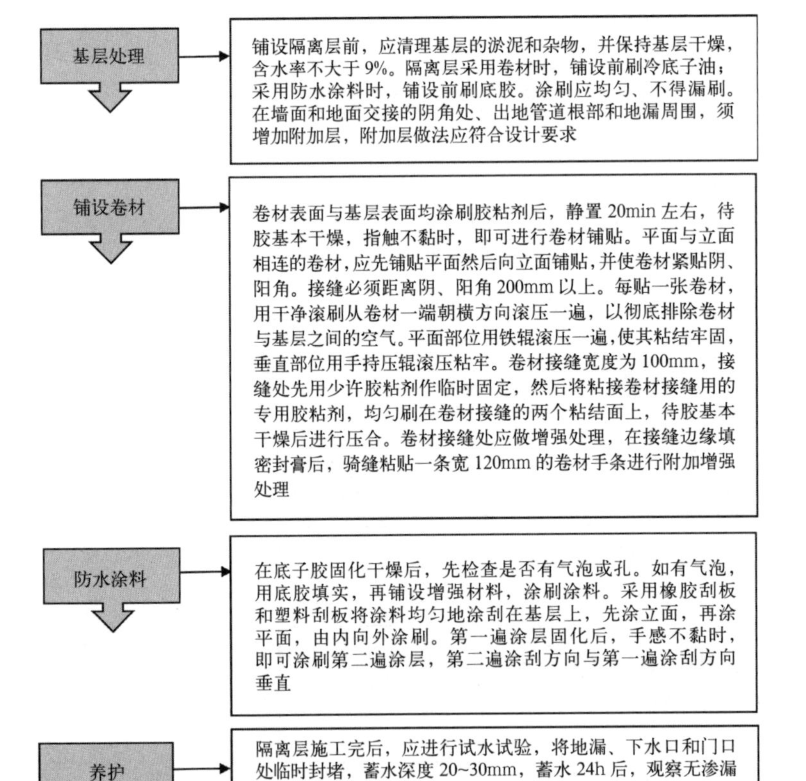

图 2.3–4 隔离层的施工工艺流程及要点图

5. 填充层

1）构造。填充层一般采用轻质、保温材料做成，是在建筑地面上起保温、隔声、找坡、敷设暗管道作用的构造层。

2）材料。填充层可采用松散保温材料、整体保温材料、板状保温材料，其材料要求见表 2.3–5。

材料要求表　　表2.3–5

序号	材料	要求
1	松散保温材料	包括膨胀蛭石、膨胀珍珠岩、炉渣等以散状颗粒组成的材料
2	整体保温材料	用松散保温材料和水泥（沥青等）胶结材料按设计要求的配合比拌制、浇筑，经固化而形成的整体保温材料
3	板状保温材料	采用水泥、沥青或其他有机胶结材料与松散材料，按一定比例拌合加工而成的制品和化学合成树脂与合成橡胶类材料，如水泥膨胀珍珠岩板、水泥膨胀蛭石板和泡沫塑料板、有机纤维板等

3）施工。填充层的施工工艺流程及要点见图 2.3–5。

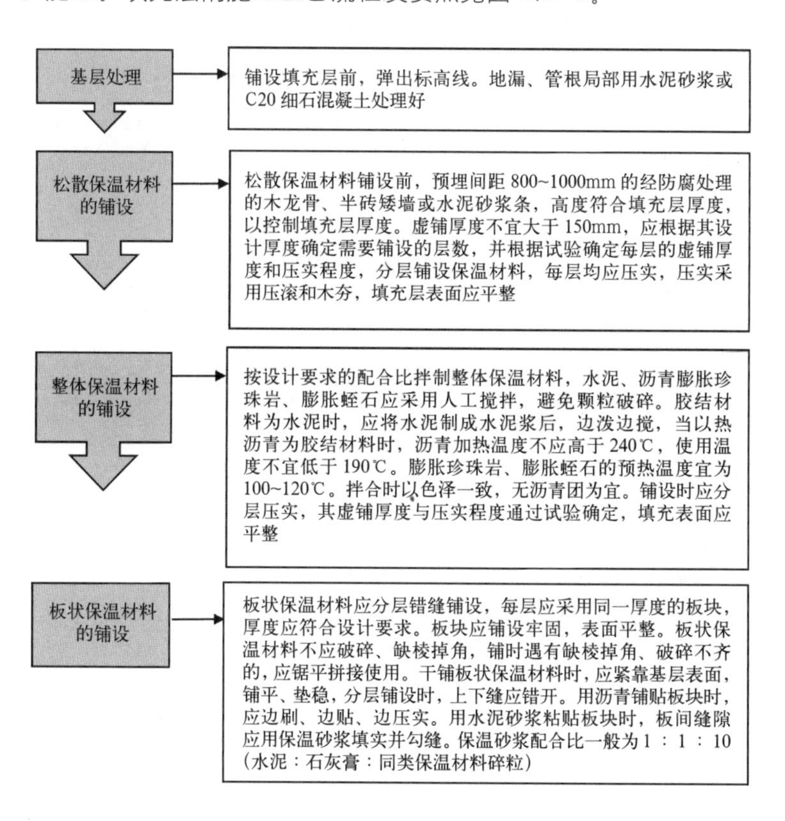

图 2.3–5　填充层的施工工艺流程及要点图

2.3.2　整体面层楼地面

整体面层楼地面是指面层为整体性材料的楼地面。其面层有水泥砂浆、水泥混凝土、现浇水磨石、水泥钢（铁）和环氧树脂涂布面层等。以下仅介绍其中较为常见的水泥混凝土、现浇水磨石两种楼地面的材料、构造与施工。

1. 水泥混凝土楼地面

1）构造。水泥混凝土楼地面的构造图见图 2.3–6。

其面层有两种做法：一种是采用细石混凝土面层，其强度等级不应小于 C20，厚度为 30~40mm；另一种是用于地坪层时，采用水泥混凝土垫层兼面层，其强度等级不应小于 C15，厚度按垫层确定。水泥混凝土地面强度高，干缩性小，与水泥砂浆地面相比，它的耐久性和防水性更好，且不易起砂，但厚度较大。水泥混凝土可以直接铺在夯实的素土上或 100mm 厚的灰土上，也可以铺在混凝土垫层和钢筋混凝土楼板上，不需要做找平层。

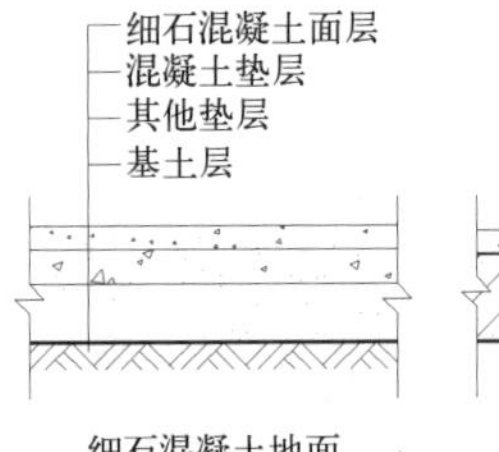

图 2.3–6　细石混凝土楼地面构造示意

细石混凝土面层是先铺一层 40mm 厚的由水泥、砂子、小石子配制而成的 C20 细石混凝土，然后其在表面上撒 1 ：1 水泥砂子随打随抹光。对防水要求高的房间，还可以在楼面中加做一层找平层，在其上做防水层，最后再做细石混凝土面层。

细石混凝土地面构造见表 2.3–6，细石混凝土楼面构造见表 2.3–7，浴、厕等房间细石混凝土楼（地）面构造做法见表 2.3–8。

细石混凝土地面构造做法表　　**表2.3–6**

序号	构造层次	做法	说明
1	面层	40mm厚1：2：3细石混凝土，表面撒1：1水泥砂子随打随抹光	1）建筑胶品种见工程设计，但应选用经检测、鉴定、品质优良的产品 2）使用面积较小的房间
2	结合层	刷水泥浆一道（内掺建筑胶）	
3	垫层	60mm厚C15混凝土垫层，粒径5~32mm卵石灌M2.5混合砂浆振捣密实或150mm厚3：7灰土	
4	基土	素土夯实	

细石混凝土楼面构造做法表　　**表2.3–7**

序号	构造层次	做法	说明
1	面层	40mm厚1：2：3细石混凝土，表面撒1：1水泥砂子随打随抹光	1）建筑胶品种见工程设计，但应选用经检测、鉴定、品质优良的产品 2）使用面积较小的房间
2	结合层	刷水泥浆一道（内掺建筑胶）	
3	填充层	60mm厚1：6水泥焦渣层或CL7.5轻集料混凝土	
4	楼板	现浇钢筋混凝土楼板或预制楼板现浇叠合层	

浴、厕等房间细石混凝土楼（地）面构造做法表　　**表2.3–8**

序号	构造层次	做法	说明
1	面层	40mm厚1：2：3细石混凝土，表面撒1：1水泥砂子随打随抹光	1）聚氨酯防水层表面撒粘适量细砂 2）防水层在墙柱交接处翻起高度不小于250mm 3）防水层可以采用其他新型的做法 4）括号内为地面构造做法
2	防水层	1.5mm厚聚氨酯防水层2道（门处铺出300mm宽）	
3	找坡层	1：3水泥砂浆或C20细石混凝土，最薄处20mm厚，抹平	
4	结合层	刷水泥浆一道（内掺建筑胶）	
5	楼板（垫层）	现浇钢筋混凝土楼板（粒径5~32mm卵石灌M2.5混合砂浆振捣密实或150mm厚3：7灰土）	
6	（基土）	（素土夯实）	

2）材料。水泥混凝土面层由水泥、黄砂和石子、基层材料组成，其材料要求见表 2.3–9。

材料要求表 **表2.3–9**

序号	材料	要求
1	水泥	采用强度等级不低于42.5级的硅酸盐水泥或普通硅酸盐水泥
2	黄砂	采用中砂或粗砂，含泥量不大于3.0%
3	石子	采用碎石或卵石，其最大粒径不应大于面层厚度的2/3，当采用细石混凝土面层时，石子粒径不应大于15mm，含泥量不应大于2%
4	基层材料	水泥混凝土楼地面的基层材料有做结合层的水泥浆，水灰比为0.4~0.5

3）施工。水泥混凝土楼地面面层的施工工艺流程及要点见图 2.3–7。

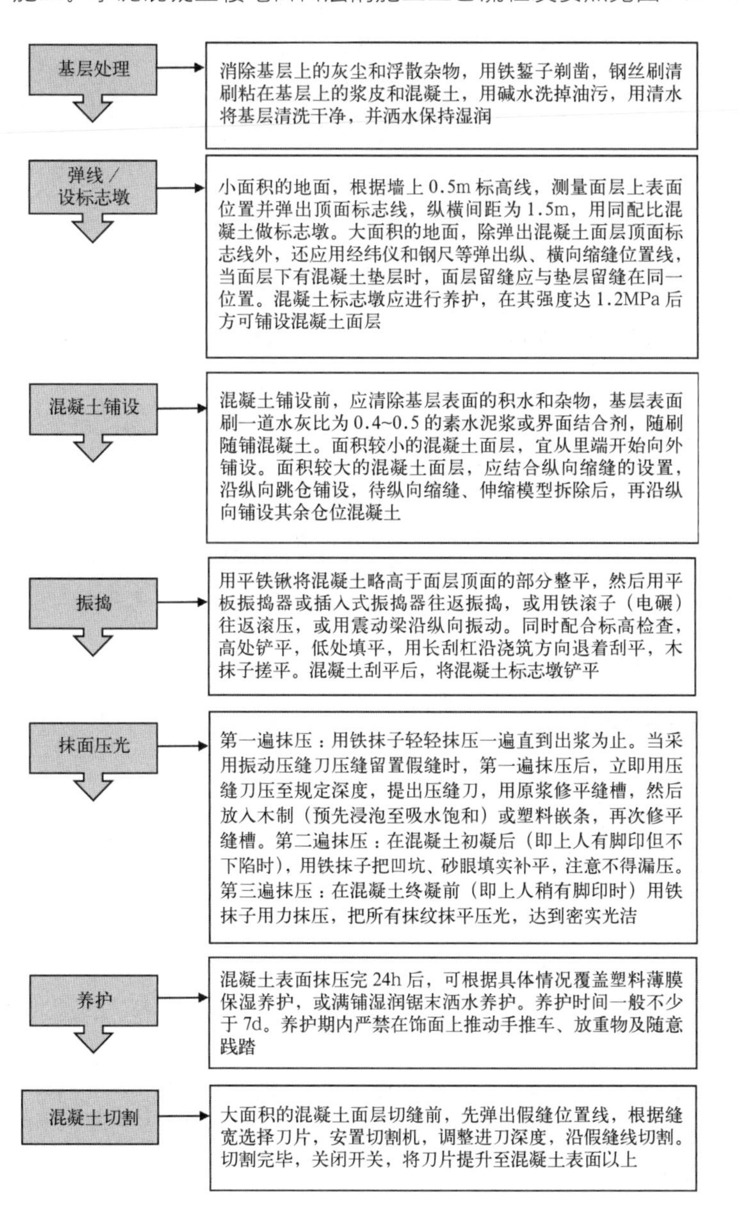

图 2.3–7　水泥混凝土楼地面面层的施工工艺流程及要点图

2. 现浇水磨石楼地面

1）构造。现浇水磨石楼地面的构造见图 2.3–8。

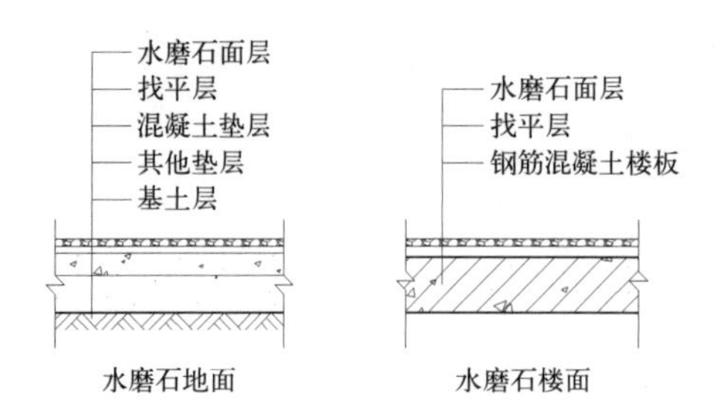

图 2.3–8 现浇水磨石楼地面的一般构造

现浇水磨石地面是在混凝土垫层上按设计要求分格、抹水泥石子浆，凝固硬化后，磨光露出石粒，并经补浆、研磨、打蜡后制成。它具有色彩丰富，图案组合多样的饰面效果，其面层平整光洁、坚固耐用、整体性好、耐污染、耐腐蚀和易清洗。现浇水磨石面层属于传统做法，施工工艺复杂，湿作业多，一般用于对清洁度要求较高的场所。现浇水磨石楼地面按材料配制和表面打磨精度，分为普通水磨石楼地面和高级美术水磨石楼地面。

现浇水磨石地面构造做法见表 2.3–10，现浇水磨石楼面构造做法见表 2.3–11。

现浇水磨石地面构造做法表 **表2.3–10**

序号	构造层次	做法	说明
1	面层	10mm厚1：2.5水泥彩色石子，表面磨光打蜡	1）应在平面图中绘出分格线 2）水泥、石子颜色、粒径由设计定
2	结合层	20mm厚1：3水泥砂浆结合层，干后卧分格线（铜条两端打孔穿22号镀锌铁丝卧牢）	
3	垫层	刷水泥浆一道（内掺建筑胶）60mm厚C15混凝土垫层，粒径5~32mm卵石灌M2.5混合砂浆振捣密实或150mm厚3：7灰土	
4	基土	素土夯实	

现浇水磨石楼面构造做法表 **表2.3–11**

序号	构造层次	做法	说明
1	面层	10mm厚1：2.5水泥彩色石子，表面磨光打蜡	1）应在平面图中绘出分格线 2）水泥、石子颜色、粒径由设计定
2	结合层	20mm厚1：3水泥砂浆结合层，干后卧分格线（铜条两端打孔穿22号镀锌铁丝卧牢）	
3	填充层	刷水泥浆一道（内掺建筑胶）60mm厚1：6水泥焦渣层或CL7.5轻集料混凝土	
4	楼板	现浇钢筋混凝土楼板或预制楼板现浇叠合层	

2）材料。现浇水磨石地面的材料主要有水泥石粒，由水泥、石粒等表面材料，耐光、耐碱的矿物颜料，以及纯水泥浆作为基层材料和玻璃、铜、铝合金条等特殊材料组成。其材料要求见表 2.3–12。

材料要求表 **表2.3–12**

<table>
<tr><th>序号</th><th>材料</th><th>要求</th></tr>
<tr><td>1</td><td>表面材料</td><td>普通水磨石采用本色水磨石，高级美术水磨石采用彩色水磨石。水磨石面层的表面材料是水泥石粒，由水泥、石粒、水和颜料（彩色水磨石时用）拌制而成。
1）水泥。白色或浅色水磨石面层应采用白色硅酸盐水泥，深色水磨石面层宜采用硅酸盐水泥、普通硅酸盐水泥或矿渣硅酸盐水泥，其强度等级不低于42.5级。同颜色的地面应使用同一批水泥
2）石粒。石粒采用坚硬可磨的白云石、大理石等岩石加工而成。石粒应洁净无杂物，其粒径除特殊要求外，宜为6~15mm，石粒应按不同品种、规格、色彩分批分类堆放。水磨石面层厚度和允许石粒最大粒径见表1

水磨石面层厚度和允许石粒最大粒径 表1
<table>
<tr><td>水磨石面层厚度/mm</td><td>10</td><td>15</td><td>20</td><td>25</td><td>30</td></tr>
<tr><td>石粒最大粒径/mm</td><td>9</td><td>14</td><td>18</td><td>23</td><td>28</td></tr>
</table>
</td></tr>
<tr><td>2</td><td>颜料</td><td>采用耐光、耐碱的矿物颜料，不得使用酸性颜料，其掺入量宜为水泥重量的3%~6%，或由试验确定。同一颜色地面应使用同厂、同批的颜料。表2为几种矿物颜料的主要性能

几种矿物颜料的主要性能 表2
<table>
<tr><th>名称</th><th>相对密度</th><th>遮盖力
(g/m^2)</th><th>着色力</th><th>耐光性</th><th>耐碱性</th><th>分散性</th></tr>
<tr><td>氧化铁红</td><td>0.15</td><td>6~8</td><td>佳</td><td rowspan="7">耐</td><td>不耐</td><td>易于分散</td></tr>
<tr><td>氧化铁黄</td><td>4.05~4.09</td><td>11~13</td><td>佳</td><td>耐</td><td>不易分散</td></tr>
<tr><td>氧化铁蓝</td><td>1.83~1.90</td><td><15</td><td>佳</td><td>耐</td><td>不易分散</td></tr>
<tr><td>氧化铁绿</td><td>—</td><td>13.5</td><td>佳</td><td>耐</td><td>不易分散</td></tr>
<tr><td>氧化铁棕</td><td>4.77</td><td>—</td><td>佳</td><td>耐</td><td>不易分散</td></tr>
<tr><td>群　青</td><td>2.23~2.35</td><td>—</td><td>佳</td><td>耐</td><td>不易分散</td></tr>
<tr><td>氧化铬绿</td><td>5.08~5.20</td><td><12</td><td>差</td><td>耐</td><td>不易分散</td></tr>
</table>
</td></tr>
<tr><td>3</td><td>基层材料</td><td>水磨石地面面层的基层为结合层，结合层为纯水泥浆一道，水灰比为0.4~0.5</td></tr>
<tr><td>4</td><td>特殊材料</td><td>分格条有玻璃、铜、铝合金条等。玻璃条用厚3mm玻璃裁制而成，铜条厚1.2mm或成品铜条，彩色塑料条厚2~3mm，宽度一般为10mm（或根据面层厚度而定），长度依分块尺寸而定，宜为1000~1200mm。铜条应在调直后使用，铜条下部1/3处每米钻ϕ2mm孔，为穿铁丝之用</td></tr>
</table>

3）施工。现浇水磨石地面的施工工艺流程及要点见图2.3–9。

镶嵌分格条

先在找平层上按设计的分格尺寸和图案要求，弹出房间十字线，计算好周边的镶边宽度后，弹出清晰的分格线条。然后按墨线裁分格条。镶嵌分格条时，先将平口板条按分格线靠直，将分格条贴近板条，分左右两次用小铁抹子抹稠水泥浆，拉线粘贴固定分格条。水泥浆涂抹高度应比分格条顶面低 3~5mm，并做成 45° 角，在“十”字交叉处涂抹水泥浆时，应留出 40~50mm 的空隙。分格条应平直、牢固、接头严密，顶面在同一水平面上，拉 5m 线检查，其偏差不应超过 1mm。采用铜条时，应预先在两端下部 1/3 处打眼，穿入 22 号铁丝，锚固于下口八字角水泥浆内。镶条 12h 后，浇水养护 3~4d。分格条镶嵌见图 1

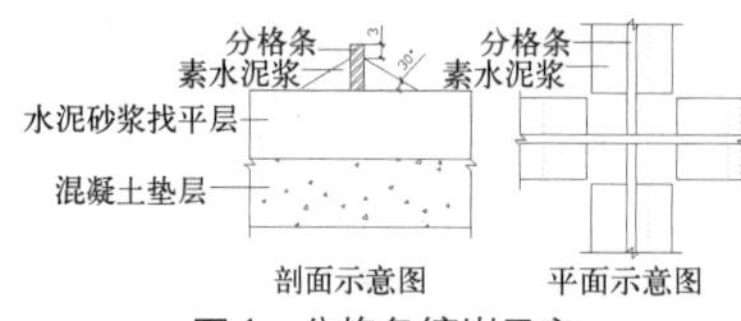

图 1　分格条镶嵌示意

拌合料中水泥和石粒的体积比：楼地面宜为 1 ： 15~12 ： 5，踢脚线宜为 1 ： 1~1 ： 15；彩色水磨石拌合料还应加入水泥重量 3%~6% 的颜料，或由试验确定。在拌合前，根据整个地面所需用量，将水泥和颜料一次统一配好、配足。白水泥和颜料要反复干拌，并用筛子筛匀，然后装袋备用。拌合料要求配比准确，拌和均匀，稠度一般为 60mm

先用清水将找平层洒水湿润，再涂刷与面层颜色相同的水泥浆，水灰比为 0.4~0.5，随刷随铺石子浆。石子浆的虚铺厚度应根据水磨石面层设计厚度确定，除有特殊要求外，宜为 12~18mm。铺抹时，先将石子浆铺在分格条旁边，将分格条内边 100mm 内的石子浆轻轻抹平压实，以保护分格条。然后再整格铺抹，用铁抹子由中间向边角推进，拍平压实。面层至少要经两次用毛刷黏拉开面浆，检查石粒均匀（若过稀疏应及时补上石子）后，用铁抹子抹平压实，至泛浆为止。面层应比分格条高出 5mm。在同一平面上如有几种颜色图案时，应先铺深色，后铺浅色，待前一种凝固后再铺后一种，以免互相串色或界线不清

踢脚线抹石子浆面层，凸出墙面约 8mm，所用石粒应稍小。铺抹时先将底子灰用清水湿润，在阴阳角和踢脚线上口按水平线贴好尺板，涂刷水灰比为 0.5 的水泥浆一遍后，随即将踢脚线石子浆上墙、抹平、压实；刷两遍水将水泥浆轻轻刷去，使石子上无浮浆

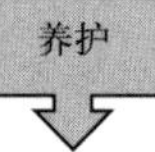

石子浆铺抹 24h 后，应进行浇水养护

水磨石开磨前应进行试磨，如磨后石粒不松动，灰浆面与石子面基本平整，即可开磨。一般开磨时间可参考表 1，也可以用回弹仪现场测定石粒浆面层的强度，一般达到 10~13MPa 即可。磨光作业应采用“二浆三磨”方法进行，即整个过程为磨光三遍、补浆二次

水磨石开磨时间　　表1

平均温度（℃）	开磨时间（d）		平均温度（℃）	开磨时间（d）	
	机磨	手磨		机磨	手磨
20~30	2~3	1~2	5~10	5~6	2~3
10~20	3~4	1.5~2.5			

①粗磨。用 60~80 号油石磨第一遍，使磨石机在地面走横“8”字形，边磨边加水，随时清扫磨出的水泥浊浆，并用靠尺检查平整度，直至表面磨平、磨匀，分格条和石粒全部露出，然后用清水将泥浆冲洗干净。②细磨。在粗磨完养护 3~4d 后进行。用 100~150 号油石磨第二遍，磨至表面光滑模糊不清。然后用清水清洗干净。再满擦第二遍水泥浆，养护 3~4d。③磨光。用 180~240 号油石磨第三遍，至表面石子显露、平整光滑、无砂眼细孔、无磨痕为止

图 2.3–9　现浇水磨石地面的施工工艺流程及要点图

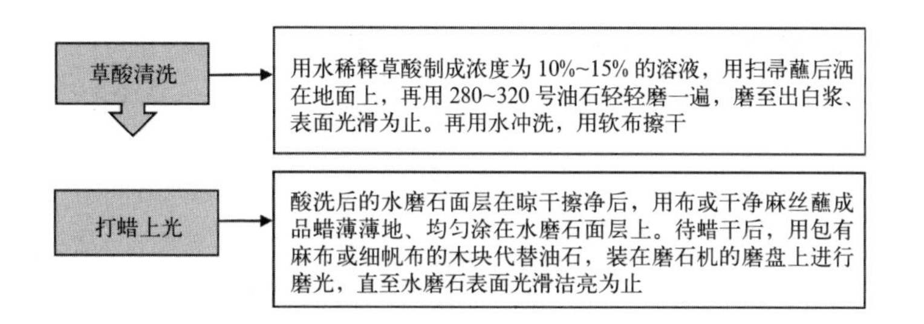

图 2.3–9 现浇水磨石地面的施工工艺流程及要点图（续）

2.3.3 板块式面层楼地面

板块式面层楼地面其面层有砖（普通黏土砖、陶瓷锦砖、陶瓷地砖、缸砖、水泥花砖等）面层，大理石、花岗石面层，预制板块（水泥混凝土板块、水磨石板块）面层，料石（条石、块石）面层，塑料板面层，活动地板面层，地毯面层等。以下仅介绍其中常见的陶瓷地砖面层、大理石／花岗石面层两种楼地面的构造与施工。

1. 陶瓷地砖面层楼地面

各类陶瓷地砖地面均具有坚固耐磨、耐水、耐久、防滑、色彩美观、易于清洁等特点。陶瓷地砖既适用于宾馆、影剧院、展厅、医院、商场、办公楼等公共建筑的地面装修，也适用于家庭地面装修。

1）构造。陶瓷地砖楼地面构造示意如图 2.3–10 所示，陶瓷地砖面层地面构造做法见表 2.3–13，陶瓷地砖面层楼面构造做法见表 2.3–14，浴、厕等房间陶瓷地砖面层楼地面构造做法见表 2.3–15。

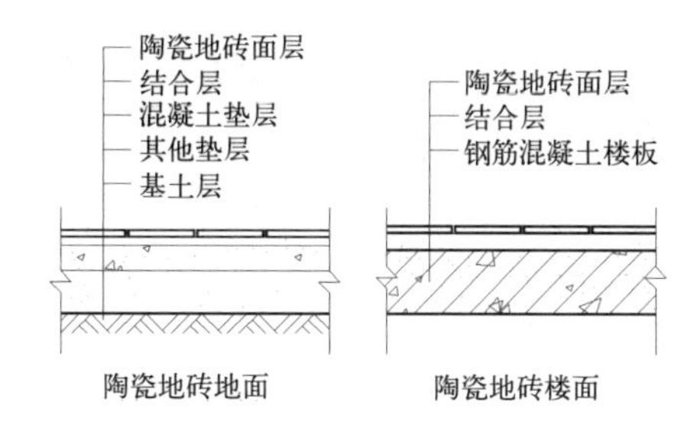

图 2.3–10 陶瓷地砖楼地面构造示意

陶瓷地砖面层地面构造做法表 **表2.3–13**

序号	构造层次	做法	说明
1	面层	8~10mm厚陶瓷地砖，干水泥擦缝	地砖规格、品种、颜色及缝宽设计均见工程设计，要求宽缝时用1：1水泥砂浆勾平缝
2	结合层	30mm厚1：3水泥砂浆，表面撒水泥粉（洒适量清水）	
3	找平层	20mm厚1：3干硬性水泥砂浆	
4	结合层	刷水泥浆一道（内掺建筑胶）	
5	垫层	60mm厚C15混凝土垫层，粒径5~32mm卵石灌M2.5混合砂浆振捣密实或150mm厚3：7灰土	
6	基土	素土夯实	

陶瓷地砖面层楼面构造做法表 **表2.3–14**

序号	构造层次	做法	说明
1	面层	8~10mm厚陶瓷地砖，干水泥擦缝	地砖规格、品种、颜色及缝宽设计均见工程设计，要求宽缝时用1：1水泥砂浆勾平缝
2	结合层	30mm厚1：3水泥砂浆，表面撒水泥粉（洒适量清水）	
3	找平层	20mm厚1：3干硬性水泥砂浆	
4	填充层	60mm厚1：6水泥焦渣层或CL7.5轻集料混凝土	
5	楼板	现浇钢筋混凝土楼板	

浴、厕等房间陶瓷地砖面层楼（地）面构造做法表 **表2.3–15**

序号	构造层次	做法	说明
1	面层	8~10mm厚陶瓷地砖，干水泥擦缝	1）细石混凝土找坡层厚度小于30mm时，用1：3水泥砂浆 2）防水层可以采用其他新型的做法 3）括号内为地面构造做法
2	结合层	30mm厚1：3干硬性水泥砂浆结合层，表面撒水泥粉（洒适量清水）	
3	防水层	1.5mm厚聚氨酯防水层	
4	填充层	1：3水泥砂浆或C20细石混凝土，最薄处20mm厚	
5	楼板（垫层）	现浇钢筋混凝土楼板（粒径5~32mm卵石灌M2.5混合砂浆振捣密实或150mm厚3：7灰土）	
6	（基土）	（素土夯实）	

2）材料。用于陶瓷地砖楼地面的陶瓷地砖有彩釉砖、无釉亚光砖、抛光砖三类，其品种有劈离砖、麻面砖、彩胎砖、玻化砖等多种。常用规格有 100mm × 100mm、200mm × 200mm、300mm × 300mm、400mm × 400mm、500mm × 500mm、600mm × 600mm、800mm × 800mm、1000mm × 1000mm 等多种。其他材料还有水泥、砂、颜料等，其材料要求见表 2.3–16。

材料要求表 **表2.3–16**

序号	材料	要求
1	陶瓷地砖	劈离砖、麻面砖、彩胎砖、玻化砖符合设计要求和质量标准
2	勾（擦）缝砂浆	由水泥、砂、颜料（需彩色砂浆时）拌制而成，水泥为强度等级42.5的普通硅酸盐水泥或强度等级32.5的白色硅酸盐水泥；砂为中砂或细砂，过筛，应洁净无杂物；颜料采用耐光、耐碱的矿物颜料
3	水泥	为强度等级42.5的普通硅酸盐水泥
4	砂	为粗砂或中砂，含泥量不应大于3%，过筛，应洁净无杂物

3）施工。陶瓷地砖楼地面的施工工艺流程及要点见图 2.3–11。

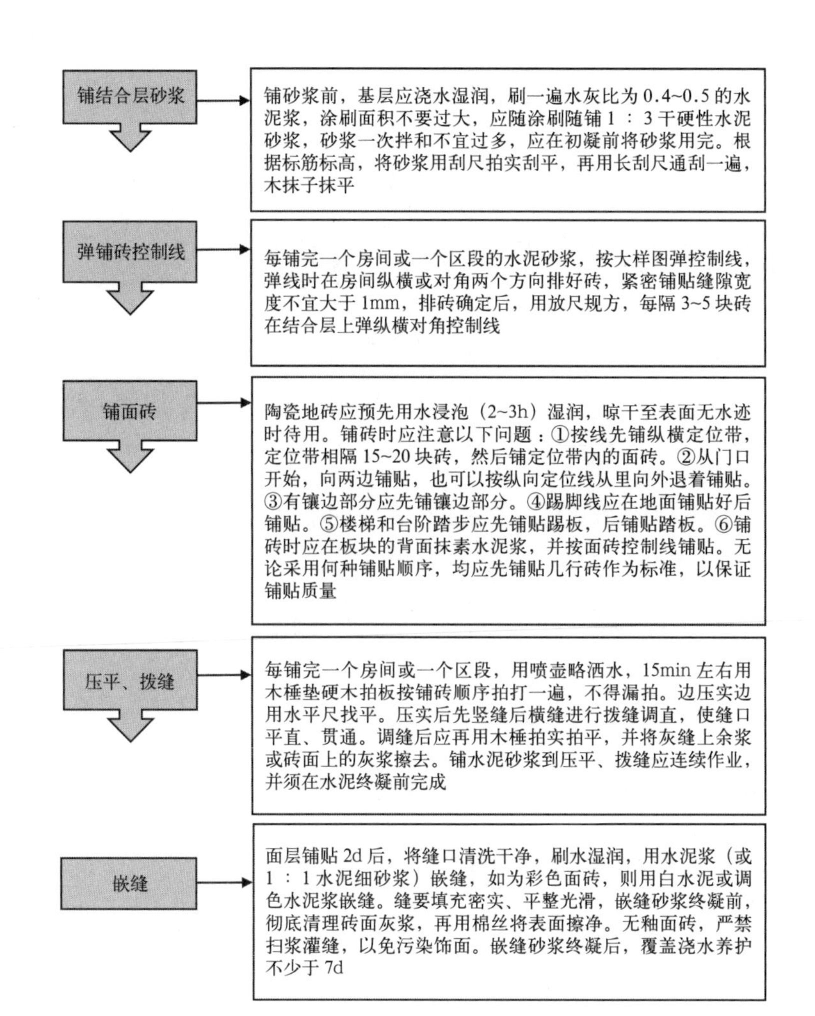

图 2.3–11　陶瓷地砖楼地面的施工工艺流程及要点图

2. 陶瓷地砖面层楼地面验收

陶瓷地砖面层楼地面验收标准请扫描二维码 2.3–1。

二维码 2.3–1

3. 花岗石／大理石面层楼地面

花岗石、大理石楼地面具有坚固耐久、华丽典雅的特点，一般用于宾馆大堂、商场营业厅、会堂、娱乐场、纪念堂、博物馆、银行、候机厅等公共场所。花岗石还可以用于室外地面工程。

1）构造。花岗石及大理石楼地面构造做法是：先在刚性平整的垫层上抹 30mm 厚 1 ∶ 3 干硬性水泥砂浆，然后在其上铺贴板块，并用素水泥浆填缝。花岗石及大理石地面构造示意如图 2.3–12 所示。花岗石及大理石楼（地）面构造做法见表 2.3–17。

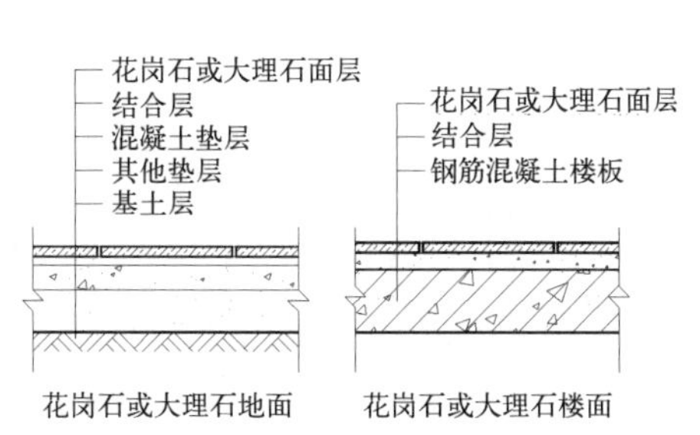

图 2.3–12　花岗石及大理石楼地面构造

花岗石及大理石楼（地）面构造做法表 **表2.3–17**

序号	构造层次	做法	说明
1	面层	磨光花岗石板（或磨光大理石板）水泥浆擦缝	1）磨光花岗石板按表面加工不同有：镜面、光面、粗磨面、麻面、条纹面等；其颜色及分格缝拼法均见工程设计 2）石材的反射性应符合现行行业标准的规定 3）括号内为地面构造做法
2	结合层	20mm厚水泥砂浆结合层，表面撒水泥粉	
3	填充层（结合层）	60mm厚1：6水泥焦渣层或CL7.5轻集料混凝土（水泥浆一道）	
4	楼板（垫层）	现浇钢筋混凝土楼板（60mm厚C15混凝土垫层）	
5	（基土）	（素土夯实）	

2）材料。花岗石及大理石是从天然岩体中开采出来，经过加工成块材或板材，再经加工成各种不同质感的高级装饰材料，其材料要求见表2.3–18。

材料要求表 **表2.3–18**

序号	材料	要求
1	表面材料	天然花岗石板材、天然大理石板材符合设计要求和国家质量标准，并进行放射性检测合格
2	擦缝水泥砂浆	水泥采用普通硅酸盐水泥或白色硅酸盐水泥，强度等级不低于32.5；颜料为矿物原料
3	水泥	宜采用硅酸盐水泥、普通硅酸盐水泥或矿渣硅酸盐水泥。强度等级不低于32.5级，不同强度等级的水泥严禁混用
4	砂	宜采用中砂或粗砂，含泥量不大于3.0%

3）施工。花岗石／大理石楼地面的施工工艺流程及要点见图2.3–13。

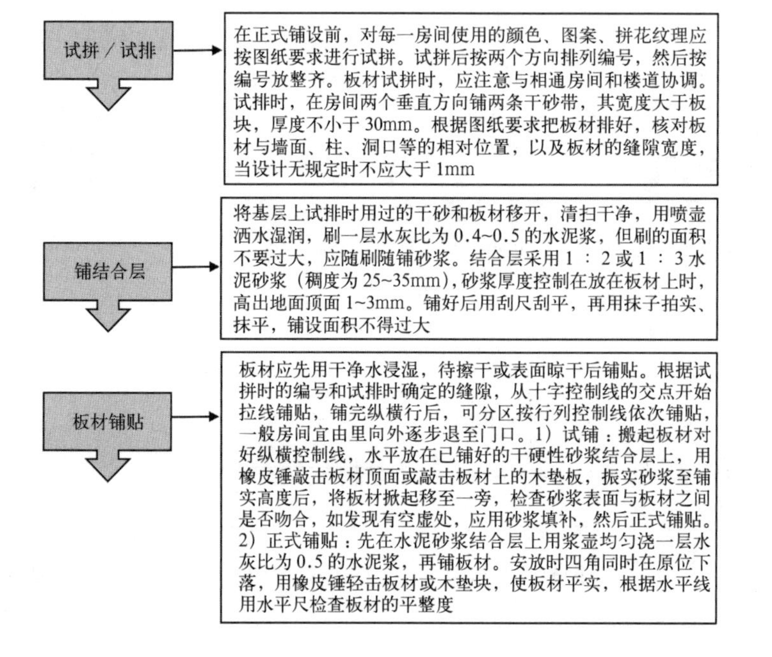

图2.3–13 花岗石／大理石楼地面的施工工艺流程及要点图

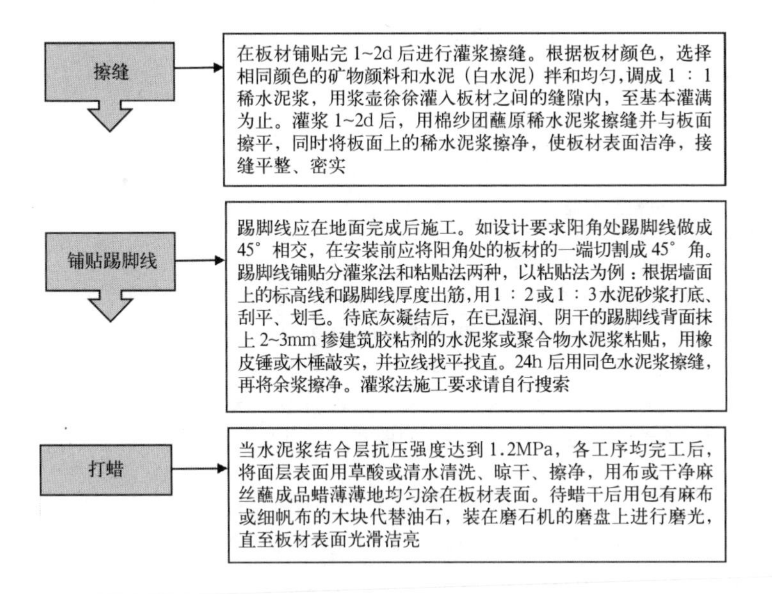

图 2.3–13　花岗石／大理石楼地面的施工工艺流程及要点图（续）

4. 花岗石／大理石面层楼地面验收

花岗石／大理石面层楼地面验收标准请扫描二维码 2.3–2。

二维码 2.3–2

2.3.4　木、竹面层楼地面

木、竹楼地面是指面层为木、竹材料的楼地面，其面层有实木地板面层、实木复合地板面层、中密度（强化）复合地板面层、竹地板面层等。这里仅介绍其中常见的实木地板面层、中密度（强化）复合地板面层两种楼地面的构造与施工。

1. 实木地板面层楼地面

1）构造。实木地板分为实木长条地板和硬木拼花地板两类。实木长条地板应在现场拼装，硬木拼花地板可以在现场拼装，也可以在工厂预制成 200mm × 200mm、300mm × 300mm 或 400mm × 400mm 的板块，然后运到工地进行铺钉，长条及拼花实木地板构造分为实铺式、空铺式、粘贴式三种，又有单层做法和双层做法之分。实木长条地板构造如图 2.3–14 所示，硬木拼花地板构造如图 2.3–15 所示。

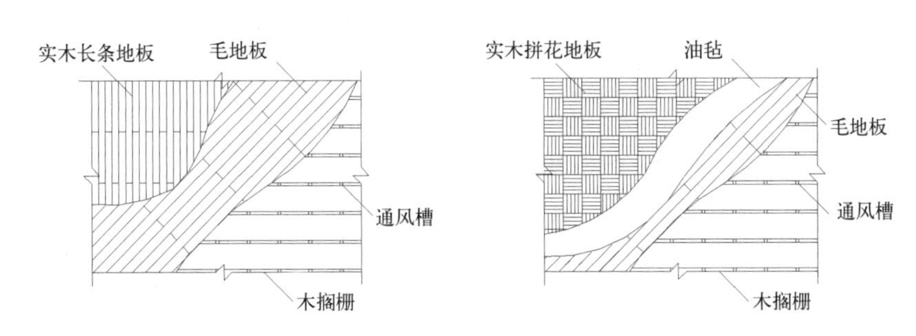

图 2.3–14　实木长条地板构造示意（左）
图 2.3–15　硬木拼花地板构造示意（右）

2）材料。常用实木长条地板多选用优质松木或硬木加工而成，不易腐朽、开裂和变形，耐磨性尚好。硬木地板耐磨性好，纹理优美清晰，有光泽，经过处理后，开裂和变形可得到一定控制。其材料要求见表 2.3–19。

材料要求表 **表2.3–19**

序号	材料	要求
1	实木地板	品种规格符合设计要求和国家质量标准
2	砖和石	用于砌筑地垄墙和砖墩。砖的强度等级不能低于MU7.5，采用石料时，不得使用风化石
3	木搁栅、横撑（或剪刀撑）	木搁栅和横撑（或剪刀撑）一般采用落叶松、白松、红松或杉木，含水率不得大于18%，规格多为50mm×50mm，木搁栅和横撑应作防腐、防蛀、防火处理
4	防潮垫	防潮垫用于双层木地面时或悬浮铺设法时，具有防潮和避免走动时因面层变形而产生响声的作用。防潮隔离层可采用塑料薄膜或发泡塑料卷材
5	毛地板	一般采用松木板，多采用20~22mm厚的平口板或企口板。也可采用9~12mm厚的优质多层胶合板。每块多层胶合板应等分裁小，面积应小于0.7m²。毛地板应作防腐、防蛀、防火处理
6	胶粘剂	用于粘贴拼花木地板面层，可选用环氧沥青、聚氨酯、聚醋酸乙烯和酪素胶等，或选用木地板厂家提供的专用胶粘剂
7	其他材料	8~10号镀锌铁丝、50~100mm圆钉、木地板专用钉、压沿木、垫木等

3）施工。实木长条地板楼地面的施工工艺流程及要点见图 2.3–16。

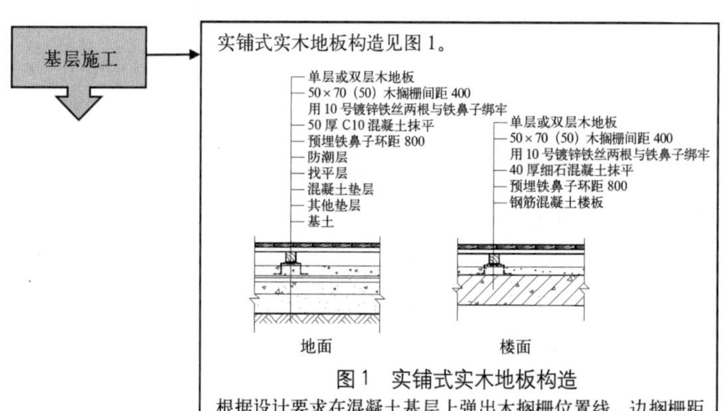

图 1　实铺式实木地板构造

根据设计要求在混凝土基层上弹出木搁栅位置线，边搁栅距墙面留 30mm 缝隙。当基层锚件为预埋螺栓时，在搁栅上划线钻孔，将搁栅穿在螺栓上，拉线，用直尺找平搁栅上表面，在螺栓处垫调平垫木；当基层预埋件为钢筋鼻子时，用双股 10 号镀锌铁丝将木龙骨绑扎牢固（木搁栅上表面开小槽，将镀锌铁丝嵌入槽内），调平垫木应放在绑扎镀锌铁丝处，垫木宽度不小于 50mm，长度是搁栅宽度的 1.5~2 倍。木搁栅铺钉时，应边钉边拉线用水准仪抄平，垫木调整平整度，然后，双面用铁钉将搁栅与垫木钉牢。个别凸起处可在搁栅表面刨平。搁栅的接头应采用平接头，每个接头用长 600mm，厚 25mm 的双面木夹板，每面用四颗 76mm 钉子钉牢。也可用 5mm 厚防锈扁铁双面钉合。当木搁栅间设有木横撑时，木搁栅安装好后，用横撑钉接连接，横撑应保持平直，其顶面标高应比木搁栅顶面低 10~20mm。如设计有保温、隔声层时，应在空挡内填充保温、隔声材料，铺高低于搁栅面不小于 20mm

图 2.3–16　实木长条地板楼地面的施工工艺流程及要点图

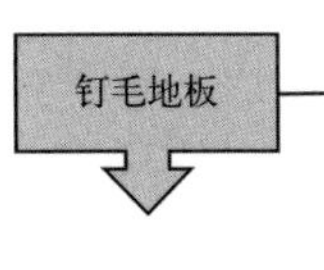

当设计采用双层木地板时，木搁栅上应先钉毛地板。毛地板髓心应向上。当面层采用长条地板或正铺拼花地板时，毛地板与木搁栅骨成30°~45°角，斜向从一墙角开始铺钉，接头锯成相应斜口；当面层采用斜铺拼花地板时，毛地板与木搁栅垂直，从一墙边开始铺钉。毛地板与墙面间留10~20mm间隙，板间隙不应大于3mm，接头设在搁栅处，并应间隔错缝。每块毛地板在搁栅处应用两根铁钉斜向钉牢，钉子长度为板厚的2.5倍，钉帽砸扁；毛地板钉完后用2m靠尺检查其平整度，符合要求后清理干净，铺防潮垫。当设计采用塑料薄膜的防潮隔离层时，其厚度不应小于0.05mm；当采用发泡塑料卷材时，其厚度不应小于2mm；当采用防水卷材时，厚度不应小于2mm

1）钉接铺设法。钉接铺设法属传统做法，适用于长条地板和拼花地板。（1）钉接长条地板：从墙的一边开始逐块逐条排紧铺钉，板与墙面间留出8~12mm的空隙，板的髓心面应向上。铁钉从企口板侧面凹角处或凸角处斜向钉入，最后一条地板从顶面钉牢。（2）钉接拼花地板：钉接拼花地板前，应按设计要求的图案，在毛地板或防潮纸表面弹出房间十字中心线和圈边线，再弹出图案分格线。先铺钉镶边部分，后铺钉中间部分。镶边地板与墙面应留10~20mm空隙，顺墙边逐条逐块排紧铺钉。正铺席纹地板时，可从一角开始，也可从中央向四边铺钉。斜铺席纹地板时，宜从一角开始铺钉；人字纹板应从中央开始向两边铺钉，铺钉时均应拉通线控制。木板接缝均应排紧，板间隙不应大于3mm，铁钉应从企口板侧边斜向钉入毛地板中，钉长为板厚的2~2.5倍，钉头砸扁，不得外露。当板长不大于300mm时，侧边钉两个钉子；当板长大于300mm时，每300mm增加一个钉子，板的端头应再钉一个铁钉。

2）悬浮铺设法。悬浮铺设法适用于免刨免漆的企口地板、双企口地板。一般应选择榫槽偏紧，底缝较小的地板。采用悬浮铺设法，木地板既可以铺装在毛地板上，也可以铺装在其他基层上。基层平整度要求较高，应小于5mm/2m，否则地板铺设后不能达标。采用悬浮铺设法时，木地板下方应铺设防潮垫，垫层材料多采用厚度3mm带塑膜的泡沫垫，对接铺设，接口塑封

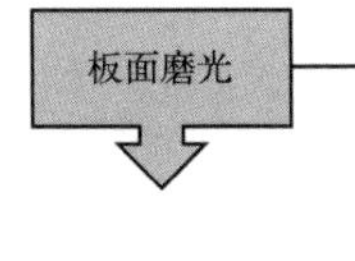

素板铺设完后，用地板磨光机磨光。所用砂布应先粗（3号砂布）后细（0~1号砂布），砂布应绷紧绷平。长条木地板应顺纹磨，拼花木地板应与木纹呈45°角斜磨。磨时不应太快，磨深不宜过大，一般不超过1.5mm，应多磨几遍。磨光机磨不到的地方应用角磨机或手工磨

踢脚线铺设

踢脚线在地板面磨光后铺设。踢脚线靠墙面应开有凹槽，以防翘曲。踢脚线背面应做防腐处理，并每隔1m设一直径为6mm的通风孔。在墙内应每隔750mm预埋防腐木砖或木楔，踢脚线上表面应与抹灰面齐平，用钉子钉牢于墙内防腐木上，钉帽砸扁冲入板内，踢脚线接缝处应作企口或错口相接，在90°角处作45°斜角相接。踢脚线板面应垂直平整，上口平直。踢脚线与木地面交接处钉三角木条或木压条，踢脚线的接头应设在防腐木砖处。木踢脚线构造见图2

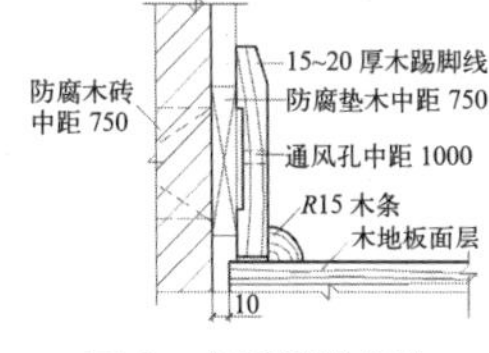

图2　木踢脚线构造

图2.3–16　实木长条地板楼地面的施工工艺流程及要点图（续）

2. 强化复合地板面层楼地面

1）构造。强化复合地板，又称浸渍纸层压木质地板。强化复合地板面层采用条材强化复合地板或采用拼花强化复合地板，以浮铺方式在基层上铺设。因此，目前已在城乡房屋建筑的地面工程中广泛采用。此种强化复合地板具有

耐磨、耐冲击、阻燃、防蛀、防腐、防潮、绿色环保、装饰性好、易装拆等特点，施工工艺简单、施工速度快、无污染。

2）材料。强化复合地板由耐磨层（三氧化二铝和碳化硅浸渍）、装饰层（丙烯酸树脂浸渍仿真木纹薄膜）、基材层（高密度木纤维板）和防潮层（丙烯酸树脂浸渍的防潮平衡层）用三聚氰胺甲醛树脂浸渍与基材一起在高温、高压下压制而成。其材料要求见表 2.3–20。

材料要求表 **表2.3–20**

序号	材料	要求
1	强化复合地板	品种规格符合设计要求和国家质量标准
2	踢脚线	强化复合地板采用配套的复合木踢脚线或仿木塑料踢脚线，通常尺寸有60mm的高腰型和40mm的低腰型两种
3	卡口盖及过桥	卡口盖缝条及各种过桥用作不同材料交接处、不同标高交接处和面层变形缝的盖缝条
4	防潮垫	防潮垫又称地板膜，起防潮、缓冲作用，防潮垫呈卷材状，宽度为1000mm，有带铝箔的和不带铝箔的两种，厚度为1~2mm
5	胶粘剂	强化复合地板多使用专用胶粘剂

3）施工。强化复合地板楼地面的施工工艺流程及要点见图 2.3–17。

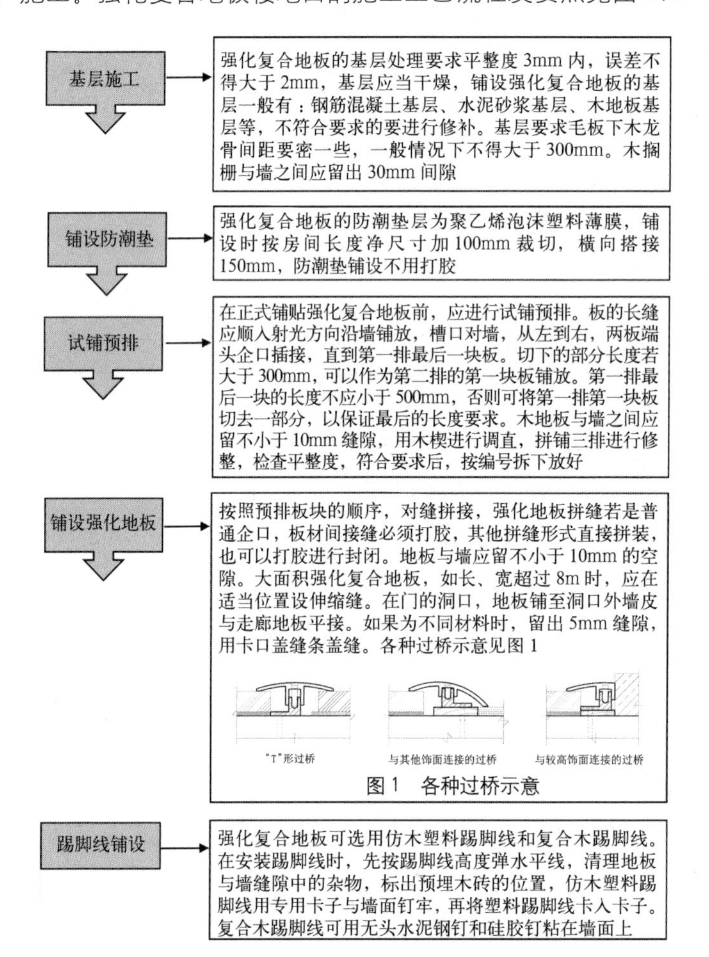

图 2.3–17 强化复合地板楼地面的施工工艺流程及要点图

3. 木、竹面层楼地面验收

木、竹面层楼地面验收标准请扫描二维码 2.3–3。

二维码 2.3–3

理论学习效果自我检查

1. 简述基土的施工工艺流程。

2. 简述灰土垫层的施工工艺流程。

3. 简述找平层的施工工艺流程。

4. 简述填充层的施工工艺流程。

5. 用草图画出细石混凝土楼地面构造，并简述细石混凝土楼地面的施工工艺流程。

6. 用草图画出现浇水磨石楼地面构造，并简述现浇水磨石楼地面的施工工艺流程。

7. 用草图画出陶瓷地砖楼地面构造，并简述陶瓷地砖楼地面的施工工艺流程。

8. 用草图画出花岗石及大理石楼地面构造，并简述花岗石及大理石楼地面的施工工艺流程。

9. 用草图画出实木长条地板楼地面构造，并简述实木长条地板楼地面的施工工艺流程。

10. 简述强化复合地板楼地面的施工工艺流程。

理论实践一体化教学

项目 2.4　建筑室内楼地面工程设计延伸扩展

在理解了楼地面的材料、构造、施工基本原理的基础上，针对不同业主、不同工程、不同要求，特别是不同的材料、风格，不同的相邻关系、不同的收口要求，可以派生、扩展各式各样的材料与设计方案。

以下举例若干建筑室内楼地面设计延伸扩展设计，供大家学习参考。

2.4.1　地砖类楼地面铺装的派生与扩展设计

1. 有防水要求的地砖类材料构造

1）表面材料为马赛克，一道防水涂料。

图 2.4–1 展示具有一道防水的构造设计。在原建筑的混凝土楼地板上先刷一道界面剂，然后进行细石混凝土垫层施工，同时完成找平要求。干结后进行防水涂料涂刷，厚度要求 1.5mm，然后用水泥砂浆做保护层。最后 DTA 水泥砂浆粘结马赛克。

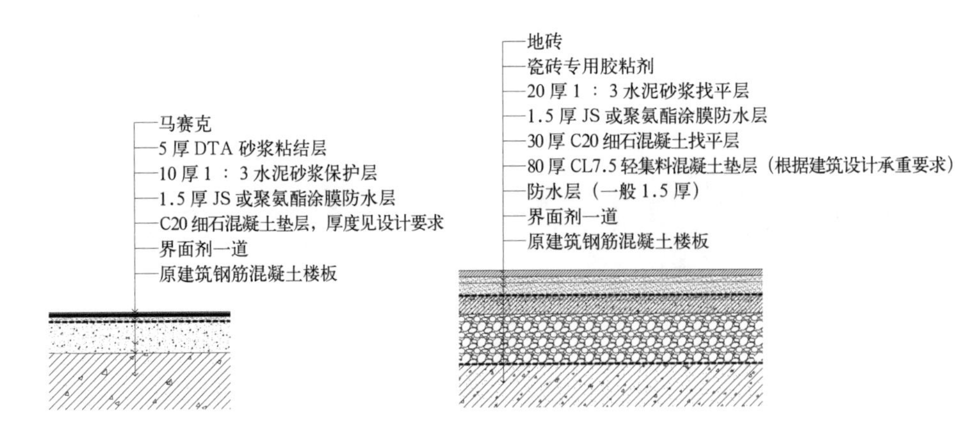

图 2.4–1　马赛克地面防水构造（左）
图 2.4–2　地砖地面防水构造（右）

2）表面材料为地砖，两道防水的高档地面构造与施工工艺。

图 2.4–2 展示为了加强防水效果，特意采用两道防水的构造设计。第一道防水层在原建筑的混凝土楼板上先刷一道界面剂，然后涂刷 1.5mm 的防水剂。干燥后再进行垫层和细石混凝土的找平层施工。干结后做一道 1.5mm 的防水涂料。接着用混凝土砂浆再进行一道找平施工，最后用瓷砖胶粘剂粘结表面瓷砖材料。

2. 有水地暖功能的地砖类材料构造

图 2.4–3 展示有水地暖功能的楼地面构造，该构造必须先进行防水施工。在防水施工工艺的基础上，铺设一层 4~5cm 的聚苯乙烯保温板，起到绝热的作用。再在上面铺设铝箔反射膜和低碳钢丝网片。然后才可以进行 PEX 聚乙烯加热水管的施工。完成后制作细石混凝土填充层对加入水管进行固化和地面找平。最后用瓷砖胶粘剂粘结表面地砖材料。

2.4.2　地板类楼地面铺装的派生与扩展设计

1. 有水地暖功能的实木复合地板构造

图 2.4–4 展示有水地暖功能的实木复合地板楼地面构造，该构造同样必须先进行防水施工。其施工工艺除表面材料不同之外，其他与“有水地暖功能

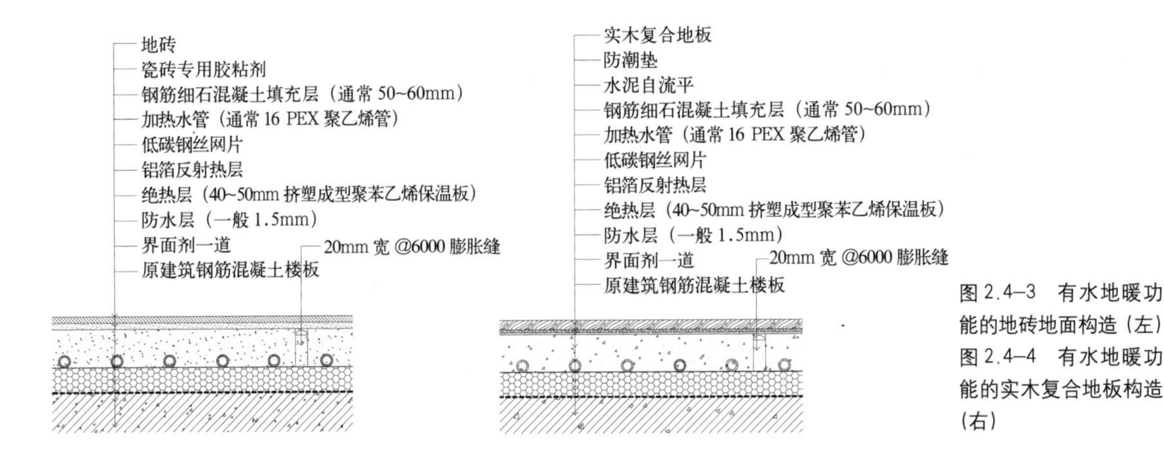

图 2.4–3　有水地暖功能的地砖地面构造（左）
图 2.4–4　有水地暖功能的实木复合地板构造（右）

的地砖类材料构造”大致相同。但地板背面需要涂刷一层氯化钠防腐剂，燃烧性能为 B1 级的话应按消防部门的要求涂刷防火涂料。地面施工注意事项详见《北京市低温热水地板辐射供暖应用技术规程》DBJ/T 01—49—2000。

2. 架空的实木复合地板构造

图 2.4—5 展示适用于舞台或讲台的实木复合地板，需要设计架空构造，可用槽钢加镀锌方管做架空材料。注意这些都要按图示要求，进行防锈和防火处理。槽钢的固定按标注进行施工。

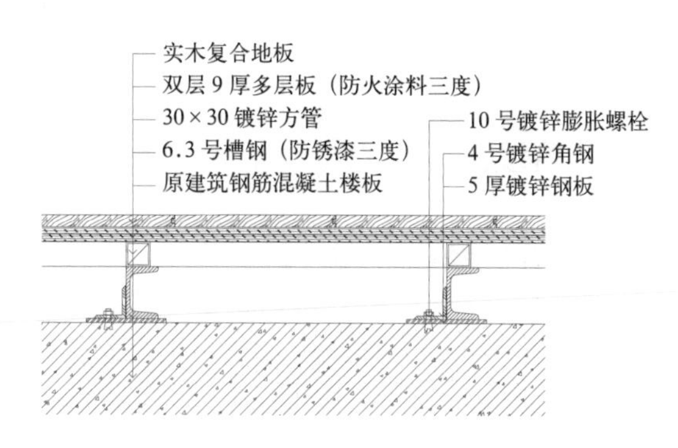

图 2.4—5 架空的实木复合地板构造

2.4.3 两种材料衔接楼地面铺装的派生与扩展设计

两种材料衔接的构造一般出现在两个空间的交界部位，如房间与走廊、房间与卫生间等。

1. 石材与木地板衔接的楼地面设计

标高相同的两种材料的衔接最好是用特定的收口五金。如图 2.4—6 ①案例中的“T”形不锈钢收口线条。同时还要注意两种材料是否处于同一个标高面。如是，其基层的施工尺寸要保持一致。

如标高不同，一般会在衔接的部位做细微的收口处理。如图 2.4—6 ②是在石材的衔接部位做一个倒角处理，这样过渡处理就比较自然。

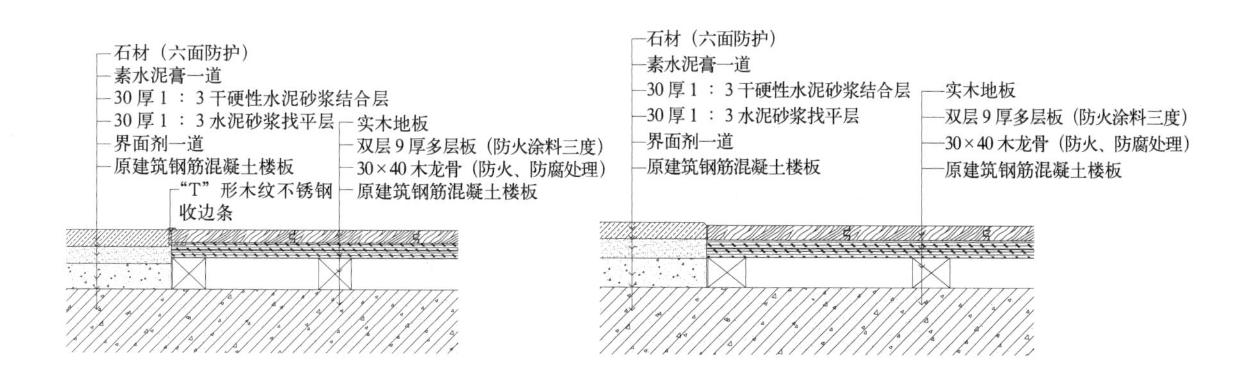

图 2.4—6 ① 标高相同的石材与木地板衔接的楼地面构造（左）
图 2.4—6 ② 标高不同的石材与木地板衔接的楼地面构造（右）

2. 石材与地毯衔接的楼地面设计

标高相同的两种材料的衔接最好是用特定的收口五金，见图 2.4—7。

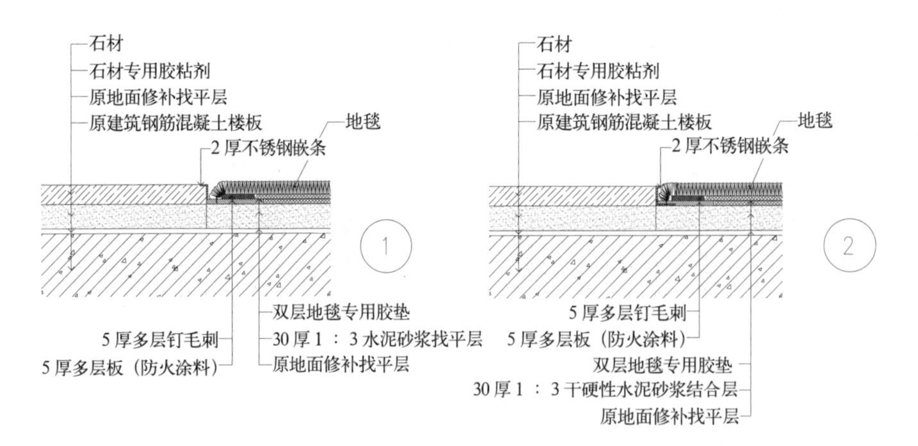

图 2.4–7　石材与地毯衔接的楼地面设计

2.4.4　卫浴空间楼地面铺装的派生与扩展设计

1. 淋浴间内外交界部位的地面构造设计

卫生间内由于有干湿空间的区分，地面需要做高差处理，淋浴间内外石材表面肌理是不同的，淋浴间内的石材需要做酸洗处理，交界部位还需要做挡水条的构造设计，见图 2.4–8。

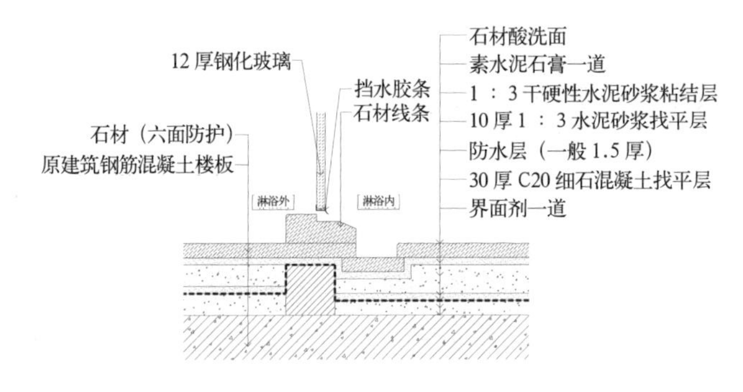

图 2.4–8　淋浴间内外交界部位地面构造

2. 门槛石部位的地面构造设计

门槛石部位的地面一般有两种材料的过渡，如从卫生间的地砖过渡到房间的地板，为了收口美观，通常用门槛石的构造作为衔接，使空间的过渡不显得生硬，见图 2.4–9。

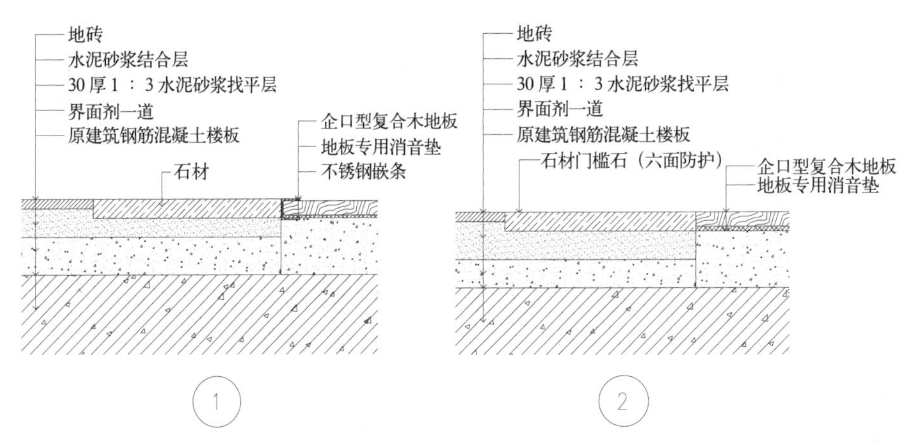

图 2.4–9　门槛石部位地面构造

3. 地漏部位的地面构造设计

地漏部位构造设计合理与否关系到卫生间或阳台等空间的排水是否顺畅。水往低处流，地漏一定是地面的最低部位所在。周边的石材或地砖一定要有向地漏排水口的斜面，见图 2.4–10。

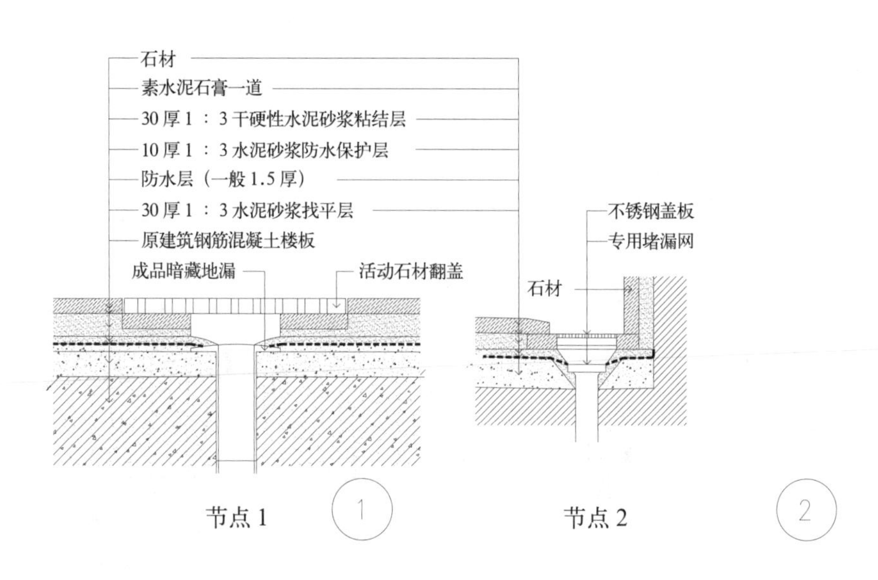

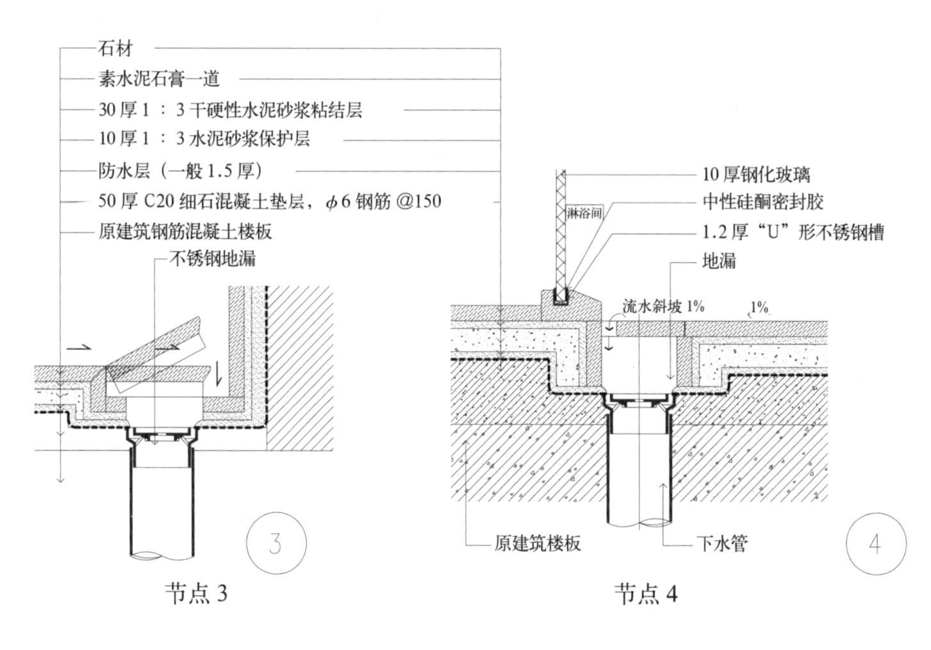

图 2.4–10 地漏部位的地面构造设计

通过以上举例，我们可以发现，这些派生与扩展设计方案其楼地面的基本构造是大同小异的，但因为材料与风格的具体变化，其构造的细节和施工工艺发生了若干变化。只要我们能深刻理解楼地面的材料、构造、施工基本原理，就可以做出千变万化的设计方案。

项目 2.5　建筑室内楼地面工程设计应用案例

建筑室内楼地面工程设计应用在公装或家装项目中，主要体现在方案设计或施工图设计的楼地面平面设计图系列以及相关的节点详图中。

2.5.1　工装案例

1. 地面设计平面图

该公司的地面设计平面图用不同的填充图案显示了地界面区域划分、造型、尺寸和地面材料、详图索引，设计信息一目了然，见图 2.5–1。

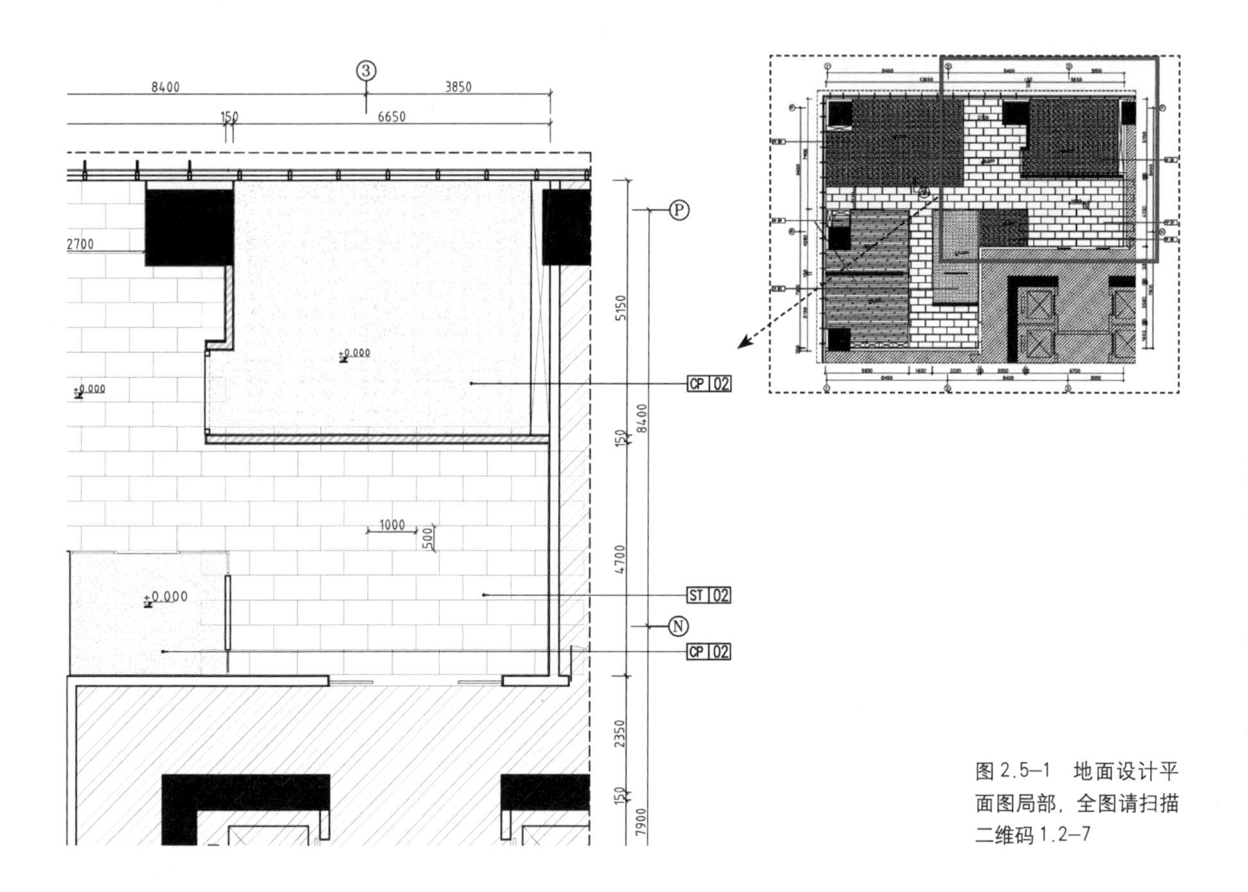

图 2.5–1　地面设计平面图局部，全图请扫描二维码 1.2–7

2. 地面设计平面图中索引出的节点大样图

因为地砖、地板都是按构造常规施工工艺进行铺设，所以也就不设计构造节点详图了，只有对地毯与石材衔接的部位画了详细的节点大样图，用来说明这部分的设计信息，见图 2.5–2。墙面与地面的交接处也绘制详细的节点大样图，见图 2.5–3、图 2.5–4。

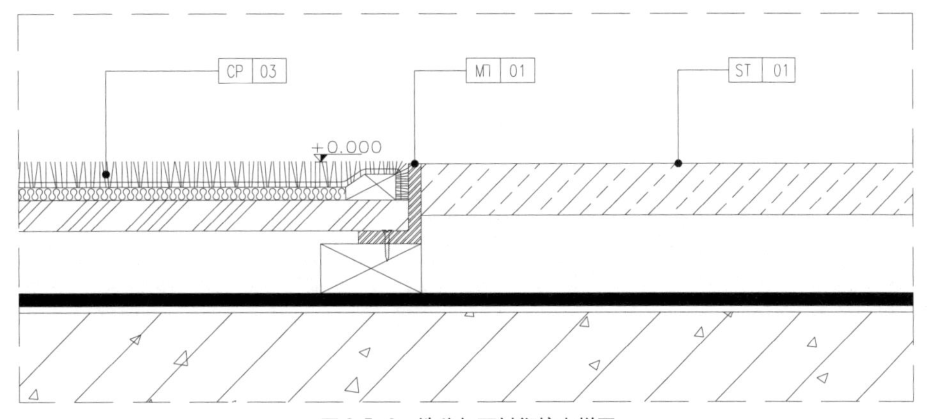

图 2.5–2　地毯与石材衔接大样图

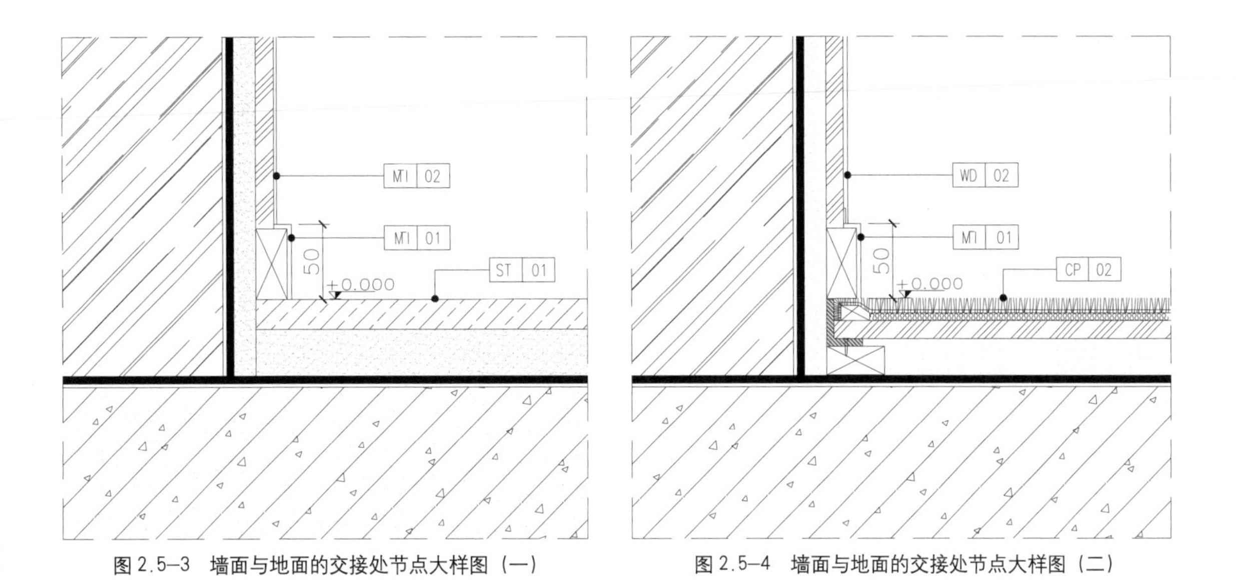

图 2.5–3　墙面与地面的交接处节点大样图（一）

图 2.5–4　墙面与地面的交接处节点大样图（二）

3. 地面设计平面图涉及的材料清单（图 2.5–5）

图 2.5–5　材料清单

MATERIALS NO. 材料编号	MATERIALS NAME 材料名称	ORIGIN 产地	SERVICE PART 使用部位	SPECIFICATION (Units: mm) (长 L / 宽 W / 厚 T / 高 H) 规格（单位：毫米）	REMARK 备注
Ⅰ.Stone——(ST) 石材					
ST–01	维也纳灰大理石		大户型办公室	图纸如无特别说明干挂厚度为25mm 湿贴厚度为20mm	
ST–02	微晶白石		小户型办公室	图纸如无特别说明干挂厚度为25mm 湿贴厚度为20mm	
……					
Ⅷ.Carpet——(CP) 地毯					
CP–01	地毯01		小户型办公室	详见施工图，具体由厂家深化	
CP–02	地毯02		大户型办公室公共空间	详见施工图，具体由厂家深化	
CP–03	地毯03		大户型办公室、会议室、展示区	详见施工图，具体由厂家深化	

4. 地面设计平面图涉及的施工说明（图 2.5–6）

项目	工程一般规范	项目	工程一般规范
泥水作业	（一）工艺说明 ①在作业开始前必须对原有基底表面进行浸湿，以保持完好的结合条件。 ②煽灰工艺必须在水泥砂浆基底相对平整、垂直的表面进行。 ③砖砌筑或水泥砂浆找平批荡，作业方式必须符合中华人民共和国对于建筑施工所制定的有关工艺程序。 ④必须注意场地的控制，讲究清洁，特别是对其他饰面的保护，以及部分成品的保护问题。 （二）技术规范 根据中华人民共和国住建部发布的《建筑装饰装修工程质量验收标准》，装饰砌筑或泥水的抹灰饰面工程必须遵守以下技术规范： ①混凝土板和墙体的基底批荡——使用水泥砂浆或水泥混合砂浆或聚合物水泥砂浆。 ②水泥砂浆的配合比和稠度等应在经检查合格后，方可使用。 ③水泥砂浆或掺有水泥或石膏拌制的砂浆，应控制在初凝前用完。 ④木结构与砖石结构、混凝土结构等相接处基体表面的抹灰，应铺钉金属网，并绷紧牢固。 ⑤冬期施工，水泥砂浆应采取保温措施，涂抹时砂浆的温度不宜低于5℃。 ⑥各种砂浆的抹灰层，在凝结前，应防止快干、水冲撞击和振动。 ⑦砖体工程应在基础工程验收合格后，方可施工。 A. 饰面煽灰 材料 质量比 海菜胶 75 立得粉 1000 酚醛清漆 100 石膏粉 50 ①将原墙体清刷干净，浇水湿润。 ②如发现原墙体批荡有空壳，必须铲掉重新批荡，方可施工。 ③施工过程中用强光灯侧射其墙体，检查其平整度。 ④要求基底抹灰层反复乱抹，并经打磨至平滑光洁。 ⑤验收标准： • 无掉粉，起皮，漏刷，透底，反碱，流坠。 • 无沙眼，刷痕，直观效果光洁、平整，无凹凸感，无空壳、裂缝。 • 墙身平整度：2m内+2mm； 垂直度：+1mm； 所有阴阳角不能大于或小于90°。 • 天花2m内 +2mm。 B. 面砖铺贴 ①面砖必须是形状精确，平整对称，无瑕疵或其他缺陷。 ②铺贴面砖前必须清扫或清洗原有基底，有待铺贴的区域在铺贴前必须以面砖放样，避免不必要的切割。 ③面砖铺贴应在按样板抹平的水泥砂浆中，按规定的色彩填缝剂填缝。 ④面砖必须浸泡在清洁的水中24小时。 ⑤铺贴完成后必须进行适当的现场清扫与产品保护，避免碰撞、振动而引起的空壳。 ⑥水泥砂浆的稠度，必须严格控制，否则会因收缩系数不同而产生局部空壳。 瓷片的铺贴亦可参照以上规范。	石材铺贴	（一）工艺说明 ①检查作业范围的隐蔽工程是否符合设计要求，预埋管道是否检验合格。 ②检查作业面的平整度、垂直度及强度是否符合设计要求，有否必要作二次找平批荡。 ③检查石材的品质情况，规格尺寸方正，表面平整光滑。 ④面积大、纹路多、自然色泽变化大的石材铺贴，必须进行试铺预排、编号、归类的工艺程序，令花纹、色泽均匀，纹理顺畅。 ⑤铺贴前应先找好水平线、垂直线及分格线。 ⑥铺贴后24小时内不可踏践或碰撞石材，以免造成破损松动。 ⑦各类异形台面板的磨边加工（特别是内藏式面盆板沿），必须经专业磨具进行专门加工。 ⑧各类异形台面板的异形尺寸，必须经现场放样后，编号供样，注意正反面及左、右尺寸的确定。 ⑨石材贴面完成后，必须用厂商提供的保护蜡进行保护层的处理。 ⑩采用吊挂灌浆或直接粘贴两种工艺方式。 （二）技术标准 A. 直接粘贴 ①石材品质、规格、色泽、图案、拼贴工艺应符合设计要求。 ②石材粘结牢固，无空鼓，缝隙顺直。 ③石材表面洁净、光滑，无缺棱、掉角。 ④色泽拼接自然，无生根，无跳色现象。 ⑤表面平整度允许偏差为1mm（2m以内）。 ⑥立面垂直度允许偏差为2mm（2m以内）。 ⑦接缝平直允许偏差为2mm（2m以内）。 ⑧浅色石必须用白水泥粘贴。 ⑨地面散水坡度，严格按图纸及有关施工规定执行。 ⑩石材粘贴后必须待结合面及基底干透后再补缝，以免造成应力变形。 ⑪因设备及管道影响（完成面尺寸超过50mm），需增加50mm×50mm镀锌角铁底架，间距应和石材的铺贴分格一致并应小于500mm，挂焊钢网进行铺贴。 B. 干挂石 1. 挂石构件必须符合设计要求及强度要求。 2. ①石材品质、规格、色泽、图案、拼贴工艺应符合设计要求。 ②石材表面洁净、光滑，无缺棱、掉角。 ③色泽拼接自然，无生根，无跳色现象。 ④表面平整度允许偏差为2mm（2m以内）。 ⑤立面垂直度允许偏差为2mm（2m以内）。 ⑥接缝平直允许偏差为2mm（2m以内）。 C. 洗手间底托架 ①卫生间的石材面盆底托架，是石材面板或洁具面盆的主要结构骨架，由于数量多、隐蔽性强，必须严格控制其施工规范。 ②采用40mm×40mm优秀角钢为骨架用料，经烧焊成形，并紧绷金属层，油防锈漆三次。 ③底托架的烧焊成形，必须符合不同型号房间的规格、尺寸，大面积的烧焊作业，必须在指定的专门作业面进行。 ④托架的现场安装，应注意预留水泥砂浆层与石材完成的厚度。 ⑤托架安装的膨胀螺栓钻孔，必须注意避开隐蔽工程预埋的各类水管等，以免造成今后墙体渗水、渗漏的长期隐患。

图 2.5–6 施工说明

2.5.2 家装案例

1. 地面设计平面图

家装地面设计平面图要展示各个房间的地面材料以及材料的铺设图案与铺设方法，同时要进行简明扼要的设计说明，还要详细标注各个设计构造节点大样图的索引符号（图 2.5–7、图 2.5–8）。

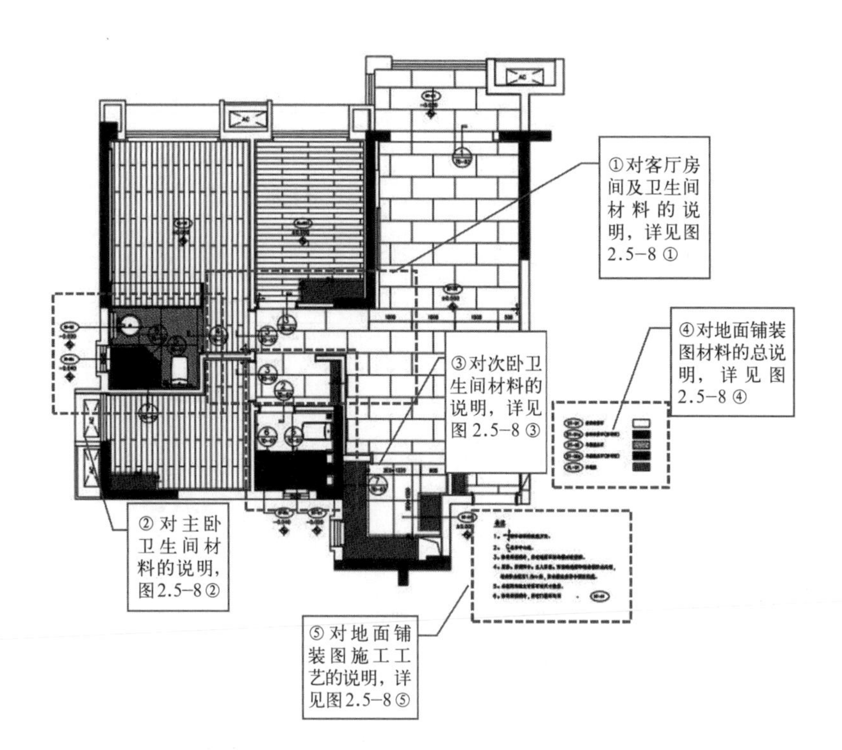

图 2.5–7 地面设计平面图上关于材料与构造的 5 个设计细节

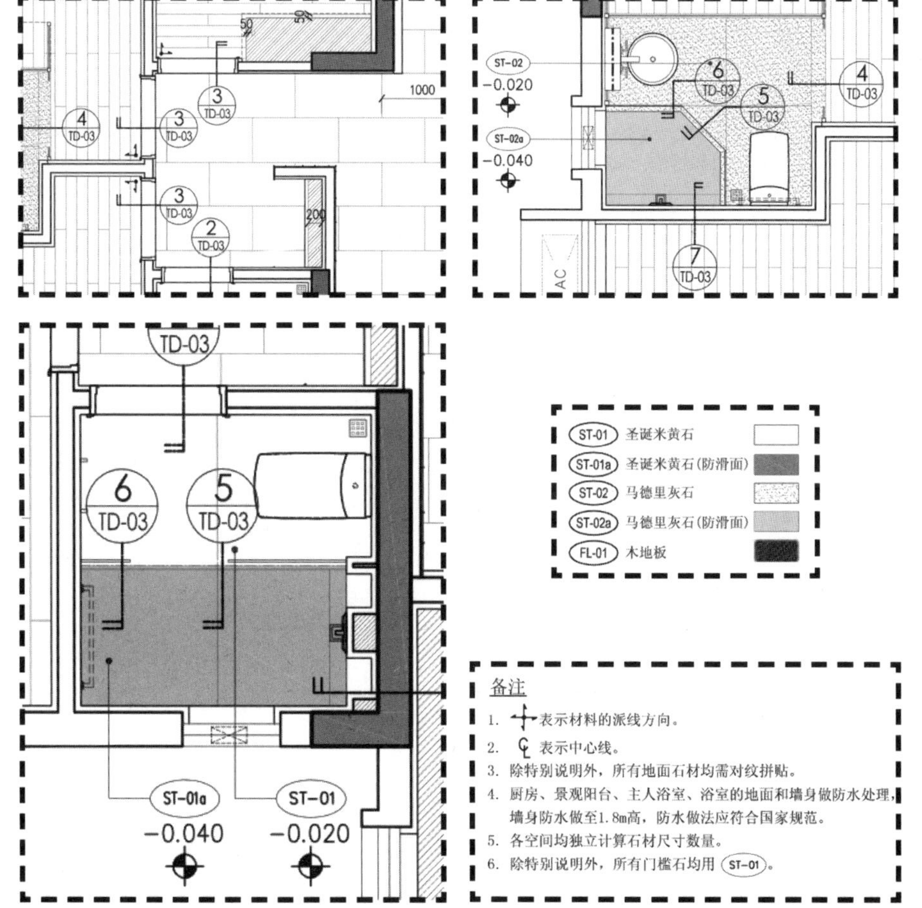

图 2.5–8 地面设计平面图材料与构造设计细节

图 2.5–8 ① 对客厅房间及卫生间门槛石的设计细节（左）

图 2.5–8 ② 地面设计平面图上关于主卫的设计细节（右）

图 2.5–8 ③ 地面设计平面图上关于次卫的设计细节（左）

图 2.5–8 ④ 对地面设计平面图上材料的总说明，共涉及 5 种材料（右上）

图 2.5–8 ⑤ 对地面设计平面图施工工艺的说明（右下）

2. 地面铺装节点大样图

对地面设计平面图中无法说明的设计细节要通过节点大样图加以说明（图 2.5–9）。

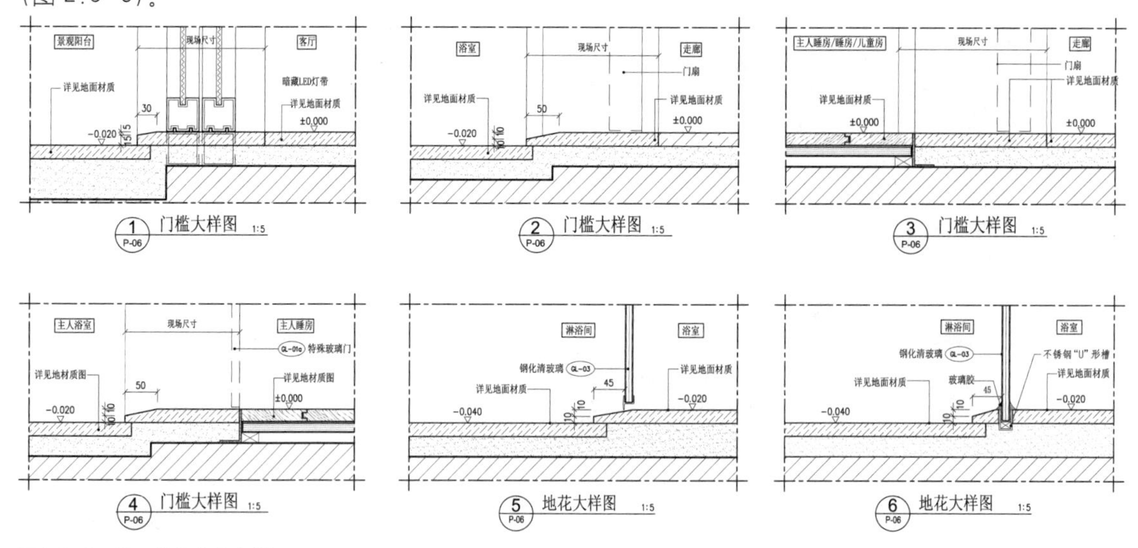

图 2.5–9　地面铺装节点大样图

图 2.5–9 ①　阳台与客厅交接的地面门槛材料与构造大样图，阳台因为有可能飘进雨水的关系，地面标高要低于客厅 20mm

图 2.5–9 ②　浴室与走廊交接的地面门槛材料与构造大样图，浴室因为用水量较大的关系，地面标高要低于走廊 20mm

图 2.5–9 ③　三个房间与走廊交接的地面门槛材料与构造大样图，房间部分地面材质是地板，走廊部分地面材质是大理石，两种材质的完成面标高是相同的

图 2.5–9 ④　主人浴室与主人睡房交接的地面门槛材料与构造大样图，主卫因为用水量较大的关系，地面标高要低于主卧室 20mm

图 2.5–9 ⑤　淋浴间与浴室交接的地面地花材料与构造大样图，浴室中淋浴间需直接用水，所以地面标高要低于浴室的其他部分 40mm

图 2.5–9 ⑥　淋浴间与浴室交接的地面地花材料与构造大样图，浴室中淋浴间的门位和固定玻璃位其构造是不一样的，需要分别进行详细说明

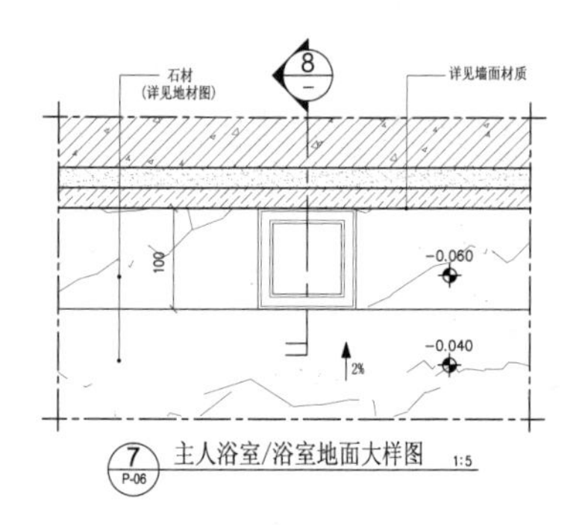

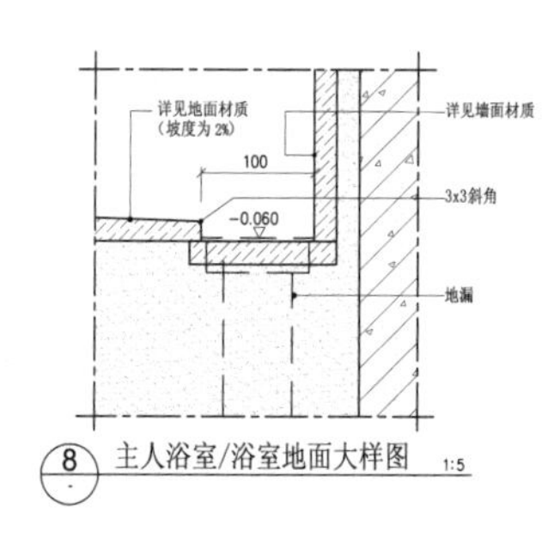

图 2.5–9 ⑦　主卧室地漏部位的节点大样，地面需要向地漏做 2% 的斜坡，以利浴室排水（左）

图 2.5–9 ⑧　主卧室地漏部位的节点大样，装地漏的部分 100mm 的地面低于浴室其他地面 20mm（右）

3. 地面铺装材料清单（图 2.5–10）

MATERIAL SCHEDULE 物料明细表

PROJECT 项目名称：××××××04区住宅项目 C–1户型　　PROJECT REF. 项目档案：D16224　　DWG. NO. 图号：MS–01

CODE 代号	DESCRIPTION 内容	LOCATION 位置	MODEL 型号	SUPPLIER 供应商		REMARKS 备注
ST–01	圣诞米黄石	客厅、走廊、厨房地面、窗台石、门槛石		深圳市××××有限公司	联系人：××	联系电话：189265××××
ST–01a	圣诞米黄石(防滑面)	浴室地面		深圳市××××有限公司	联系人：××	联系电话：189265××××
ST–02	马德里灰	主人浴室地面		深圳市××××有限公司	联系人：××	联系电话：189265××××
ST–02a	马德里灰(防滑面)	淋浴间地面		深圳市××××有限公司	联系人：××	联系电话：189265××××
ST–03	大花白	浴室、主人浴室墙身、客厅电视墙		深圳市××××有限公司	联系人：××	联系电话：189265××××
FL–01	复合木地板	睡房地面	胡桃木(本色)	格力士GRACE	联系人：王××	联系电话：139260××××

图 2.5–10　地面铺装材料清单

4. 地面铺装施工说明

略。

实践教学

项目 2.6　建筑室内楼地面工程设计实训

P2–1　建筑室内设计楼地面材料认知部分实训任务和要求

楼地面材料调研实训。(获取实训任务书电子活页请扫描二维码 2.6–1)

参观当地大型的装饰材料市场，全面了解各类楼地面装饰材料。

重点了解 10 款受消费者欢迎的实木地板、复合地板、实木复合地板品牌、品种、规格、特点、价格（实木地板、复合地板、实木复合地板 3 选 1)。

二维码 2.6–1
(下载)

任务编号	P2–1
学习领域	楼地面工程
任务名称	制作____________地板品牌看板
任务要求	调查本地材料市场地板材料，重点了解10款受消费者欢迎的实木地板、复合地板、实木复合地板的品牌、品种、规格、特点、价格
实训目的	为建筑室内设计和施工收集当前流行的市场材料信息，为后续设计与施工提供第一手资讯
行动描述	1.参观当地大型的装饰材料市场，全面了解各类楼地面装饰材料 2.重点了解10款受消费者欢迎的实木地板、复合地板、实木复合地板的品牌、品种、规格、特点、价格 3.将收集的素材整理成内容简明、可以向客户介绍的材料看板
工作岗位	本工作属于工程部、设计部、材料部，岗位为施工员、设计员、材料员
工作过程	到建筑装饰材料市场进行实地考察，了解实木地板、复合地板、实木复合地板的市场行情，做到能够熟悉本地知名地板品牌，识别各类地板品种，为装修设计选材和施工管理材料质量鉴别打下基础 1.选择材料市场 2.与店方沟通，请技术人员讲解地板品种和特点 3.收集地板宣传资料 4.实际丈量不同的地板规格，做好数据记录 5.整理素材 6.编写10款受消费者欢迎的实木地板、复合地板、实木复合地板品牌、品种、规格、特点、价格看板材料
工作对象	建筑装饰市场材料商店的地板材料
工作工具	记录本、合页纸、笔、相机、卷尺等
工作方法	1.先熟悉材料商店整体环境 2.征得店方同意 3.详细了解实木地板、复合地板、实木复合地板的品牌和种类 4.确定一种品牌进行深入了解 5.拍摄选定地板品种的数码照片 6.收集相应的资料 注意：尽量选择材料商店比较空闲的时间，不能干扰材料商店的工作

续表

工作团队	1.事先准备。做好礼仪、形象、交流、资料、工具等准备工作 2.选择调查地点 3.分组。4~6人为一组，选一名组长，每人选择一个品牌的地板进行市场调研。然后小组讨论，确定一款地板品牌进行材料看板的制作
教学要求	教学重点：1.选择品牌；2.了解该品牌地板的特点 教学难点：1.与商店领导和店员的沟通；2.材料数据的完整、详细、准确；3.资料的整理和归纳；4.看板版式的设计

附件：__________**市（区、县）地板市场调查报告**（编写提纲）

<table>
<tr><td>调查团队成员</td><td colspan="2"></td></tr>
<tr><td>调查地点</td><td colspan="2"></td></tr>
<tr><td>调查时间</td><td colspan="2"></td></tr>
<tr><td>调查过程简述</td><td colspan="2"></td></tr>
<tr><td>调查品牌</td><td colspan="2"></td></tr>
<tr><td>品牌介绍</td><td colspan="2"></td></tr>
<tr><td colspan="3">本地实木地板、复合地板、实木复合地板十大品牌</td></tr>
<tr><td>品种名称</td><td></td><td rowspan="4">地板照片</td></tr>
<tr><td>地板规格</td><td></td></tr>
<tr><td>地板特点</td><td></td></tr>
<tr><td>价格区间</td><td></td></tr>
<tr><td colspan="3">品种2~n（以下按需扩展）</td></tr>
<tr><td>品种名称</td><td></td><td rowspan="4">地板照片</td></tr>
<tr><td>地板规格</td><td></td></tr>
<tr><td>地板特点</td><td></td></tr>
<tr><td>价格区间</td><td></td></tr>
</table>

地板市场调查实训考核内容、方法及成绩评定标准

系列	考核内容	考核方法	要求达到的水平	指标	小组评分	教师评分
对基本知识的理解	对地板材料的理论检索和市场信息捕捉能力	资料编写的正确程度	预先了解地板的材料属性	30		
		市场信息了解的全面程度	预先了解本地的市场信息	10		
实际工作能力	在校内实训室，实际动手操作，完成调研的过程	各种素材展示	选择/比较市场材料的能力	8		
			拍摄清晰材料照片的能力	8		
			综合分析材料属性的能力	8		
			书写分析调研报告的能力	8		
			设计编排调研报告的能力	8		
职业关键能力	团队精神和组织能力	个人和团队评分相结合	计划的周密性	5		
			人员调配的合理性	5		
书面沟通能力	调研结果评估	看板集中展示	实木地板资讯完整、美观	10		
任务完成的整体水平				100		

P2-2 建筑室内设计楼地面构造设计部分实训任务和要求

公装、家装楼地面构造设计实训。（获取实训任务书电子活页请扫描二维码 2.6-2）

二维码 2.6-2
（下载）

通过设计能力实训，理解楼地面工程的材料与构造（以下公装、家装 2 选 1）。

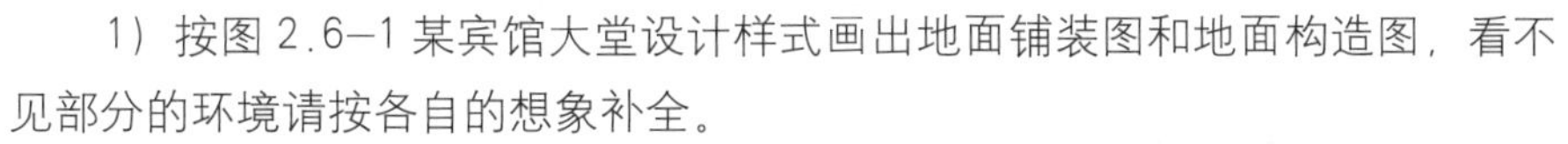

1）按图 2.6-1 某宾馆大堂设计样式画出地面铺装图和地面构造图，看不见部分的环境请按各自的想象补全。

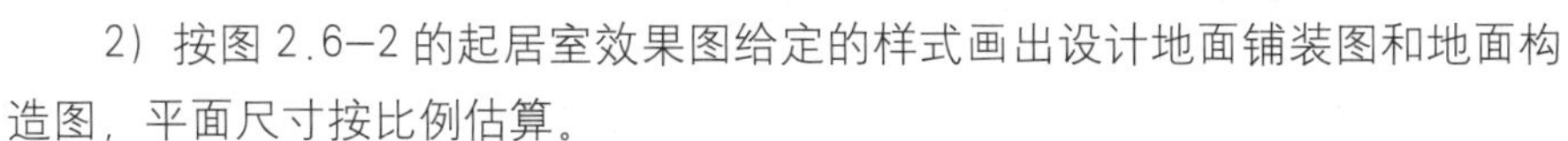

2）按图 2.6-2 的起居室效果图给定的样式画出设计地面铺装图和地面构造图，平面尺寸按比例估算。

图 2.6-1 某宾馆大堂一层地面铺装实景（左）
图 2.6-2 某起居室效果图（右）

楼地面构造设计实训项目任务书

任务编号	P2—1
学习单元	楼地面工程
任务名称	实训题目（　　）：________________
具体任务 （2选1，把选定题目的○涂黑）	○1）为宾馆大堂设计大理石或花岗石地面，画地面构造图 ○2）为照片中的起居室设计地面，画地面构造图
实训目的	理解楼地面构造原理
行动描述	1.了解所设计楼地面的使用要求及使用档次 2.设计出构造合理、工艺简洁、造型美观的楼地面 3.设计图表现符合国家制图标准
工作岗位	本工作属于设计部，岗位为设计员
工作过程	1.到现场实地考察，或查找相关资料理解所设计楼地面构造的使用要求及使用档次 2.画出构思草图和构造分析图 3.分别画出平面、立面、主要节点大样图 4.标注材料与尺寸 5.编写设计说明 6.填写设计图图框要求内容并签字
工作工具	笔、纸、电脑
工作方法	1.先查找资料、征询要求 2.明确设计要求 3.熟悉制图标准和线型要求 4.构思草图可进行发散性思维，设计多款方案，然后选择最佳方案进行深入设计 5.结构设计追求最简洁、最牢固的效果 6.图面表达尽量做到美观清晰

楼地面构造设计实训考核内容、方法及成绩评定标准

考核内容	评价	指标	自我评分	教师评分
设计合理美观	材料选择符合使用要求	20		
	构造设计工艺简洁、构造合理、结构牢固	20		
	造型美观	20		
设计符合规范	线型正确、符合规范	10		
	构图美观、布局合理	10		
	表达清晰、标注全面	10		
图面效果	图面整洁	5		
设计时间	按时完成任务	5		
任务完成的整体水平		100		

P2–3 建筑室内设计楼地面施工操作部分实训任务和要求

二维码 2.6–3
（下载）

根据学校实训条件，在水泥混凝土楼地面、现浇水磨石楼地面、陶瓷地砖面层楼地面、花岗石／大理石面层楼地面、实木地板面层楼地面、强化复合地板楼地面中选择其中一种编制施工工艺。（获取实训任务书电子活页请扫描二维码 2.6–3）

______楼地面施工工艺编制训练项目任务书

任务编号	P2–3
学习领域	楼地面工程
任务名称	观摩一款楼地面施工流程，并编制施工工艺
任务要求	根据学校实训条件，在水泥混凝土楼地面、现浇水磨石楼地面、陶瓷地砖面层楼地面、花岗石/大理石面层楼地面、实木地板面层楼地面、强化复合地板楼地面中选择其中一种编制施工工艺（6选1）
实训要求	认真观摩校内实训室中水泥混凝土楼地面、现浇水磨石楼地面、陶瓷地砖面层楼地面、花岗石/大理石面层楼地面、实木地板面层楼地面、强化复合地板楼地面中的任意一款的施工流程，参考教材相关内容编制一款楼地面施工工艺
行动描述	学生先整体查看校内楼地面施工实训室。然后选择6款楼地面中的其中一款，就材料、构造、施工流程、质检要求进行仔细查看分析，再结合教材相关内容编写施工工艺。实训完成以后，学生进行自评，教师进行点评
工作岗位	本工作属于工程部，岗位为施工员
工作过程	先观察分析，后编写施工流程和施工工艺
工作要求	观察分析要仔细，编写某楼地面施工流程和施工工艺要符合逻辑
工作工具	记录本、合页纸等
工作团队	1.分组。6~10人为一组，选1名项目组长，确定任务 2.各位成员根据分工，分头进行各项工作
工作方法	1.项目组长制订计划，制订工作流程，为各位成员分配任务 2.整体观察校内楼地面工程部分的实训室 3.查看相关龙骨楼地面工程的设计图纸 4.分析工程材料 5.分析施工流程 6.查看国家或地方工程验收标准 7.编写施工工艺 8.项目组长主导进行实训评估和总结 9.指导教师核查实训情况，并进行点评

______楼地面施工工艺编写（编写提纲）

一、实训团队组成

团队成员	姓名	主要任务
项目组长		
见习设计员		
见习材料员		
见习施工员		
其他成员		

二、实训计划

工作任务	完成时间	工作要求

三、实训方案

1. 整体观察校内楼地面工程部分的实训室，选定楼地面施工工艺编写对象
2. 查看相关楼地面工程的设计图纸
3. 分析工程材料
4. 分析施工流程
5. 查看国家或地方工程验收标准
6. 编写施工工艺
7. 进行工作总结
8. 实训考核成绩评定

四、编写施工工艺

1. 画出设计草图
2. 制作材料要求表

材料要求表

序号	材料	要求
1		
2		
3		
4		

3. 编制施工流程图和施工工艺

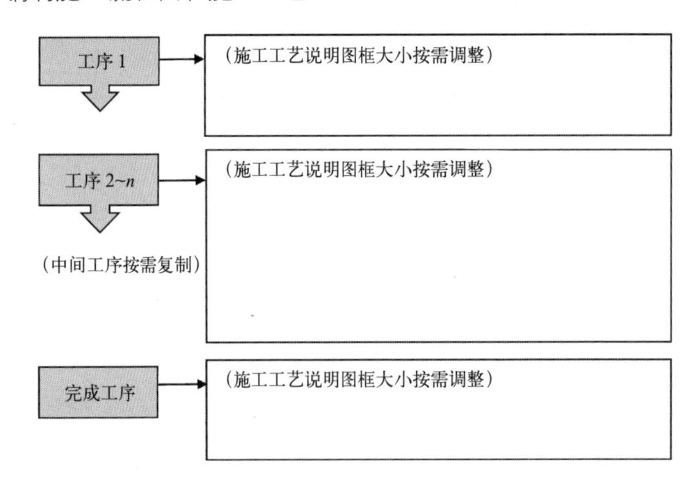

4. 查看国家或地方工程验收标准

________楼地面施工工艺编写实训考核内容、方法及成绩评定标准

<table>
<tr><th>系列</th><th>考核内容</th><th>考核方法</th><th>要求达到的水平</th><th>指标</th><th>小组评分</th><th>教师评分</th></tr>
<tr><td rowspan="3">对基本知识的理解</td><td rowspan="3">对楼地面的理论掌握</td><td>楼地面的材料</td><td>能明确某楼地面的材料要求</td><td>10</td><td></td><td rowspan="3"></td></tr>
<tr><td>楼地面的构造</td><td>能理解某楼地面的典型构造</td><td>10</td><td></td></tr>
<tr><td>楼地面的施工</td><td>正确懂得某楼地面的施工流程和工艺要求</td><td>10</td><td></td></tr>
<tr><td rowspan="5">实际工作能力</td><td rowspan="5">在校内实训室，进行实际动手操作，完成相关任务</td><td rowspan="5">检测各项能力</td><td>材料分析能力</td><td>10</td><td></td><td rowspan="5"></td></tr>
<tr><td>构造分析能力</td><td>10</td><td></td></tr>
<tr><td>施工流程把握能力</td><td>10</td><td></td></tr>
<tr><td>质量检验标准查阅能力</td><td>10</td><td></td></tr>
<tr><td>施工工艺编制能力</td><td>10</td><td></td></tr>
<tr><td rowspan="2">职业关键能力</td><td rowspan="2">团队精神组织能力</td><td rowspan="2">个人和团队评分相结合</td><td>计划的周密性</td><td>10</td><td></td><td rowspan="2"></td></tr>
<tr><td>人员调配的合理性</td><td>10</td><td></td></tr>
<tr><td colspan="4">任务完成的整体水平</td><td>100</td><td></td><td></td></tr>
</table>

建筑室内顶棚工程设计

★教学内容

项目 3.0　建筑室内顶棚工程设计课程素质培养

● 理论教学

项目 3.1　建筑室内顶棚工程设计基本概念

项目 3.2　建筑室内顶棚工程设计基本材料

项目 3.3　建筑室内顶棚工程设计基本原理

● 理论实践一体化教学

项目 3.4　建筑室内顶棚工程设计延伸扩展

项目 3.5　建筑室内顶棚工程设计应用案例

● 实践教学

项目 3.6　建筑室内顶棚工程设计实训

★教学目标

职业素质目标

1. 能正确树立职业责任意识
2. 能正确树立职业创新意识

知识目标

1. 能正确理解建筑室内顶棚工程的基本概念、分类、功能
2. 能基本了解建筑室内顶棚工程所涉及的基本装饰材料
3. 能正确理解建筑室内顶棚工程基础构造设计基本原理
4. 能正确理解建筑室内顶棚工程构造设计施工工作流程

技术技能目标

1. 能正确绘制建筑室内顶棚工程基础构造的节点详图
2. 能基本了解建筑室内顶棚工程基础构造的施工工艺
3. 能派生扩展建筑室内顶棚工程基础构造的现实应用
4. 能初步完成建筑室内顶棚铺装图标注详细技术细节
5. 能初步完成建筑室内顶棚布置图构造详图技术交底

专业素养目标

1. 养成科学严谨的建筑室内设计顶棚工程设计思维的素养
2. 养成能按经典的工作流程解决室内顶棚工程问题的素养

项目 3.0　建筑室内顶棚工程设计课程素质培养

素质目标：能正确树立职业责任意识

素质主题：建筑装饰装修专业人员需对设计与施工工程终身负责

素质案例：从上海某汽车 4S 店顶部坍塌看顶棚工程设计与施工质量要求

2019 年 5 月 16 日，位于上海市长宁区昭化路 ××× 号正在改建的某汽车 4S 店顶部坍塌，酿成 10 死 15 伤的惨剧。

据了解，改建厂房面积 3000m^2，倒塌面积约为 1000m^2。坍塌建筑部分倒入附近一处小区，造成多辆汽车被埋，小区内亦有树木被压倒伏。另据附近居民表示，在事故中被困、受伤的多为装修工人。

一般情况下，造成房屋屋顶坍塌，与建筑装饰装修工程有着不可割裂的原因，比如：擅自更改原建筑结构、顶棚构造设计不当、施工质量问题等。

事故发生后有关部门迅速成立调查组，对工程的设计、施工、管理、运行、材料等方面开展事故责任调查，对事故责任者进行严肃的追责与处理。

职业警示：国家法律规定，建筑（包括建筑装饰装修）设计和施工者须对建筑终身负责。但凡出现恶性质量事故必定要展开事故责任调查，其中重要一环就是对设计者、施工者的设计和施工责任进行调查。所以，建筑装饰装修的设计与施工必须依据国家相关标准规范执行，尤其是不能忽略强制性规范的要求。

图 3.0–1 为事故现场场景，图 3.0–2 为救援现场场景。

素质实践：国家对建筑装饰装修设计有哪些标准与规范？请在网络上搜索。

素质目标：能正确树立职业创新意识

图 3.0–1　事故现场场景（左）
图 3.0–2　救援现场场景（右）

素质主题：建筑装饰装修专业人员要勇于挑战新技术

素质案例：北京大兴国际机场室内装饰，充满了震撼世界的“黑科技”！

由法国 ADP Ingenierie 建筑事务所和扎哈·哈迪德（Zaha Hadid）工作室设计的北京大兴国际机场挑战了很多建筑新技术。其中“八爪鱼”玻璃顶创新设计为世人所惊叹！

巨大的新航站楼同时拥有世界最大的屋顶面积，达 18 万 m^2，由一个中央天窗、6 个条形天窗、8 个气泡窗组成，见图 3.0–3。如此庞大的屋盖仅用了 8 根“C”形柱作支撑，其中有 6 根在一个 180m 直径的同心圆上，见图 3.0–4。它的工程体量可以将“鸟巢”——国家体育场完整地容纳进来。这 8 根“C”形柱彼此间距长达 200m，整个机场的室内空间几乎成为无柱的巨大中厅，这为乘客提供了最大化的公共空间和震撼的视觉感受。

整个航站楼一共使用了 12800 块玻璃，其中屋顶玻璃 8000 多块。由 12300 个球形节点和超过 60000 根杆件组成的巨大屋顶，被设计成一个自由曲面。每一个杆件和球形节点的连接，都被三维坐标锁定成唯一的位置，所以这 8000 块玻璃中没有两块是一样的，施工难度极大。

职业警示：建筑装饰专业从业人员无论在设计或施工环节，都不要一味循规蹈矩、墨守成规。在面对创新性设计时，要积极尝试，大胆挑战各项新设计、新结构、新技术、新材料、新工艺。从而推动建筑室内装饰设计及施工技术不断向前发展。

素质实践：在网络上搜索几个有影响力的设计师的新设计作品，看看他们都挑战了哪些新设计、新结构、新技术、新材料、新工艺？请图文结合，做一个微信朋友圈分享。

图 3.0–3　一个中央天窗、6 个条形天窗、8 个气泡窗组成的顶棚（左）

图 3.0–4　由 8 根“C”形柱作支撑的顶棚内景（右）

理论教学

项目 3.1　建筑室内顶棚工程设计基本概念

3.1.1　顶棚的基本概念

1. 顶棚

顶棚与地面相对，它是位于屋架（面）板下或楼板的建筑室内装饰装修构造，图 3.1–1 清晰地告诉我们什么是顶棚。它是一个建筑室内空间上部通过采用各种材料及造型形式的组合，形成具有使用功能与美学目的的建筑装饰构造。在建筑室内设计工程中常被称为吊顶工程（其他称谓：顶棚工程、天棚工程、顶棚板工程）。此章节统一使用顶棚，吊顶仅指悬吊式顶棚。

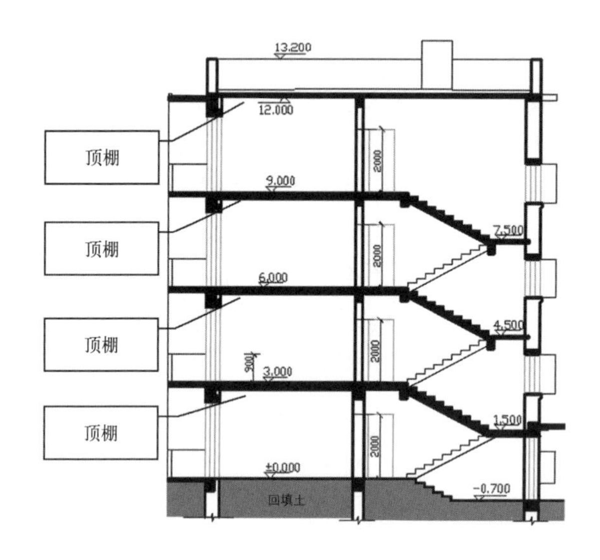

图 3.1–1　顶棚概念示意图

2. 建筑室内顶棚设计的相关成果

顶棚的装饰效果对建筑空间环境效果影响很大。因此，顶棚是建筑室内设计的主要部分之一，其设计成果顶棚设计系列平面图，包括“顶棚布置图”“顶棚尺寸图”“灯具布置图”“灯具尺寸图”等，以及相关的节点大样图。

3.1.2　顶棚的分类

1. 顶棚分类图

顶棚的种类可从七个不同角度进行分类，详见图 3.1–2。

2. 顶棚分类详解

1）顶棚的外观形式。根据顶棚的外观形式分类有以下几种形式，见表 3.1–1。

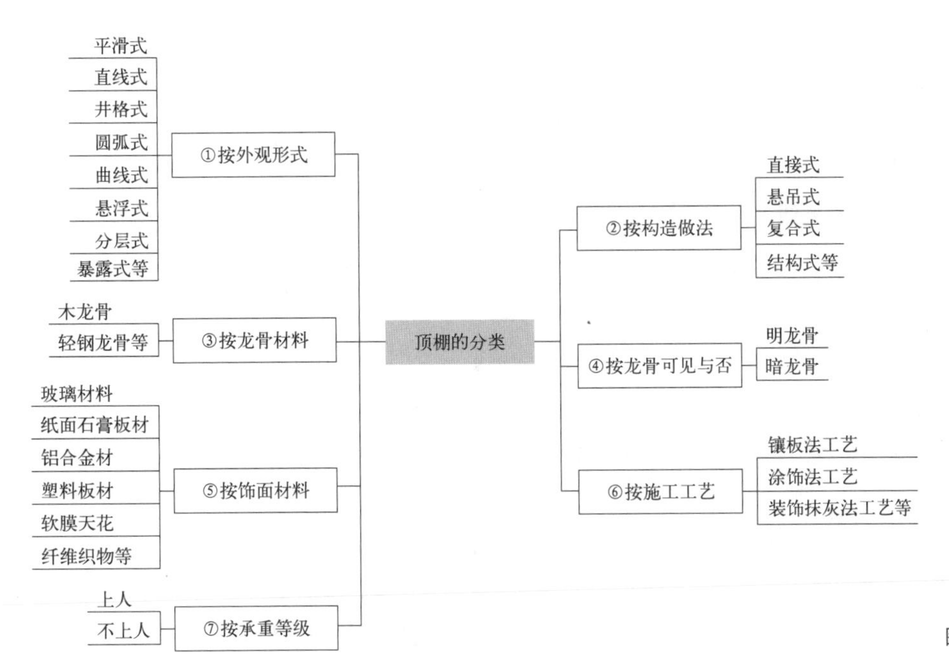

图 3.1–2　顶棚分类图

顶棚的外观形式表　　**表3.1–1**

外观形式	外观感觉	适合对象
平滑式	整齐划一，整洁大方	办公、厂房等需要整洁大方的建筑对象
直线式	整洁大方，简洁明快	办公、会议、家庭、文化等多种建筑对象
井格式	井井有条，秩序规律	建筑屋顶和梁柱网格有规律且比例美观的建筑
圆弧式	浪漫高贵，艺术性强	高档宾馆、饭店等具有艺术气质的建筑
曲线式	节奏起伏，有韵律感	餐饮、娱乐、商业等轻松浪漫的场所
悬浮式	轻盈浪漫，变化多样	文化、剧场等视听建筑和宾馆、饭店等需要高档装修的场所
分层式	层次分明，错落有致	居家、商铺、会所、厅堂等建筑对象
暴露式	原始粗犷，工业感觉	适合造价低且风格质朴的建筑，如仓储式大卖场等
高技式	突破传统，声光并用	适用于数字媒介新型购物、展示、文化、影视等场所
……	……	……

图 3.1–3 ~ 图 3.1–10 为顶棚的外观形式实例。

图 3.1–3　平滑式顶棚（左）
图 3.1–4　直线式顶棚（右）

图 3.1–5 井格式顶棚（左）
图 3.1–6 圆弧式顶棚（右）

图 3.1–7 曲线式顶棚（左）
图 3.1–8 悬浮式顶棚（右）

图 3.1–9 分层式顶棚（左）
图 3.1–10 暴露式顶棚（右）

2）顶棚的构造做法。根据顶棚的构造做法不同分类，有以下几种形式，见表 3.1–2、图 3.1–11～图 3.1–14。

顶棚的构造做法表 **表3.1–2**

构造形式	构造描述	适合建筑
直接式	直接在屋顶结构层构筑	适合层高较低的建筑，如层高为2.6m的普通住宅
悬吊式	通过吊杆或龙骨构筑的顶棚	适合层高较高，且顶棚与屋顶之间有诸多建筑管网设备的建筑，如办公楼、厂房等
复合式	各种构造结合的顶棚	适合前厅、大堂、过道、中庭等建筑空间
结构式	利用屋架结构构筑的顶棚	适合结构美观并且不宜遮蔽的建筑，如交通建筑、体育馆等

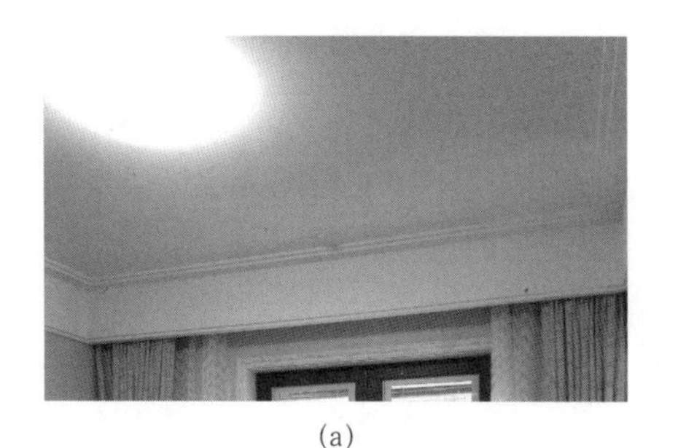

(a)

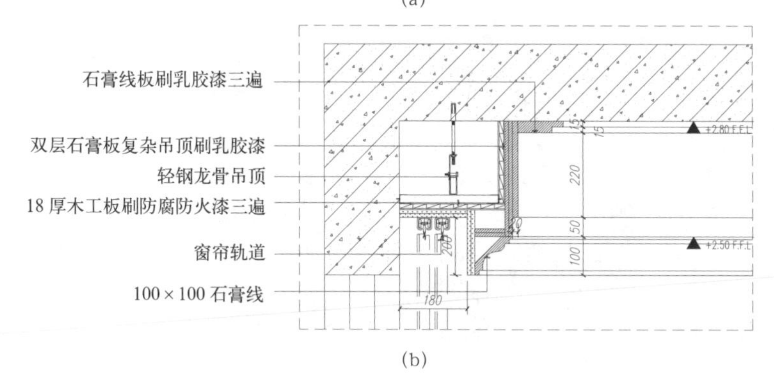

(b)

图 3.1–11　直接式顶棚
(a) 完成效果；(b) 施工图

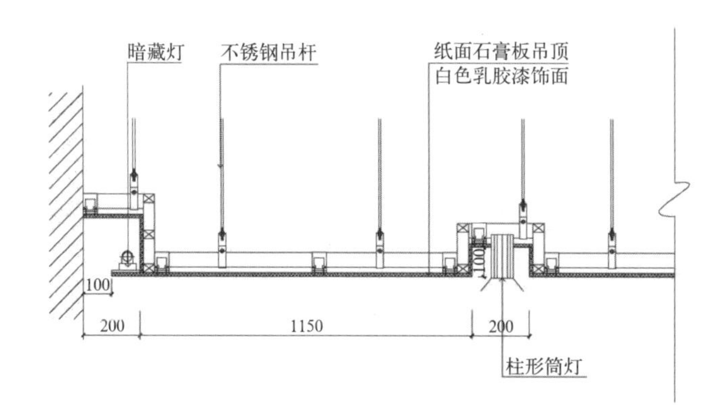

图 3.1–12　悬吊式顶棚

图 3.1–13　复合式顶棚（左）
图 3.1–14　结构式顶棚（右）

3）顶棚的龙骨材料。根据顶棚龙骨材料不同分类，有以下几种形式，见表 3.1–3、图 3.1–15、图 3.1–16。

顶棚龙骨材料表 **表3.1—3**

龙骨材料	优点	适合建筑
木龙骨	施工容易，造型多样	开间面积小、造型复杂、防火要求低的建筑，如开间4米以内的普通住宅和需要局部吊顶的建筑
轻钢龙骨	施工速度快，装配程度高	开间面积大、造型要求不高、防火要求高、建筑设备多且需要经常维修的建筑，如大开间的厂房、办公楼等

图 3.1—15 木龙骨吊顶（左）
图 3.1—16 轻钢龙骨吊顶（右）

4）顶棚的龙骨可见与否。根据顶棚龙骨材料可见与否分类，有以下两种形式，见表 3.1—4、图 3.1—17、图 3.1—18。

顶棚龙骨状态表 **表3.1—4**

龙骨状态	优点	适合建筑
明龙骨	一般用途的“T”形龙骨都是独立结构，吊顶的饰面材料放在龙骨上面，可拆卸，便于维修	建筑设备多且需要经常维修的建筑，如大开间的厂房、办公楼等
暗龙骨	吊顶的饰面材料固定在龙骨上，将龙骨遮盖，整体性强	吊顶上没有什么经常需要维修的建筑设备的建筑

图 3.1—17 明龙骨吊顶（左）
图 3.1—18 暗龙骨吊顶（右）

5）顶棚的饰面材料。根据顶棚的饰面材料分类，有玻璃顶棚（图 3.1—19）、铝合金扣板顶棚（图 3.1—20）、塑料扣板顶棚、木质夹板顶棚、纸面石膏板顶棚等。

6）顶棚的施工方法。根据顶棚的施工方法分类，有镶板法工艺顶棚、涂饰法工艺顶棚（图 3.1—21）、装饰抹灰法工艺顶棚等。

图 3.1–19 玻璃顶棚（左）

图 3.1–20 铝合金扣板顶棚（右）

7）顶棚的吊顶承重等级。根据吊顶的承重等级分类，有上人吊顶和不上人吊顶。上人吊顶其承重要求高，吊顶的各个部位均要按照上人的标准选择材料和结构（图 3.1–22）。不上人吊顶只考虑承受吊顶的自重和安装在吊顶上的挂件重量，如灯具。

图 3.1–21 涂饰法工艺顶棚

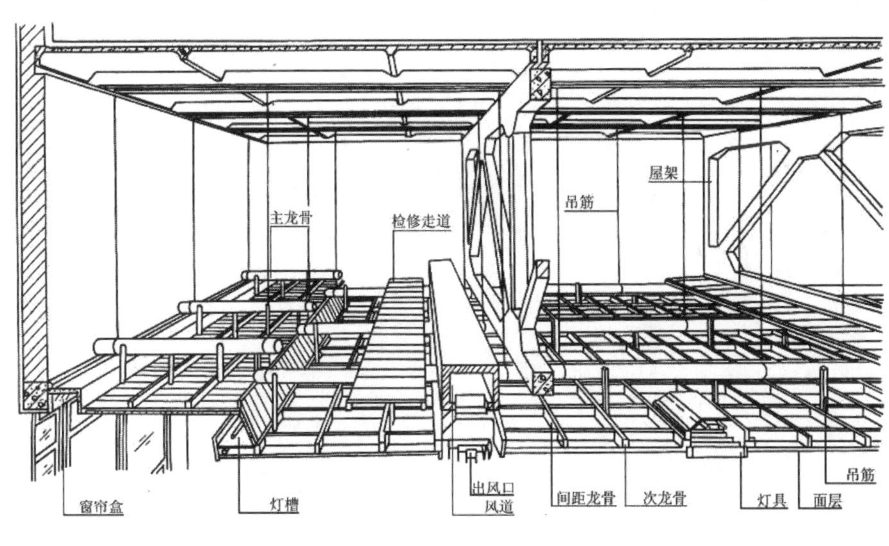

图 3.1–22 上人悬吊式顶棚构造

3.1.3 顶棚的基本功能

1. 遮蔽设备工程

通常，使用功能完备的建筑离不开空调、消防、强电、弱电、灯光等建筑设备，而它们的安装需要复杂的管网和调节设备，为了把这些不太美观的设备遮蔽起来，就需要实施顶棚工程（图 3.1–23）。由于这些管网设备需要经常维修，还需要留出检修孔、空调送风口、回风口等。

2. 改善环境质量

顶棚在改善室内声、光、热环境方面有突出的作用，能够大大提高环境的舒适性。经过吊顶的室内环境在保温和隔声方面其环境质量明显好于建筑毛坯。剧场、音乐厅等对传声效果要求高的室内环境必须进行专业的吊顶设计，以将舞台上发出的声音高保真地传达到每个座位（图 3.1–24）。

图 3.1–23　吊顶将建筑设备遮蔽起来（左）
图 3.1–24　经过声学设计的音乐厅顶棚造型（右）

3. 增强空间效果

原始的建筑空间一般比较单调，但通过顶棚的艺术处理不但可以遮蔽设备工程，还可以丰富建筑室内空间的层次，体现出建筑装饰装修的结构之美，尤其是通过灯光配置和灯具艺术体现出室内空间美轮美奂的艺术效果（图 3.1–25）。

4. 调整空间尺度

原始的建筑空间有时尺度很不美观，这时可以通过顶棚调整空间尺度，改善空间感受（图 3.1–26）。

图 3.1–25　通过顶棚灯光设计构成曲线，体现出室内空间的艺术效果（左）
图 3.1–26　顶棚灯具的设置使高耸的平面顶棚有了现代感（右）

5. 引导人流路线

顶棚设计的引导性是指在顶棚设计中运用不同的构成元素来指示空间或引导人流路线，明确运动方向。这种设计手法常用于公共空间，通过顶棚具体的空间元素的暗示设计，在复杂的大空间中引导消费者行走路线（图 3.1–27）。

6. 界定空间区域

空间形成的关键因素是一定的空间围护体的确定，不同形态的空间界面可以限定出不同的空间。顶棚界面的空间界定即通过顶棚的高低、大小、造型及材质等设计来界定空间区域，强调与界定特定的空间（图 3.1–28）。

图 3.1–27　顶棚造型的变化具有一定的导向作用（左）
图 3.1–28　服务台、等候区分别以不同的顶棚材质来界定空间（右）

理论学习效果自我检查

1. 简述顶棚的概念。
2. 简述顶棚的分类，并以思维导图的形式呈现。
3. 简述顶棚不同的外观形式的适用对象。
4. 用思维导图画出顶棚的六大功能。

项目 3.2　建筑室内顶棚工程设计基本材料

3.2.1　龙骨材料

1. 轻钢龙骨

轻钢龙骨有吊顶龙骨和隔断龙骨之分，这类主要讲解吊顶龙骨。

1）主要性能。轻钢吊顶龙骨具有重量轻、强度高、防水、防震、防尘、隔声、吸声、恒温等特点，同时还具有工期短、施工简便等优点。

2）主要颜色。白金属色。

3）主要用途。广泛用于宾馆、候机楼、车运站、车站、游乐场、商场、工厂、办公楼、旧建筑改造等公装场所，也可适用于面积较大的家装顶棚等场所。

4）主要规格。轻钢龙骨根据不同的作用可分为：大龙骨、中龙骨、小龙骨、横撑龙骨及各种连接构件。其中大龙骨按照承载能力分为三种：不能承受上人的轻型大龙骨；能够承受上人的中型大龙骨——可以在龙骨上面铺设简易检修通道；能够承受上人 800N 集中荷载的重型大龙骨——以便在龙骨上面铺设永久性检修走道。大龙骨的截面高度分别为 30~38mm、45~50mm、60~100mm；中龙骨的截面高度为 50mm 或 60mm；小龙骨的截面高度为 25mm，见表 3.2–1。

轻钢龙骨型号及规格 表3.2–1

类别	型号	断面尺寸/ mm×mm×mm	断面面积/cm^2	质量/（kg/m）	示意图/mm
上人悬吊式顶棚龙骨	CS60	60×27×1.5	1.74	1.366	27 60
上人悬吊式顶棚龙骨	US60	60×27×1.5	1.62	1.27	27 60
不上人悬吊式顶棚龙骨	C60	60×27×0.63	0.78	0.61	27 20 60 50、25
	C50	50×20×0.63	0.62	0.488	
	C25	25×20×0.63	0.47	0.37	
中龙骨	—	50×15×1.5	1.11	0.87	50 15

2. 铝合金龙骨

铝合金龙骨是随着铝挤压技术的发展而出现的新型吊顶材料。与轻钢龙骨相比，因为铝经过氧化处理之后，不会生锈和脱色，而轻钢龙骨时间长了会因为氧化而导致生锈、发黄、掉漆。

1）主要性能。具有强度高、质量较轻的特点，有较强的抗腐蚀、耐酸碱能力，防火性能佳、易加工，安装便捷。

2）主要颜色。表面经过阳极氧化处理，显示为铝金属本色，光泽美观。

3）主要用途。与轻钢龙骨的用途相类似。

4）主要规格。常用的有“T”形、“L”形及特制龙骨，见表3.2–2、表3.2–3。

3. 木龙骨

木龙骨一般以松木或杉木（南方以樟子松）为主。主龙骨和次龙骨之间直接用钉接的方法固定，次龙骨之间可以用榫接或者钉接方式，如图3.2–1所示。

铝合金主龙骨型号及龙骨配件规格 **表3.2–2**

型号	主龙骨示意图/mm	主龙骨吊件及规格/mm	主龙骨连接件		备注
			示意图	规格/mm	
TC60	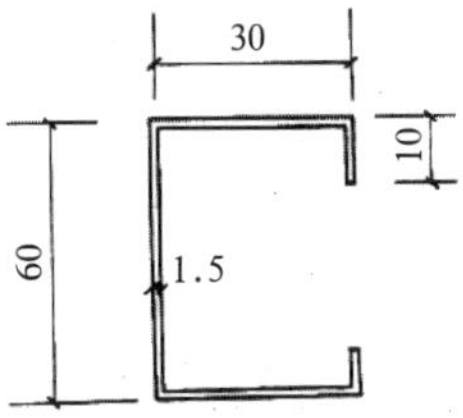	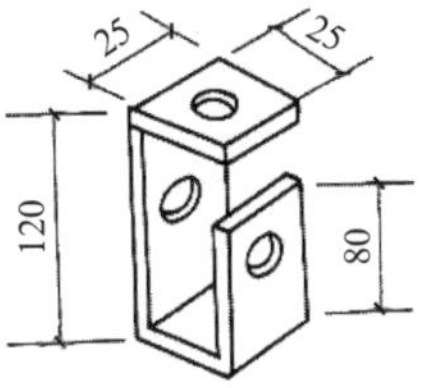	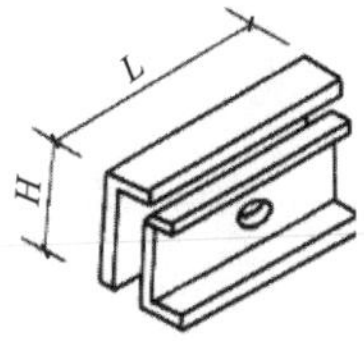	L=100 H=60	适用于吊点距离1500mm的上人顶棚，主龙骨可承受1000N检修荷载
TC50	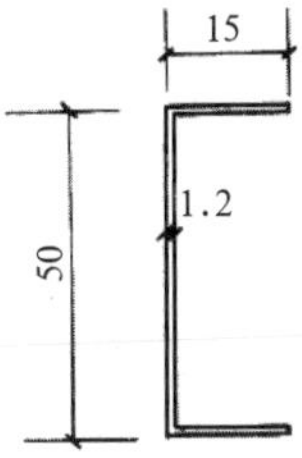	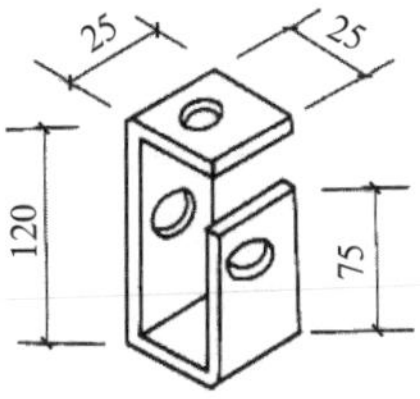		L=100 H=50	适用于吊点距离900~1200mm的不上人悬吊式顶棚
TC38	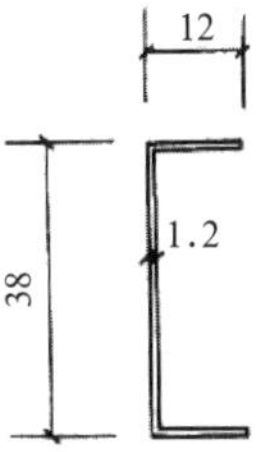	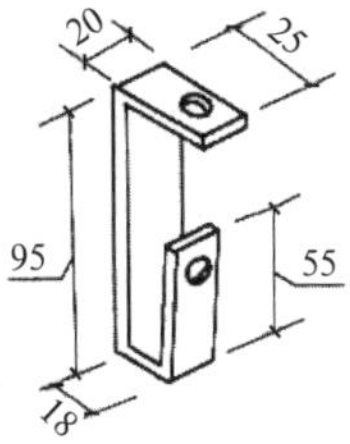		L=82 H=39	适用于吊点距离900~1200mm的不上人悬吊式顶棚

铝合金次龙骨及龙骨配件规格 **表3.2–3**

名称	代号	规格			备注
		示意图/mm	厚度/mm	重量/（kg/m）	
纵向龙骨	LT—23 LT—16	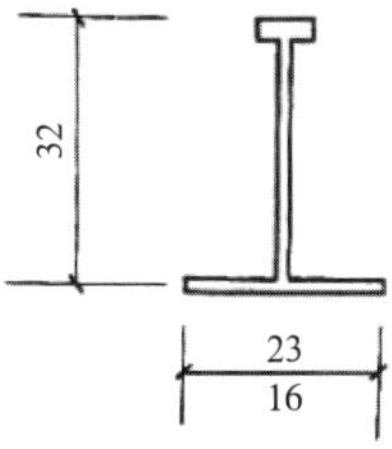	1	0.2 0.12	纵向龙骨
横撑龙骨	LT—23 LT—16	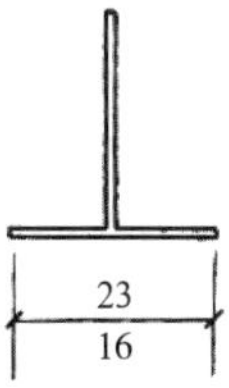	1	0.135 0.09	横向使用，用于纵向龙骨两侧

续表

名称	代号	规格			备注
		示意图/mm	厚度/mm	重量/（kg/m）	
边龙骨	LT—边龙骨	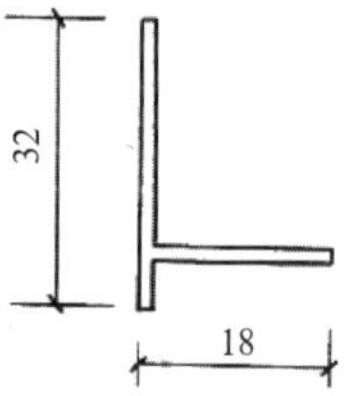	1	0.25	顶棚与墙面收口处使用
异形龙骨	LT—异形边龙骨	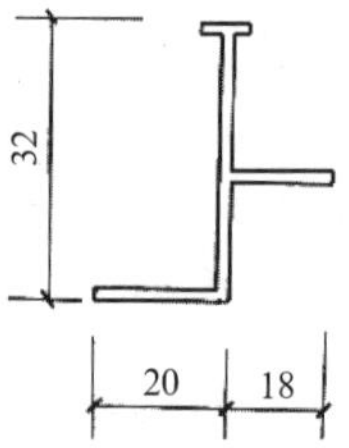	1	0.25	高低顶棚处封边收口使用
LT−23龙骨吊钩 LT−异形龙骨吊钩	TC50吊钩	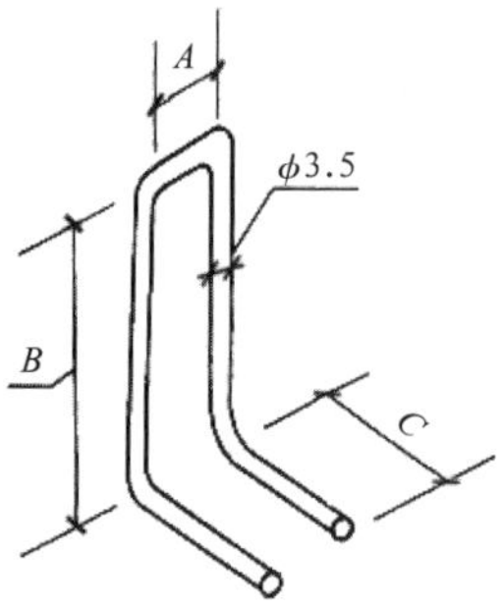	ϕ3.5	0.014	1．“T”形龙骨与主龙骨垂直吊挂时使用 2.TC50吊钩 A=16mm，B=60mm，C=25mm 3.TC38吊钩 A=13mm，B=48mm，C=25mm
	TC38吊钩		ϕ3.5	0.012	
LT异形龙骨吊挂钩	TC60 系列 TC50 系列 TC38 系列	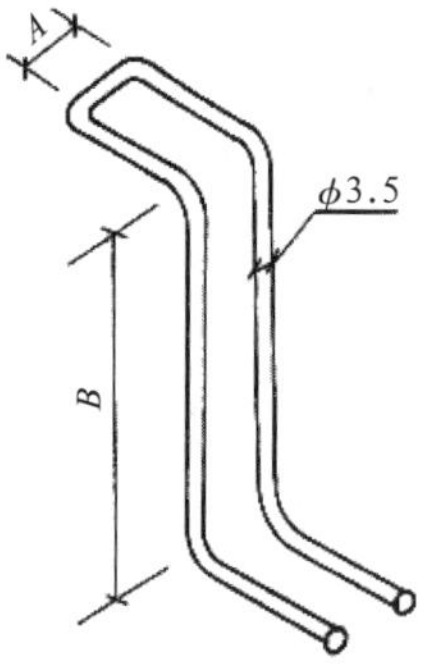	ϕ3.5	0.021 0.019 0.017	1．“T”形龙骨与主龙骨平行吊挂时使用 2.TC60系列 A=31mm，B=75mm 3.TC50系列 A=16mm，B=65mm 4.TC38系列 A=13mm，B=55mm
LT−23龙骨连接件、LT−异形龙骨连接件		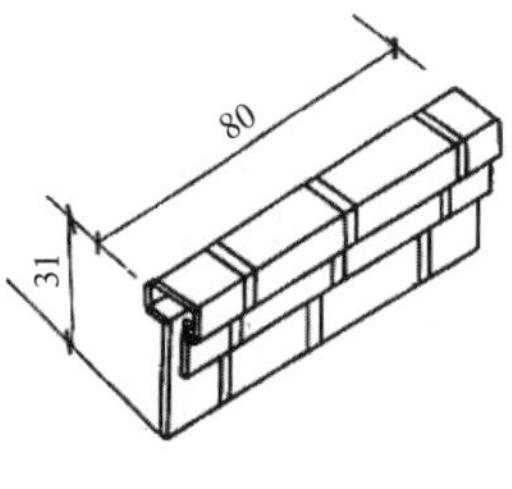	0.8	0.025	连接LT−23龙骨及LT−异形龙骨使用

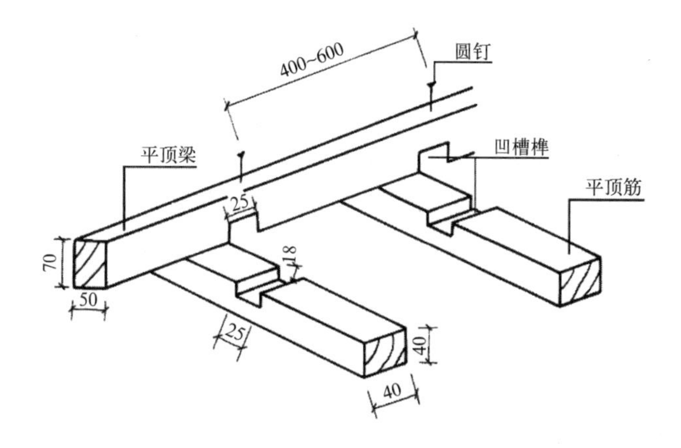

图 3.2–1　木龙骨的连接构造（单位：mm）

1）主要性能。木龙骨的优点是容易造型、握钉力强、易于安装，特别适合与其他木制品的连接。缺点是不防潮、容易变形、不防火，可能生虫发霉等。

2）主要颜色。木材本色。

3）主要用途。面积较小的顶棚工程，如家装顶棚。

4）主要规格。断面一般为正方形或者矩形，主龙骨规格为 50mm × 70mm，间距一般为 1.2~1.5m，用水泥钉、麻花钉等钉接或栓接在吊杆上。主龙骨下面的次龙骨一般为井格状排布，其中垂直于主龙骨方向的次龙骨规格为 50mm × 50mm，平行于主龙骨方向的次龙骨规格为 50mm × 30mm。木龙骨的使用必须要进行防火、防腐处理：先刷氟化钠防腐剂 1~2 遍，再涂防火涂料三道。

3.2.2　基层板材

顶棚的基层板材非常丰富，根据施工方法可以分为抹灰类和板材类。抹灰类饰面材料是在龙骨上钉钢丝网、钢板网或者木条，然后在上面做抹灰面层。因为工序烦琐，湿作业量大，现在已经不多。板材类是现在顶棚工程中最常见的基层板材。这类重点介绍最常见的基层板材——纸面石膏板。

1. 纸面石膏板

纸面石膏板是以天然石膏和护面纸为主要原材料，掺加适量纤维、淀粉、促凝剂、发泡剂和水等制成的轻质建筑薄板，表面是有一定强度的护面纸。其种类有普通纸面石膏板（以建筑石膏为主料，掺入适量轻骨料、纤维增强材料和外加剂构成芯材）、耐水纸面石膏板（在芯材配料中加入耐水外加剂）、耐火纸面石膏板（掺入适量无机耐火纤维增强材料构成耐火芯材）三种。

1）主要性能。总体上它具有重量轻、耐水、隔声、隔热、加工性能强、施工方法简便的特点。根据国标的防水要求，耐水纸面石膏板的纸面和板芯表面吸水量不大于 160g，吸水率不超过 10%。由于石膏芯本身不燃，而且在板芯内增加了耐火材料和大量无碱玻璃纤维，因此纸面石膏板具有良好的防火阻燃性能。经国家防火检测中心检测，纸面石膏板隔墙耐火极限可达4h。同时它的空气的导热系数很小，因此具有良好的轻质保温性能。而纸面石膏板隔墙具有独特的空腔结构，具有很好的隔声性能。纸面石膏板表面平整，板与板之间通过接缝处理形成无缝表面，表面可直接进行装饰。它有可钉、可刨、可锯、可粘的性能，用于室内装饰，可取得理想的装饰效果，仅需裁纸刀便可随意对纸面石膏板进行裁切，施工非常方便，用它做装饰材料可极大地提高施工效率。

2）主要颜色。卡纸色纸面，灰色板芯。

3）主要用途。适用于各类建筑的顶棚，耐水纸面石膏板适用于连续相对湿度不超过 95% 的使用场所，如卫生间、浴室等。

4）主要规格。*L*：1800mm、2100mm、2400mm、2700mm、3000mm、3300mm、3600mm；*W*：900mm、1200mm；*H*：9mm、12mm、15mm、18mm、21mm、25mm。

2. 其他板材

顶棚的其他基层板材有植物性板材（木板、木屑板、胶合板、纤维板、密度板等）、矿物质板材（各种石膏板、矿棉板等）、塑料扣板、金属板材（铝板、铝扣板、薄钢板）等，见表 3.2–4。

常用板材及特性表 **表3.2–4**

板材名称	材料性能	安装方式	适用范围
无纸面石膏板（石膏吸声板、防火石膏吸声板）	质量轻、强度高、阻燃防火、保温隔热，可锯可钉、可刨和粘贴，加工性能好，施工方便	搁置、钉接	适用于各类建筑的顶棚
胶合板	质量轻、强度高、不耐火、保温隔热，可锯可钉、可刨和粘贴，加工性能好，施工方便	搁置、钉接	同上
矿棉吸声板	质量轻、吸声、防火、保温隔热，美观，施工方便	搁置、钉接	适用于公共建筑的顶棚
珍珠岩吸声板	质量轻、吸声、防火、防潮、防虫蛀、耐酸，装饰效果好，可锯、可刨，施工方便	搁置、钉接	适用于各类建筑的顶棚
塑料扣板	质量轻、防潮、防虫蛀，装饰效果好，可锯，施工方便	钉接	适用于厨房、卫生间的顶棚
金属扣板	质量轻、防潮、防火，美观，施工方便	卡接	适用于各类建筑的顶棚

3.2.3 辅助构件

在悬吊式顶棚中，辅助构件起着很大的作用，主要有连接龙骨的连接件、主次龙骨之间的挂件、挂钩，详见表 3.2–5、表 3.2–6；另外还有连接龙骨和饰面层之间的钉子；连接吊杆和顶棚之间的射钉、膨胀螺栓。

顶棚装饰构造用龙骨配件 **表3.2–5**

构件名称	示意图	用途	备注
主龙骨吊件	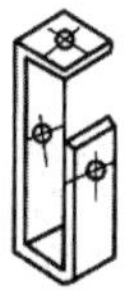	用于连接主龙骨各吊杆	—
主次龙骨挂件	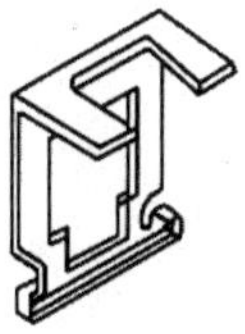	用于主龙骨和次龙骨连接	—
次龙骨支托	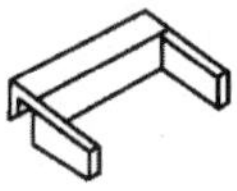	次龙骨之间相互垂直的连接	—
次龙骨连接件	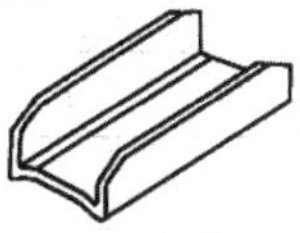	用于两根次龙骨之间的连接	—
轻型吊顶龙骨吊挂件	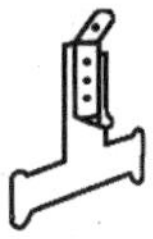	用于覆面龙骨和吊杆的连接	一般用于不上人顶棚

顶棚装饰构造用五金配件 **表3.2–6**

构件名称	型号	示意图/mm	用途
镀锌螺栓	M6×30、M6×40、M6×50	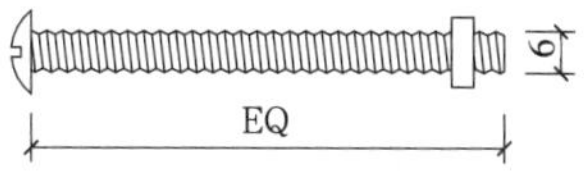 6 EQ	用于木龙骨和吊杆之间的连接
膨胀螺栓	M6×65、M6×75、M8×90、M8×100、M8×110、M8×130	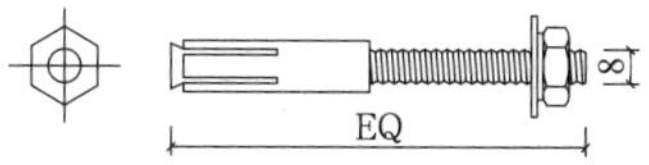 8 EQ	一般用于吊点
圆钉	3号、4号、5号、6号	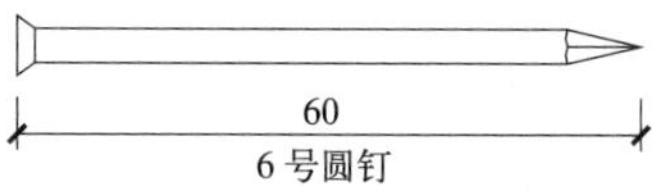 60 6 号圆钉	用于木龙骨之间的连接

续表

构件名称	型号	示意图/mm	用途
麻花钉	50、55、65、75	57.2	用于木龙骨之间的连接
水泥钉	11号、10号、8号、7号	63.5	用于和混凝土墙之间的连接
骑马钉	20、30	10.5 20	用于两种材料或两块板之间的连接
十字槽沉头木螺钉	10、20、30、40、50	EQ	用于石膏板和龙骨的固定，一般要凹入饰面板

3.2.4 新型材料

1. 软膜顶棚

软膜顶棚是一种外来的环保新型材料。它主要有软膜、龙骨、扣边条三部分组成。

1）软膜。是一种特殊的聚氯乙烯材料，其防火级别为 B1 级，尺寸的稳定性在 −15~45℃。其厚度为 0.18~0.2mm，每平方米重约 180~320g。它质地柔韧、色彩丰富，可配合 LED 灯营造梦幻般、无影的室内灯光效果。其加工需通过一次或多次切割成形，并用高频焊接完成。一般需在实地测量出顶棚形状及尺寸，在工厂里生产制作。

2）龙骨。一种是采用聚氯乙烯材料制成，其防火级别为 B1；另一种采用合金铝材料挤压成形，其防火级别为 A1。

3）扣边条。有各种不同的形状，直的、弯的，有的是可被切割成合适的角度后再装配在一起，并被固定在室内顶棚的四周上，以用来扣住膜材。

软膜顶棚可随意张拉造型，能够展现出多种平面形状，彻底摒弃了玻璃或有机玻璃的笨重、危险、小块拼装的缺点。

2. 纤维织物

纤维织物分天然纤维、合成纤维等种类，作为顶棚设计的材料，它柔软舒适的质感能够起到柔化空间的作用，使得空间变得亲切温暖，此外纤维织物经过染色处理后色彩缤纷、图案多样，能够使得空间呈现多样的视觉效果。

理论学习效果自我检查

1. 简述轻钢龙骨吊顶主要性能。
2. 简述轻钢龙骨吊顶主要规格。
3. 简述铝合金龙骨的主要配件。
4. 简述木龙骨的主要规格。
5. 简述纸面石膏板材料性能和安装方式。
6. 简述顶棚龙骨配件的主要型号和用途。
7. 简述顶棚五金配件的主要型号和用途。
8. 简述软膜顶棚的特点。

项目 3.3　建筑室内顶棚工程设计基本原理

3.3.1　直接式顶棚

直接以屋面板或者楼板结构底面为基础作界面装饰装修的顶棚称为直接式顶棚。它的优点是构造简单、厚度小、施工方便、材料少、造价低廉；缺点是不能隐藏管线、设备。适合层高比较低的建筑室内空间。直接式顶棚根据其使用材料和施工工艺可分为：抹灰类顶棚、涂刷类顶棚、裱糊类顶棚、结构式顶棚。

1. 抹灰类顶棚

在屋面板或楼板的底面上直接抹灰的顶棚称为“抹灰类顶棚”。

1）构造。先在屋面内部或楼板底的基层上刷一遍纯水泥浆，使抹灰层能与基层很好地黏合；然后用混合砂浆打底，再做面层。要求较高的房间，可在底板增设一层钢板网，在钢板网上再做抹灰，这种做法强度高、结合牢，不易开裂脱落。普通抹灰用于一般建筑或简易建筑，甩毛等装饰抹灰用于声学要求较高的建筑。

2）材料／施工。抹灰顶棚的主要材料和施工工艺有纸筋灰抹灰、石灰砂浆抹灰、水泥砂浆抹灰等。抹灰面的流程比墙面抹灰简化，可以省去套方、贴饼、冲筋等工艺。其他施工工艺及质量标准与抹灰类墙面装饰大致相同，所以将在下一章墙面中详细介绍。

2. 涂刷类顶棚

在屋面或楼板的底面上直接用浆料喷刷而成的顶棚装饰装修称为涂刷类顶棚。

1）构造。在屋面或楼板的底面上用抹灰材料和工艺找平后，再用浆料喷刷而成。

2）材料／施工。涂刷类顶棚常用的材料有石灰浆、大白浆、色粉浆、彩色水泥浆、可赛银等。对于楼板底较平整又没有特殊要求的房间，可在楼板底嵌缝后，直接喷刷浆料。涂刷类装饰顶棚主要用于一般办公室、宿舍等建筑。它的具体构造、施工流程、施工工艺及质量标准与涂刷类墙面装饰大致相同，所以将在下一章墙面中详细介绍。

3. 裱糊类顶棚

直接在做平的屋顶和楼板下面贴壁纸、贴壁布及其他织物的顶棚装饰装修方式称为裱糊类顶棚。这类顶棚主要用于装饰要求较高的建筑，如宾馆的客房、住宅的卧室等空间。裱糊类顶棚的具体构造、施工流程、施工工艺及质量标准与裱糊类墙面装饰大致相同，所以将在下一章墙面中详细介绍。

4. 结构式顶棚

将屋盖或楼盖结构暴露在外，利用结构本身的造型做装饰，不再另做顶棚，称为结构式顶棚。例如：在网架结构中，构成网架的杆件本身很有规律，充分利用结构本身的艺术表现力，能获得优美的韵律感；在拱结构屋盖中，利用拱结构的优美曲面，可形成富有韵律的拱面顶棚。结构式顶棚充分利用屋顶结构构件，并巧妙地组合照明、通风、防火、吸声等设备，形成和谐统一的空间景观。一般应用于大型超市、体育馆、展览厅等大型公共建筑中。

3.3.2 悬吊式顶棚

悬吊式顶棚其饰面层与楼板或屋面板之间有一定的空间距离，通过吊杆连接，顶棚面层与楼板或屋面板之间有一定的空间，其中可以布设各种管道和设备，见图 3.3–1。饰面层可以设计成不同的艺术形式，以产生不同的层次和丰富空间效果。

悬吊式顶棚样式多变、材料丰富，与直接式顶棚相比造价比较高。

1. 悬吊式顶棚构造

悬吊式顶棚的构造一般由吊点、吊杆、龙骨、面层、收口五部分组成。遇到灯具、上人孔、消防喷淋，其构造还要进行特殊设计。

1）吊点。将吊杆固定在楼板或屋面板之间的连接点称为吊点。

吊顶的整个荷载最终是落在各个吊点上，并通过

图 3.3–1 悬吊式顶棚典型构造

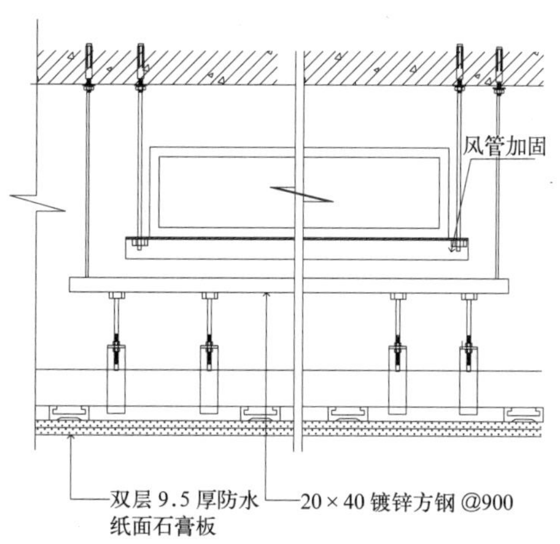

它们传递到屋盖或楼板，所以，吊点的设置必须牢固可靠，不会轻易脱落。最可靠的构造形式是预埋，预埋要在建筑建造过程中进行。图 3.3–2 采用预埋 ϕ10 的钢筋。二次装修的建筑无法实施预埋，只能采用其他构造形式如射钉和膨胀螺栓加焊接的构造，但射钉和膨胀螺栓的型号规格和施工工艺必须按照设计要求严格执行，并进行严格细致的检验。

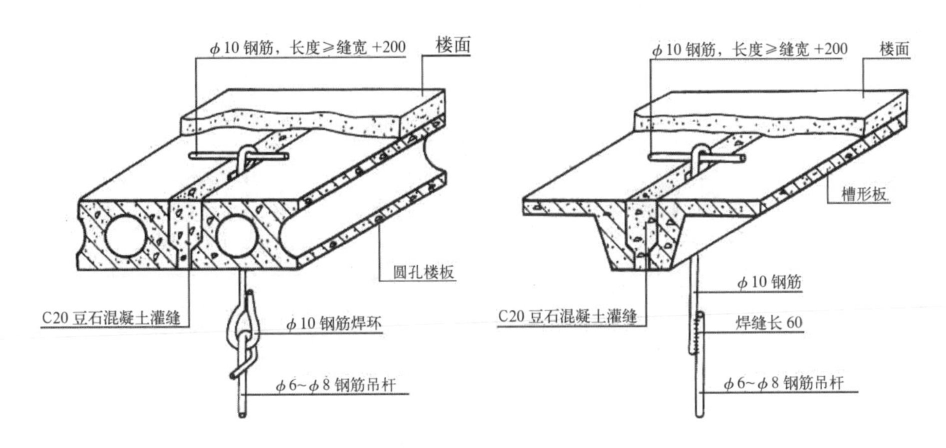

图 3.3–2　预制板吊点的构造示意图

吊点的布置应根据龙骨的距离均匀设置。一般为 900~1200mm 左右，主龙骨上的第一个吊点距主龙骨端点距离不超过 300mm。

吊点材料的选择和构造的设计要根据吊顶是否上人来分别确定。

2）吊杆。连接龙骨和吊点之间的承重传力构件称为吊杆，又称吊筋。

吊杆的作用是承受整个悬吊式顶棚的荷载（如面层、龙骨以及检修人员），并将这些荷载量传递给屋面板、楼板、屋架或梁等建筑构件。同时通过吊杆长短的设计，还可以调整、确定吊顶的空间高度。

吊杆材料的选择要根据吊顶是否上人来分别确定。吊杆材料有型钢、方钢、圆钢、镀锌铁丝等。吊点、吊杆两个构件需要进行合适的配合。图 3.3–3、图 3.3–4 是它们的施工实景，图 3.3–5 是六款吊点与吊杆配合构造。

图 3.3–3　吊点吊杆配合施工实景（左）
图 3.3–4　吊点吊杆焊接配合实景（右）

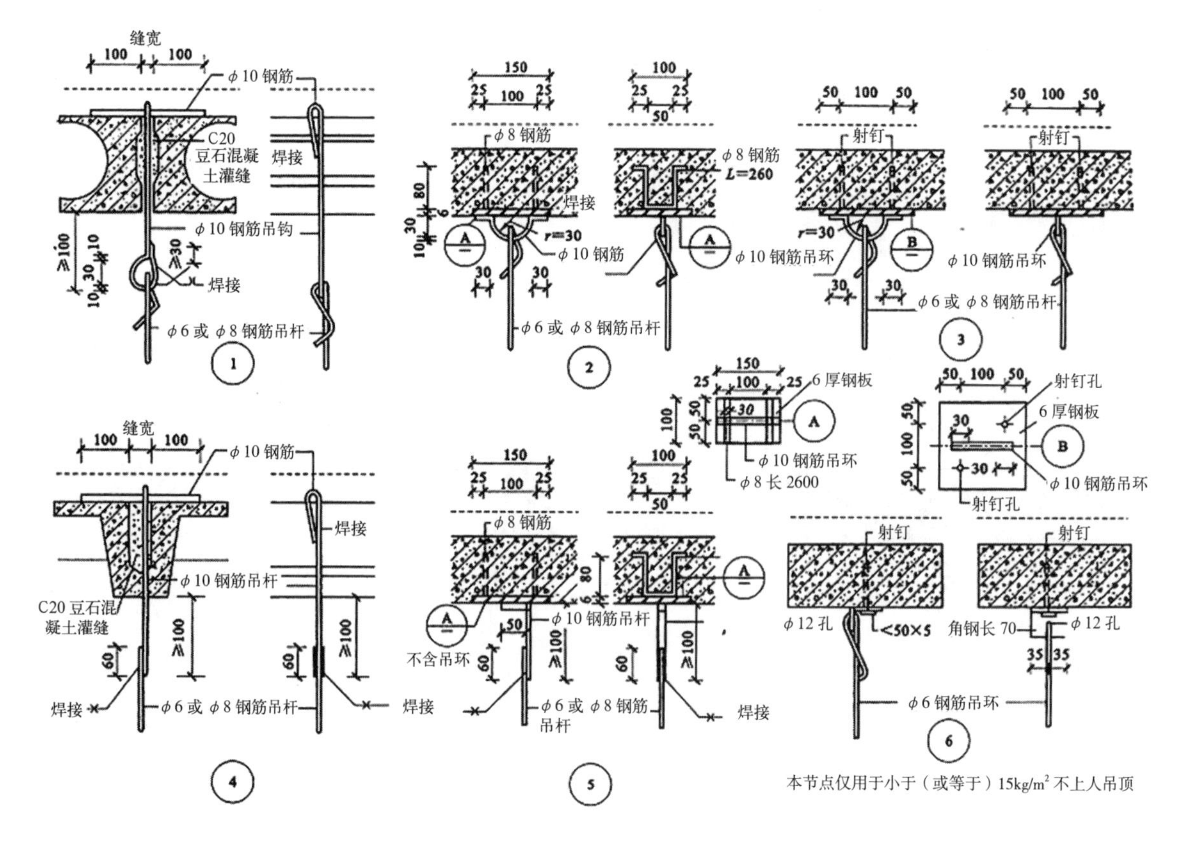

图 3.3–5　六款吊点与吊杆配合构造

3）龙骨。木龙骨、铝合金龙骨、轻钢龙骨是最常见的三种顶棚龙骨。吊顶骨架由主龙骨、次龙骨、横撑龙骨（也称主搁栅和次搁栅及撑条）组成，它是决定吊顶形状的骨架，并承受来自面层装饰材料的重量。

龙骨的材料有木和金属两类。金属龙骨又有铝合金、镀锌铁皮、烤漆铁皮等三种材料之分。金属龙骨的断面主要有“T”“L”“U”等三种形状。

4）面层。面层又叫饰面层，它是吊顶最终呈现在用户眼前的材料。所以，它的主要作用是装饰室内空间。同时具有吸声、反射和隔热保温等特定的物理功能。它的构造设计要结合烟感、喷淋、灯具、空调进出风口布置等。

面层的材料因其本身的构造不同，具有不同的安装方式。

(1) 板材类面层。纸面石膏板、木夹板、塑料板、金属板等主要在龙骨上通过钉子、螺栓及胶水粘贴连接，见图 3.3–6，图 3.3–6（a）是采用螺栓连接方式，图 3.3–6（b）是采用粘贴方式，图 3.3–6（c）是采用搁置方式。

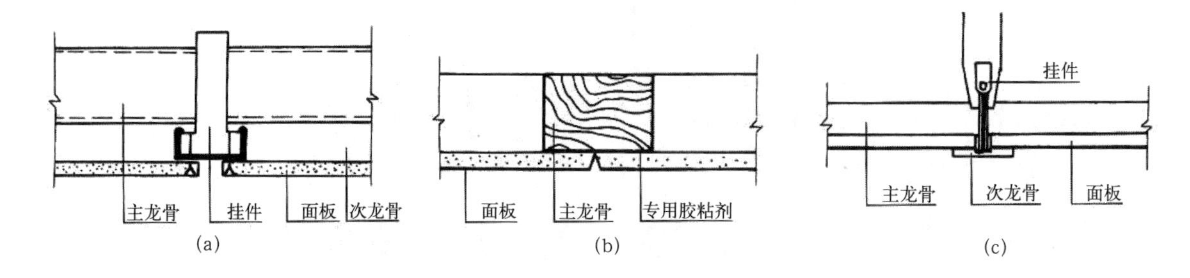

图 3.3–6　板材类吊顶饰面板与龙骨的连接构造

(2) 扣板类面层。如塑钢扣板、铝合金扣板等主要通过卡接，见图 3.3–7 (a)。吊挂以图 3.3–7 (b) 的方式进行安装。

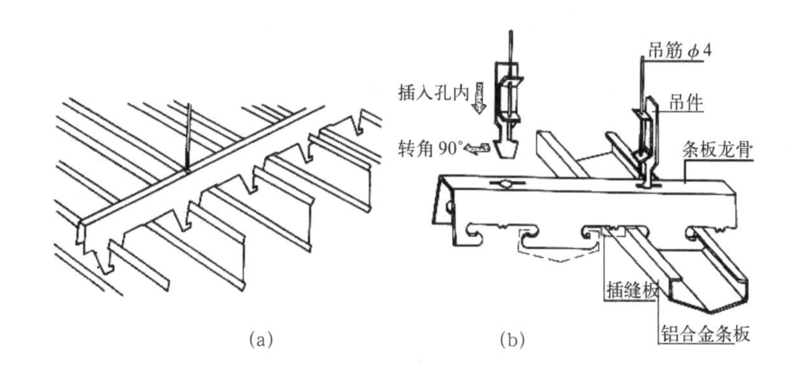

图 3.3–7 扣板类吊顶饰面板与龙骨的连接构造

(3) 金属格栅类面层。通过在金属龙骨上卡接、吊挂安装，图 3.3–8 是金属挂片饰面实例。

图 3.3–8 金属挂片饰面实例

5) 收口。吊顶的收口部位需要通过一个特定的收口构造与墙面衔接。通常由各种装饰线条作为收口构造，既美观又便于施工。图 3.3–9 示意了四种吊顶与墙体收口部位的构造。图 3.3–10 示意了吊顶与墙体收口部位不同材质的线条的收口构造。图 3.3–11 示意了吊顶与窗帘盒连接构造。

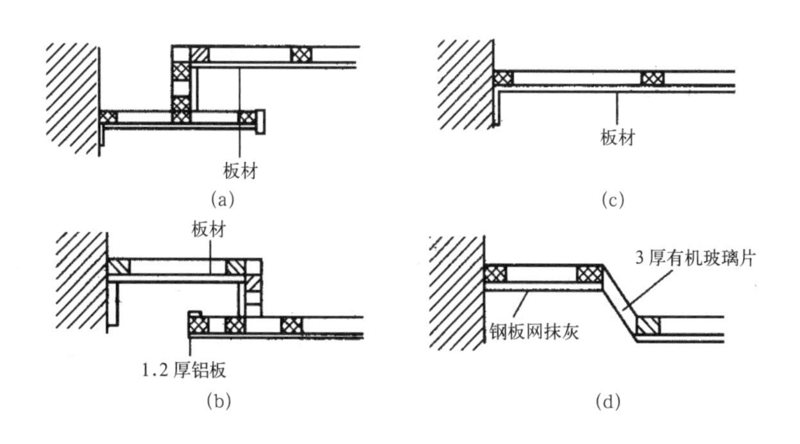

图 3.3–9 吊顶与墙体收口部位的构造

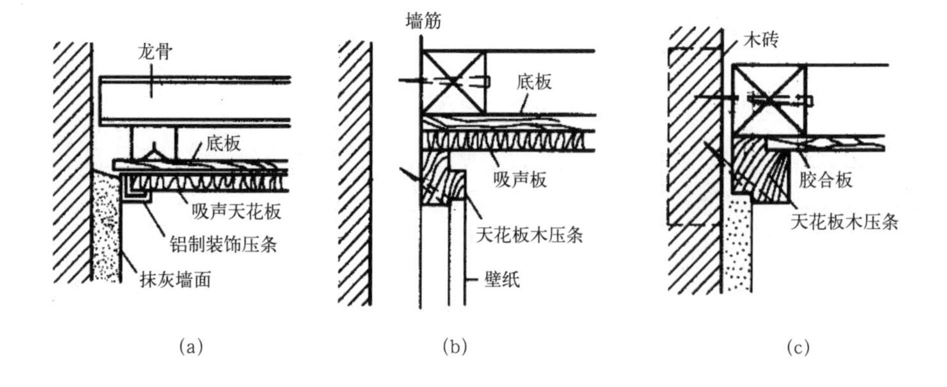

图 3.3–10　吊顶与墙体收口部位不同材质的线条的收口构造
(a) 金属装饰压条；
(b) 装饰木压条（一）；
(c) 装饰木压条（二）

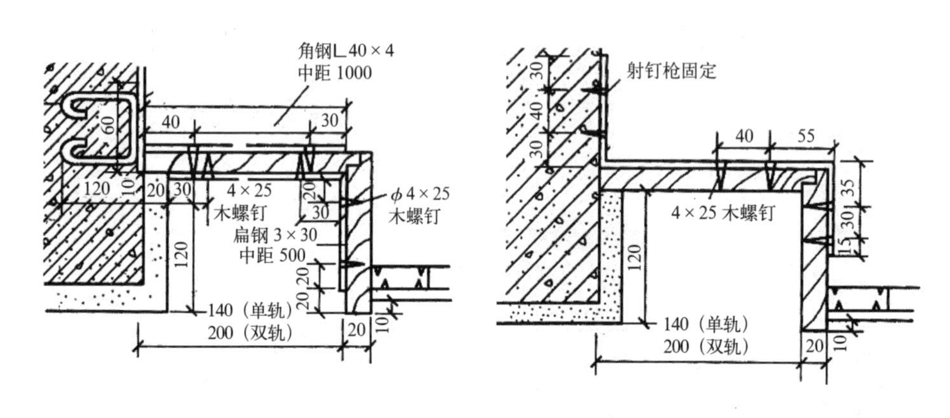

图 3.3–11　吊顶与窗帘盒连接构造

线脚又称装饰线条，是吊顶和墙面之间的具有装饰和界面交接处理功能的构件，其剖面基本形状有矩形、三角形、半圆形等，材质一般是木材、石膏或者金属。线脚可采用粘贴法或者直接钉固法和墙面固定。

（1）木线条。木线条一般采用质地比较硬、细腻的木料机械加工而成，一般固定方法是在墙内预埋木砖，用麻花钉固定，已经砌好的墙，特别是混凝土墙可以直接用地板钉固定，要求线条梃直，接缝紧密，图 3.3–12 是几种木制收口线条。图 3.3–13 是几种木制收口线条与吊顶的连接构造。

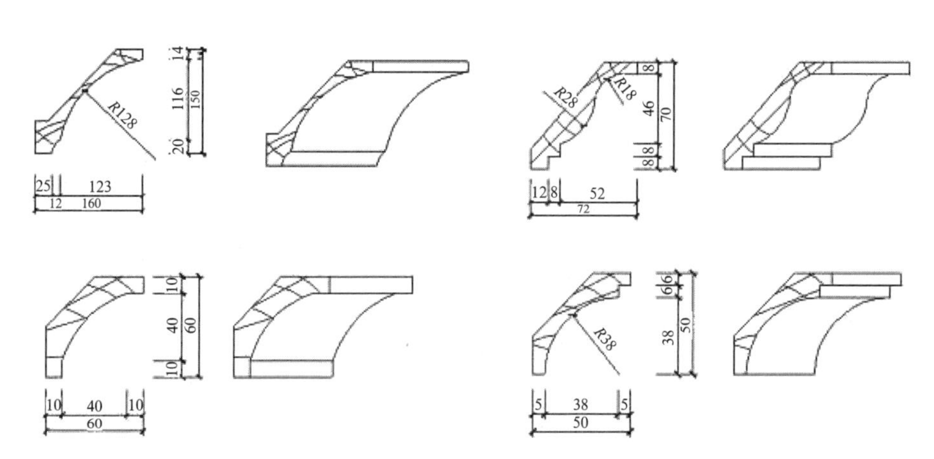

图 3.3–12　几种木制收口线条

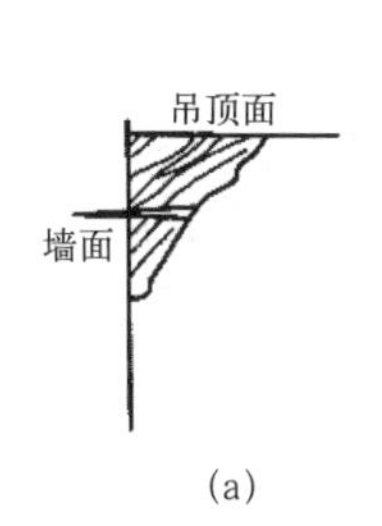

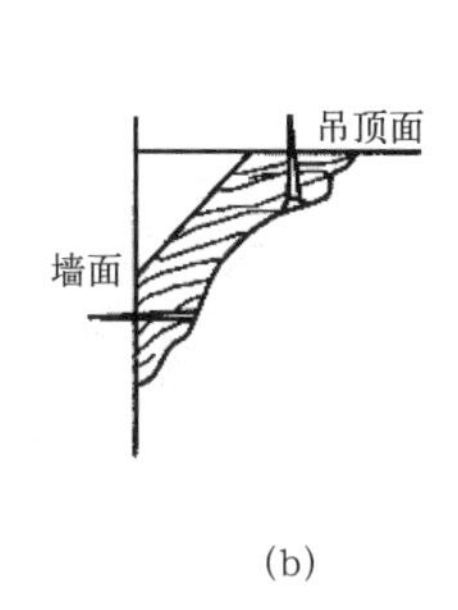

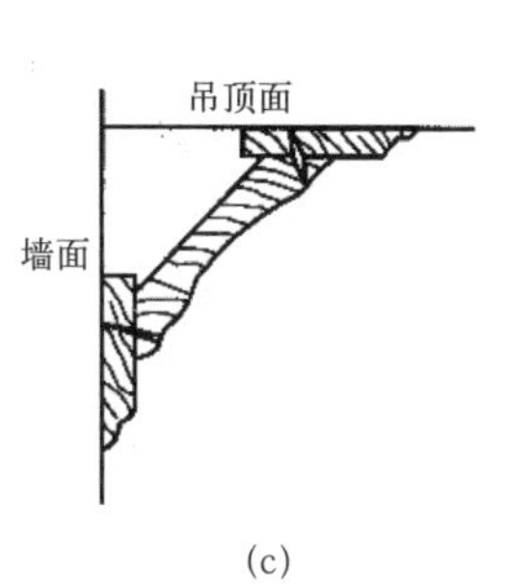

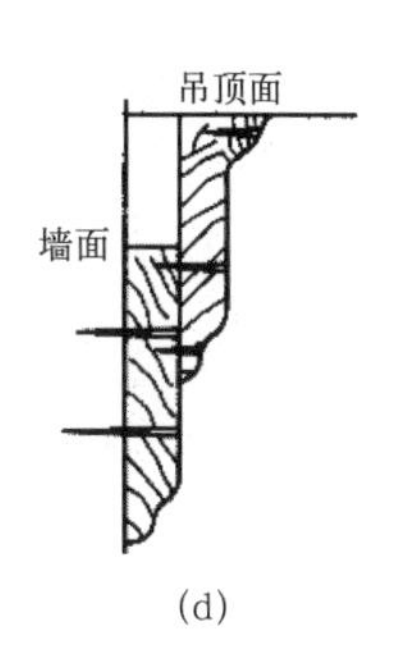

图 3.3–13 木制收口线条与吊顶的连接构造
(a) 实心角线收口；
(b) 斜位角线收口；
(c) 八字式收口；
(d) 阶梯式收口

(2) 石膏线条。石膏线条采用石膏为主的材料加工而成，其正面可以浇筑各种花纹图案，质地细腻美观，一般固定方法是粘贴法，要求与墙面吊顶交接处紧密联系，避免产生缝隙。图 3.3–14 是几种石膏线条断面和表面浮雕纹饰。

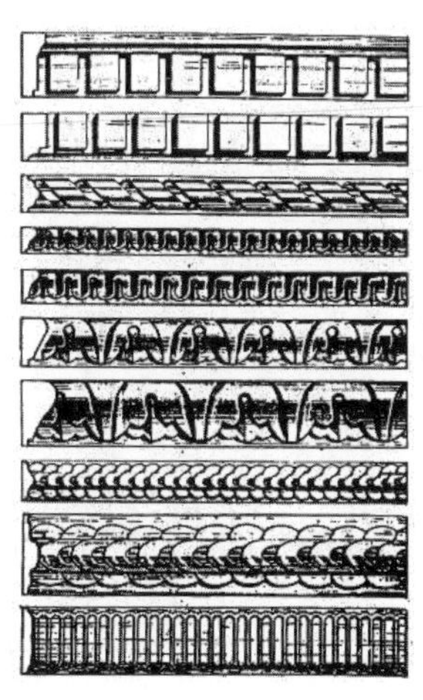

图 3.3–14 石膏线条断面和表面浮雕纹饰

(3) 金属线条。金属线条包括不锈钢线条、铜线条、铝合金线条等，常用于办公空间和公共使用空间内，如办公室、会议室、电梯间、走道和过厅等；其装饰效果给人以精致的科技感。一般用木条做模，金属线条镶嵌，胶水固定。

6) 吊顶与灯具。灯具是满足空间照明的人工照明工具，一般安装在吊顶上，吊顶和灯具的结合一般分为两种：直接式、间接式。

(1) 直接式。直接式灯具是指灯具主体和吊顶直接接触的灯具，一般有 LED 灯盘、筒灯、吸顶灯、光带等，光源现阶段以 LED 为主。

LED 灯盘、筒灯是现阶段使用比较广泛的灯具，普遍使用于中低档装饰要求的办公空间和走道空间等，这两种灯具镶嵌在吊顶内。它们可以平行于主龙骨或者中小龙骨，在设置这两种灯具时，要尽量避免切断主龙骨、中龙骨，可以切断小龙骨。

吸顶灯是厨卫等空间的主要照明工具，当灯具质量小于 1kg 时，可以直接安装在吊顶饰面上；当灯具质量大于 1kg 小于 4kg 时，要固定在主龙骨上。不同重量的灯具安装构造见图 3.3–15。图 3.3–16 示意了吊顶与灯具的整体设计，特别是示意了灯具与龙骨连接构造。

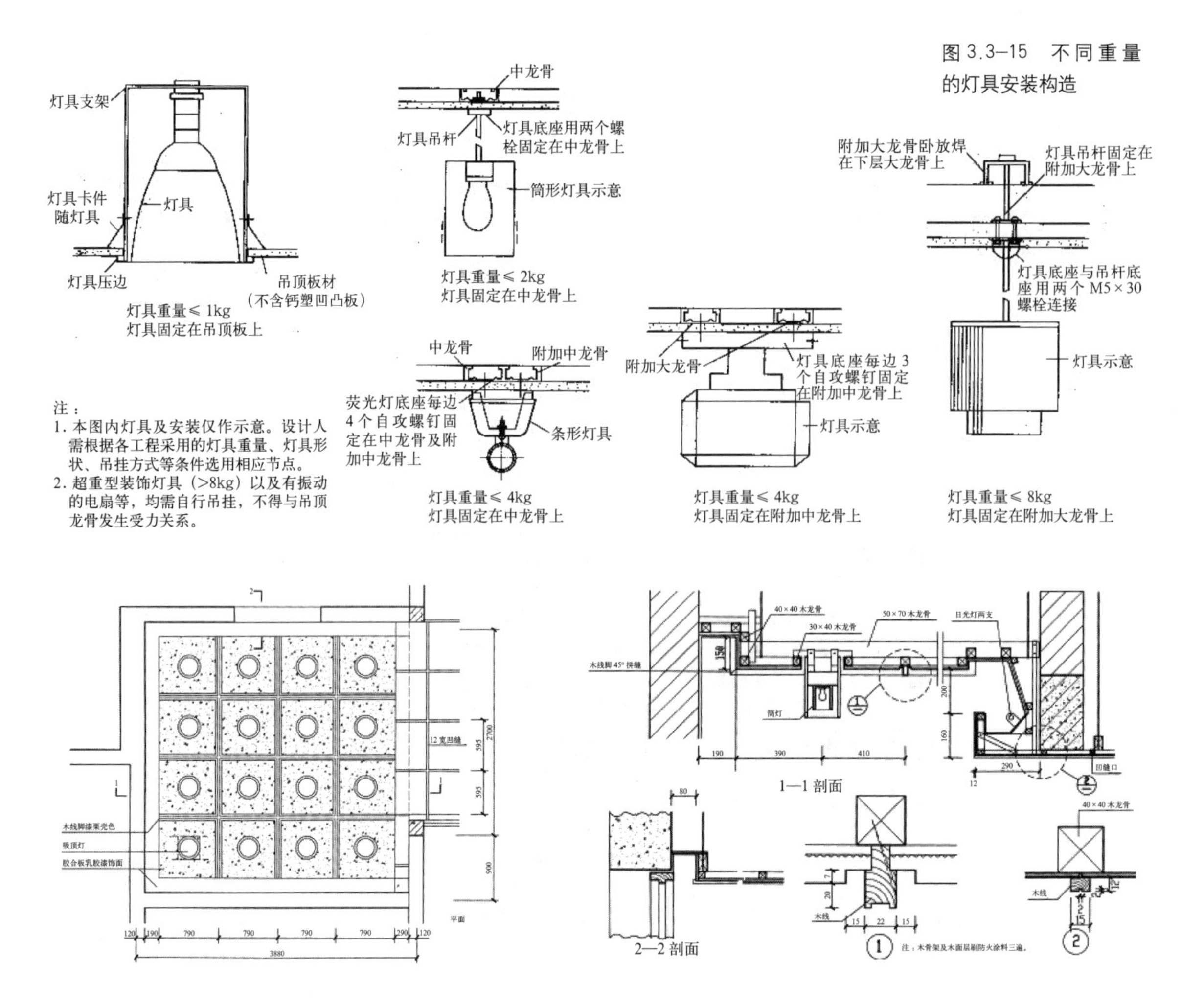

图 3.3–15　不同重量的灯具安装构造

图 3.3–16　灯具与龙骨连接构造

灯带又称为光带，灯带长度和宽度一般要与灯槽的尺度相适应。安装位置有两种：水平和垂直。图 3.3–17 示意了灯带的整体构造。图 3.3–18 示意

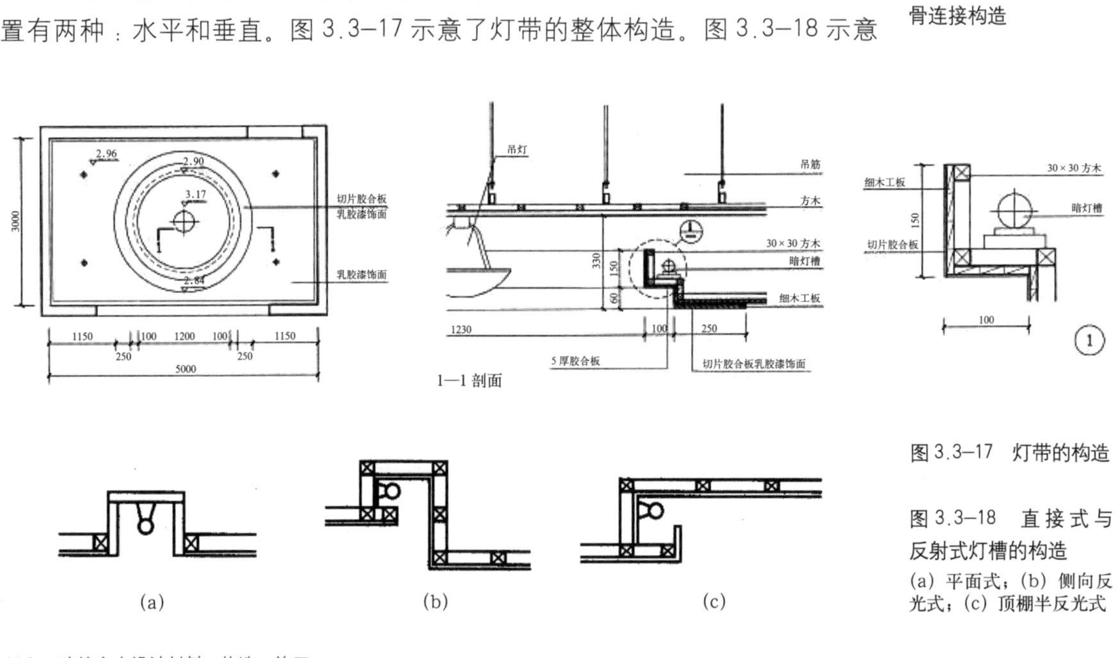

图 3.3–17　灯带的构造

图 3.3–18　直接式与反射式灯槽的构造
(a) 平面式；(b) 侧向反光式；(c) 顶棚半反光式

了直接式与反射式灯槽的构造。

（2）间接式。吊灯一般质量比较大，它和吊顶一般通过吊杆连接。当质量不超过 8kg 时，可以将吊杆连接在附加主龙骨上，附加主龙骨和主龙骨直接连接；当质量超过 8kg 时，应该在楼板上预埋构件，或者通过多个膨胀螺栓构件连接。

7）上人孔。上人孔又称检修孔、进人孔，是为了对吊顶内部空间的设备、管线、灯具、风口等检修而设置的，要求隐蔽、美观、保证吊顶的完整性，见图 3.3–19。一般吊顶至少设置两个上人孔。

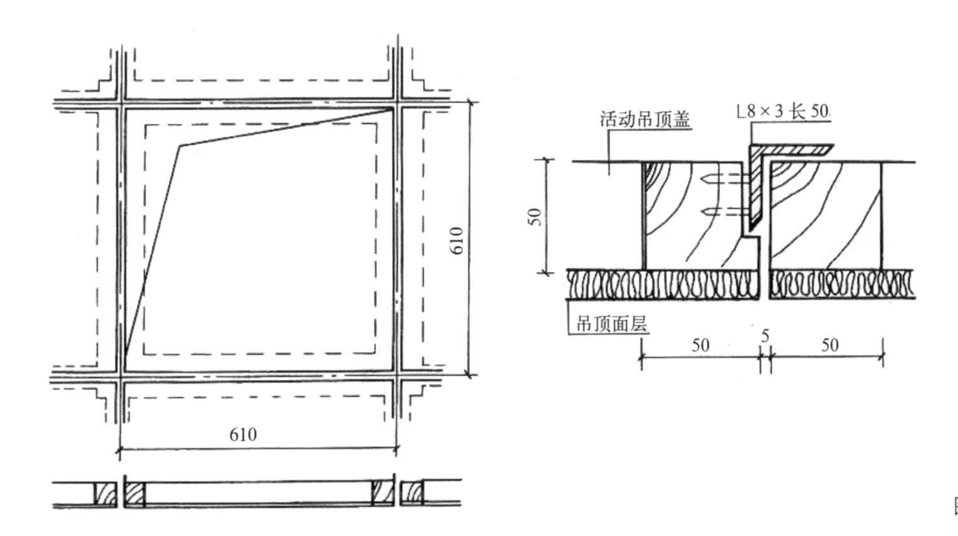

图 3.3–19 检修孔构造

8）消防喷淋与吊顶的连接。消防喷淋的供水管管口要与吊顶的平面高度配合，一定要在喷淋头螺纹能够顺利调节的范围内，见图 3.3–20。

3.3.3 龙骨顶棚

1. 木龙骨吊顶

木龙骨的主龙骨和次龙骨之间直接用钉接的方法固定，次龙骨之间可以用榫接或者钉接方式，见图 3.3–21。

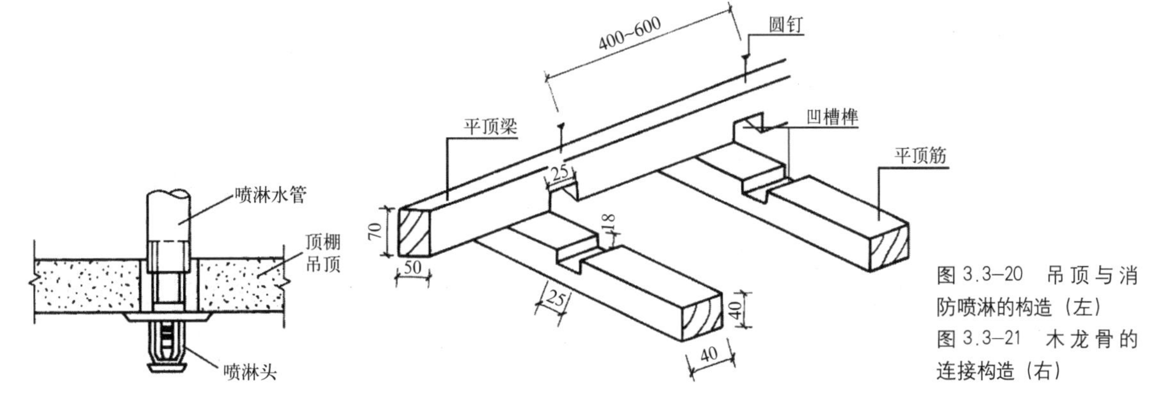

图 3.3–20 吊顶与消防喷淋的构造（左）
图 3.3–21 木龙骨的连接构造（右）

木龙骨吊顶主要由吊点、吊杆、木龙骨和面层组成。其中木龙骨分主龙骨、次龙骨、横撑龙骨三部分，部分木龙骨构造见表 3.3–1。

木龙骨构造表 **表3.3–1**

构件	断面规格/mm	间距/mm	构造/mm
主龙骨	50×（70~80）	主龙骨间距0.9~1.5m	主龙骨用水泥钉、麻花钉等钉接或栓接在吊杆上，用8号镀锌铁丝绑牢
次龙骨	30×（30~50）	根据具体规格而定，一般为0.4~0.6m	次龙骨之间用钉接或榫接的方式联系，一般为井格状排布。其中垂直于主龙骨的次龙骨规格为50×50，平行于主龙骨的次龙骨为50×30
方木吊杆	50×50	吊杆距主龙骨端部距离不得大于300，当大于300时，应增加吊杆	方木吊杆钉牢在主龙骨的底部，当吊杆长度大于1500时，应设置反支撑。当吊杆与设备相遇时，应调整并增设吊杆

2. 轻钢龙骨吊顶

轻钢龙骨吊顶是金属龙骨吊顶中的常用品种。用于面积大、结构层次简单、造型不太复杂的悬吊式吊顶，施工速度很快。

轻钢龙骨由主龙骨、中龙骨、横撑小龙骨、次龙骨、吊件、接插件和挂插件组成。吊杆与主龙骨、主龙骨与中龙骨、中龙骨与小龙骨之间是通过吊挂件、接插件连接的，见图 3.3–22。在选材时需要根据吊顶是否上人决定采用哪个系列的构造，图 3.3–23 示意了不上人轻钢龙骨（38 配 50）吊顶构造，图 3.3–24 示意了上人轻钢龙骨吊顶（50 配 50）构造。

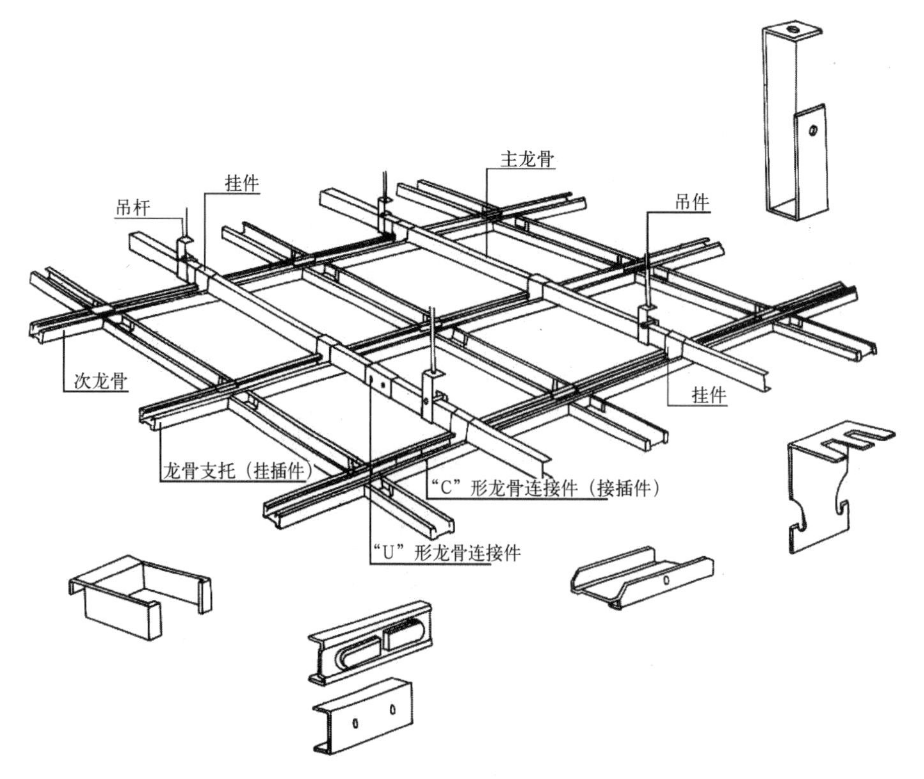

图 3.3–22 悬吊式轻钢龙骨吊顶构造

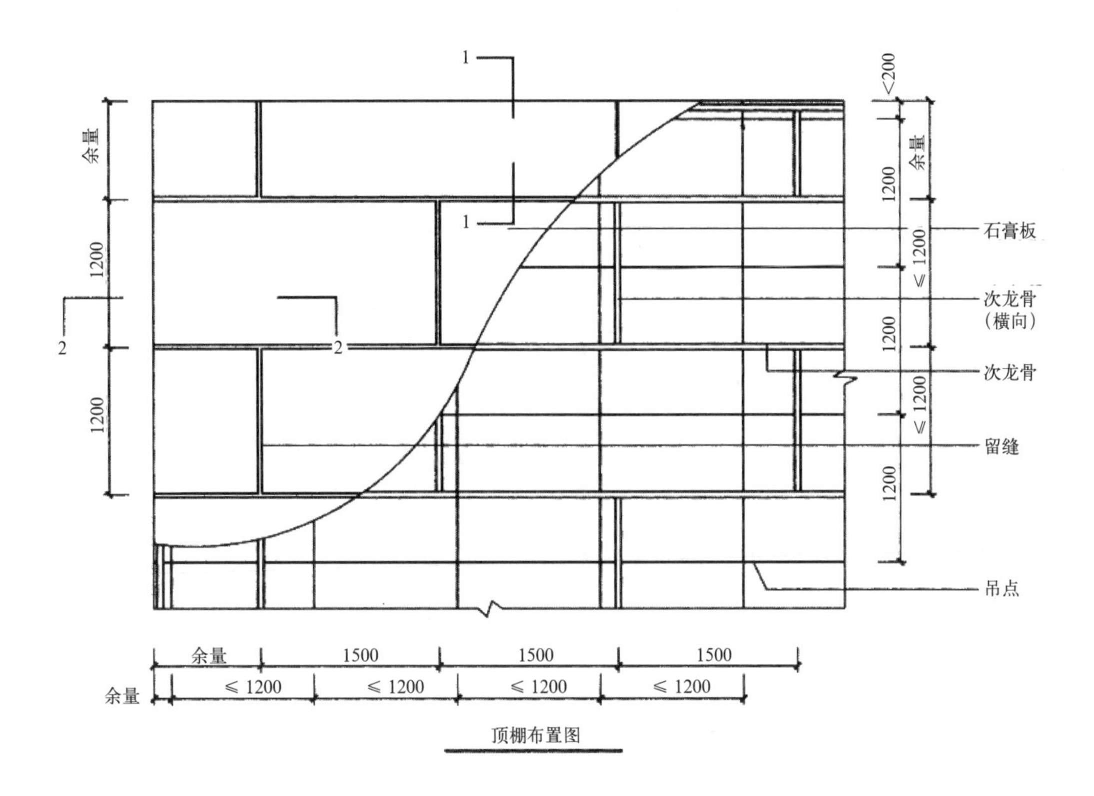

顶棚布置图

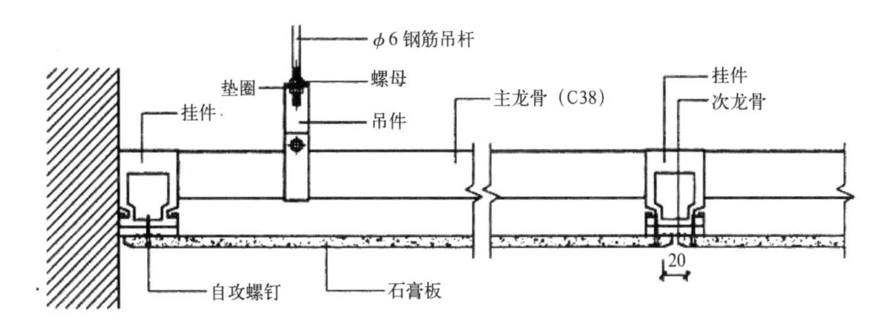

1—1 剖面图

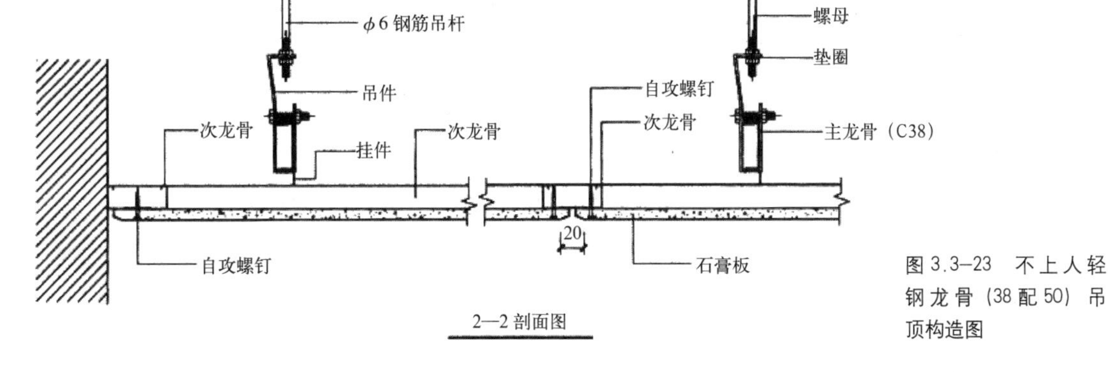

2—2 剖面图

图 3.3–23 不上人轻钢龙骨（38 配 50）吊顶构造图

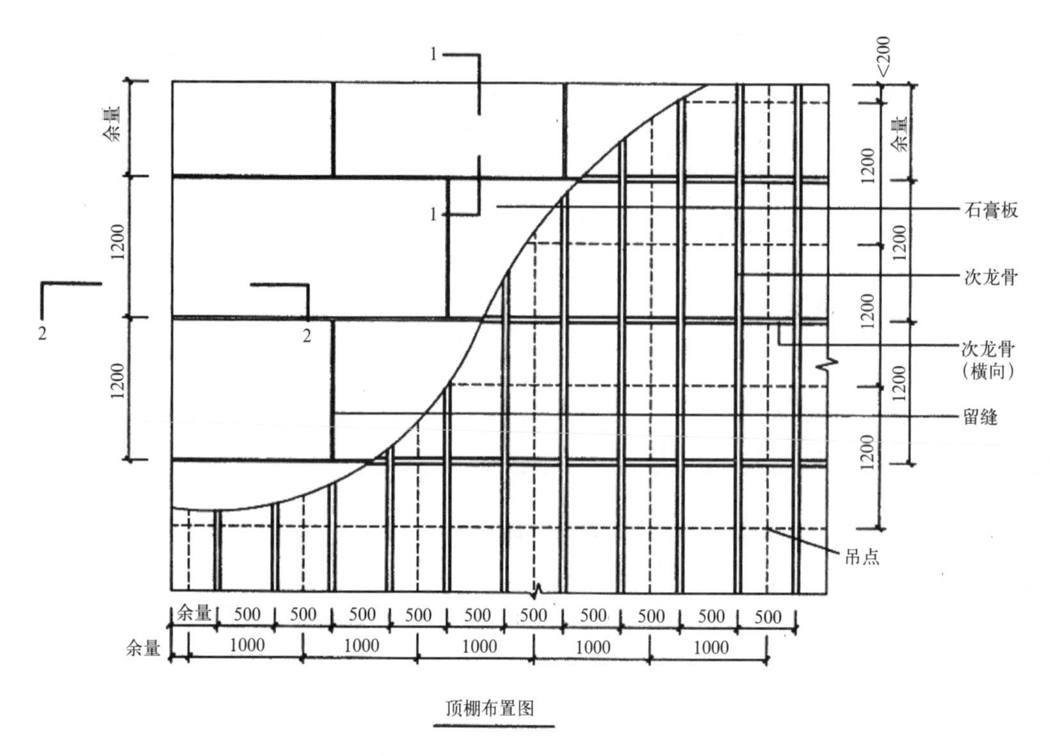

顶棚布置图

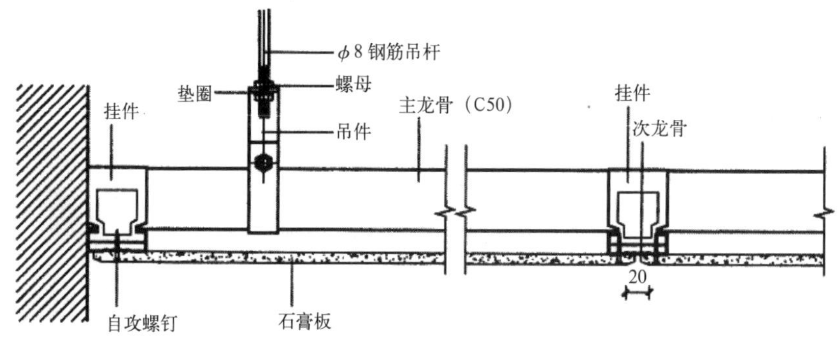

1—1 剖面图

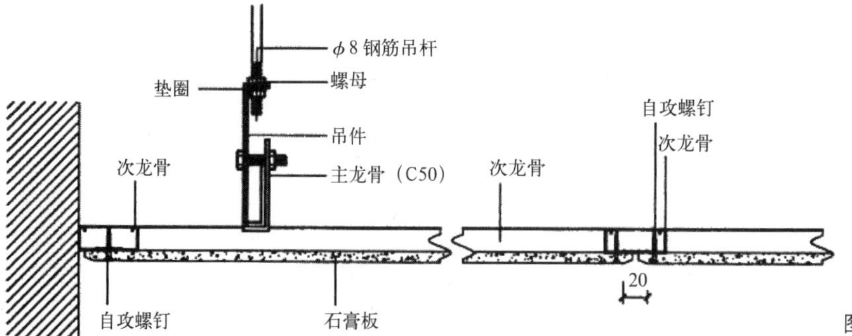

2—2 剖面图

图 3.3–24 上人轻钢龙骨吊顶（50 配 50）构造图

3. 铝合金龙骨吊顶

铝合金龙骨吊顶是金属龙骨吊顶中比较高档的一种构造形式，它是随着铝型材挤压技术的发展而出现的新型吊顶。铝合金龙骨质量较轻，型材表面经过阳极氧化处理，表面光泽美观，有较强的抗腐蚀、耐酸碱能力，防火性能好，安装很简单，适用于公共建筑大厅、楼道、会议室、卫生间、厨房的吊顶装修。

1）主龙骨、次龙骨、边龙骨。

（1）主龙骨（大龙骨）。主龙骨的侧面有长方形孔和圆形孔。长方形孔供次龙骨穿插连接，圆形孔供悬吊固定。

（2）次龙骨（中小龙骨）。次龙骨的长度，根据饰面板的规格进行下料，在次龙骨的两端，为了便于插入龙骨的方眼中，要加工成“凸头”形状。为了使多根次龙骨在穿插连接中保持顺直，在次龙骨的凸头部位弯一个角度，使两根次龙骨在一个方眼中保持中心线重合。

（3）边龙骨。边龙骨亦称封口角铝，其作用是吊顶毛边检查部位等封口，使边角部位保持整齐、顺直。边龙骨有等肢和不等肢两种。一般常用25mm × 25mm 等肢边龙骨，颜色应当与板的颜色相同。

2）悬吊式吊顶铝合金龙骨构造。悬吊式吊顶铝合金龙骨整体构造见图 3.3–25。

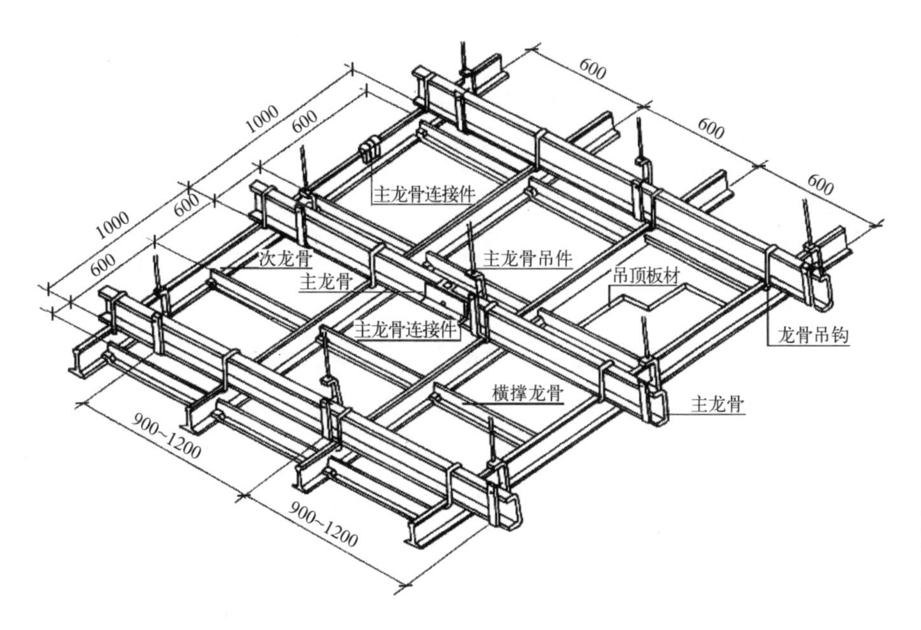

图 3.3–25　悬吊式吊顶铝合金龙骨整体构造示意图

3）吊杆与龙骨连接构造。吊杆与龙骨连接构造见图 3.3–26。

4）主龙骨、次龙骨连接构造。主龙骨、次龙骨连接构造见图 3.3–27。

5）明装、半明半暗式、暗装龙骨构造。单独由“T”形（或“L”形）铝合金龙骨装配的吊顶，只能是无附加荷载的装饰性单层轻型吊顶，它适用于室内大面积平面吊顶的装饰，与轻钢“U”形、“C”形龙骨单层吊顶的主要

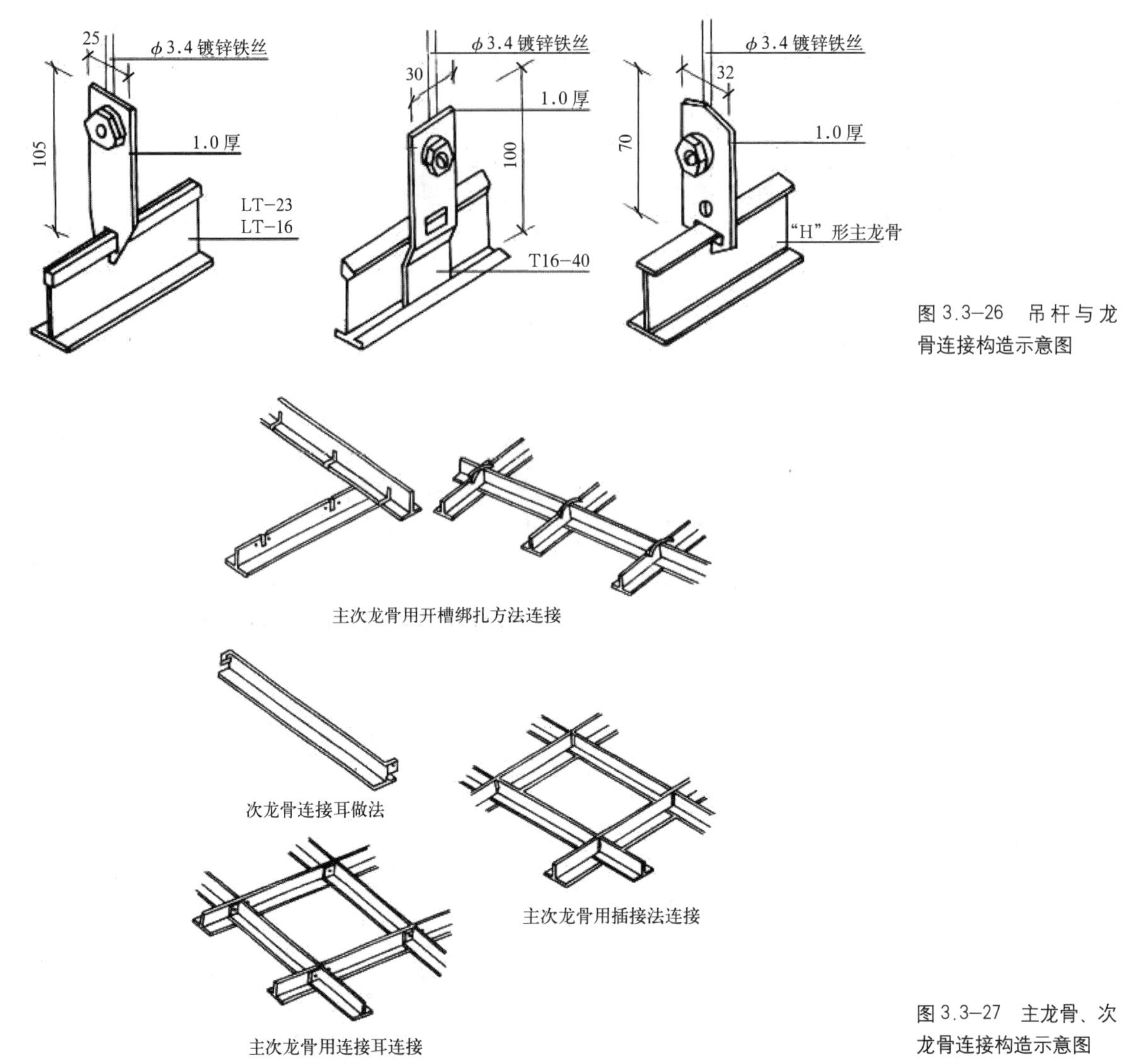

图 3.3–26 吊杆与龙骨连接构造示意图

图 3.3–27 主龙骨、次龙骨连接构造示意图

区别在于它可以比较灵活地将饰面材料平放搭装，而不必进行封闭式钉固安装。其次，必要时可作外露纵横骨架的明装设计，板材边部为企口、嵌装后骨架隐藏的暗装设计，或外露部分骨架的半明半暗式安装设计，见图 3.3–28~图 3.3–30。

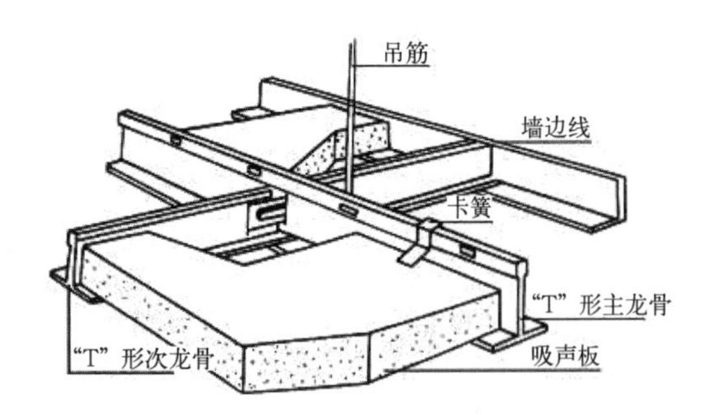

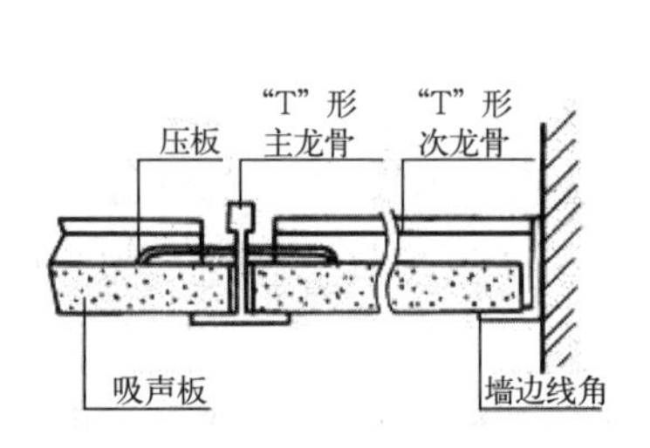

图 3.3–28 明装铝合金龙骨构造

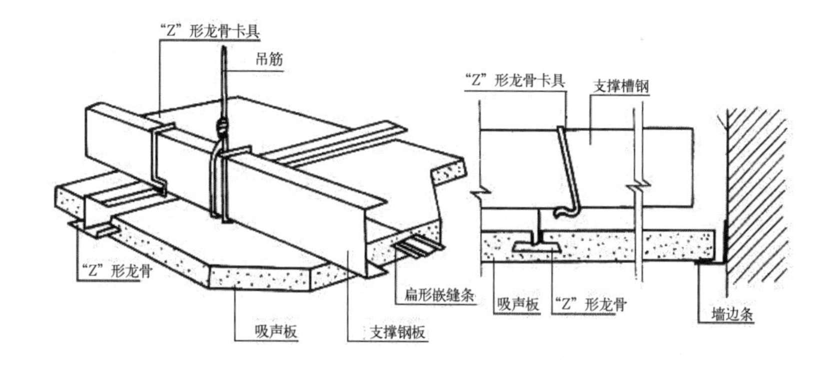

图 3.3–29 暗装铝合金龙骨构造

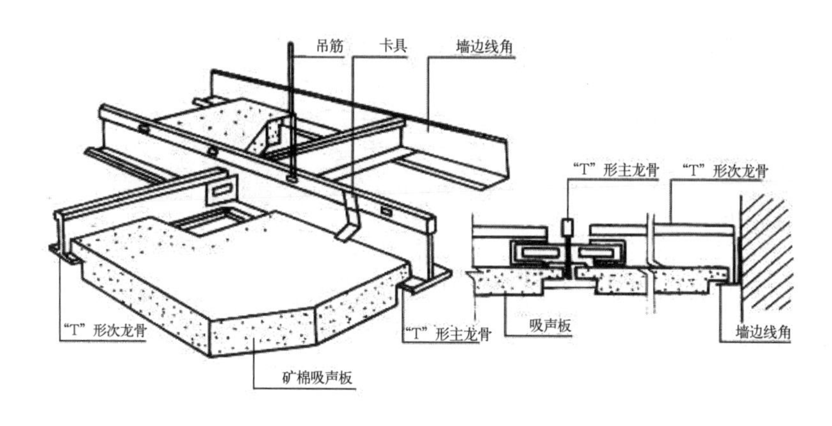

图 3.3–30 半明半暗式铝合金龙骨构造

3.3.4 龙骨吊顶材料

龙骨吊顶材料要求见表 3.3–2。

龙骨吊顶主要材料要求表 **表3.3–2**

<table>
<tr><th>序号</th><th>材料</th><th>要求</th><th>备注</th></tr>
<tr><td>1</td><td>木龙骨</td><td>其主、次龙骨的规格、材质应符合设计要求和现行国家标准的有关规定；含水率不得大于8%，使用前必须做防腐、防火处理</td><td rowspan="5">各种材料必须符合国家现行标准的有关规定。应有出厂质量合格证、性能及环保检测报告等质量证明文件。人造板材应有甲醛含量检测或复试报告，使用面积超过500m²，应对其游离甲醛含量或释放量进行复检并应符合现行国家标准《室内装饰装修材料 人造板及其制品中甲醛释放限量》GB 18580的规定</td></tr>
<tr><td>2</td><td>轻钢龙骨</td><td>其主、次龙骨的规格、型号、材质及厚度应符合设计要求和现行国家标准《建筑用轻钢龙骨》GB/T 11981的有关规定，应无变形和锈蚀现象。金属龙骨轻钢龙骨及配件在使用前应做防腐处理</td></tr>
<tr><td>3</td><td>铝合金龙骨</td><td>其主、次龙骨的规格、型号应符合设计要求和现行国家标准的有关规定；应无扭曲、变形现象</td></tr>
<tr><td>4</td><td>饰面板</td><td>按设计要求选用饰面板的品种，主要有石膏板、纤维水泥加压板、金属扣板、矿棉板、胶合板、铝塑板、格栅等</td></tr>
<tr><td>5</td><td>辅材（龙骨专用吊挂件、连接件、插接件等附件）</td><td>吊杆、膨胀螺栓、钉子、自攻螺钉、角码等应符合设计要求并进行防腐处理</td></tr>
</table>

3.3.5 龙骨吊顶施工工艺

1. 木龙骨吊顶施工流程和工艺

木龙骨吊顶的施工工艺流程及要点见图 3.3–31。

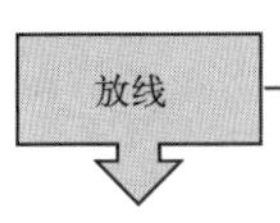

1）确定标高线。定出地面的基准线，原地坪无饰面要求，基准线为原地坪线，如原地坪有饰面要求，基准线则为饰面后的地坪线。以地坪线基准线为起点，根据设计要求在墙柱面上量出吊顶的高度，并在该点上画出高度线，作为吊顶的底标高。确定标高线一般采用"水柱法"
2）确定造型位置线。
(1) 规则的空间，应根据设计要求，先在一个墙面上量出吊顶造型位置距离，并按该距离画出平行于墙面的直线。再从另外三个墙面，用同样的方法画出直线，便可以得到造型位置外框线。再根据外框线，逐步画出造型的各个部位的位置
(2) 不规则的空间，可根据施工图纸测出造型边缘距墙面的距离。运用同样的方法，找出吊顶造型边框的有关基本点，将各点连线形成吊顶造型线
3）确定吊点位置。按每平方米一个均匀布置。需要注意的是，灯位、承载部位、龙骨与龙骨相接处及跌级吊顶的跌级处应增设吊点

1）筛选木料。所用的木龙骨要进行筛选
2）进行防火处理。一般将防火涂料涂刷或喷于木材表面，也可以将木材放在防火槽内浸渍

1）拼装。吊顶的龙骨架在吊装前，应在楼地面上进行拼装
2）拼装的面积。一般控制在 10m² 以内，否则不便吊装
3）拼装的顺序。先拼装大片的龙骨骨架，再拼装小片的局部骨架
4）拼装的方法。常采用咬口（半榫扣接）拼装法。具体做法为：在龙骨上开出凹槽，槽深、槽宽以及槽与槽之间的距离应符合有关规定。然后，将凹槽与凹槽进行咬口拼装，凹槽处应涂胶并用钉子固定

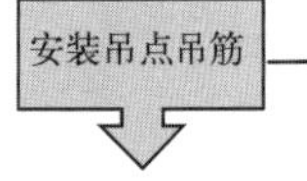

1）安装吊点。一般采用膨胀螺栓、射钉、预埋铁件等方法。用冲击电钻在建筑结构面上打孔，然后放入膨胀螺栓。用射钉将角铁等固定在建筑结构底面。如遇预制空心楼板吊顶，只能采用膨胀螺栓或射钉固定吊点时，其吊点必须设置在已灌实的楼板板缝处
2）安装吊筋。一般采用钢筋、角钢、扁铁或方木，其规格应满足承载要求，吊筋与吊点的连接可采用焊接、钩挂、螺栓或螺钉等方法。吊筋安装时，应做防腐、防火处理

1）一般是用冲击钻在标高线以上 10mm 处墙面打孔，孔径 12mm，孔距 0.5~0.8m，孔内塞入木楔
2）将沿墙龙骨钉固在墙内木楔上，沿墙木龙骨的截面尺寸与吊顶次龙骨尺寸一样
3）沿墙木龙骨固定后，检查其底边与其他次龙骨底边标高是否一致

龙骨吊装固定

木龙骨吊顶的龙骨架有单层网格式及双层木龙骨架两种形式，此处仅介绍单层网格式木龙骨架的吊装固定
1）分片吊装。单层网格式木龙骨架的吊装一般先从一个墙角开始，将拼装好的木龙骨架托起至标高位置。对于高度低于 3.2m 的吊顶骨架，可在高度定位杆上作临时支撑，高度超过 3.2m 时，可用镀锌铁丝在吊点作临时固定。然后，用棒线绳或尼龙线沿吊顶标高线拉出平行或交叉的几条水平基准线作为吊顶的平面基准。最后，将龙骨架向下慢慢移动，使之与基准线平齐，待整片龙骨架调正调平后，先将其靠墙部分与沿墙龙骨钉接，再用吊筋与龙骨架固定
2）龙骨架与吊筋固定。视选用的吊杆材料和构造方法，常采用绑扎、钩挂、木螺钉固定
3）龙骨架分片连接。龙骨架分片吊装在同一平面后，要进行分片连接形成整体，连接时先将端头对正，再用短方木进行连接。方法是将短方木钉于龙骨架对接处的侧面或顶棚，承重部位的龙骨连接，可采用铁件进行连接加固
4）跌级吊顶龙骨架连接。对于跌级吊顶，一般是从相对可接地面最高的平面开始吊装
5）龙骨架调平与起拱。各个分片连接加固后，再用吊顶下四角拉出十字交叉的标高线的办法检查并调整吊顶平整度。对一些面积较大的木龙骨架吊顶，可采用起拱的方法来平衡吊顶的下坠，一般情况下，跨度在 7~10m 间起拱量为 3/1000，跨度在 10~15m 间起拱量为 5/1000

图 3.3–31　木龙骨吊顶的施工工艺流程及要点图

2. 轻钢龙骨吊顶施工流程和工艺

轻钢龙骨吊顶的施工工艺流程及要点见图 3.3–32。

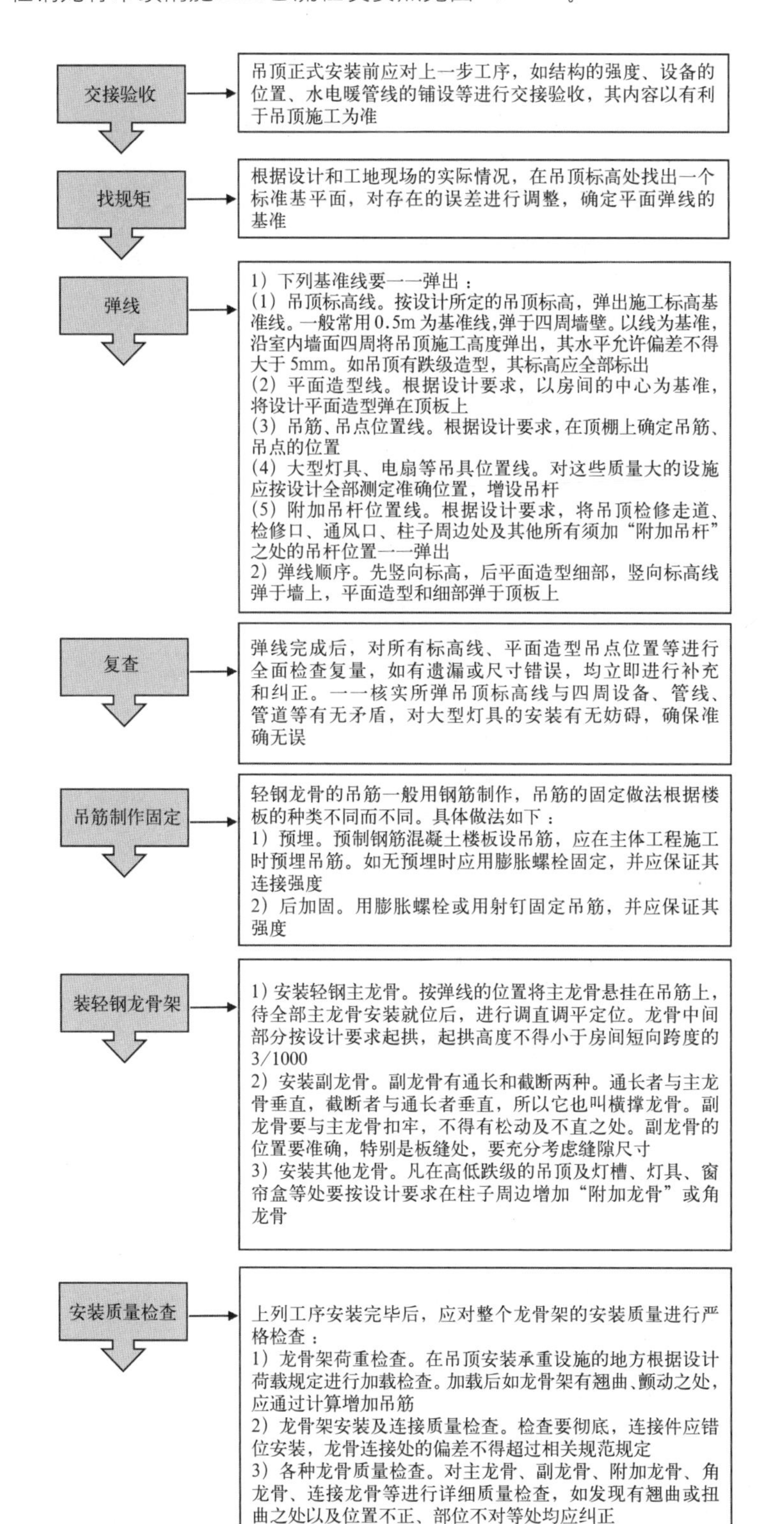

图 3.3–32　轻钢龙骨吊顶的施工工艺流程及要点图

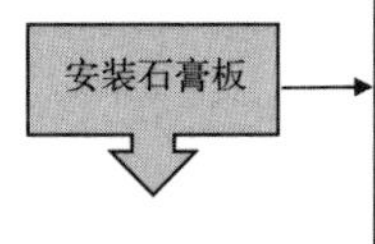

1）选择石膏板。纸面石膏板在上顶之前，应根据设计要求进行选板，凡有裂纹、破损、缺棱、掉角、受潮以及护面纸损坏者均应一律剔除不用
2）放置石膏板。选好的石膏板应平放于有垫板的木板之上，以免沾水受潮
3）安装石膏板。注意以下要点：
(1) 安装时应使纸面石膏板长边与主龙骨平行，从吊顶的一端向另一端开始错缝安装，逐块排列，余量放在最后安装
(2) 石膏板与墙面之间应留 6mm 间隙
(3) 板与板的接缝宽度不得小于板厚
(4) 每块石膏板用 3.5mm × 25mm 自攻螺钉固定在次龙骨上
(5) 固定时应从石膏板中部开始，向两侧展开
(6) 螺钉间距 150~200mm，螺钉距纸面石膏板板边不得小于 10mm，不得大于 15mm；距切割后的板边不得小于 15mm，不得大于 20mm
(7) 钉头应略低于板面，但不得将纸面钉破。钉头应做防锈处理，并用石膏腻子腻平

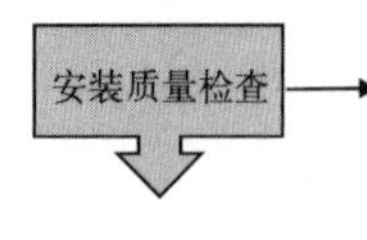

钉毕纸面石膏板后，应对其质量进行检查，如整个石膏板吊顶表面平整度偏差超过 3mm、接缝平直度偏差超过 3mm、接缝高低度偏差超过 1mm、石膏板有钉接缝处不牢固，均应彻底纠正

嵌缝

纸面石膏板安装质量合格后，要根据纸面石膏板板边类型及嵌缝规定进行嵌缝。但是要注意，无论使用什么腻子，均应保证有一定的膨胀性。施工中常用石膏腻子。一般施工做法如下：
1）直角边纸面石膏板嵌缝。直角边纸面石膏板均为平缝，嵌缝时应用刮刀将嵌缝腻子均匀饱满地嵌入板缝中，并将腻子与石膏板面刮平。后道工序应在腻子完全干燥后施工
2）楔形边纸面石膏板吊顶嵌缝。楔形边纸面石膏板吊顶嵌缝采用三道腻子
(1) 第一道腻子。用刮刀将嵌缝腻子均匀饱满地嵌入缝中，将浸湿的穿孔纸带贴于缝处。用刮刀将纸带用力压平，使腻子从孔中挤出。然后再薄压一层腻子
(2) 第二道腻子。第一道嵌缝腻子完全干燥后覆盖第二道嵌缝腻子，使之略高于石膏板表面。腻子宽 200mm 左右。另外，在钉孔上亦再覆盖腻子一道，宽度较钉孔扩大出 25mm 左右
(3) 第三道腻子。第二道嵌缝腻子完全干燥后，再薄压 300mm 宽嵌缝腻子一层，用清水刷湿边缘后用抹刀拉平，使石膏板面平滑。钉孔第二道腻子上亦再覆盖嵌缝腻子一层，并用力拉平，使与石膏板面交接平滑
3）上述第三道嵌缝腻子完全干燥后，用 2 号砂纸安装在手动或电动打磨器上，将嵌缝腻子打磨光滑。打磨时不得将护纸磨破

图 3.3–32　轻钢龙骨吊顶的施工工艺流程及要点图（续）

3. 铝合金龙骨吊顶施工流程和工艺

铝合金龙骨吊顶的施工工艺流程及要点见图 3.3–33。

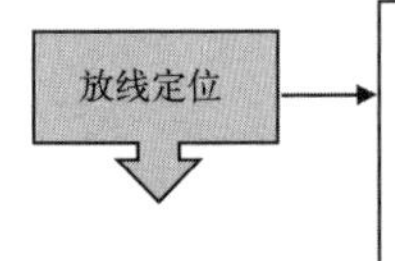

铝合金龙骨吊顶的放线定位主要是按设计的要求弹标高线和龙骨的布置线
1）弹线。根据设计要求和场地具体情况，将吊点位置弹到楼板底面上。如果吊顶的设计要求有造型或图案，应依设计布置。具体要求有：
(1) 各种吊顶、龙骨间距和吊杆间距，一般都控制在 1.0~1.2m 以内
(2) 弹出的所有线，均应当清晰条理，位置准确无误
(3) 铝合金板吊顶，如果是将饰面板卡在龙骨之上，龙骨应与板成垂直；如果用螺钉进行固定，则要看饰面板的形状以及设计上的要求
2）确定吊顶标高。可用“水柱法”将设计标高线弹到四周墙面或柱面上。如果吊顶有不同标高，应做好标记

图 3.3–33　铝合金龙骨吊顶的施工工艺流程及要点图

1）悬吊形式。采用简易吊杆的悬吊有三种形式：
（1）镀锌铁丝悬吊。活动式装配吊顶一般不上人，所以悬吊体系比较简单。一般用射钉将镀锌铁丝固定在结构上，另一端同主龙骨的圆形孔绑牢。镀锌铁丝不宜太细，不宜用小于14号的镀锌铁丝
（2）伸缩式吊杆悬吊。通常是将8号镀锌铁丝调直，用一个带孔的弹簧钢片将两根镀锌铁丝连起来。调节与固定主要是靠弹簧钢片
（3）简易伸缩吊杆悬吊。它的伸缩与固定原理同伸缩式吊杆悬吊一样，只是在弹簧钢片的形状上有些差别
2）吊杆与镀锌铁丝的固定。常用的办法是用射钉枪将吊杆与镀锌铁丝固定。可以选用尾部带孔或不带孔的两种射钉规格：
（1）尾部带孔的射钉。只要将吊杆一端的弯钩或钢丝穿过圆孔即可
（2）尾部不带孔的射钉。角钢的一条边用射钉固定，另一条边钻一个5mm左右的孔，然后再将吊杆穿过孔将其悬挂
3）悬吊宜沿主龙骨方向，间距不宜大于1.2m。在主龙骨的端部或接长处，需加设吊杆或悬挂镀锌铁丝。如果选用镀锌铁丝悬吊，不应绑在吊顶上部的设备管道上，因为管道变形或局部维修时，对吊顶的平整度带来不利影响

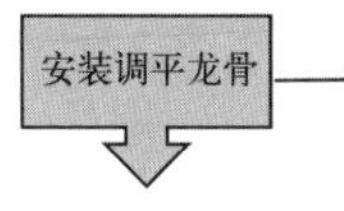

龙骨是否调平调直，也是板条吊顶质量控制的关键。因为只有龙骨调平调直，才能使板条饰面达到理想的装饰效果。否则，吊顶饰面成为波浪式的表面，从宏观上看去就有很不舒服的感觉
1）大体就位。安装调平龙骨时，根据已确定的主龙骨位置及确定的标高线，先大体上将其基本就位。次龙骨应紧贴主龙骨安装就位
2）拉线精调。龙骨就位后，再满拉纵横控制标高线，从一端开始，一边安装，一边调整，全部安装完毕后，最后再精调一遍，直到龙骨调平调直为止。以下两种吊顶要注意：
（1）大面积吊顶在中间要适当起拱，以满足下垂的要求
（2）铝合金吊顶龙骨的调平调直比较麻烦，必须认真仔细，逐根进行
3）调边龙骨。宜沿墙面或柱面标高线用高强水泥钉钉边龙骨。钉的间距一般不宜大于50cm。如果基层材料强度较低、紧固力不满足时应改用膨胀螺栓或加大水泥钉的长度等办法。在一般情况下，边龙骨不承重，只起封口的作用
4）主龙骨接长。一般选用连接件进行接长。连接件可用铝合金，也可用镀锌钢板
（1）在其表面冲成倒刺，与主龙骨方孔相连
（2）主龙骨接长完成后，应全面校正主龙骨、次龙骨的位置及水平度
（3）需要接长的主龙骨，连接件应错位安装

安装饰面板

铝合金龙骨吊顶安装饰面板，分为明装、暗装和半明半暗三种形式：
1）明装。安装方法简单，施工速度较快，维修比较方便。即纵横“T”形龙骨骨架均外露，饰面板只需搁置在“T”形两翼上即可
2）暗装。安装方法比明装稍复杂，维修时不太方便，但装饰效果较好。即饰面板边部有企口，嵌装后骨架不暴露
3）半明半暗。半明半暗即饰面板安装后外露部分

图3.3–33　铝合金龙骨吊顶的施工工艺流程及要点图（续）

3.3.6　吊顶施工验收

吊顶验收标准详见二维码3.3–1。

二维码3.3–1

理论学习效果自我检查

1. 简述直接式顶棚的优缺点。
2. 用草图画出悬吊式顶棚典型构造。
3. 用草图画一款吊点与吊杆配合构造。
4. 简述吊顶骨架的组成及功能。
5. 用草图画一款扣板类吊顶饰面板与龙骨的连接构造。
6. 用草图画一款吊顶与墙体不同材质的线条的收口构造。
7. 用草图画一款直接式与反射式灯槽的构造。
8. 简述上人轻钢龙骨吊顶与不上人轻钢龙骨吊顶的设计区别。
9. 简述木龙骨吊顶施工流程。
10. 简述轻钢龙骨吊顶施工流程和工艺。
11. 简述铝合金龙骨吊顶施工流程和工艺。

理论实践一体化教学

项目 3.4　建筑室内顶棚工程设计延伸扩展

在理解了顶棚的材料、构造、施工基本原理的基础上，针对不同业主、不同工程、不同要求，特别是不同材料、不同风格、不同相邻关系、不同收口要求，可以派生、扩展各式各样的材料与设计方案。

以下举例若干顶棚设计的派生与扩展设计，供大家学习参考。

3.4.1　顶棚与灯具的配合

1. 顶棚的灯具直接照明和间接照明

在轻钢龙骨顶棚嵌入筒灯就形成直接照明，也称为功能照明，见图 3.4–1。1kg 以内的灯具可以直接在纸面石膏板上挖洞嵌入。大于 1kg 的灯具需要在次

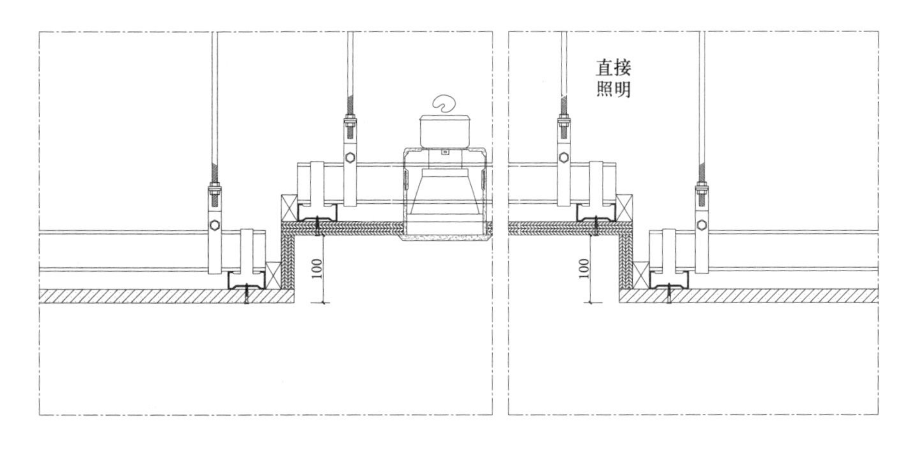

图 3.4–1　顶棚灯具直接照明

龙骨加固细木工板，再挖洞嵌入。大于 3kg 的灯具需要直接与楼板固定。

2. 内藏 LED 灯带的跌级式顶棚

将灯具安装在顶棚檐口上端，现在一般是 LED 灯带，灯光通过反射形成氛围光，这就是间接照明，也称为氛围照明，见图 3.4–2。内藏灯带向内开口的跌级式顶棚是很受欢迎的顶棚设计。

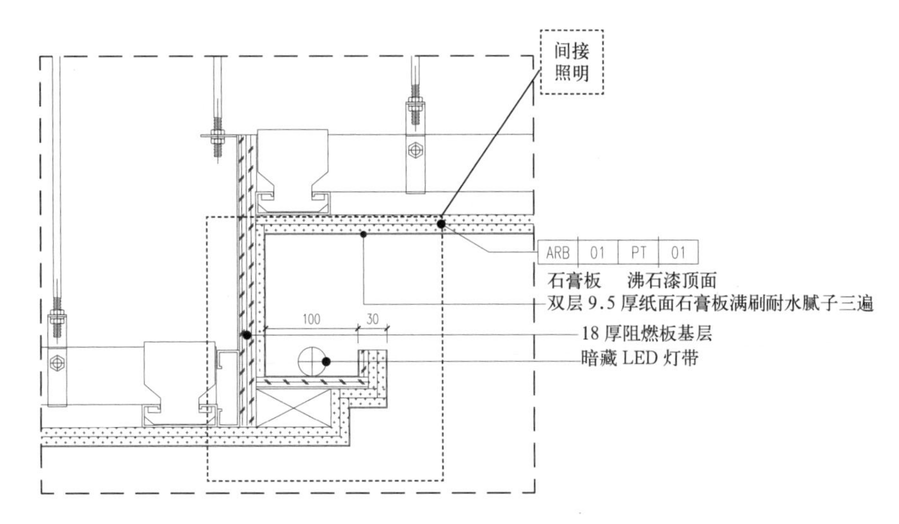

图 3.4–2 顶棚灯具间接照明

图 3.4–3 是用木龙骨工艺制作的向内开口的发光灯带顶棚。在建筑层高不高的住宅中经常会用到这样的设计。顶棚表面材料通常为纸面石膏板，涂刷白色乳胶漆，也是非常常见的顶棚设计手法。

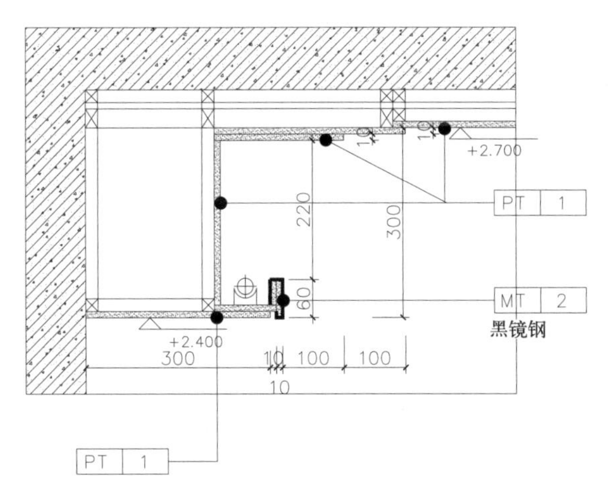

图 3.4–3 木龙骨向内开口发光灯带顶棚

3.4.2 顶棚与内藏设备的配合

1. 内藏空调设备的顶棚

1）空调进风口、回风口的处理

如图 3.4–4 所示，将空调风机藏在顶棚中，这是非常常见的顶棚设计。凡采用中央空调的空间装修都会遇到这样的构造。注意既要给空调设备合适的空间，也要仔细了解空调设备的总体尺度和进风口、回风口及其格栅面板的具体尺寸。做这部分设计时往往需要与设备工程师配合。

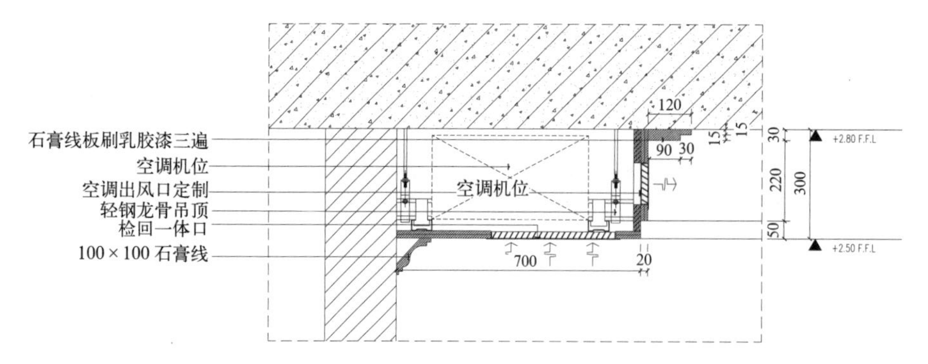

图 3.4–4　顶棚中藏空调风机

2）空调进出风口与灯带配合的处理

如图 3.4–5 所示，中央空调的风机一般都隐藏在顶棚的发光灯带檐口，所以这个檐口的设计要避开空调进出风口。既要有好的通风效果，又要有好的氛围照明效果。

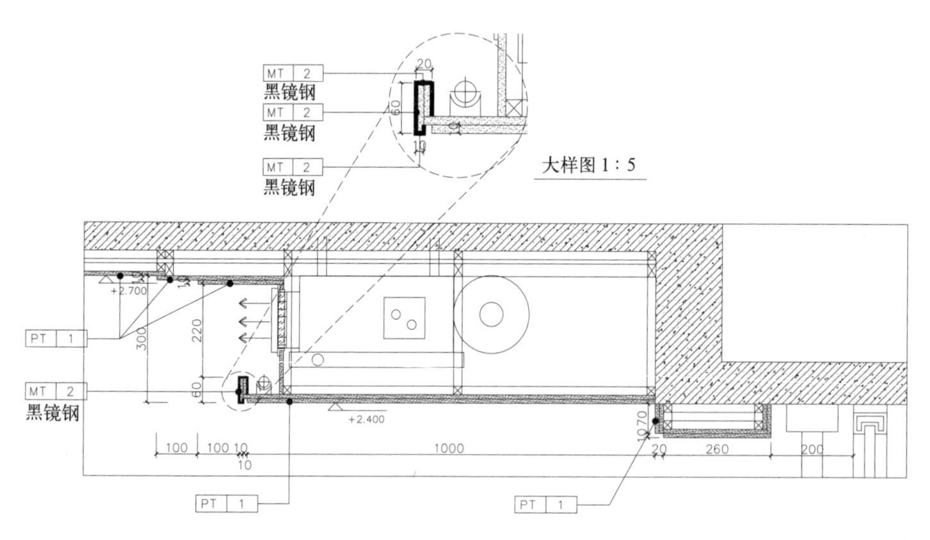

图 3.4–5　中央空调风机隐藏在发光灯带檐口的顶棚

2. 内藏防火卷帘的轻钢龙骨石膏板吊顶

图 3.4–6 所示为内藏防火卷帘的轻钢龙骨石膏板吊顶。侧边内藏 LED 灯带做氛围照明，卷帘出口还有金属收边构造。

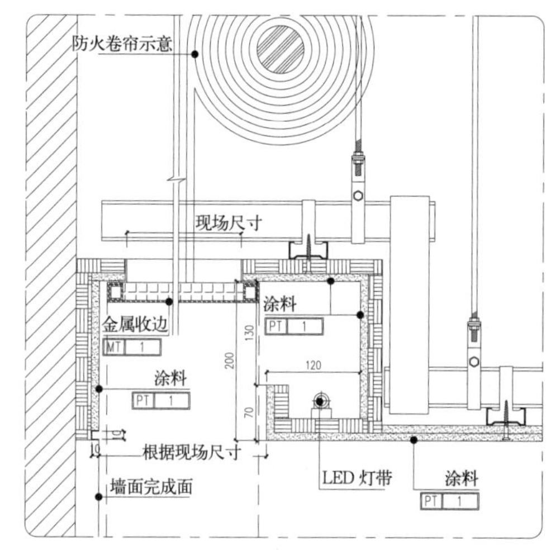

图 3.4–6　吊顶防火卷帘做法

3.4.3　与窗帘盒的配合

图 3.4–7 所示为轻钢龙骨窗帘盒的构造设计。窗帘盒顶棚主要固定在梁下。与外侧玻璃窗之间的空隙需要用保温材料填充。

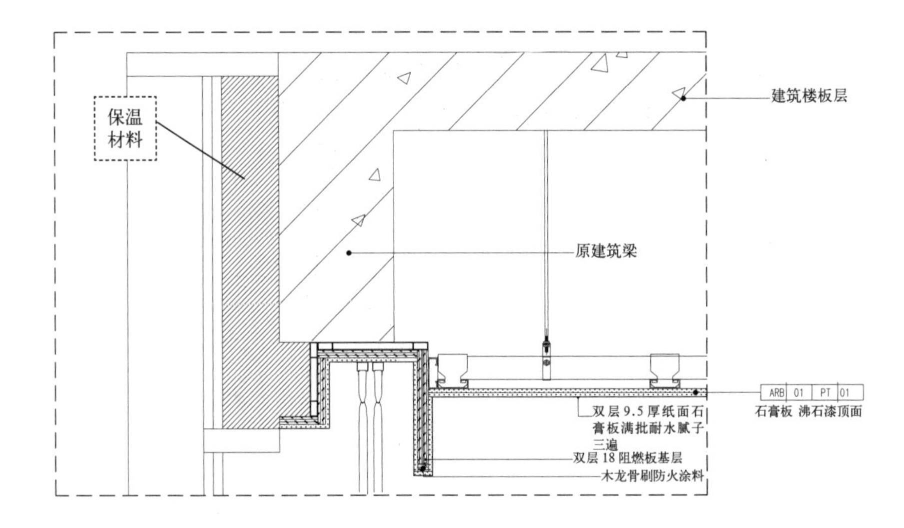

图 3.4–7 轻钢龙骨窗帘盒构造

图 3.4–8 所示为木龙骨窗帘盒顶棚的构造设计，窗帘盒外侧还有较为丰富的跌级设计。

图 3.4–9 所示为固定在墙内侧的窗帘盒和轻钢龙骨顶面。与墙面固定是用了一个特殊制作的折弯铁皮五金材料。

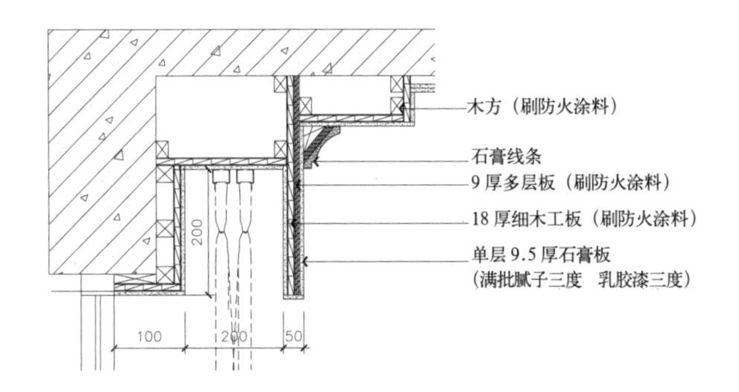

图 3.4–8 木龙骨窗帘盒顶棚

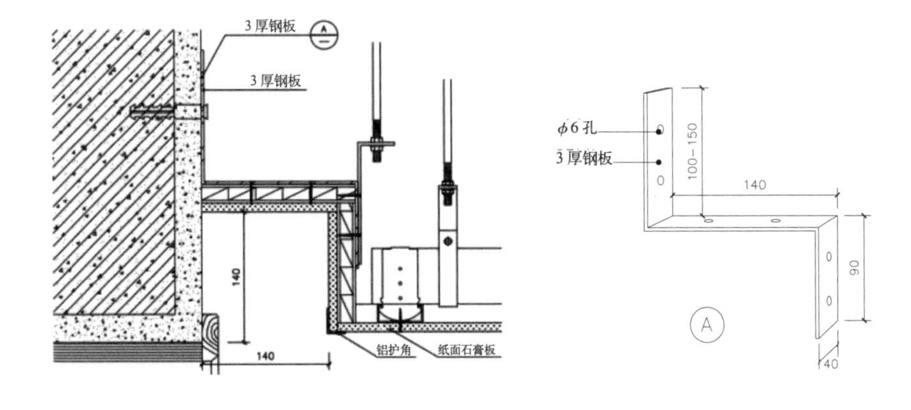

图 3.4–9 固定在墙内侧的窗帘盒和轻钢龙骨顶面及折弯铁皮五金材料

3.4.4 与墙面的配合（顶棚收口）

顶棚是水平的，墙面是垂直的，两者相交怎么收口视觉效果比较好？这就涉及顶棚与墙面。图 3.4–10 显示了顶棚与墙面的两种收口方法。①、③是木线条或石膏线条的收口方法；②、④是留缝的收口方法。

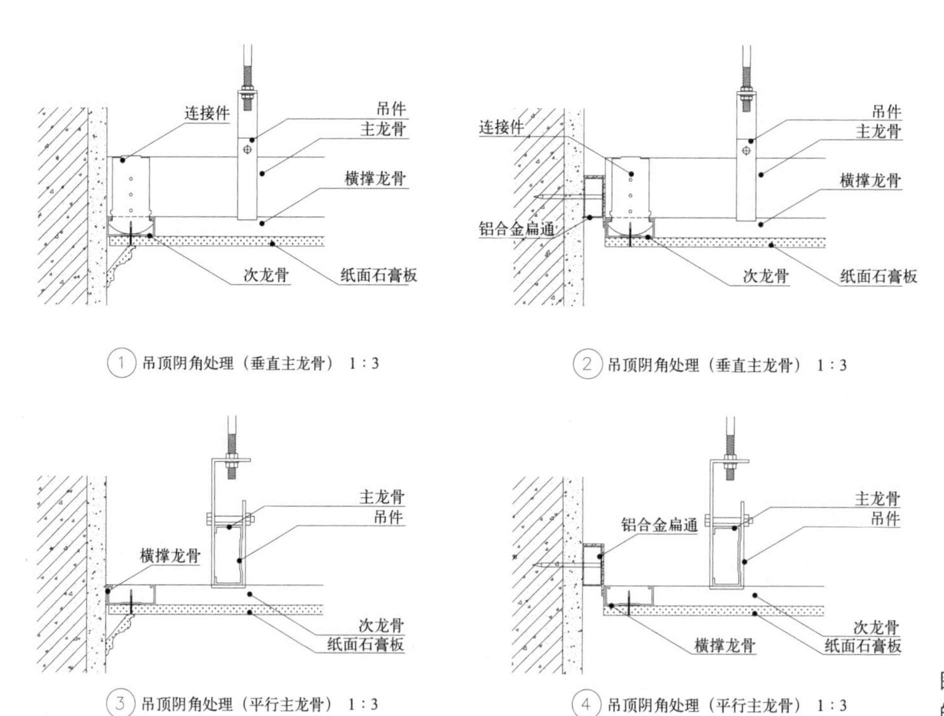

图 3.4–10　顶棚与墙面的两种收口方法

3.4.5　灯槽檐口的处理

灯槽檐口多数设计成垂直的短线条，但有时候也可以根据整体的设计风格的需要设计成其他形式，例如图 3.4–11 就设计成一个斜线条，形成了特别的视觉效果。

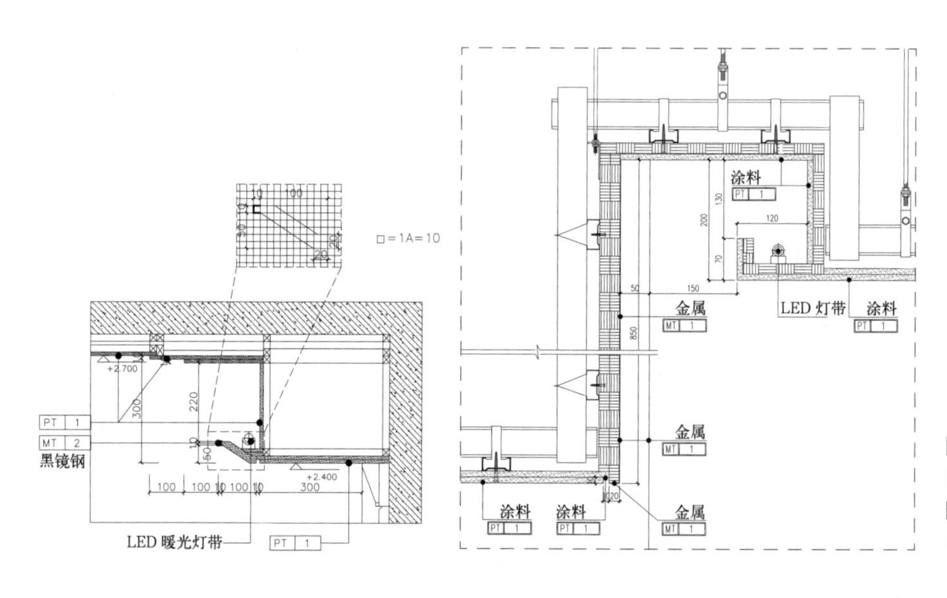

图 3.4–11　灯槽檐口（斜线条）（左）
图 3.4–12　灯槽檐口（金属贴面）（右）

图 3.4–12 所示的顶棚设计其灯槽对面设计了金属贴面，其他部位都是纸面石膏板涂白色乳胶漆涂料。两种材料的配合使得氛围光有一种比较华丽的视觉效果。

3.4.6 不同材料不同形式顶棚的衔接

轻钢龙骨金属格栅与纸面石膏板复合吊顶

图 3.4–13 所示为在很多场合需要用到的复合吊顶，两种材料、两种吊顶形式要结合在一起。所以要考虑两种形式的吊顶的衔接。图例是金属格栅与纸面石膏板复合吊顶。接口部位留一条 20mm 的线槽是非常巧妙的设计，既没有增加任何造价，但却有很好的衔接效果。

图 3.4–14 所示为面材为纸面石膏板与面材为镜子两种材料的组合的吊顶。两种材料的衔接过渡采用的是不锈钢压条。选用成品线条压条方式是两种材料自然衔接过渡的非常常见的设计手法。

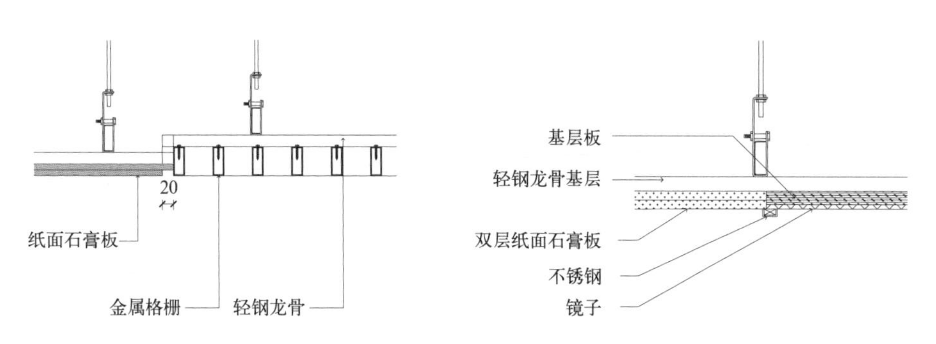

图 3.4–13 金属格栅与纸面石膏板复合吊顶（左）

图 3.4–14 纸面石膏板与镜子复合吊顶（右）

3.4.7 非平面轻钢龙骨顶棚

在很多大型的公共建筑中经常会出现非平面的异形顶棚设计。其中如图 3.4–15 斜折面顶棚、图 3.4–16 波浪形顶棚也时有所见。这样的顶棚通常需要专门的工厂配合加工专业的配件，生产起来也不困难。

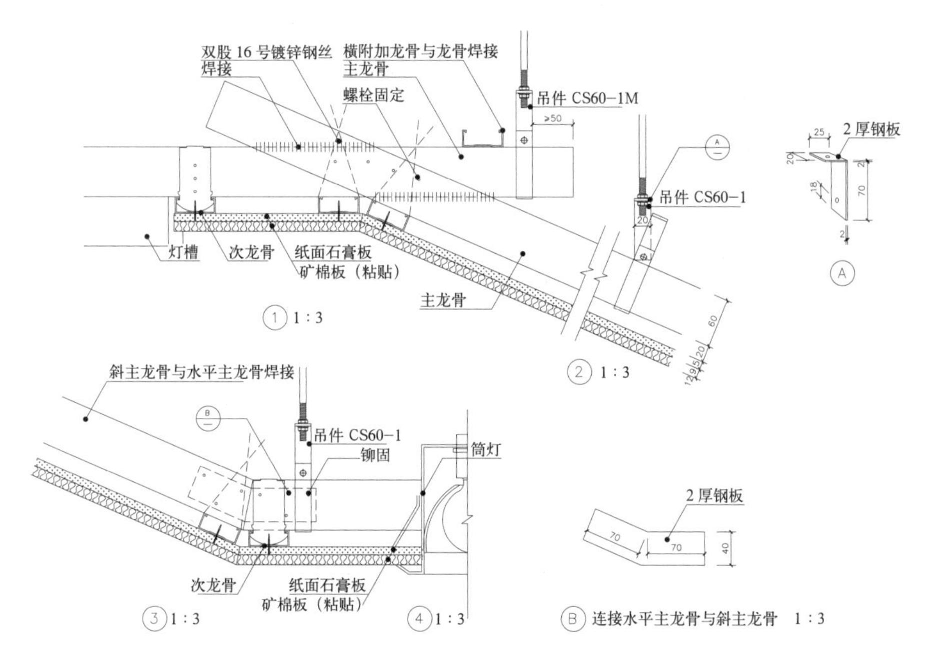

图 3.4–15 斜折面顶棚

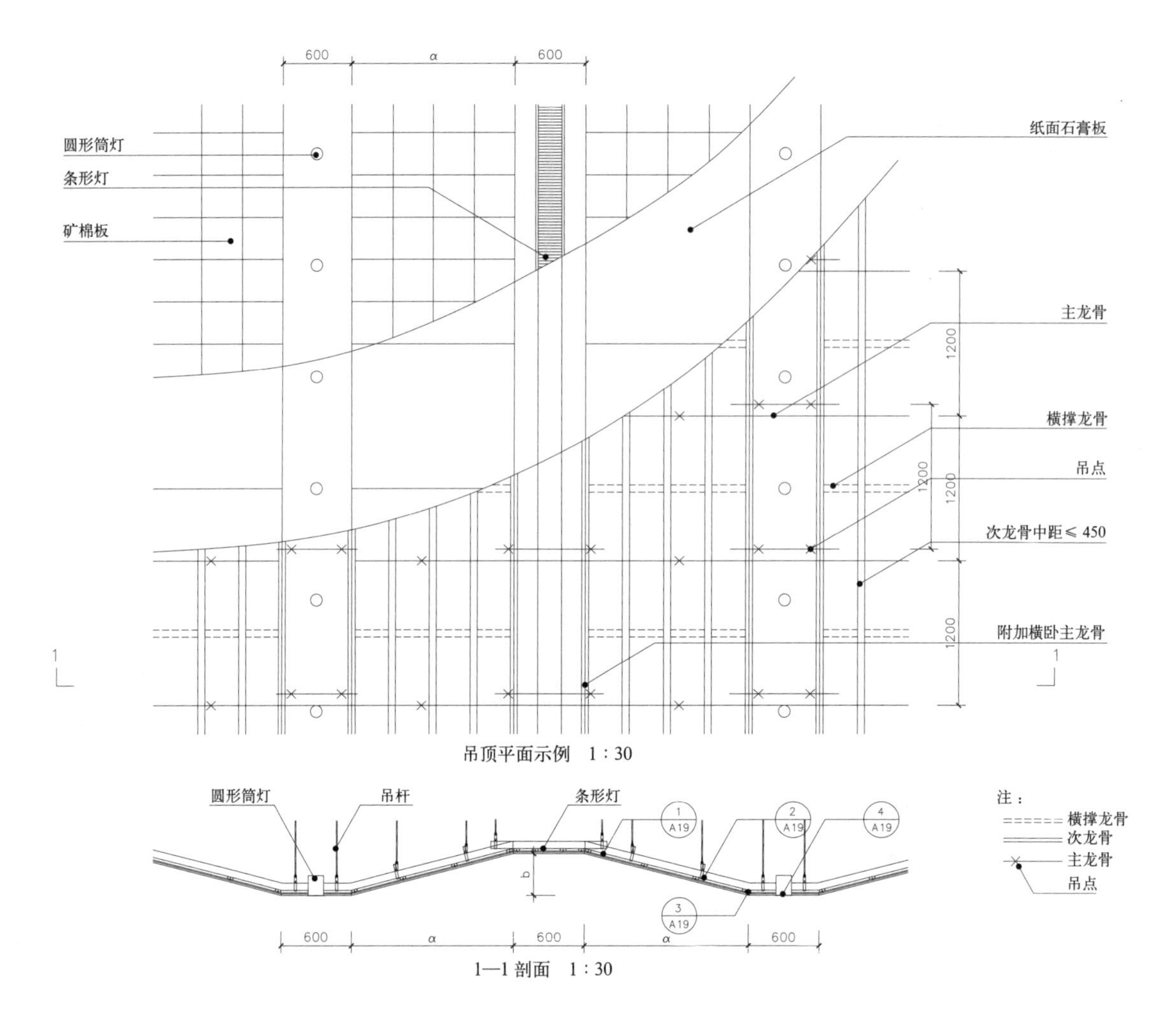

图 3.4–16 波浪形顶棚

通过以上举例，我们可以发现，这些顶棚的延伸扩展设计方案，在通常情况下其基本构造是大同小异的。但因为材料与风格变化的关系，其构造的细节和施工工艺发生了若干变化。只要我们能理解顶棚一些常用的基础构造，明白其材料、构造、施工的基本原理，我们就可以做出千变万化的设计方案。

项目 3.5 建筑室内顶棚工程设计应用案例

建筑室内顶棚工程设计应用在公装项目或家装项目中，主要体现在方案设计或施工图设计的顶平面设计图系列以及相关的节点详图中。

3.5.1 公装案例

1. 顶棚设计平面图

该顶棚设计图用统一的设计语言整体地布置了公司办公空间的顶棚效果：公司的公共区域采用的是大平顶，灯光沿动线均匀布置。每个功能空间对应一个悬浮式顶棚。该图顶界面造型、灯具、材质等技术细节丰富，标注简明、索引齐全，设计比较完整。见图 3.5–1。

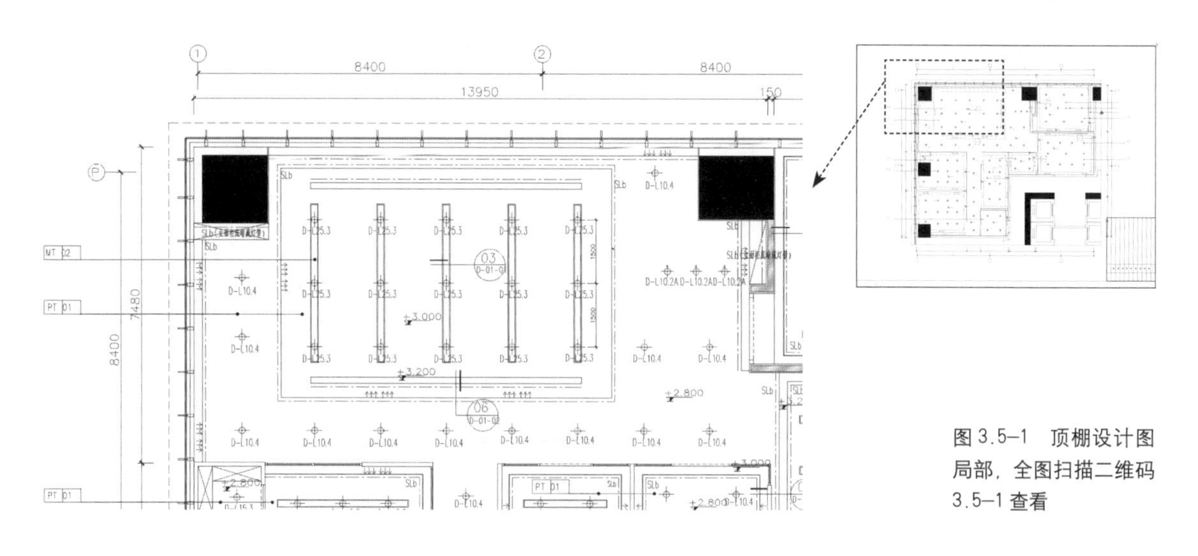

图 3.5–1　顶棚设计图局部，全图扫描二维码 3.5–1 查看

二维码 3.5–1

图 3.5–2 是框选区域的顶棚效果图。该空间是公司的设计部门，顶棚的设计语言是采用当前流行的边发光悬浮式平顶。这种顶棚效果非常整体，发光区与下面的工作区相对应，符合功能的需要。视觉氛围非常适合设计型办公空间的气质，既流行时尚，又内敛低调。

图 3.5–2　设计部区域的顶棚效果图

顶棚尺寸图是顶棚设计图的补充。设计重点是为顶棚设计图的界面装修构造标注详细尺寸。因为尺寸信息很多，所以一般都单独出一张专门图纸，见图 3.5–3。

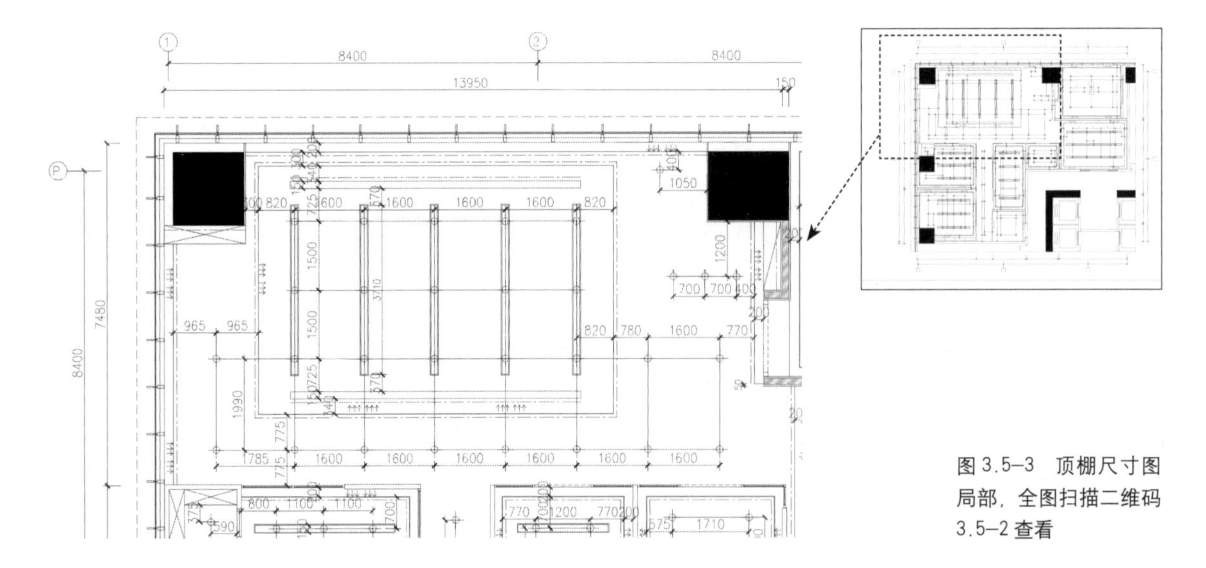

图 3.5–3　顶棚尺寸图局部，全图扫描二维码 3.5–2 查看

二维码 3.5–2

2. 顶棚设计节点大样图

该顶棚设计虽说不复杂，但也需要交代几个关键部位材料、构造、施工的详细信息。平面设计图上给出了 6 个节点大样图的索引，用来说明这些部分的设计信息，见图 3.5–4。

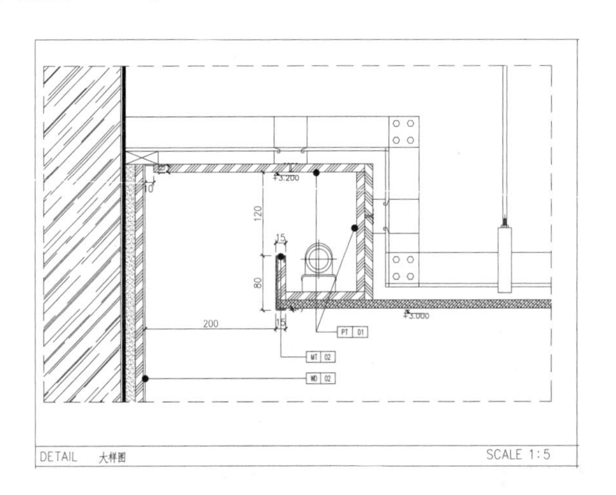

图 3.5–4　顶棚设计节点大样图

图 3.5–4 ①　该部位说明的是悬浮吊顶侧边灯带的节点大样图。该图表明悬浮吊顶采用的是轻钢龙骨纸面石膏板构造和涂料表面材料、构造、施工信息，吊顶的侧面是墙体

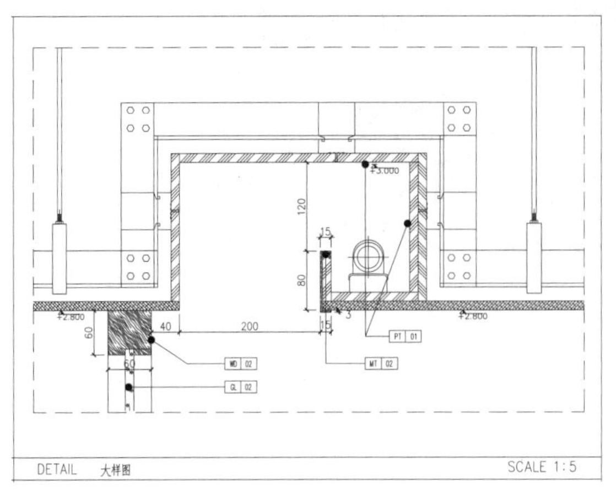

图 3.5–4 ②　该部位说明的是吊顶的材料、构造、施工信息与①部位相同，不同的是吊顶的侧面是玻璃隔墙

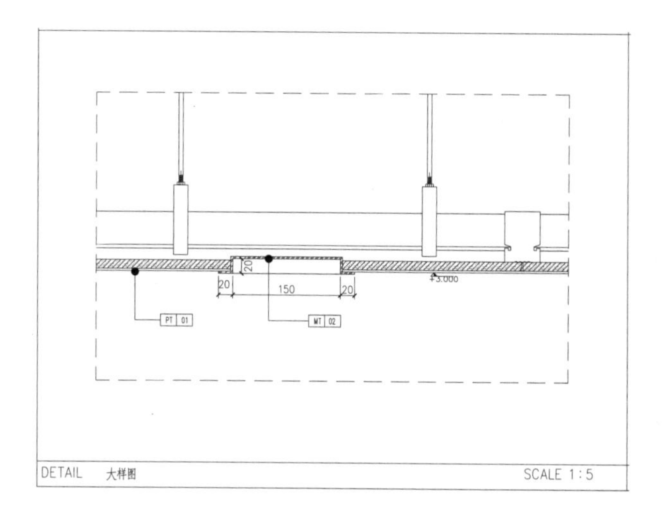

图 3.5–4 ③ 该部位说明的是设计部空间顶棚灯槽的材料、构造、施工信息

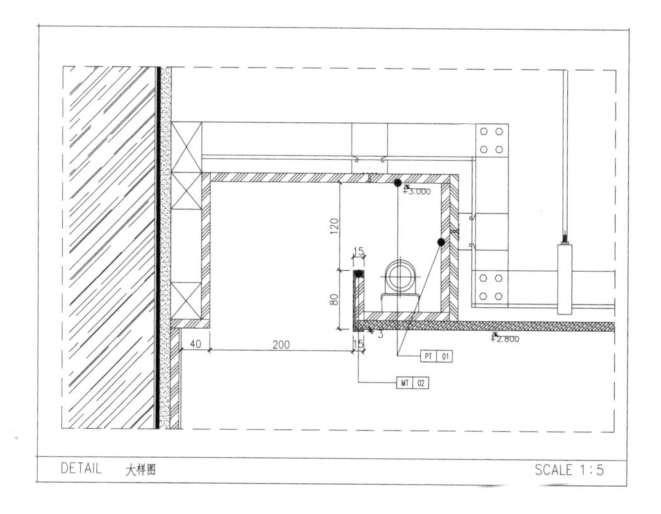

图 3.5–4 ④ 该部位说明的是吊顶的材料、构造、施工信息与①部位相同，不同的是吊顶的侧面有一个 40mm 的跌级

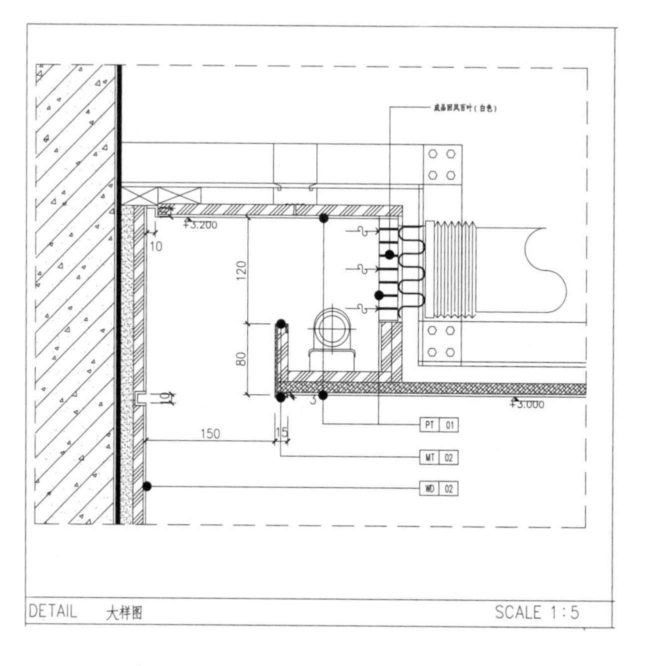

图 3.5–4 ⑤ 该部位说明的是吊顶的材料、构造、施工信息与①部位相同，不同的是吊顶与空调设备有衔接

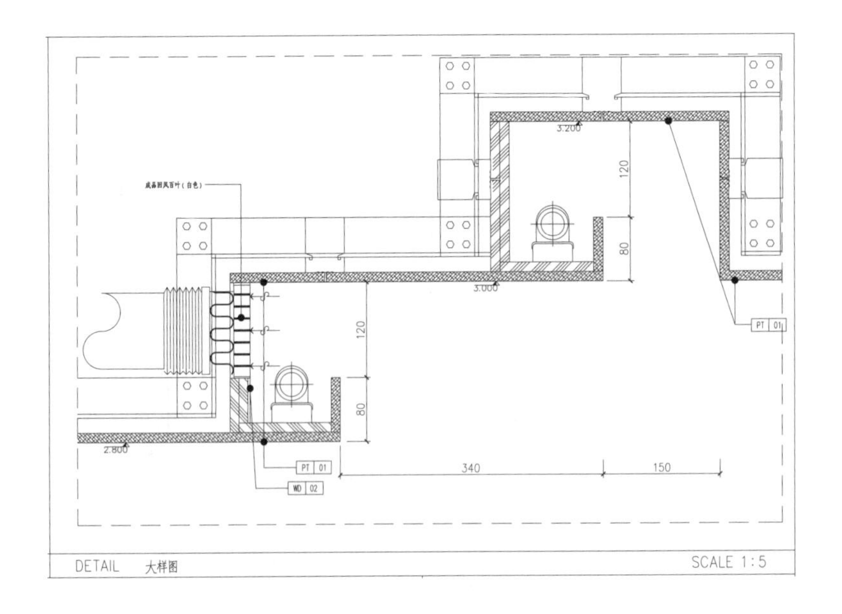

图 3.5-4 ⑥ 该部位说明的是双跌阶的发光吊顶与空调设备的衔接关系和材料、构造、施工的详细信息

3.5.2 家装案例

1. 顶棚设计系列平面图

1）顶棚设计平面图。家装顶棚设计平面图要展示各个房间的顶棚造型、尺寸、色彩等界面设计信息和材料、构造、施工信息，还要详细标注各个设计构造节点大样图的索引符号，见图 3.5-5。

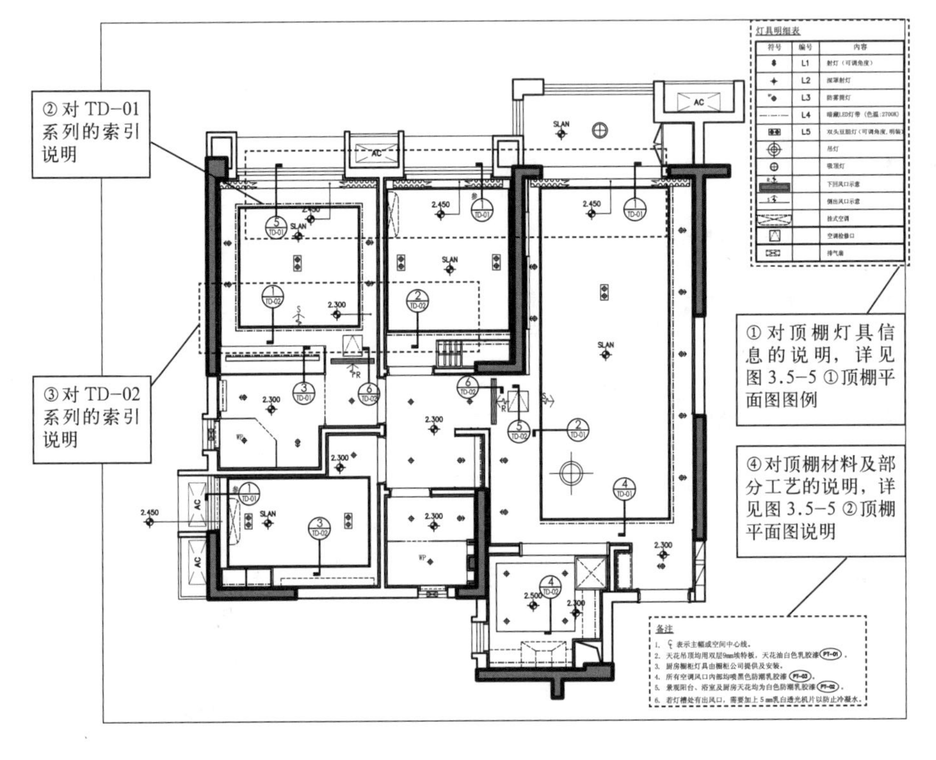

二维码 3.5-3

图 3.5-5 顶棚设计平面图，扫描二维码 3.5-3 查看高清设计图

灯具明细表

符号	编号	内容
	L1	射灯（可调角度）
	L2	深罩射灯
WP	L3	防雾筒灯
—·—·—	L4	暗藏LED灯带（色温:2700K）
	L5	双头豆胆灯（可调角度，明装）
		吊灯
		吸顶灯
R		下回风口示意
S		侧出风口示意
		挂式空调
		空调检修口
		排气扇

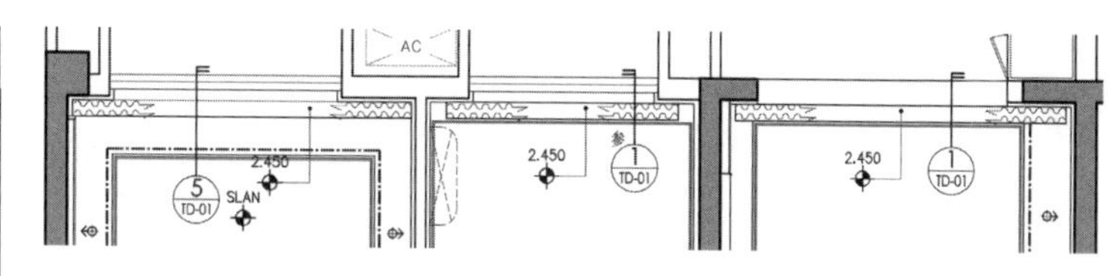

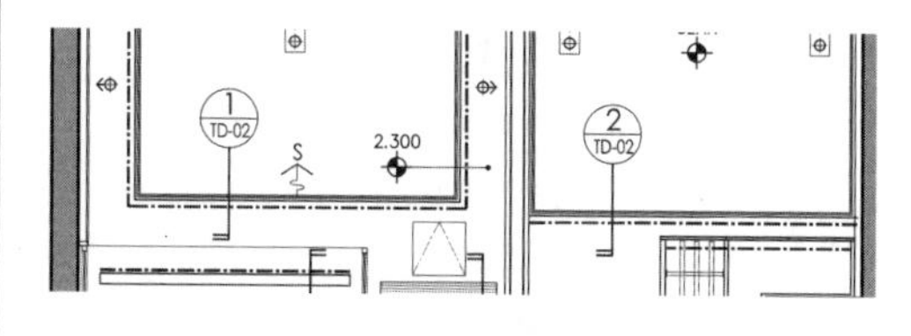

备注

1. ℄ 表示主幅或空间中心线。
2. 天花吊顶均用双层9mm埃特板，天花油白色乳胶漆（PT-01）。
3. 厨房橱柜灯具由橱柜公司提供及安装。
4. 所有空调风口内部均喷黑色防潮乳胶漆（PT-03）。
5. 景观阳台、浴室及厨房天花均为白色防潮乳胶漆（PT-02）。
6. 若灯槽处有出风口，需要加上5㎜乳白透光机片以防止冷凝水。

图 3.5–5 ① 顶棚平面图图例，灯具等比较复杂的设备要列专门的图例表（左）

图 3.5–5 ② 对 TD–01 系列的索引说明（右上）

图 3.5–5 ③ 对 TD–02 系列的索引说明（右中）

图 3.5–5 ④ 顶棚平面图说明，要对顶棚的整体设计情况进行简明扼要的设计说明（右下）

2）顶棚尺寸图。此图是在顶棚设计图的基础上标注顶棚造型及构造的详细尺寸、标高等信息，见图 3.5–6。

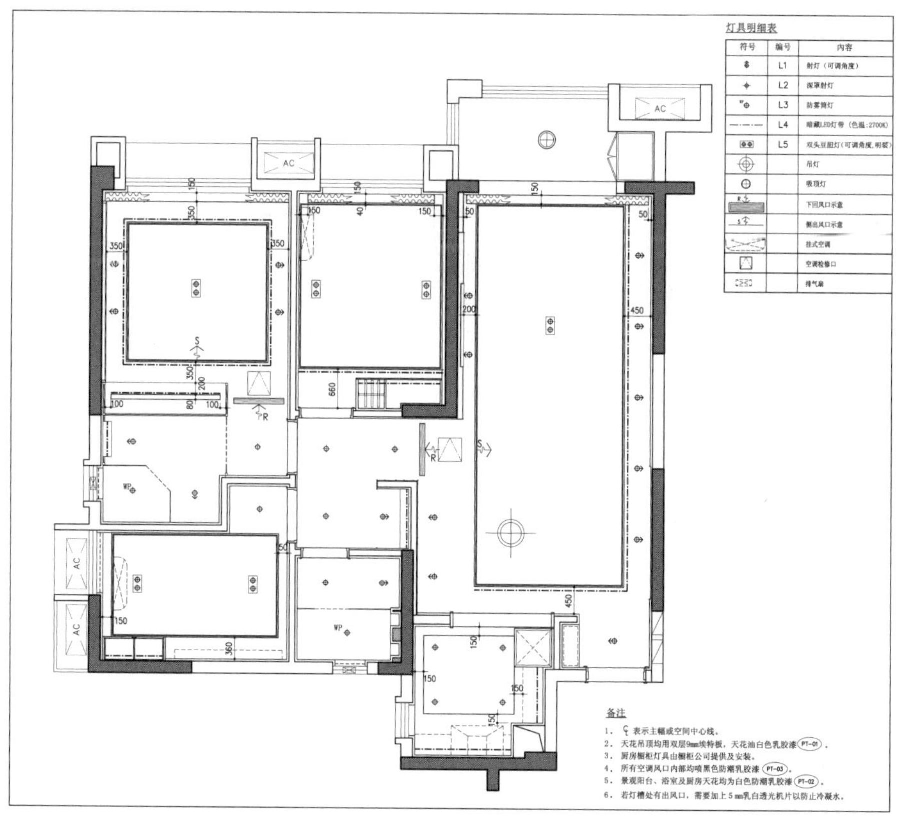

二维码 3.5–4

图 3.5–6 顶棚尺寸图，高清图查看二维码 3.5–4

3）顶棚灯具尺寸图。此图是在顶棚设计图的基础上标注顶棚灯具的详细安装位置及尺寸等信息，见图 3.5–7。

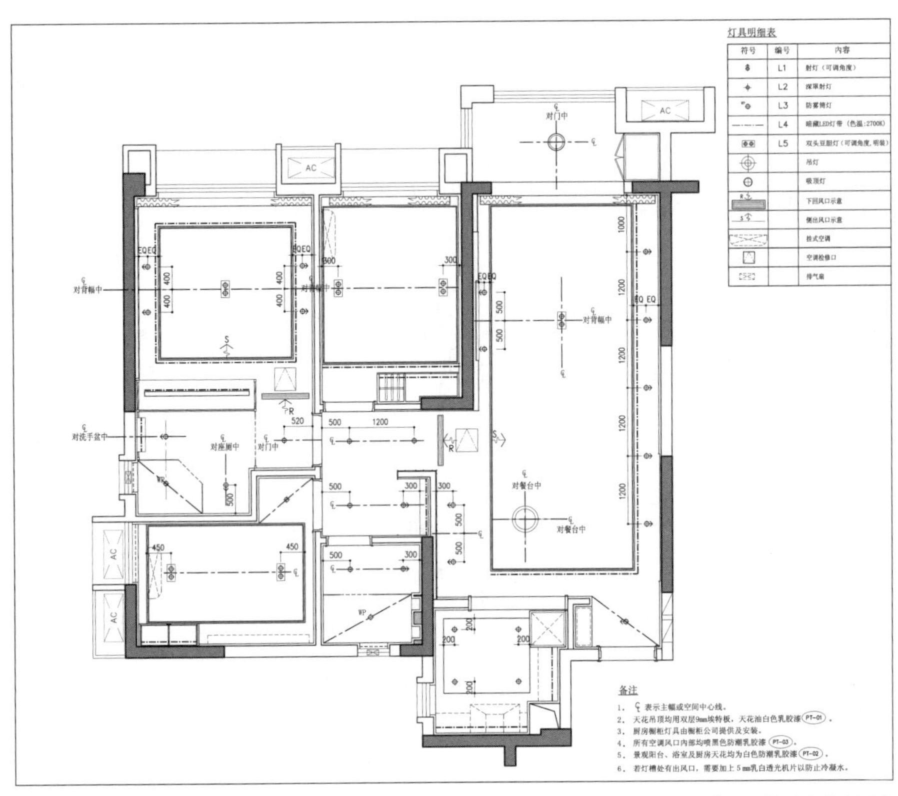

二维码 3.5–5

图 3.5–7　顶棚灯具尺寸图，高清图查看二维码 3.5–5

4）顶棚灯具连线图。此图是在灯具尺寸图的基础上标注灯具控制连线关系等信息，见图 3.5–8。

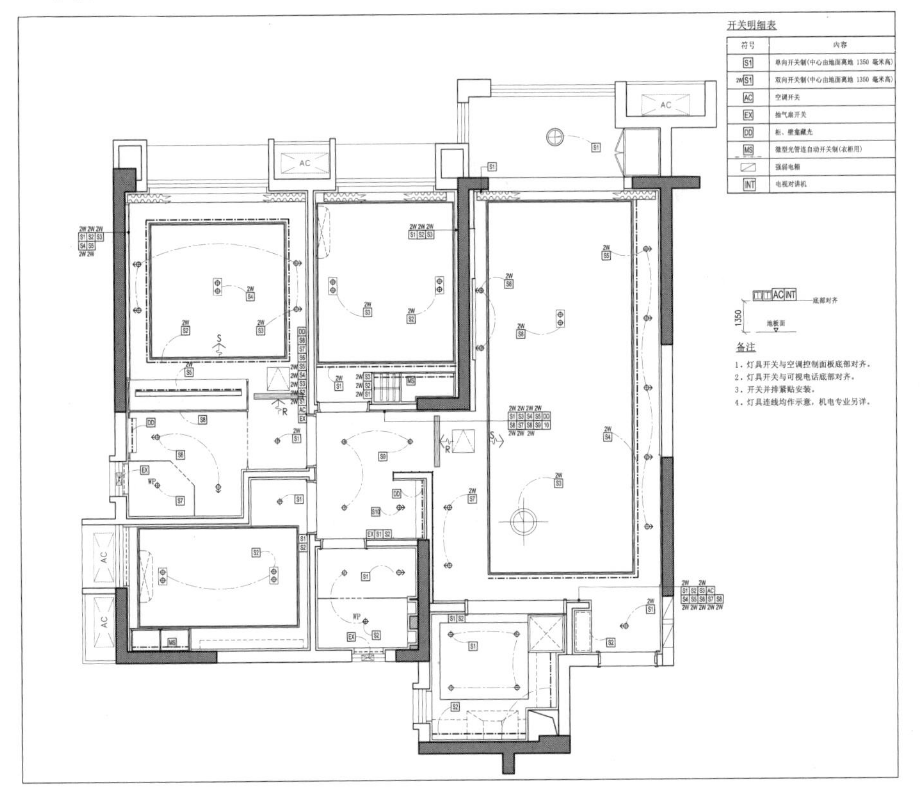

二维码 3.5–6

图 3.5–8　顶棚灯具连线图，高清图查看二维码 3.5–6

2. 顶棚设计节点大样图

对顶棚设计平面图中无法说明的设计细节要通过节点大样图加以说明，见图 3.5–9 ①～⑤、图 3.5–10 ①～⑥。

二维码 3.5–7

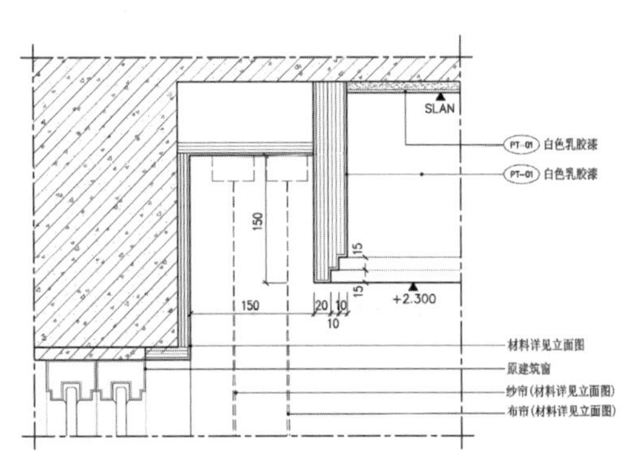

① 1F-P02 客厅、餐厅天花大样图 1:5
注：除特别注明外，天花均为白色乳胶漆 PT-01

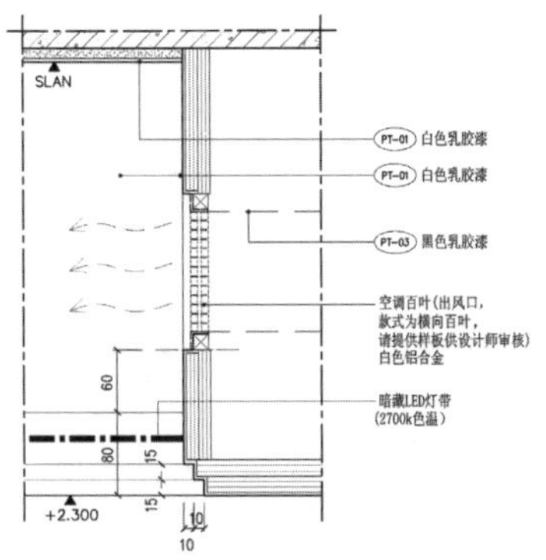

② 1F-P02 客厅、餐厅天花大样图 1:5
注：除特别注明外，天花均为白色乳胶漆 PT-01

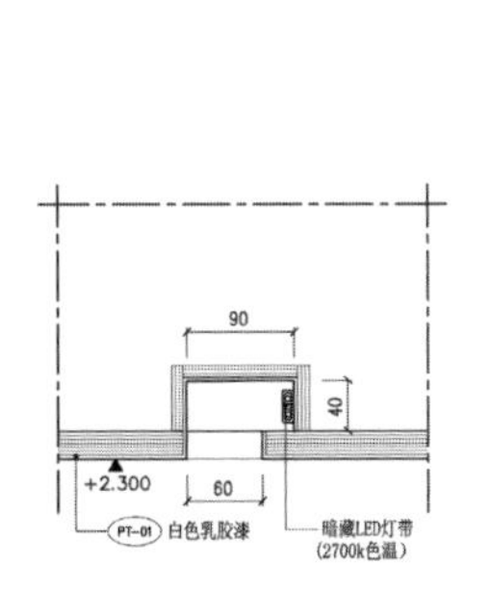

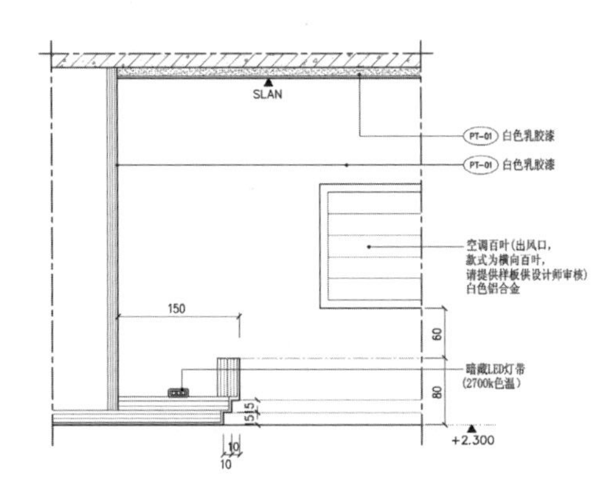

③ 1F-P02 主人睡房天花大样图 1:5
注：除特别注明外，天花均为白色乳胶漆 PT-01

④ 1F-P02 客厅、餐厅天花大样图 1:5
注：除特别注明外，天花均为白色乳胶漆 PT-01

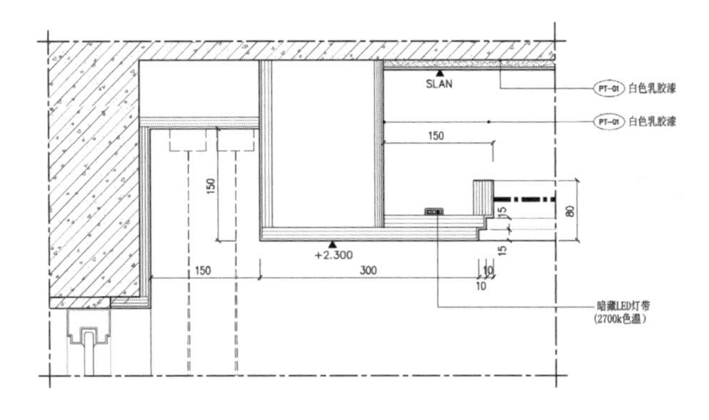

⑤ 1F-P02 主人睡房天花大样图 1:5
注：除特别注明外，天花均为白色乳胶漆 PT-01

图 3.5–9 节点大样图（一）

图 3.5–9 ① 客厅、餐厅顶棚窗帘盒的材料、构造、施工信息

图 3.5–9 ② 客厅、餐厅顶棚空调出风口的材料、构造、施工信息

图 3.5–9 ③ 主人睡房顶棚灯槽的材料、构造、施工信息（扫描二维码 3.5–7 查看）

图 3.5–9 ④ 客厅、餐厅顶棚灯带、空调出风口的材料、构造、施工信息（扫描二维码 3.5–7 查看）

图 3.5–9 ⑤ 主人睡房顶棚窗帘盒、灯槽的材料、构造、施工信息（扫描二维码 3.5–7 查看）

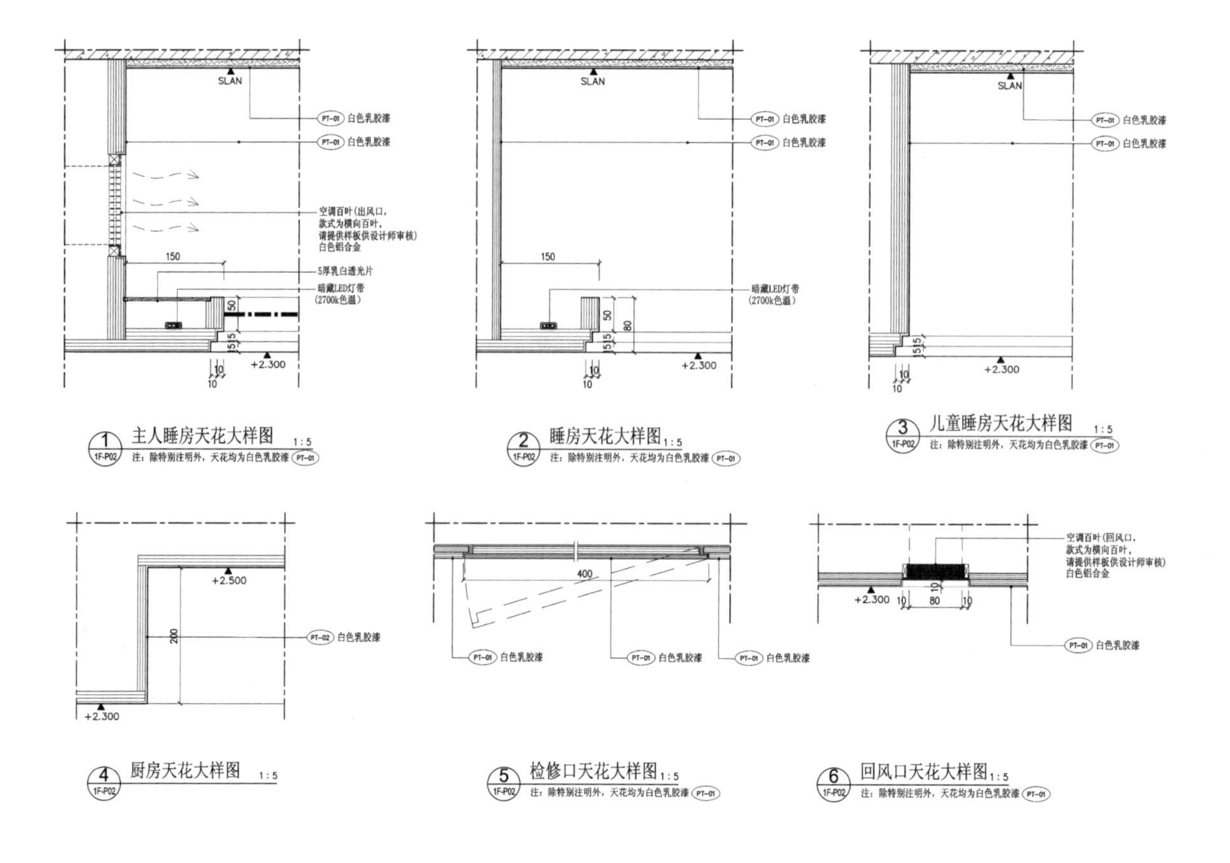

图 3.5–10 节点大样图（二）
图 3.5–10 ① 主人睡房顶棚灯槽的材料、构造、施工信息
图 3.5–10 ② 睡房顶棚灯槽的材料、构造、施工信息
图 3.5–10 ③ 儿童睡房顶棚的材料、构造、施工信息（扫描二维码 3.5–8 查看）
图 3.5–10 ④ 厨房顶棚的材料、构造、施工信息（扫描二维码 3.5–8 查看）
图 3.5–10 ⑤ 顶棚检修口的材料、构造、施工信息（扫描二维码 3.5–8 查看）
图 3.5–10 ⑥ 顶棚空调回风口的材料、构造、施工信息（扫描二维码 3.5–8 查看）

二维码 3.5–8

3. 顶棚设计材料清单（图 3.5–11）

MATERIAL SCHEDULE 物料明细表

PROJECT 项目名称：× × × × × × 04区住宅项目 C-1户型　　PROJECT REF. 项目档案：D16224

CODE 代号	DESCRIPTION 内容	LOCATION 位置	MODEL 型号	SUPPLIER 供应商
PT-01	白色乳胶漆	见图	ICI白色乳胶漆	承建商
PT-02	白色防潮乳胶漆	见图	ICI白色防潮乳胶漆	承建商
PT-03	黑色防潮乳胶漆	风口	ICI黑色防潮乳胶漆	承建商

图 3.5–11 顶棚设计材料

4. 顶棚设计施工说明

略。

实践教学

二维码 3.6–1
（下载）

项目 3.6　建筑室内顶棚工程设计实训

P3–1　建筑室内顶棚材料认知部分实训任务和要求

调查本地材料市场顶棚材料，重点了解 6 款市场上受消费者欢迎的顶棚材料的品牌、品种、规格、特点、价格。(获取实训任务书电子活页请扫描二维码 3.6–1)

___________材料调研及看板制作项目任务书

任务编号	P3–1
学习单元	顶棚工程
任务名称	顶棚材料调研——制作_______________品牌看板
任务要求	调查本地材料市场顶棚材料，重点了解6款市场上受消费者欢迎的顶棚材料的品牌、品种、规格、特点、价格
实训目的	为建筑室内设计和施工收集当前流行的市场材料信息，为后续设计与施工提供第一手资讯
行动描述	1.参观当地大型的装饰材料市场，全面了解各类顶棚装饰材料 2.重点了解6款市场上受消费者欢迎的矿棉板或石膏板的品牌、品种、规格、特点、价格 3.将收集的素材整理成内容简明、可以向客户介绍的材料看板
工作岗位	本工作属于工程部、设计部、材料部，岗位为施工员、设计员、材料员
工作过程	到建筑装饰材料市场进行实地考察，了解顶棚材料的市场行情，为装修设计选材和施工管理的材料选购质量鉴别打下基础 1.选择材料市场 2.与店方沟通，请技术人员讲解顶棚材料品种和特点 3.收集矿棉板或石膏板宣传资料 4.实际丈量不同的矿棉板或石膏板规格，做好数据记录 5.整理素材 6.编写6款市场上受消费者欢迎的顶棚材料的品牌、品种、规格、特点、价格的看板
工作对象	建筑装饰市场材料商店的矿棉板或石膏板材料
工作工具	记录本、合页纸、笔、相机、卷尺等
工作方法	1.先熟悉材料商店整体环境 2.征得店方同意 3.详细了解顶棚材料品牌和种类 4.确定一种品牌进行深入了解 5.拍摄选定顶棚材料品种的数码照片 6.收集相应的资料 注意：尽量选择材料商店比较空闲的时间，不能影响材料商店的正常营业
工作团队	1.事先准备。做好礼仪、形象、交流、资料、工具等准备工作 2.选择调查地点 3.分组。4~6人为一组，选一名组长，每人选择一个品牌的顶棚材料进行市场调研；然后小组讨论，确定一款顶棚材料品牌进行材料看板的制作

市（区、县）____________材料市场调研报告（提纲）

调研团队成员	
调研地点	
调研时间	
调研过程简述	
调研品牌	
品牌介绍	

品种1		
品种名称		材料照片
材料规格		
材料特点		
价格范围		
品种2~n（以下按需扩展）		
品种名称		材料照片
材料规格		
材料特点		
价格范围		

____________材料市场调研实训考核内容、方法及成绩评定标准

系列	考核内容	考核方法	要求达到的水平	指标	小组评分	教师评分
对基本知识的理解	对顶棚材料的理论检索和市场信息捕捉能力	资料编写的正确程度	预先了解顶棚的材料属性	30		
		市场信息了解的全面程度	预先了解本地的市场信息	10		
实际工作能力	在校外实训室，实际动手操作，完成调研的过程	各种素材展示	选择比较市场材料的能力	8		
			拍摄清晰材料照片的能力	8		
			综合分析材料属性的能力	8		
			书写分析调研报告的能力	8		
			设计编排调研报告的能力	8		
职业关键能力	团队精神和组织能力	个人和团队评分相结合	计划的周密性	5		
			人员调配的合理性	5		
书面沟通能力	调研结果评估	看板集中展示	顶棚材料资讯完整、美观	10		
任务完成的整体水平				100		

P3–2　建筑室内顶棚工程构造设计部分实训任务和要求

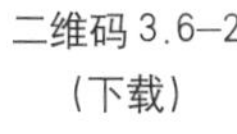

二维码 3.6–2
（下载）

通过构造设计能力实训理解顶棚工程的材料与构造（3 选 1）。（获取实训任务书电子活页请扫描二维码 3.6–2）

1）为图 3.6–1、图 3.6–2 某家庭宾馆设计画出顶棚布置图，并按轻钢龙骨吊顶工艺画出吊顶的节点构造大样图。

2）按图 3.6–3 为某家装顶棚实景画出顶棚布置图，并按轻钢龙骨吊顶工艺画出吊顶的节点构造大样图，建筑平面尺寸为长 × 宽 =5m × 4m。

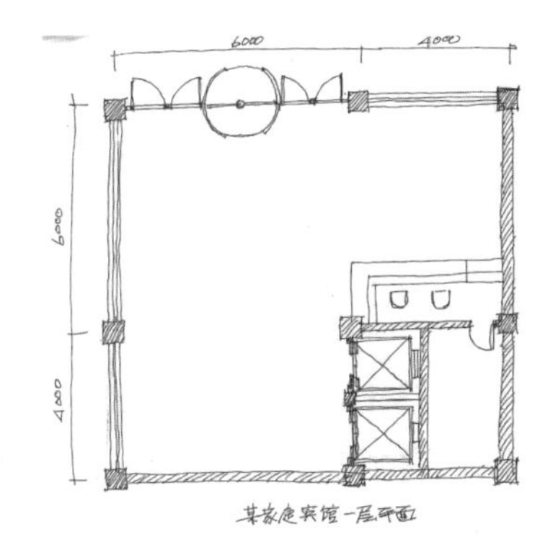

图 3.6–1　某家庭宾馆设计顶棚实景（左）
图 3.6–2　某家庭宾馆平面尺寸草图（右）

3）为图 3.6–4 某宾馆餐厅设计画出顶棚布置图，并按剖切位置画出顶棚的节点构造大样图。建筑平面尺寸为墙面长 × 窗面宽 =6m × 8m。

图 3.6–3　某家装顶棚照片实景（左）
图 3.6–4　某宾馆餐厅顶棚实景图（右）

顶棚工程构造设计实训项目任务书

任务编号	P3–2
学习单元	顶棚工程
任务名称	题目（____）：______________________________
具体任务 （3选1，把选定题目的○涂黑）	○ 1）为某家庭宾馆设计画出顶棚布置图和节点构造大样图 ○ 2）按某家装顶棚实景画出顶棚布置图和节点构造大样图 ○ 3）为某宾馆餐厅设计画出顶棚布置图和节点构造大样图
实训目的	理解顶棚构造原理
行动描述	1. 了解所设计顶棚的使用要求及使用档次 2. 设计出结构牢固、工艺简洁、造型美观的顶棚 3. 设计图符合国家制图标准

续表

工作岗位	本工作属于设计部，岗位为设计员
工作过程	1.到现场实地考察，或查找相关资料理解所设计构造的使用要求及使用档次 2.画出构思草图和结构分析图 3.分别画出平面、立面、主要节点大样图 4.标注材料与尺寸 5.编写设计说明 6.填写设计图图框要求内容并签字
工作工具	笔、纸、电脑
工作方法	1.查找资料、征询要求 2.明确设计要求 3.熟悉制图标准和线型要求 4.构思草图，利用发散性思维设计多款方案，然后选择最佳方案进行深入设计 5.结构设计追求最简洁、最牢固的效果 6.图面表达尽量做到美观清晰

顶棚工程构造设计实训考核内容、方法及成绩评定标准

考核内容	评价	指标	自我评分	教师评分
设计合理美观	材料选择符合使用要求	20		
	工艺简洁、构造合理、结构牢固	20		
	造型美观	20		
设计符合规范	线型正确、符合规范	10		
	构图美观、布局合理	10		
	表达清晰、标注全面	10		
图面效果	图面整洁	5		
设计时间	按时完成任务	5		
任务完成的整体水平		100		

P3-3　建筑室内顶棚工程施工操作部分实训任务和要求

根据学校实训条件，在木龙骨、轻钢龙骨、铝合金龙骨吊顶中选择其中一种编制施工工艺。（获取实训任务书电子活页请扫描二维码 3.6-3）

二维码 3.6-3
（下载）

______龙骨吊顶施工训练项目任务书

任务编号	P3-3
学习领域	顶棚工程
任务名称	观摩一款龙骨吊顶施工流程，并编制施工工艺
任务要求	根据学校实训条件，在木龙骨、轻钢龙骨、铝合金龙骨吊顶中选择其中一种编制施工工艺（3选1）
实训要求	认真观摩校内实训室中木龙骨、轻钢龙骨、铝合金龙骨吊顶中任何一款的施工流程，参考教材相关内容编制一款龙骨顶棚施工工艺

续表

行动描述	学生先整体查看校内顶棚施工实训室；然后选择三款龙骨吊顶其中一种，就材料、构造、施工流程、质检要求进行仔细查看分析，再结合教材相关内容编写施工工艺；实训完成以后，学生进行自评，教师进行点评
工作岗位	本工作属于工程部，岗位为施工员
工作过程	先观察分析，后编写施工流程和施工工艺
工作要求	观察分析要仔细，编写某龙骨施工流程和施工工艺要符合逻辑
工作工具	记录本、合页纸等
工作团队	1.分组。6~10人为一组，选一名项目组长，确定任务 2.各位成员根据分工，分头进行各项工作
工作方法	1.项目组长制订计划，制订工作流程，为各位成员分配任务 2.整体观察校内顶棚工程部分的实训室 3.查看相关龙骨顶棚工程的设计图纸 4.分析工程材料 5.分析施工流程 6.查看国家或地方工程验收标准 7.编写施工工艺 8.项目组长主导进行实训评估和总结 9.指导教师核查实训情况，并进行点评

____________龙骨吊顶施工工艺编写（编写提纲）

一、实训团队组成

团队成员	姓名	主要任务
项目组长		
见习设计员		
见习材料员		
见习施工员		
其他成员		

二、实训计划

工作任务	完成时间	工作要求

三、实训方案

1. 整体观察校内顶棚工程部分的实训室
2. 查看相关龙骨顶棚工程的设计图纸
3. 分析工程材料
4. 分析施工流程
5. 查看国家或地方工程验收标准
6. 编写施工工艺
7. 进行工作总结
8. 实训考核成绩评定

四、编写施工工艺

1. 画出设计草图
2. 制作材料要求表

材料要求表

序号	材料	要求
1		
2		
3		
4		

3. 编制施工流程图和施工工艺

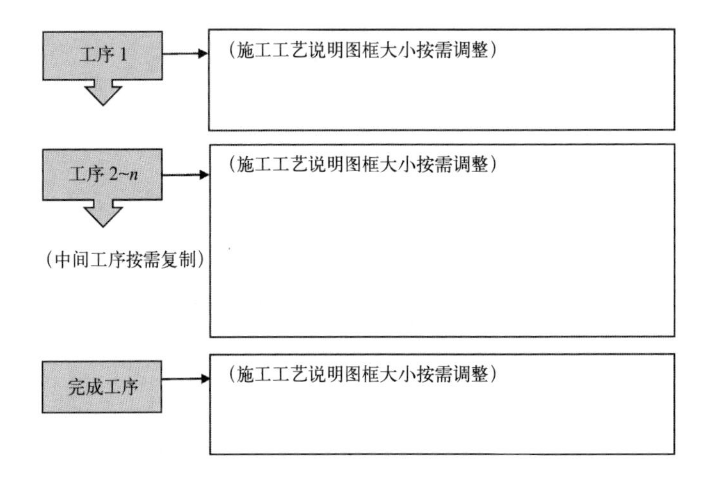

4. 查看国家或地方工程验收标准

______龙骨吊顶施工工艺编写实训考核内容、方法及成绩评定标准

<table>
<tr><th>系列</th><th>考核内容</th><th>考核方法</th><th>要求达到的水平</th><th>指标</th><th>小组评分</th><th>教师评分</th></tr>
<tr><td rowspan="3">对基本知识的理解</td><td rowspan="3">对某龙骨吊顶的理论掌握</td><td>某龙骨吊顶的材料</td><td>能明确某龙骨吊顶的材料要求</td><td>10</td><td></td><td rowspan="3"></td></tr>
<tr><td>某龙骨吊顶的构造</td><td>能理解某龙骨吊顶的典型构造</td><td>10</td><td></td></tr>
<tr><td>某龙骨吊顶的施工</td><td>正确理解某龙骨吊顶的施工流程和工艺要求</td><td>10</td><td></td></tr>
<tr><td rowspan="5">实际工作能力</td><td rowspan="5">在校内实训室，进行实际动手操作，完成相关任务</td><td rowspan="5">检测各项能力</td><td>材料分析能力</td><td>10</td><td></td><td rowspan="5"></td></tr>
<tr><td>构造分析能力</td><td>10</td><td></td></tr>
<tr><td>施工流程把握能力</td><td>10</td><td></td></tr>
<tr><td>质量检验标准查阅能力</td><td>10</td><td></td></tr>
<tr><td>施工工艺编制能力</td><td>10</td><td></td></tr>
<tr><td rowspan="2">职业关键能力</td><td rowspan="2">团队精神和组织能力</td><td rowspan="2">个人和团队评分相结合</td><td>计划的周密性</td><td>10</td><td></td><td rowspan="2"></td></tr>
<tr><td>人员调配的合理性</td><td>10</td><td></td></tr>
<tr><td colspan="4">任务完成的整体水平</td><td>100</td><td></td><td></td></tr>
</table>

建筑室内墙柱面工程设计

★教学内容

项目 4.0　建筑室内墙柱面工程设计课程素质培养

● 理论教学

项目 4.1　建筑室内墙柱面工程设计基本概念

项目 4.2　建筑室内墙柱面工程设计基础材料

项目 4.3　建筑室内墙柱面工程设计基本原理

● 理论实践一体化教学

项目 4.4　建筑室内墙柱面工程设计延伸扩展

项目 4.5　建筑室内墙柱面工程设计应用案例

● 实践教学

项目 4.6　建筑室内墙柱面工程设计实训

★教学目标

职业素质目标

1. 能正确树立职业荣誉意识
2. 能正确树立职业龙头意识

知识目标

1. 能正确理解建筑室内墙柱面工程的基本概念、分类、功能
2. 能基本了解建筑室内墙柱面工程所涉及的装饰材料
3. 能正确理解建筑室内墙柱面工程基础构造设计基本原理
4. 能正确理解建筑室内墙柱面工程构造设计施工工作流程

技术技能目标

1. 能正确绘制建筑室内墙柱面工程基础构造的节点详图
2. 能基本了解建筑室内墙柱面工程基础构造的施工工艺
3. 能派生扩展建筑室内墙柱面工程基础构造的现实应用
4. 能初步完成建筑室内墙柱面铺装图，详细标注技术细节
5. 能初步完成建筑室内墙柱面布置图、构造详图的技术交底

专业素养目标

1. 养成科学严谨的建筑室内墙柱面工程设计思维
2. 养成能按工作流程解决建筑室内墙柱面工程问题的素养

项目 4.0　建筑室内墙柱面工程设计课程素质培养

素质目标：能正确树立职业荣誉意识

素质主题：建筑装饰行业是文化建设的重要载体

素质案例：王澍代表作获得普利兹克奖，“中国风”设计元素盛行

视觉自信是我国文化自信的一个重要组成部分。室内设计和建筑装饰是体现这种自信的文化建设的重要载体。近年来有一种明显的现象，无论是大型车站、机场、博物馆、图书馆、餐饮、旅游、学校等公共空间，还是别墅、民宿、宾馆、住宅等私密空间都在用中国文化演绎室内设计和建筑装饰风格！

具有中国风范的设计文化成为全球室内设计领域的一股清流，如新中式室内设计成为许多名家钟爱的设计风格。"中国风""中国红""中国印"等纷纷作为设计师的设计主题，以明清家具为主的传统家具，以及中国传统室内陈设包括字画、匾幅、挂屏、盆景、瓷器、古玩等纷纷作为创作元素。

最典型的案例是王澍的代表作"宁波博物馆"。除了震撼人心的外观形象，室内设计与建筑装饰同样出色。2012 年该建筑作品获得普利兹克奖。获奖的原因可从普利兹克奖颁奖词得知："讨论过去与现在之间的适当关系是当今一个关键的问题，因为中国当今的城市化进程，正在引发一场关于建筑应当基于传统还是只应面向未来的讨论。正如所有伟大的建筑一样，王澍的作品能够超越争论，并演化成扎根于其历史背景、永不过时并具有世界性的建筑。"

王澍的代表作"宁波博物馆"的室内设计运用大量浙东地域建筑的文化符号为设计元素，创造了具有独特中国风情的空间形象，回答了"建筑应当基于传统还是只应面向未来的"问题。图 4.0–1 所示顶部抽象的设计元素是从浙东传统民居建筑横梁中提炼的。图 4.0–2 所示墙体设计材料直接从倒塌的浙东传统民居建筑废墟中获取，材料的设计排列也体现了浙东传统民居建筑的韵味。

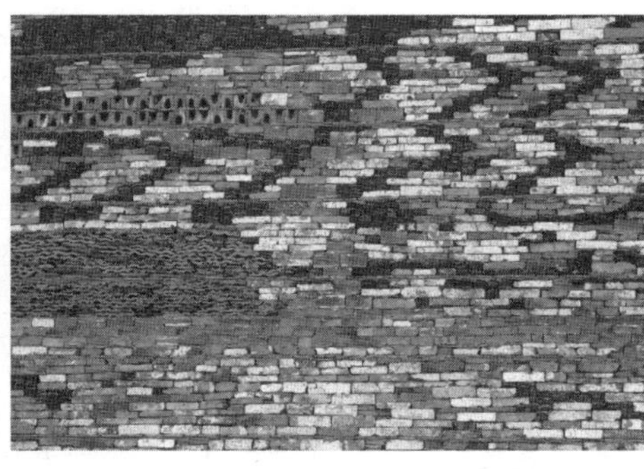

图 4.0–1　宁波博物馆顶部（左）

图 4.0–2　宁波博物馆墙体（右）

素质实践：在网络上搜索以“中国风”和“中国文化”为主题的室内设计作品，并精选出10幅作品，略加点评，发在班级微信群中。

素质目标：能正确树立职业龙头意识

素质主题：在建筑装饰行业和室内工程运作中起好龙头作用

素质案例：设计师在行业和建筑室内工程整体运作中的龙头地位如何得来？

设计师在建筑装饰行业和建筑室内工程的整体运作中处于龙头地位。

著名的设计师深受业界欢迎，像我国香港知名设计师梁志天，其杰出作品获得室内设计界多项荣誉，包括亚太室内设计大奖、美国的IIDA国际室内设计年度大奖等，超过80项国际和亚太区设计及企业荣誉。其设计作品深受广大业主，特别是地产商的喜爱，在内地一线城市设计了大量的样板房。好多楼盘甚至以此为卖点，足显设计师的龙头地位。

舞龙的效果好不好全在于龙头舞动的效果，只有龙头舞起来，才能带动龙身、龙尾做相应的动作。设计师就是这个行业中的龙头，他决定工程项目的艺术效果、形式、布局、功能、尺度、材料，决定工程项目的施工技术和施工工艺。

设计师具有先进的设计理念，优秀的设计能力，能够帮助整个项目更好地实现设计效果。在建筑装饰行业和室内工程中，所有其他技术人员如结构工程师、建造师、材料制造商、各工种技术人员等都围绕着设计师和设计方案在运转。在特殊情况下，由于工程项目的实际情况发生变化或由于新事物、新技术产生，只有在设计师出具设计变更文件并经甲方认定后，方可实施。只有设计施工图足够深入细致，才能确保建筑室内工程项目的最终效果。

素质实践：对课程布置的实训项目，要像企业真实案例一样用心去做。模仿企业案例，将实训项目做细做深。

理论教学

项目4.1　建筑室内墙柱面工程设计基本概念

4.1.1　墙柱面的基本概念

1. 墙柱面

墙柱面是墙体和柱体表面的统称，是建筑室内外空间的侧界面和内外表皮（图4.1–1）。

2. 建筑室内墙柱面工程设计的相关成果

墙柱面既是支撑楼板的承重结构构件，又是对建筑立面效果影响最大的装饰构件。因此，它们的装饰效果对建筑空间环境效果影响很大，是建筑室内

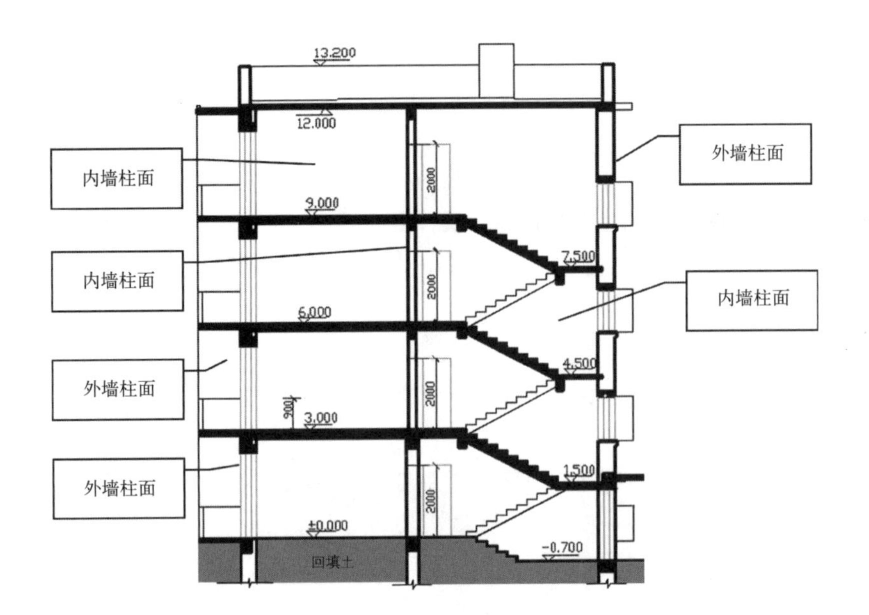

图 4.1–1　墙柱面概念示意图

外装饰装修工程的主要部分。在建筑室内设计中，墙柱面的设计就是对各个空间立面图以及相关节点大样图的设计。

4.1.2　墙柱面的分类及功能

1. 墙柱面的分类

墙柱面主要可从建筑部位、施工工艺两大不同角度进行分类，详见图 4.1–2 墙柱面分类图。

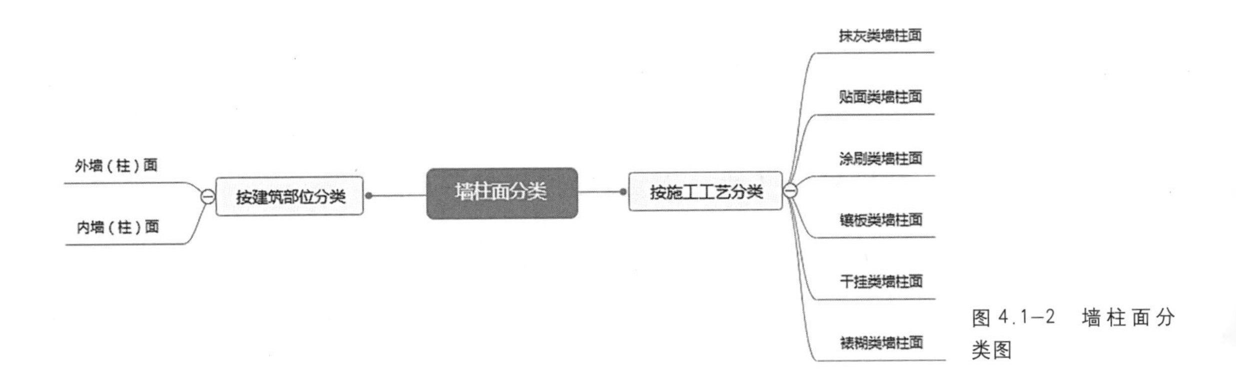

图 4.1–2　墙柱面分类图

不同施工工艺的墙柱面分别适合不同位置、不同功能、不同造价、不同业主的建筑室内工程。

2. 墙柱面的功能

内外墙（柱）面因为所处的位置不同，具有不同的物理环境。因此，有截然不同的设计要求，需要选择不同的施工方法和工艺，见表 4.1–1。

内外墙（柱）面功能与工艺对应表 **表4.1–1**

所处位置	墙（柱）面基本功能	常见的施工工艺
外墙（柱）	1. 支撑楼板——承重、传力 2. 保护建筑——耐雨水、耐冰冻、耐腐蚀、耐日晒、耐老化、耐大气污染 3. 改善环境——墙体保温、隔热、隔声、吸热和热反射 4. 装饰建筑外立面，丰富建筑外表皮，影响人们的视觉和心理感受	抹灰、外墙涂料 贴面或干挂 幕墙、玻璃、石材、外墙饰板
内墙（柱）	1. 有的也要支撑楼板，承重、传力 2. 分隔内部空间 3. 改善环境——墙体保温、隔热 4. 声学功能——反射声波、吸声、控制混响时间、改善音质 5. 保证室内使用条件——平整、光滑界面，便于卫生清扫和保持，增加光线和反射 6. 装饰建筑内立面，丰富建筑内表皮，影响人们的视觉和心理感受	内墙涂料 裱糊 镶板 贴面 软包硬包

图 4.1–3~ 图 4.1–6 为外墙（柱）建筑装饰装修工程示例。

图 4.1–3 花岗石干挂（左）
图 4.1–4 瓷砖镶贴（右）

图 4.1–5 玻璃幕墙（左）
图 4.1–6 外墙涂料（右）

图 4.1–7~ 图 4.1–10 为内墙（柱）建筑装饰装修工程示例。

图 4.1–7　内墙涂料（左）
图 4.1–8　镶板（装饰面板、铝塑板、不锈钢板、玻璃）（右）

图 4.1–9　墙纸裱糊（左）
图 4.1–10　内墙贴面（大块瓷砖）（右）

4.1.3　墙柱面的基本构造

1. 墙

1）砖墙。由各种砖材砌成的墙体称为砖墙。主要砖材有黏土砖、多孔砖、轻质砖等。但黏土砖和多孔砖的材料一般取自农田，且烧结后自重很大，《中华人民共和国循环经济促进法》要求在规定的期限和区域内，禁止生产、销售和使用黏土砖。在特殊情况下，如为了体现历史文化风貌，砖墙特殊的设计效果在建筑装饰和室内设计工程中还是有不少应用的场景。例如沿海某市新修建的明清仿古街区的建筑主要使用灰色黏土砖，见图 4.1–11。

为了节能和环保、降低建筑的自重，目前普遍采用轻质砖作为新型墙体材料。轻质砖隔墙是用加气混凝土砌块、空心砌块及各种小型砌块等砌筑而成的轻质非承重墙，其特点是防潮、防火、隔声、取材方便、造价低等。砖墙的基本构造是通过水泥和石灰将砖成排地码或叠，形成墙体，从而围合建筑空间。轻质砖隔墙一般厚度为 90~120mm，砌筑时需要注意以下两点：

图 4.1–11　沿海某市明清仿古街区的建筑主要使用灰色黏土砖

（1）由于厚度较薄、稳定性较差，所以需对墙身进行加固处理，同时不足一块轻质砌块的空隙用普通实心黏土砖镶砌。

（2）由于轻质砌块吸水性强，因此应将隔墙下部 2~3 块轻质砖改用普通实心黏土砖砌筑。节点构造做法见图 4.1–12，实际施工效果见图 4.1–13。

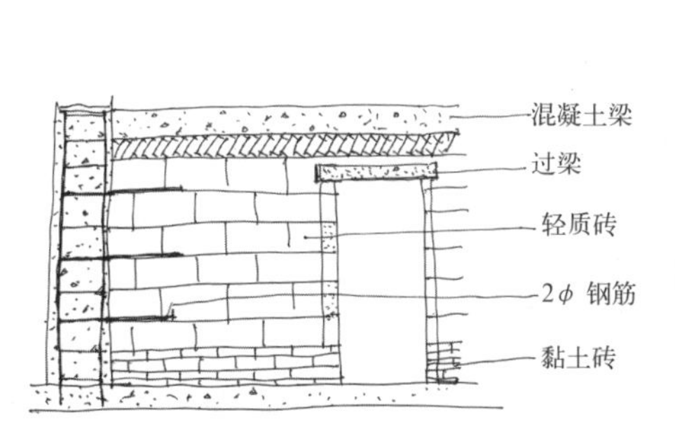

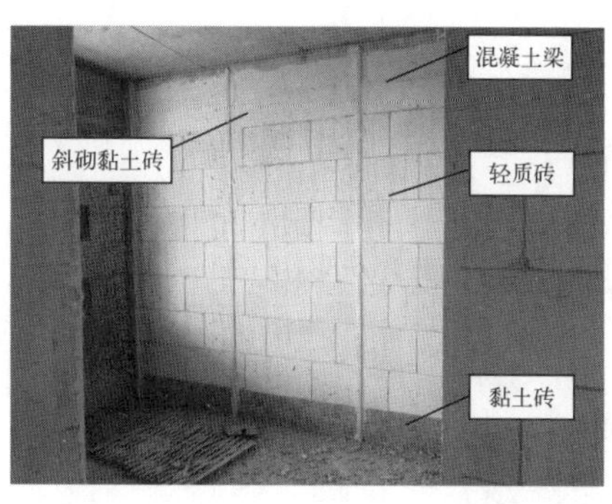

图 4.1–12　轻质砖隔墙节点构造（左）
图 4.1–13　轻质砖隔墙构造实际施工效果（右）

2）轻钢龙骨墙。由轻钢龙骨和纸面石膏板组成的墙体称为轻钢龙骨墙。

轻钢龙骨墙常用薄壁轻型钢、铝合金或拉眼钢板型材做骨架，两侧铺钉纸面石膏板。在此基础上再贴各种饰面板或采用涂料工艺。轻钢龙骨隔墙构造做法如图 4.1–14 所示，其优点是质量轻、强度高、施工作业简便、防火隔声性能好、墙体厚度小。

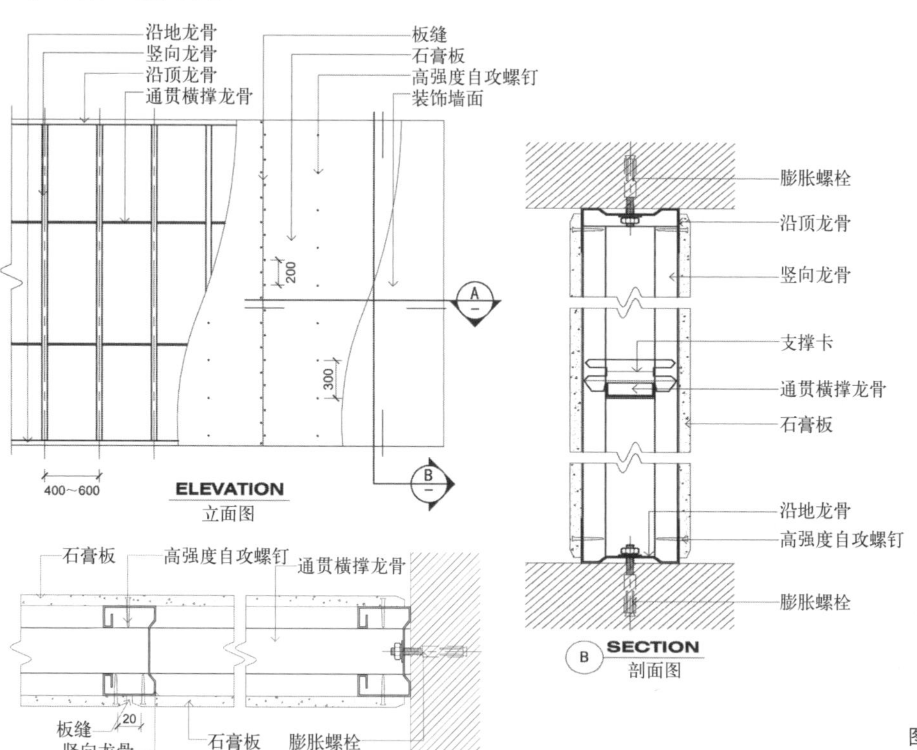

图 4.1–14　轻钢龙骨隔墙基本构造（立面图及剖面图）

2. 柱

1）矩形柱。截面为方形或长方形的柱子称为矩形柱。

矩形柱是建筑装饰工程中最普遍的柱子，它给人端庄、坚实、大方的视觉感受。图 4.1–15、图 4.1–16 是矩形柱装修示例和矩形柱典型构造。

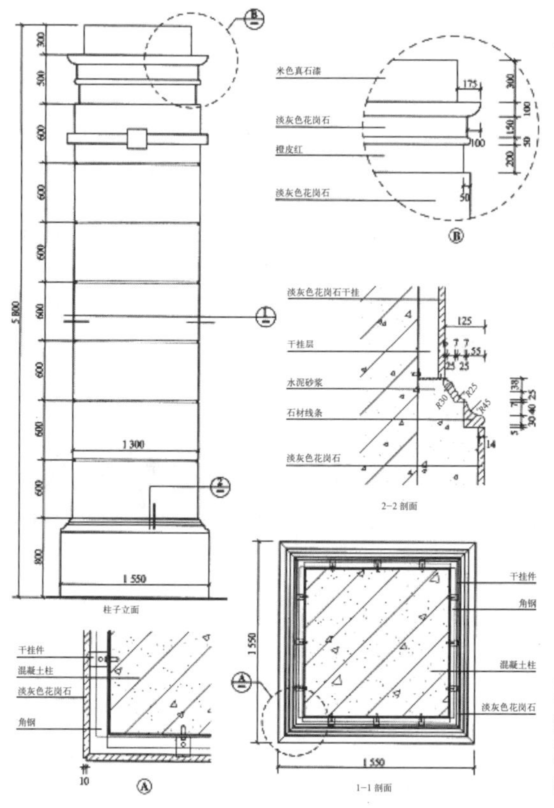

图 4.1–15　矩形柱装修示例（左）

图 4.1–16　矩形柱典型构造（右）

2）圆形柱。截面为圆形或椭圆形的柱子称为圆形柱。

圆形柱是建筑装饰工程中常见的柱子，一般用在门头、中庭等重点部位。它给人豪华、浪漫、高贵的视觉感受。图 4.1–17、图 4.1–18 是圆形柱工程实例和圆形柱典型构造。

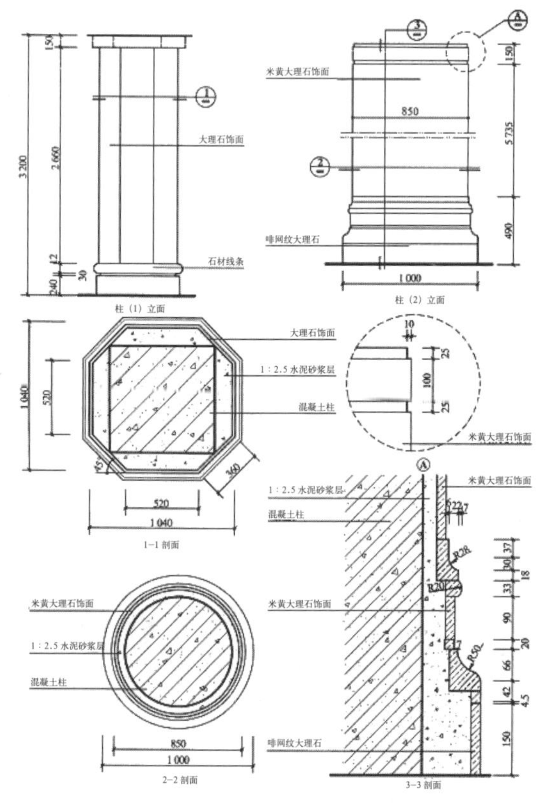

图 4.1–17　圆形柱工程实例（左）

图 4.1–18　圆形柱典型构造（右）

3）异形柱。截面为各种不规则形状的柱子称为异形柱。

异形柱是建筑装饰工程中不太常见的柱子，一般用在门头、中庭等重点部位。它给人个性、时尚、奇异的视觉感受。图 4.1–19、图 4.1–20 是异形柱装修示例和异形柱典型构造。

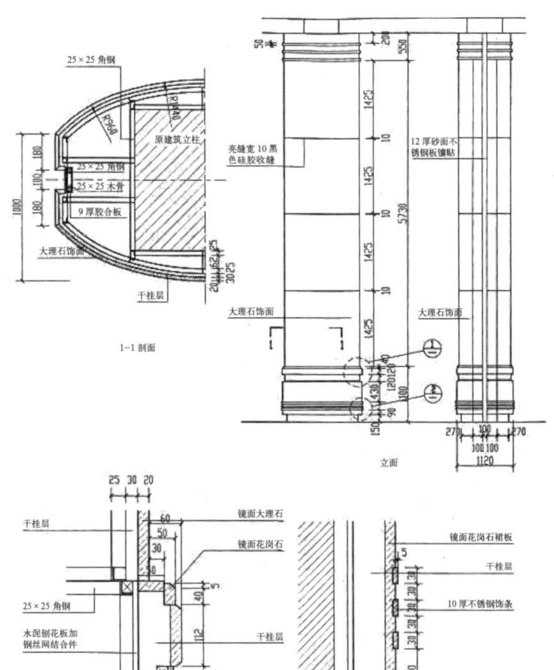

图 4.1–19　异形柱装修示例（左）
图 4.1–20　异形柱典型构造（右）

理论学习效果自我检查

1. 简述墙柱面的概念。
2. 简述墙（柱）面的基本功能和常见的施工工艺。
3. 简述墙柱面不同外观形式的适用对象。
4. 用草图画出轻钢龙骨墙基本构造。

项目 4.2　建筑室内墙柱面工程设计基础材料

4.2.1　墙柱面基础材料

1. 烧结砖

烧结砖指以黏土、页岩、煤矸石或粉煤灰为主要原料，经成型和高温焙烧而制得的、用于砌筑承重和非承重墙体的砖。

1）普通烧结砖。其以黏土、页岩、煤矸石、粉煤灰为主要原料，经焙烧而成，如图 4.2–1 所示。按主要原料可分为烧结黏土砖（N）、烧结页岩砖（Y）、烧结煤矸石砖（M）和烧结粉煤灰砖（F）。

（1）主要性能。优点是具有较高的强度、较好的绝热性、隔声性、耐久性及价格低廉等，加之原料广泛、工艺简单。缺点是生产能耗高、砖的自重大、尺寸小、施工效率低、抗震性能差等，尤其是大量生产黏土实心砖会毁坏土地、破坏生态，故限制使用。

（2）主要颜色。一般为红砖和青砖。

（3）主要用途。农村偏远地区建筑墙体、仿古建筑墙体、城市建筑中在填充墙底和顶部确需用密实材料砌筑时可以使用。在建筑室内设计中粗野风格的建筑墙体也可采用黏土砖。巧用砖的排列组合，可以设计出非常有创意的建筑墙体。应用案例见图 4.2–2~ 图 4.2–4。

图 4.2–1 普通烧结砖（左）

图 4.2–2 创意建筑墙体（右）

图 4.2–3 创意建筑案例（左）

图 4.2–4 仿古建筑案例（右）

（4）主要规格。240mm ×115mm×53mm。通常将 240mm×115mm 面称为大面，240mm×53mm 面称为条面，115mm×53mm 面称为顶面，见图 4.2–5。

2）烧结多孔砖。其以黏土、页岩、煤矸石、粉煤灰为主要原料，经焙烧而成，孔洞率≥15%，孔的尺寸小而数量多，见图 4.2–6。按主要原料可分为黏土砖（N）、页岩砖（Y）、煤矸石砖（M）和粉煤灰砖（F）。烧结多孔砖的孔洞垂直于大面，砌筑时要求孔洞方向垂直于承压面。

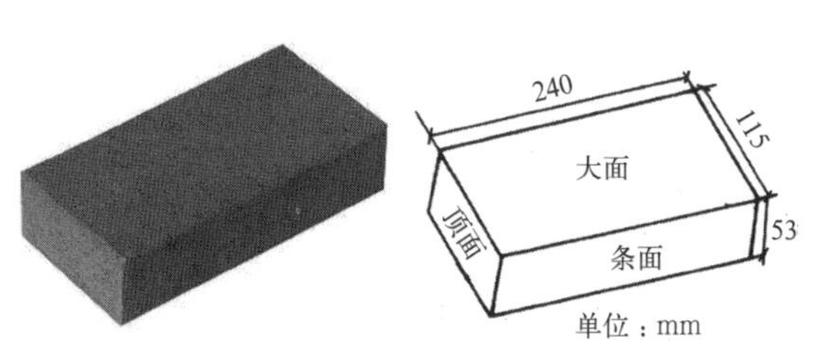

图 4.2–5 砖的尺寸及平面名称

（1）主要性能。优点是使用这些砖可使建筑物自重减轻 1/3 左右，节约黏土 20%~30%，节省燃料 10%~20%，且烧成率高，造价降低 20%，施工效率提高 40%，并能改善砖的绝热和隔声性能，在相同的热工性能要求下，用空心砖砌筑的墙体厚度可减薄半砖左右。密度等级分为 1000、1100、1200、1300 四个等级。

（2）主要颜色。灰色、棕色。

（3）主要用途。因为它的强度较高，主要用于六层以下建筑物的承重部位。

（4）主要规格。90mm × 190mm × 240mm（M 型）和 190mm × 115mm × 90mm（P 型）。

3）烧结空心砖。其以黏土、页岩、煤矸石、粉煤灰为主要原料，经焙烧而成，孔洞率≥ 35%，孔的尺寸大而数量少，见图 4.2–7。其孔洞垂直于顶面，砌筑时要求孔洞方向与承压面平行。

图 4.2–6　烧结多孔砖（左）
图 4.2–7　烧结空心砖（中、右）

（1）主要性能。烧结空心砖根据抗压强度分为 MU10.0、MU7.5、MU5.0、MU3.5、MU2.5 五个强度等级，根据表观密度分为 800、900、1000、1100 四个密度等级。

（2）主要颜色。灰色、棕色。

（3）主要用途。其孔洞大、强度低，主要用于砌筑非承重墙体或框架结构的填充墙。

（4）主要规格。烧结空心砖的外形为直角六体面。其尺寸有 290mm × 190mm × 90mm 和 240mm × 180mm × 115mm 两种。

2. 蒸养（压）砖

蒸养（压）砖指经碳化或蒸汽（压）养护硬化而成的砖。

1）蒸压灰砂砖。其是用磨细生石灰和天然砂，经混合搅拌、陈伏、轮碾、加压成型、蒸压养护（175~191℃，0.8~1.2MPa 的饱和蒸汽）而成，见图 4.2–8。蒸压灰砂砖有彩色（Co）和本色（N）两类。

（1）主要性能。蒸压灰砂砖材质均匀密实，尺寸偏差小，外形光洁整齐，表观密度为 1800~1900kg/m^3，导热系数约为 0.61W/（m · K）。根据抗压强度和抗折强度分为 MU25、MU20、MU15、MU10 四个强度等级。

（2）主要颜色。本色为灰白色，若掺入耐碱颜料，可制成彩色砖。

图 4.2–8 蒸压灰砂砖（左）

图 4.2–9 粉煤灰砖（右）

（3）主要用途。MU15 及以上的灰砂砖可用于基础及其他建筑部位，MU10 的灰砂砖仅可用于防潮层以上的建筑部位。

（4）主要规格。蒸压灰砂砖的外形为直角六面体，名义尺寸为 240mm × 115mm × 53mm。

2）粉煤灰砖。其是用磨细生石灰和粉煤灰，经混合搅拌、陈伏、轮碾、加压成型、蒸压养护（175~191℃，0.8~1.2MPa 的饱和蒸汽）而成，见图 4.2–9。粉煤灰砖有彩色（Co）和本色（N）两类。

（1）主要性能。按照抗压强度和抗折强度分为 MU20、MU15、MU10、MU7.5 四个强度级别，优等品的强度级别应不低于 MU15 级，一等品的强度级别应不低于 MU10 级。

（2）主要颜色。本色为灰白色，若掺入耐碱颜料，可制成彩色砖。

（3）主要用途。粉煤灰砖可用于工业与民用建筑的墙体和基础，但用于基础或易受冻融和干湿交替作用的建筑部位时，必须使用一等品和优等品。

（4）主要规格。粉煤灰砖的名义尺寸为 240mm × 115mm × 53mm。

3. 建筑砌块

建筑砌块是用于砌筑的、体形大于砌墙砖的人造块材，见图 4.2–10。它是一种新型墙体材料，可以充分利用地方资源和工业废渣，并可节省黏土资源和改善环境。其具有生产工艺简单、原料来源广、适应性强、制作及使用方便灵活、可改善墙体功能等特点，因此发展较快。

1）普通混凝土小型空心砌块。其是以普通混凝土拌合物为原料，经成型、养护而成的空心块体墙材。

（1）主要性能。有承重砌块和非承重砌块两类。为减轻自重，非承重砌块也可用炉渣或其他轻质骨料配制。最小外壁厚应不小于 30mm，最小肋厚应

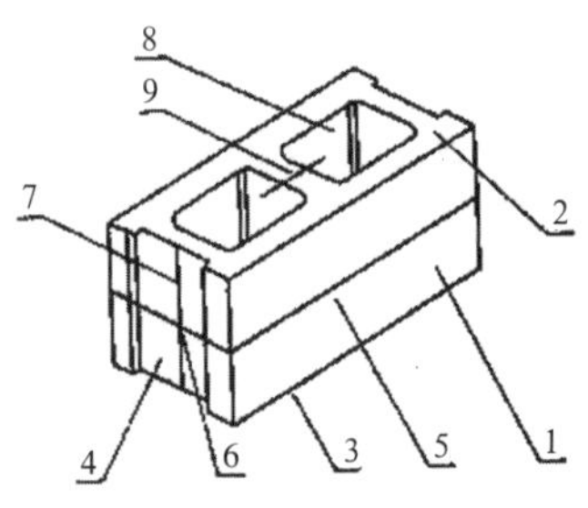

图 4.2–10 小型空心砌块及各部位的名称

1—条面；2—坐浆面（肋厚较小的面）；3—铺浆面（肋厚较大的面）；4—顶面；5—长度；6—宽度；7—高度；8—壁；9—肋

不小于 25mm。空心率应不小于 25%。

（2）主要颜色。灰色。

（3）主要用途。适用于地震设防烈度为 8 度及 8 度以下地区的一般民用与工业建筑物的墙体。对用于承重墙和外墙的砌块，要求其干缩值小于 0.5mm/m；用于非承重墙或内墙的砌块，其干缩值应小于 0.6mm/m。

（4）主要规格。普通混凝土小型空心砌块的规格尺寸一般为 390mm×190mm×190mm，其他规格尺寸可由供需双方协商。砌块各部位的名称如图 4.2–10 所示。最小外壁厚应不小于 30mm，最小肋厚应不小于 25mm。空心率应不小于 25%。

2）粉煤灰砌块。其属硅酸盐类制品，是以粉煤灰、石灰、石膏和骨料（炉渣、矿渣）等为原料，经配料、加水搅拌、振动成型、蒸汽养护制成的密实砌块。

（1）主要性能。有承重砌块和非承重砌块两类。为减轻自重，非承重砌块也可用炉渣或其他轻质骨料配制。粉煤灰砌块的干缩值比水泥混凝土大，弹性模量低于同强度的水泥混凝土制品。

（2）主要颜色。灰色。

（3）主要用途。粉煤灰砌块适用于一般工业与民用建筑的墙体和基础，但不宜用于长期受高温（如炼钢车间）和经常受潮的承重墙，也不宜用于有酸性介质侵蚀的建筑部位。

（4）主要规格。880mm×380mm×240mm 和 880mm×430mm×240mm 两种。

3）蒸压加气混凝土砌块。蒸压加气混凝土砌块是以钙质材料（水泥、石灰等）、硅质材料（砂、矿渣、粉煤灰等）以及加气剂（铝粉）等，经配料、搅拌、浇筑、发气、切割和蒸压养护而成的多孔硅酸盐砌块。

（1）主要性能。质量轻，表观密度约为黏土砖的 1/3，具有保温、隔热、隔声性能好、抗震性强、耐火性好、易于加工、施工方便等特点，是应用较多的轻质墙体材料之一。

（2）主要颜色。灰色。

（3）主要用途。蒸压加气混凝土砌块适用于低层建筑的承重墙、多层建筑的间隔墙和高层框架结构的填充墙，也可用于一般工业建筑的围护墙，作为保温、隔热材料也可用于复合墙板和屋面结构中。

（4）主要规格。长度：600mm；宽度：100mm、120mm、125mm、150mm、180mm、200mm、240mm、250mm、300mm；高度：200mm、240mm、250mm、300mm。

4）轻骨料混凝土小型空心砌块。其是由水泥、砂（轻砂或普砂）、轻粗骨料、水等经搅拌、成型而得。所用轻粗骨料有粉煤灰陶粒、黏土陶粒、页岩陶粒、膨胀珍珠岩、自然煤矸石轻骨料、煤渣等。

（1）主要性能。轻骨料混凝土小型空心砌块按孔的排数分为五类：实心、单排孔、双排孔、三排孔和四排孔。按砌块密度等级分为八级：500、600、700、800、900、1000、1200、1400。按砌块强度等级分为六级：MU1.5、

MU2.5、MU3.5、MU5.0、MU7.5、MU10.0。

(2) 主要颜色。灰色。

(3) 主要用途。强度等级为 MU3.5 级以下的砌块主要用于保温墙体或非承重墙体，强度等级为 MU3.5 级及以上的砌块主要用于承重保温墙体。

(4) 主要规格。其规格尺寸一般为 390mm × 190mm × 190mm，其他规格尺寸可由供需双方商定。

4. 墙用板材

以板材为围护墙体的建筑体系具有质轻、节能、施工方便快捷、使用面积大、开间布置灵活等特点，因此，墙用板材具有良好的发展前景。

1) 水泥类墙用板材。其具有较好的力学性能和耐久性，生产技术成熟，产品质量可靠。可用于承重墙、外墙和复合墙板的外层面。其主要缺点是表观密度大，抗拉强度低，生产中可制作预应力空心板，以减轻自重和改善隔声、隔热性能，也可制作多种纤维增强的薄型板，还可在水泥类板材上制作具有装饰效果的表面层。水泥类墙用板材类型见表 4.2–1。

水泥类墙用板材类型表 **表4.2–1**

序号	板材名称	说明
1	轻骨料混凝土小型空心砌块	1) 使用时可按要求配以保温层、外饰面层和防水层等 2) 可用于承重或非承重外墙板、内墙板、楼板、屋面板和阳台板等
2	玻璃纤维增强水泥轻质墙板(简称GRC)	1) GRC是以低碱水泥为胶结料，耐碱玻璃纤维或其网格布为增强材料，膨胀珍珠岩为轻骨料（也可用炉渣、粉煤灰等），并配以发泡剂和防水剂等，经配料、搅拌、浇筑、振动成型、脱水、养护而成 2) GRC的优点是质轻、强度高、隔热、隔声、不燃、加工方便等 3) 可用于工业与民用建筑的内隔墙及复合墙体的外墙面
3	纤维增强低碱度水泥建筑平板	1) 简称“平板”，是以温石棉、抗碱玻璃纤维等为增强材料，以低碱水泥为胶结材料，加水混合成浆，经制坯、压制、蒸养而成的薄型平板 2) 平板质量轻、强度高、防潮、防火、不易变形、可加工性好 3) 适用于各类建筑物室内的非承重内隔墙和吊顶平板等
4	水泥木屑板	1) 以普通水泥或矿渣水泥为胶凝材料，木屑为主要填料，木丝或木刨花为加筋材料，加入水和外加剂，经平压成型、养护、调湿处理等制成的建筑板材 2) 水泥木屑板具有自重轻、强度高、防火、防水、防蛀、保温、隔声等性能，可进行锯、钻、钉、装饰等加工 3) 主要用作建筑物的顶棚板、非承重内（外）墙板、壁橱板和地面板等

GRC 轻质多孔隔墙条板及外形示意见图 4.2–11。

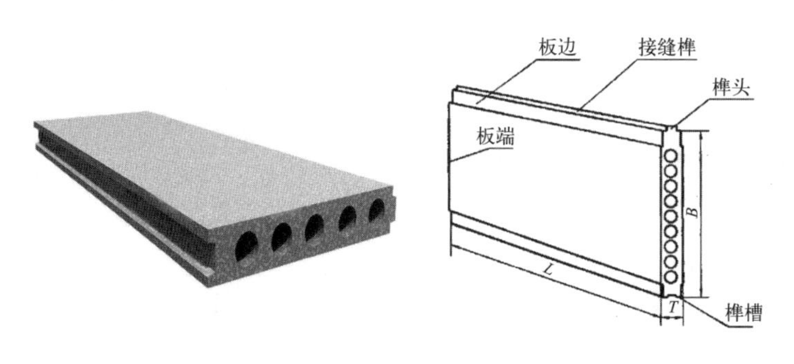

图 4.2–11 GRC 轻质多孔隔墙条板及外形示意图

GRC 轻质板应用案例见图 4.2–12。

2）石膏类墙用板材。按其用途可分为普通纸面石膏板、耐水纸面石膏板和耐火纸面石膏板三种。在 3.2 节已有介绍。在墙柱面工程中石膏类墙用板材可作为室内隔墙板、复合外墙板的内壁板、顶棚板等基层材料。耐水纸面石膏板可用于相对湿度较大（≥ 75%）的环境，如卫生间、盥洗室等。

3）植物纤维类板材。植物纤维板材类型见表 4.2–2。

图 4.2–12　GRC 轻质板应用案例

植物纤维板材类型表　　**表4.2–2**

序号	板材名称	说明
1	稻草（麦秸）板（图4.2–13）	1）主要原料是稻草或麦秸、板纸和脲醛树脂胶料等。其生产方法是将干燥的稻草或麦秸热压成密实的板芯，在板芯两面及四个侧边用胶贴上一层完整的面纸，经加热固化而成。板芯内不加任何胶粘剂，只利用稻草或麦秸之间的缠绞拧编与压合而形成密实并有相当刚度的板材。其生产工艺简单，生产能耗低，仅为纸面石膏板生产能耗的 1/4~1/3 2）稻草（麦秸）板质轻，保温、隔热性能好，隔声性好，具有足够的强度和刚度，可以单板使用而不需要龙骨支撑，且便于锯、钉、打孔、粘结和刷油漆，施工很便捷。其缺点是耐水性差、可燃 3）适合用作非承重的内隔墙、顶棚板、厂房望板及复合外墙的内壁板
2	稻壳板（图4.2–14）	1）稻壳板是以稻壳与合成树脂为原料，经配料、混合、铺装、热压而成的中密度平板，表面可涂刷酚醛清漆或用薄木贴面加以装饰 2）可用作内隔墙及室内各种隔断板、壁橱（柜）隔板等
3	蔗渣板	1）蔗渣板是以甘蔗渣为原料，经加工、混合、铺装、热压成型而成的平板。该板生产时可不用胶而利用蔗渣本身含有的物质热压时转化成呋喃树脂而起胶结作用，也可用合成树脂胶结成有胶蔗渣板 2）蔗渣板具有质轻、吸声、易加工（可钉、锯、刨、钻）和可装饰等特点 3）可用作内隔墙、顶棚板、门芯板、室内隔断板和装饰板等

图 4.2–13　稻草(麦秸)板（左）
图 4.2–14　稻壳板(右)

4）复合墙板。将两种或两种以上不同功能的材料组合而成的墙板，称为复合墙板。其优点在于能充分发挥所用材料各自的特长，提高使用功能。常用的复合墙板主要由承受外力的结构层（多为普通混凝土或金属板）、保温层（矿棉、泡沫塑料、加气混凝土等）及面层（各类具有可装饰性的轻质薄板）组成。复合墙板类型，见表 4.2–3。

复合墙板类型表 **表4.2–3**

序号	板材名称	材料说明
1	混凝土夹心板	1）混凝土夹心板是以20~30mm厚的钢筋混凝土作内外表面层，中间填以矿渣毡、岩棉毡或泡沫混凝土等保温材料，内外两层面板以钢筋件连结 2）用于内外墙
2	泰柏板	1）泰柏板是由钢丝焊接成的三维钢丝网骨架与高热阻自熄性聚苯乙烯泡沫塑料组成的芯材板，两面喷（抹）涂水泥砂浆而成，见图4.2–15 2）泰柏板轻质、高强、隔声、隔热、防潮、防火、防震、耐久性好、易加工、施工方便 3）适用于自承重外墙、内隔墙、屋面板、3m跨内的楼板等
3	轻型夹心板	1）轻型夹心板是用轻质、高强的薄板为面层，中间以轻质的保温隔热材料为芯材组成的复合板 2）用于面层的薄板有不锈钢板、彩色涂层钢板、铝合金板、纤维增强水泥薄板等；芯材有岩棉毡、玻璃棉毡、矿渣棉毡、阻燃型发泡聚苯乙烯、阻燃型发泡硬质聚氨酯等 3）适用范围与泰柏板基本相同

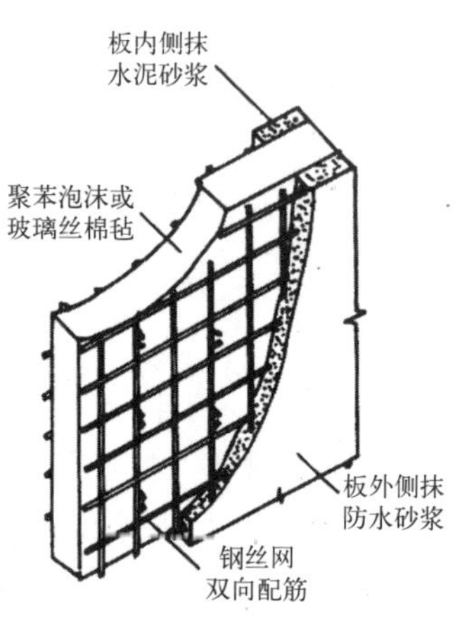

图 4.2–15　泰柏板示意图

4.2.2　墙柱面饰面材料

墙柱面装饰装修材料的品种非常多，常见的材料见表 4.2–4。

墙柱面装饰装修材料品种表 **表4.2–4**

序号	类型	材料举例
1	装饰抹灰	斩假石、仿石抹灰、水刷石、干粘石等
2	石材	天然大理石、花岗石、青石板、人造大理石等

续表

序号	类型	材料举例
3	木材	各种木材、木夹板、微薄木、各种科技木、人造板材
4	陶瓷	彩釉砖、墙地砖、大规格陶瓷饰面板、劈离砖、琉璃砖、马赛克等
5	玻璃	饰面玻璃板、玻璃马赛克、玻璃砖、玻璃幕墙材料等
6	金属	铝合金装饰板、不锈钢板、铜合金板、镀锌钢板等
7	人造装饰板	印刷纸贴面板、防火装饰板、PVC贴面装饰板、三聚氰胺贴面装饰板、胶合板、微薄木贴面装饰板、铝塑板、彩色涂层钢板、石膏板等
8	软包	真皮类、人造革、海绵垫等
9	壁纸、墙布	塑料壁纸、玻璃纤维贴墙布、织锦缎、壁毡等
10	涂料	无机类涂料（石灰、石膏、碱金属硅酸盐、硅溶胶等） 有机类涂料（乙烯树脂、丙烯树脂、环氧树脂等） 有机无机复合类涂料（环氧硅溶胶、聚合物水泥、丙烯酸硅溶胶等）

1. 抹灰类饰面材料

室内设计工程中的抹灰类材料主要由胶凝材料和建筑砂浆组成，见图 4.2–16。

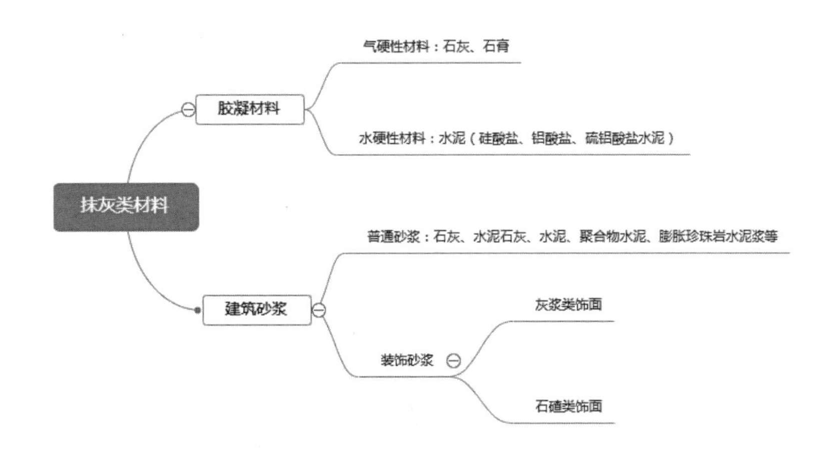

图 4.2–16 抹灰类材料组成图

部分气硬性材料，如水泥在 2.2 节中已有介绍。石灰和石膏的性能请扫描二维码 4.2–1。

二维码 4.2–1

1）普通抹灰砂浆。其种类、组成成分、配合比值见表 4.2–5。

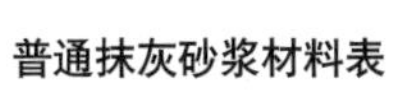

普通抹灰砂浆材料表 表4.2–5

序号	抹灰砂浆名称	组成成分	配合比值
1	石灰砂浆	石灰砂浆由石灰膏、砂和水组成	石灰膏：砂＝1：2.5或1：3
2	水泥石灰砂浆	水泥石灰砂浆由水泥、石灰膏、砂和水组成	水泥：石灰膏：砂＝0.5：1：3、1：3：9、1：2：1、1：0.5：4、1：1：2、1：1：6、1：0.5：1、1：0.5：3、1：1：4、1：0.5：2、1：0.2：2

续表

序号	抹灰砂浆名称	组成成分	配合比值
3	水泥砂浆	水泥砂浆由水泥、砂和水组成	水泥：砂＝1：1、1：1.5、1：2、1：2.5、1：3
4	聚合物水泥砂浆	聚合物水泥砂浆由水泥、108胶、砂和水组成	水泥：108胶：砂＝1：0.05~0.1：2
5	膨胀珍珠岩水泥浆	膨胀珍珠岩水泥浆由水泥、膨胀珍珠岩和水组成	水泥：膨胀珍珠岩＝1：8
6	麻刀石灰	麻刀石灰由石灰膏、麻刀和水组成	每立方米石灰膏中约掺加12kg麻刀
7	纸筋石灰	纸筋石灰由石灰膏、纸筋和水组成	每立方米石灰膏中约掺加48kg纸筋
8	石膏灰	石膏灰由石膏粉和水组成	每吨石膏粉加水约0.7m^3
9	水泥浆	水泥浆由水泥和水组成	每吨水泥加水约0.34m^3
10	麻刀石灰砂浆	麻刀石灰砂浆由麻刀石灰、砂和水组成	麻刀石灰：砂＝1：2.5、1：3
11	纸筋石灰砂浆	纸筋石灰砂浆由纸筋石灰、砂和水组成	纸筋石灰：砂＝1：2.5、1：3

2）装饰砂浆。其是直接施工于建筑物内外表面，提高建筑物装饰艺术性的抹灰材料，效果见图4.2–17，应用案例见图4.2–18。装饰砂浆按其制作的方法不同可分为两类：

一是灰浆类饰面。即通过水泥砂浆的着色或水泥砂浆表面形态的艺术加工，获得一定的色彩、线条、纹理质感。其特点是材料来源广泛，施工操作方便，造价低廉，而且可以通过不同的工艺方法，形成不同的装饰效果，如搓毛、拉毛、

图4.2–17　装饰砂浆效果举例

喷毛以及仿面砖、仿毛石等饰面。

二是石渣类饰面。即在水泥中掺入各种彩色石渣制得水泥石渣砂浆，抹于墙体表面，然后用水洗、斧剁、水磨等手段除去表面水泥浆皮，露出石渣的颜色、质感。其特点是色泽比较明亮，质感相对丰富，并且不易褪色。但石渣类饰面相对于灰浆类饰面而言工效较低，造价较高。

图 4.2–18 装饰砂浆应用案例

装饰砂浆的材料组成如下：

（1）胶凝材料。有普通水泥、矿渣水泥、火山灰水泥和白水泥，或是在水泥中掺加耐碱矿物颜料配制而成的彩色水泥以及石灰、石膏等。

（2）骨料。除普通砂外，还常使用石英砂、彩釉砂和着色砂，以及石渣、石屑、砾石及彩色瓷粒和玻璃珠等。

①石英砂。石英砂分为天然石英砂和人工石英砂两种。人工石英砂是将石英岩或较纯净的砂岩加以焙烧，经人工或机械破碎筛分而成。它们比天然石英砂纯净，质量好。除用于装饰工程外，石英砂可用于配制耐腐蚀砂浆。

②彩釉砂和着色砂。彩釉砂是由各种不同粒径的石英砂或白云石粒加颜料焙烧后，再经化学处理制得的。特点是在 −20~80℃ 范围内不变色，且具有防酸、耐碱性能。彩釉砂产品有：深黄、浅黄、象牙黄、珍珠黄、橘黄、浅绿、草绿、玉绿、雅绿、碧绿、浅草绿、赤红、西赤、咖啡、钴蓝等三十多种颜色。

着色砂是在石英砂或白云石细粒表面进行人工着色制得的。着色多采用矿物颜料。人工着色的砂粒色彩鲜艳，耐久性好。

③石碴（石粒、石米）。其是由天然大理石、白云石、方解石、花岗石破碎而成，具有多种色泽，是石渣类装饰砂浆的主要原料，也是预制人造大理石、水磨石的原料。

④石屑。其是比石粒更小的细骨料，主要用于配制外墙喷涂饰面用聚合物砂浆。常用的有松香石屑、白云石屑等。

⑤其他具有色彩的陶瓷、玻璃碎粒也可以用于檐口、腰线、外墙面、门头线、窗套等的砂浆饰面。

（3）颜料。在普通砂浆中掺入颜料可制成彩色砂浆，用于室外抹灰工程，如假大理石、假面砖、喷涂、弹涂、辊涂和彩色砂浆抹面。由于这些装饰面长期处于室外，易受到周围环境介质的侵蚀和污染，因此选择合适的颜料是保证饰面质量、避免褪色和变色、延长使用年限的关键。

2. 贴面类饰面材料

贴面类饰面材料主要包括石材、陶瓷、玻璃、金属、木材、人造装饰板等。

石材、陶瓷、木材等在 2.2 节中已有介绍，这里仅介绍铝塑板和玻璃。

1）铝塑板。铝塑板由多层材料复合而成，上下层为高纯度铝合金板，中间为无毒低密度聚乙烯（PE）芯板，其正面还粘贴一层保护膜。对于室外，铝塑板正面涂覆氟碳树脂（PVDF）涂层；对于室内，其正面可采用非氟碳树脂涂层，见图 4.2–19。

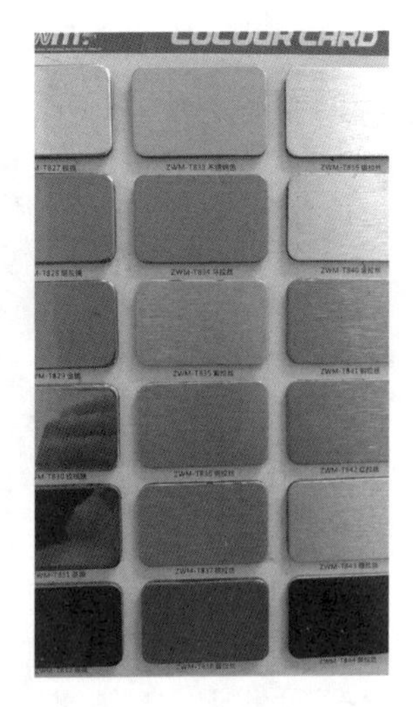

图 4.2–19 铝塑板色卡

（1）主要性能。铝塑板具有超强剥离度，韧性高、弯曲不损坏面漆，抗冲击性强。其采用了 PVDF 氟碳漆，耐候性优势突出，无惧炎热的阳光或严寒的风雪，可达 20 年不褪色。铝塑板中间是阻燃 PE 塑料芯材，两面是极难燃烧的铝层，防火性能卓越。每平方米重量仅为 3.5~5.5kg，故可减轻震灾造成的危害。铝塑板的施工性优越，只需简单的木工工具即可完成切割、裁剪、刨边、弯曲成弧形等操作，还可以开槽、带锯、钻孔、冷弯、冷折、冷轧、铆接、螺栓连接、胶合粘接等。其可配合设计人员，做出各种变化。

（2）主要颜色。铝塑板的色彩很多，有金属色系列、纯色系列、彩纹系列。表面肌理有亮光、亚光、拉丝、颗粒等。

（3）主要用途。可用于大楼外墙、帷幕墙板、旧楼改造翻新、室内墙壁及顶棚装修、广告招牌、展示台架、净化防尘工程等，工程应用案例见图 4.2–20。

（4）主要规格。总厚度为 3mm、4mm、6mm；宽度为 1220mm、1500mm；长度为 1000mm、2440mm、3000mm、4000mm、6000mm。尺寸为 1220mm × 2440mm 的铝塑板在行业内被称为标准板。

2）玻璃。玻璃是深受广大消费者喜欢的装饰材料，也是常见的贴面材料。因为玻璃的性能、规格、品种很多，可以满足建筑不同形式的装饰要求，工程应用案例见图 4.2–21。

图 4.2–20 用白色铝塑板作为贴面材料的工程应用案例（左）
图 4.2–21 用玻璃作为贴面材料的工程应用案例（右）

在建筑装饰装修工程中常用玻璃的品种、特点、规格及应用见表 4.2–6。

常用玻璃的品种、特点、规格及应用 **表4.2–6**

种类	主要品种	特点	规格（mm）	应用
平板玻璃（浮法玻璃）	磨光玻璃（镜面玻璃）	单面或双面抛光（多以浮法玻璃代替），表面光洁，透光率>83%	不小于600×400，最大尺寸3000×2400，平板玻璃厚度为2、3、4、5、6；浮法玻璃厚度为3、4、5、6、8、10、12	高级建筑门、窗，制镜
	磨砂玻璃（毛玻璃）	机械喷砂，手工研磨或使用氢氟酸溶蚀等方法，表面粗糙、毛面，光线柔和呈漫反射，透光不透视		卫生间、浴厕、走廊等隔断
	彩色玻璃	透明或不透明（饰面玻璃），在原料中加入适当的着色金属氧化剂可生产出透明的彩色玻璃，平板玻璃表面经过镀膜处理后也可制成透明的彩色玻璃	不大于1000×1500，厚度5~6	装饰门、窗及外墙
压花玻璃	普通压花（单、双面）	透光率60%~70%，透视性依据花纹变化及视觉距离分为几乎透视、稍有透视、几乎不透视、完全不透视；真空镀膜压花纹立体感强，具有一定的反光性；彩色镀膜立体感强，配置灯光效果尤佳	不小于1000×150，不大于2000×1200	适用于对透视有不同要求的各种室内场合。应用时注意：花纹面朝向室内侧，透视性考虑花纹形状
	真空玻璃			
	彩色镀膜压花玻璃			
安全玻璃	钢化玻璃	将平板玻璃加热到接近软化温度（600~650℃）后，迅速冷却使其骤冷，即成钢化玻璃。其韧性提高约5倍，抗弯强度提高约5~6倍，抗冲击强度提高约3倍。碎裂时细粒无棱角，不伤人。可制成磨光钢化玻璃、吸热钢化玻璃	平面厚度4、5、6、7、8、10、12、15、19，曲面厚度5、6、8	建筑门窗、隔墙及公共场所等防震防撞部位
	夹层玻璃	在两片或多片平板玻璃之间嵌夹透明塑料薄衬片，经加热、加压、黏合而成的平面或曲面的复合玻璃制品。可粘贴两层或多层。可用浮法、吸热、彩色、热反射玻璃	长度和宽度一般不大于2400，厚度以原片玻璃的总厚度计，一般为5~24	汽车、飞机的挡风玻璃、防弹玻璃，以及有特殊安全要求的建筑门窗、隔墙、天窗和水下工程
	夹丝玻璃	将普通平板玻璃加热到红热软化状态后，再将预先编织好的经预热处理的钢丝网压入玻璃中制成。热压钢丝网后，表面可做磨光、压花等处理，其具有隔断火焰和防止火灾蔓延的作用	厚度6、7、10，大小不小于600×400，不大于2000×1200	需要防火防震的公共建筑阳台、走廊、防火门窗、楼梯间、电梯井、天窗、玻璃隔墙
节能玻璃	吸热玻璃	其是指能大量吸收红外线辐射，又能使可见光透过并保持良好的透视性的玻璃。具有吸收部分可见光、紫外线的能力，起防眩光、防紫外线等作用	厚度2、3、4、5、6、8、10、12，大小与平板玻璃相同	炎热地区大型公共建筑门、窗、幕墙、商品陈列窗、计算机房等
	热反射玻璃（镀膜玻璃）	热反射玻璃具有良好的隔热性能，对太阳辐射热有较高的反射能力，反射率达30%以上，而普通玻璃对热辐射的反射率为7%~8%	厚度6，大小1600×2100、1800×2000、2100×3600	用于避免由于太阳辐射而增热及设置空调的建筑玻璃幕墙、门窗
玻璃制品	玻璃马赛克	花色品种多样，色调柔和，朴实、典雅，美观大方。有透明、半透明、不透明三种类型。体积轻、吸水率小，抗冻性好	单块尺寸20×20×4、50×25×4.2、30×30×4.3	宾馆、医院、办公楼、礼堂、住宅等外墙

3. 涂刷类饰面材料

涂刷类饰面材料主要包括各类建筑涂料。建筑涂料的种类很多，其分类详见表 4.2–7，工程应用案例见图 4.2–22。

建筑涂料分类表 **表4.2–7**

序号	分类方法	涂料品种
1	按涂料状态	溶剂型涂料、水溶型涂料、乳液型涂料、粉末涂料等
2	按涂料装饰质感	薄质涂料、厚质涂料、复层涂料等
3	按涂刷部位	外墙涂料、内墙涂料、顶棚涂料、地面涂料、屋面防水涂料等
4	按涂料特殊功能	防火涂料、防水涂料、防霉涂料、防虫涂料、防结露涂料等
5	按主要成膜物质	油脂、天然树脂、酚醛树脂、沥青、醇酸树脂、氨基树脂、聚酯树脂、环氧树脂、丙烯酸树脂、烯类树脂、硝基纤维素、纤维酯、纤维醚、聚氨基甲酸酯、元素有机聚合物、橡胶、元素无机聚合物等
6	按使用分散介质和主要成膜物质的溶解状况	溶剂型涂料、水溶型涂料、乳液型涂料等

1）涂料的组成。涂料中各种不同的物质经混合、溶解、分散而形成涂料。按各种材料在涂料的生产、施工和使用中所起作用的不同，可将这些组成材料分为主要成膜物质、次要成膜物质、溶剂（稀释剂）和助剂等，详见表 4.2–8。

图 4.2–22 涂刷类饰面材料的工程应用案例

建筑涂料组成表 **表4.2–8**

序号	组成			品种	作用
1	主要成膜物质	树脂		虫胶、大漆等天然树脂，松香甘油酯、硝化纤维等人造树脂以及醇酸树脂、聚丙烯酸酯、环氧树脂、聚氨酯、聚磺化聚乙烯、聚乙烯醇聚物、聚醋酸乙烯及其共聚物等合成树脂等	涂料成膜的主要物质
		油料		桐油、亚麻子油等植物油	
2	次要成膜物质	颜料	无机	铅铬黄、铁红、铬绿、钛白、炭黑等	使涂料具有不同的色彩
			有机	耐晒黄、甲苯胺红、酞菁蓝、苯胺黑、酞菁绿等	
		填料		碱土金属盐、硅酸盐和镁、轻质碳酸钙、滑石粉、石英石粉等白色粉末状天然材料或工业副产品	改善涂料的性能，降低成本
3	溶剂（稀释剂）			有两大类：一类是有机溶剂，如松香水、酒精、汽油、苯、二甲苯、丙酮等；另一类是水	溶解、分散、乳化成膜物质的原料

续表

序号	组成	品种	作用
4	助剂	催干剂、增塑剂、固化剂、流变剂、分散剂、增稠剂、消泡剂、防冻剂、紫外线吸收剂、抗氧化剂、防老化剂、防霉剂、阻燃剂等	改善涂料的性能、提高涂膜的质量

2）常用建筑涂料。

（1）有机建筑涂料。常见有机涂料类型见表 4.2–9。

常见有机涂料类型表 **表4.2–9**

序号	涂料类型	涂料特点	常用品种
1	溶剂型涂料	溶剂型涂料是以高分子合成树脂或油脂为主要成膜物质，有机溶剂为稀释剂，再加入适量的颜料、填料及助剂，经研磨而成的涂料。优点：涂膜细腻光洁而坚韧，有较好的硬度、光泽和耐水性、耐候性，气密性好，耐酸碱，对建筑物有较强的保护性，使用温度可以低到零度。缺点：易燃、溶剂挥发对人体有害，施工时要求基层干燥，涂膜透气性差，价格较贵	O/W型及W/O型多彩内墙涂料、氯化橡胶外墙涂料、丙烯酸酯外墙涂料、聚氨酯系外墙涂料、丙烯酸酯有机硅外墙涂料、仿瓷涂料、聚氯乙烯地面涂料、聚氨酯–丙烯酸酯地面涂料及油脂漆、天然树脂漆、清漆、磁漆、聚酯漆等
2	水溶性涂料	水溶性涂料是以水溶性合成树脂为主要成膜物质，以水为稀释剂，再加入适量颜料、填料及助剂经研磨而成的涂料。优点：水溶性树脂可直接溶于水中，与水形成单相的溶液。缺点：耐水性差，耐候性不强，耐洗刷性差，一般只用作内墙涂料	聚乙烯醇水玻璃内墙涂料、聚乙烯醇缩甲醛内墙涂料等
3	乳液型涂料（乳胶漆）	乳液型涂料是由合成树脂借助乳化剂作用，以0.1~0.5μm的极细微粒分散于水中构成乳液，并以乳液为主要成膜物质，再加入适量的颜料、填料及助剂，经研磨而成的涂料。优点：价格便宜，无毒、不燃，对人体无害，形成的涂膜有一定的透气性，涂布时不需要基层很干燥，涂膜固化后的耐水性、耐擦洗性较好，可作为室内外墙建筑涂料。缺点：施工温度一般应在10℃以上，用于潮湿的部位易发霉，需加防霉剂	聚醋酸乙烯乳胶漆、丙烯酸酯乳胶漆、乙–丙乳胶漆、苯–丙乳胶漆、聚氨酯乳胶漆等内墙涂料及乙–丙乳液涂料、氯–醋–丙涂料、苯–丙涂料、丙烯酸酯乳胶漆、彩色砂壁状涂料、水乳型环氧树脂乳液涂料等外墙涂料

（2）无机建筑涂料。无机建筑涂料是以碱金属硅酸盐或硅溶胶为主要成膜物质，加入相应的固化剂或有机合成树脂、颜料、填料等配制而成，主要用于建筑物外墙。

与有机建筑涂料相比，无机建筑涂料的耐水性、耐碱性、抗老化性等性能特别优异；其黏结力强，对基层处理要求不是很严格，适用于混凝土墙体、水泥砂浆抹面墙体、水泥石棉板、砖墙和石膏板等基层；温度适应性好，可在较低的温度下施工，最低成膜温度为5℃，负温下仍可固化；颜色均匀，保色性好，遮盖力强，装饰性好；有良好的耐热性，且遇火不燃、无毒；资源丰富，生产工艺简单，施工方便等。

按主要成膜物质的不同可分为：A 类——以碱金属硅酸盐及其混合物为主要成膜物质；B 类——以硅溶胶为主要成膜物质。

（3）油漆涂料。油漆主要用来涂敷在家具、木制品和木地板的表面，使材料得以保护，表面光滑、美观，经久耐用。其是建筑装饰装修工程中常用的一种涂料。油漆表面有亚光和光亮之分，消费者可根据需求选择。油漆涂料主要有 4 类，见表 4.2–10。

油漆涂料类型表 **表4.2–10**

序号	涂料类型	涂料特点	涂料用途
1	天然漆（大漆）	有生漆和熟漆之分。天然漆是漆树上取得的液汁，经部分脱水并过滤而得。优点：漆膜坚硬、富有光泽、耐久、耐磨、耐油、耐水、耐腐蚀、绝缘、耐热、与基材表面黏结力强等。缺点：黏度大，不易施工（尤其是生漆），漆膜色深、性脆、不耐阳光直射、抗氧化和抗碱性能差，漆酚有毒，容易产生皮肤过敏	主要用于传统木器家具、工艺美术品及某些建筑构件等，在现代家具工艺中不常用
2	调和漆	调和漆是在干性油中加入颜料、溶剂、催干剂等调和而成的一种涂料，是比较常用的一种油漆。质地均匀，稀稠适度，漆膜耐蚀、耐晒、经久不裂，遮盖力强，耐久性好，施工方便，颜色丰富	适用于室内外钢材、木材等材料表面装饰。常用的有油性调和漆和磁性调和漆
3	树脂漆（清漆）	树脂漆是将树脂溶于溶剂中，加入适量催干剂而成。常用的树脂有醇酸树脂、聚氨酯树脂、酚醛树脂、环氧树脂等。树脂漆通常不掺颜料，涂刷于材料表面，溶剂挥发后干结成透明的光亮薄膜，能显示出基材原有的花纹，更显立体感。近年来国内外市场又开发出了亚光树脂漆，也呈现出良好的装饰效果。树脂漆分单组份和双组份。单组份树脂漆由树脂和溶剂组成，双组份树脂漆还要加固化剂等辅料	多用于木制家具、木地板、室内门窗、隔断的涂刷，不宜外用。使用时可喷可涂
4	磁漆（瓷漆）	磁漆系在清漆基础上加入无机颜料而成。因漆膜光亮、坚硬，酷似瓷（磁）器，故称磁漆。磁漆色泽丰富、附着力强、价格低廉	适用于室内装修和家具表面，也可用于室外钢材和木材表面

油漆中含有挥发性有机化合物（VOC）、苯、甲苯、二甲苯、游离甲苯二异氰酸酯、重金属物质等对人体和环境有害成分，《木器涂料中有害物质限量》GB 18581—2020 对有害物质的检测和限量作了规定。因此，选购油漆涂料时，尽量选用环保型产品，并注意索取产品质量检测报告。使用油漆涂料时一定要注意施工安全，打开门窗通风，谨防中毒；刷油漆后的地板、家具等要尽量通风，使室内油漆涂料中有害物质含量达到国家规定的限量以下。

（4）常见各类涂料优缺点。常见各类涂料优缺点比较见表 4.2–11。

（5）涂料的选择。

①按建筑部位选用涂料，见表 4.2–12。

常见各类涂料优缺点比较表 　　**表4.2–11**

种类	优点	缺点
油脂涂料	耐候性良好，涂刷性好，内外兼用，价廉	干燥慢，机械性能低，涂膜较软，不能打磨、抛光
天然树脂涂料	干燥快，短油度涂膜坚硬，易打磨；长油度柔韧性、耐候性较好	短油度耐候性差，长油度不能打磨抛光
酚醛涂料	漆膜较坚硬，耐水，耐化学腐蚀，能绝缘	漆膜干燥较慢，表面粗糙，易泛黄、变深
沥青涂料	附着力好，耐水、耐潮、耐酸碱、绝缘、价廉	颜色黑，无浅漆，耐日光、耐溶剂性差
醇酸涂料	光泽和机械强度较好，耐候性优良，附着力好，绝缘	耐光、耐热、保光性差
氨基涂料	涂膜光亮、丰满、硬度高，不易泛黄，耐热、耐碱，耐磨、附着力好	烘烤干燥，烘烤过度漆膜泛黄、发脆，不适用于木质表面
硝基涂料	涂膜丰满、光泽好、干燥快，耐油，坚韧耐磨，耐候性较好	易燃，清漆不耐紫外光，在潮湿或寒冷时涂装涂膜浑浊发白，工艺复杂
过氯乙烯涂料	干燥快，涂膜坚韧，耐候、耐化学腐蚀、耐水、耐油、耐燃，机械强度较好	附着力、打磨、抛光性能较差，不耐70℃以上温度，固体分低
乙烯涂料	涂膜干燥快、柔韧性好，色浅，耐水性、耐化学腐蚀性优良，附着力好	固体分低，清漆不耐晒
丙烯酸涂料	涂膜光亮、附着力好，色浅、不泛黄，耐热、耐水、耐化学药品、耐候性优良	清漆耐溶剂性、耐热性差，固体分低
聚酯涂料	涂膜光亮、坚硬、韧性好，耐热、耐寒、耐磨	不饱和聚酯干性不易掌握，对金属附着力差，施工方法复杂
环氧涂料	附着力强，涂膜坚韧，耐水、耐热、耐碱，绝缘	室外使用易粉化，保光性差，色泽较深
聚氨酯涂料	涂膜干燥快、坚韧、耐磨、耐水、耐热、耐化学腐蚀，绝缘，附着力强	喷涂时遇潮起泡，易粉化、泛黄，有毒性
有机硅涂料	耐高温，耐化学性好，绝缘，附着力强	个别品种漆膜较脆，附着力较差
橡胶涂料	耐酸、碱腐蚀，耐水、耐磨、耐大气性，附着力强、绝缘	易变色，清漆不耐晒，施工性能不太好

按建筑部位选用涂料表 　　**表4.2–12**

涂料类型	水性	水泥系	无机涂料			乳剂型涂料								溶剂型涂料							
涂料品种	聚乙烯醇系涂料	聚合物水泥系涂料	石灰浆涂料	硅酸盐系涂料	硅溶胶无机涂料	聚酯酸乙烯涂料	乙丙涂料	艺术涂料	氯偏涂料	氯醋丙涂料	苯丙涂料	丙烯酸酯涂料	水乳性环氧树脂涂料	油漆	过氯乙烯涂料	苯乙烯涂料	聚乙烯醇缩丁醛涂料	氯化橡胶涂料	丙烯酸酯涂料	聚氨酯系涂料	环氧树脂涂料
室外屋面											●	●							●	□	
室外墙面	×	●	×	●	□	×	●	●	●	□	□	□	□	×	●	●	●	□	□	□	
室外地面		●																		□	●
住宅内墙顶棚	□		●	×	●	●	●	●	●	●	●	●	●	●	●	×	●	●	●	●	
厂房内墙顶棚	●		×	×	●	●	●	●	●	●	●	●	●		●	×	●	●	□	□	
住宅室内地面		□												●	●	●					
厂房室内地面		●							●						●	●				□	□

注：□优先选用，●可以使用，×不可用。

②按基层材料选用涂料，见表 4.2—13。

按基层材料选用涂料表 **表4.2—13**

涂料类型	水性	水泥系	无机涂料			乳剂型涂料								溶剂型涂料							
涂料品种	聚乙烯醇系涂料	聚合物水泥系涂料	石灰浆涂料	硅酸盐系涂料	硅溶胶无机涂料	聚醋酸乙烯涂料	乙丙涂料	艺术涂料	氯偏涂料	氯醋丙涂料	苯丙涂料	丙烯酸酯涂料	水乳性环氧树脂涂料	油漆	过氯乙烯涂料	苯乙烯涂料	聚乙烯醇缩丁醛涂料	氯化橡胶涂料	丙烯酸酯涂料	聚氨酯系涂料	环氧树脂涂料
混凝土（轻质、预应力、加气）	●	□	●	●	●	●	●	●	●	●	●	●	●	×	●	●	●	●	●	●	●
砂浆1：1：6、1：1：4基层	●	□	●	●	●	●	●	●	●	●	●	●	●	×	●	●	●	●	●	●	●
木基层	×	×	×	×	×	●	●	●	●	●	●	●	●	□	□	□	□	□	□	□	□
金属基层	×	×	×	×	×	×	×	×	×	●	●	●	□	□	□	□	□	□	□	□	□

注：□优先选用，●可以使用，×不可用。

4. 裱糊类饰面材料

裱糊类饰面材料主要是壁纸与墙布。

1）壁纸。通常用漂白化学木浆生产原纸，再经不同工序的加工处理，如印刷、压纹或表面覆塑，最后经裁切，包装后出厂。

（1）主要性能。具有一定的吸声、隔热、防霉、防菌功能，抗老化，耐磨，保养方便等。

（2）主要品种。壁纸主要品种见表 4.2—14。

壁纸主要品种表 **表4.2—14**

品种分类	材料说明
云母片壁纸	云母是一种矽酸盐结晶，这类产品高雅有光泽感，具有很好的电绝缘性，安全系数高，既美观又实用，有小孩的家庭非常喜爱
木纤维壁纸	环保性、透气性好，使用寿命长；表面富有弹性，且隔声、隔热、保温，手感柔软舒适；无毒、无害、无异味，透气性好，而且纸型稳定，随时可以擦洗
纯纸壁纸	以纸为基材，经印花后压花而成，自然、舒适、无异味，环保性好，透气性强；上色效果非常好，适合染各种鲜艳颜色甚至工笔画；纸质不好的产品时间久了会略泛黄
天然材质墙纸	由天然材质制成，如木材、草等，古朴自然，素雅大方；饮料或啤酒洒在墙纸上容易产生化学反应，使墙纸变色
无纺布壁纸	以纯无纺布为基材，表面采用水性油墨印刷后涂上特殊材料，经特殊加工而成，具有吸声、不变形等优点，并且有强大的呼吸性能
PVC壁纸	PVC壁纸其表面主要采用聚氯乙烯树脂，壁纸是分层的，若室内温差非常大，壁纸就可能热胀冷缩导致翘边
发泡壁纸	发泡壁纸松软、厚实，表面呈现有弹性的凹凸状或有花纹图案，形如浮雕、木纹等

（3）主要用途。家装中的各类房间，主要是卧室、儿童房、老人房、书房等。公装中的宾馆客房、会所、餐厅、儿童娱乐场所等，工程应用案例见图 4.2–23。

（4）主要规格。根据产地、功效的不同，壁纸的规格也有所不同。国产壁纸、欧洲壁纸的规格普遍是 53cm × 10.5m/ 卷、70cm × 10.5m/ 卷，整卷销售，不散裁；1.06m × 50m/ 卷，按延长米销售，可零裁。日本壁纸的规格普遍是 92~120cm × 50m/ 卷，按延长米销售，可零裁。韩国壁纸的规格普遍是 1.06m × 15.6m/ 卷、0.93m × 17.5m/ 卷，整卷销售，不零裁；0.53m × 12.5m/ 卷，整箱销售（每箱 20 卷）。美国壁纸一般有三种规格：53cm × 10.5m/ 卷，整卷销售，不零裁；68.5cm × 8.2m/ 卷，整卷销售，不零裁；1.37m × 27.5m/ 卷，按平方米销售，可零裁。

2）墙布。用棉布为底布，并在底布上施以印花或轧纹浮雕，也有以大提花织成。所用纹样多为几何图形和花卉图案。

（1）主要性能。无缝拼接、环保无味、护墙耐磨、隔声隔热、抗菌防霉、防水、抗静电、防油、防火阻燃、防污。

（2）主要品种。墙布均采用布面做表面材料，其分类方法主要有两种：一是按底基材料分类，分为：①布面纸底；②布面胶底；③布面浆底；④布面针刺棉底。二是按功能分类，分为：①阻燃墙布；②防静电墙布；③防霉墙布；④防水防油墙布；⑤防污墙布；⑥多功能墙布；⑦无缝墙布。

（3）主要用途。家装中的各类房间，主要是卧室、儿童房、老人房、书房等。公装中的宾馆客房、会所、餐厅、儿童娱乐场所等。

（4）主要规格。墙布的门幅多数在 2700~3000mm，长度不限。

5. 镶板类饰面材料

镶板类饰面材料主要是指各种木材、木夹板和微薄木以及各种科技木、人造板材。有用清漆和水漆显示木板优美纹理的木夹板，也有用混油覆盖木板纹理的木夹板，工程应用案例见图 4.2–24。科技木和人造板材表面都印刷有非常逼真的木纹纹理。这部分材料将在 5.2 节详细介绍。

图 4.2–23　裱糊类饰面材料的工程应用案例（左）

图 4.2–24　镶板类饰面材料的工程应用案例（右）

6. 软／硬包类饰面材料

软／硬包类饰面材料主要由底层材料、吸声层材料、面层材料三部分组成，常用材料见表 4.2–15，工程应用案例见图 4.2–25。

软/硬包类饰面常用材料表　　表4.2–15

序号	层别	常用材料
1	底层	阻燃型胶合板、FC板、埃特尼板等。FC板或埃特尼板是以天然纤维、人造纤维或植物纤维与水泥等为主要原料，经烧结成型、加压、养护而成，比阻燃型胶合板的耐火性能高一级
2	吸声层	轻质不燃、多孔材料，如玻璃棉、超细玻璃棉、自熄型泡沫塑料等
3	面层	阻燃型高档豪华软包面料，常用的有各种人造皮革、豪华防火装饰布、针刺超绒、背面深胶阻燃型豪华装饰布及其他全棉、涤棉阻燃型豪华软质面料

（1）主要性能。除了美化空间的作用外，更重要的是它具有阻燃、吸声、隔声、防潮、防霉、抗菌、防水、防油、防尘、防污、防静电、防撞等功能。

（2）主要颜色。根据软／硬包面料的花色而定，而面料基本是格式织物和皮革，品种色彩丰富。但作为背景，主要还是选用比较中性和令人感到安静的色彩。

图 4.2–25　软／硬包类饰面材料的工程应用案例

（3）主要用途。以前，软／硬包大多运用于高档宾馆、会所、KTV 等地方，在家居中不多见。而现在，一些高档小区的商品房、别墅和排屋等在装修的时候也会大面积使用。

（4）主要规格。以定制为主。

理论学习效果自我检查

1. 简述普通烧结砖主要用途，并举例说明。
2. 简述蒸养（压）砖的主要性能和主要规格。
3. 简述建筑砌块有哪些品种，各有什么特点。
4. GRC 的全名是什么，它有什么特点。
5. 简述植物纤维类板材有哪些品种，各有什么特点。
6. 列表归纳墙柱面饰面材料的分类和主要品种。
7. 用思维导图归纳抹灰类材料的分类组成。

8. 简述装饰砂浆的两大类型和材料组成。
9. 简述铝塑板的主要性能和加工手段。
10. 简述安全玻璃有哪些品种，各有什么特点。
11. 列表归纳建筑涂料的分类和主要品种。
12. 如何按建筑部位选用建筑涂料？
13. 简述壁纸的主要品种和特点。
14. 软／硬包类饰面材料由哪三部分组成？

项目 4.3　建筑室内墙柱面工程设计基本原理

4.3.1　抹灰类墙柱面构造、材料、施工

抹灰类墙柱面是建筑装饰装修工程中最基本的墙柱面类型。多数情况下它是用水泥砂浆等材料把砖墙遮盖、保护起来，为墙体表面进一步装饰装修做好基础。但也有设计师以抹灰工艺做墙柱面（立面）设计的完成面，例如装饰抹灰。

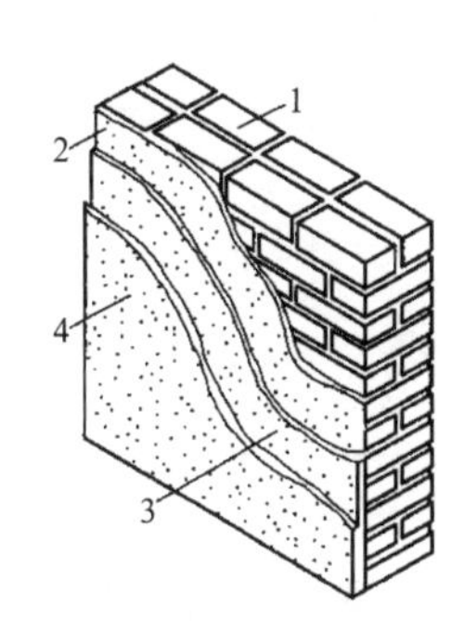

图 4.3–1　普通墙柱面抹灰构造
1–墙体基层；2–底层抹灰；3–中层抹灰；4–面层抹灰

1. 抹灰类墙柱面构造

1）分层构造。普通墙柱面抹灰一般是由底层抹灰、中层抹灰和面层抹灰三部分组成，见图 4.3–1。

普通墙柱面抹灰分层构造作用和施工要求见表 4.3–1。

普通墙柱面抹灰分层构造作用和施工要求表　　　　**表4.3–1**

序号	名称（别称）	作用	施工要求
1	底层抹灰（刮糙）	是对墙基进行表面处理，起到与基层粘结和初步找平的作用	施工时应先清理基层，除去浮尘，保证与基层粘结牢固。底层砂浆根据基层材料和受水浸湿情况的不同，可分别选择石灰砂浆、混合砂浆和水泥砂浆
2	中层抹灰	是在底层抹灰的基础上再次找平、弥补底层抹灰的干缩裂缝并与面层抹灰结合	所用材料与底层抹灰基本相同，可一次抹成，也可根据面层平整度和抹灰质量要求分多次抹成
3	面层抹灰（罩面）	主要起表面装饰作用	要求表面平整、无裂痕、颜色均匀，满足装饰装修要求

2）普通抹灰墙柱面构造。普通抹灰墙柱面构造做法见表 4.3–2。

普通抹灰墙柱面构造做法表 **表4.3-2**

抹灰名称	层	构造做法	应用范围
混合砂浆	底	水泥：石灰：沙子加麻刀=1：1：3，*H*：6mm	一般砖石墙柱面
	中	水泥：石灰：沙子加麻刀=1：3：6，*H*：10mm	
	面	水泥：石灰：沙子=1：0.5：3，*H*：8mm	
水泥砂浆	底	水泥：砂浆=1：3，扫毛或划出条纹，*H*：14mm 先用素水泥浆一道，内掺水重3%~5%的108胶	有防潮要求的房间
	面	水泥：砂浆=1：2.5，*H*：6mm	
纸筋麻刀	底	石灰：砂浆=1：3，*H*：13mm	民用建筑砖石内墙柱面
	面	纸筋灰或麻刀灰，*H*：2mm	
石膏灰	底	麻刀灰：砂浆=1：2~1：3，*H*：13mm	高级装修的室内抹灰罩面
	面	石膏灰，*H*：2~3mm，分三遍完成	
膨胀珍珠岩	底	麻刀灰：砂浆=1：2~1：3，*H*：13mm	有保温隔热要求的建筑内墙柱面
	面	水泥：石灰膏：膨胀珍珠岩=100：10~20：3~5，*H*：2mm	

3）装饰抹灰墙柱面构造。装饰抹灰是指利用材料特点和工艺处理使抹灰面具有不同质感、纹理和色泽效果的抹灰。装饰抹灰除了具有与一般抹灰相同的功能外，还具有明显的装饰效果。

装饰抹灰墙柱面的各种效果及其缝隙的构造见图 4.3-2。

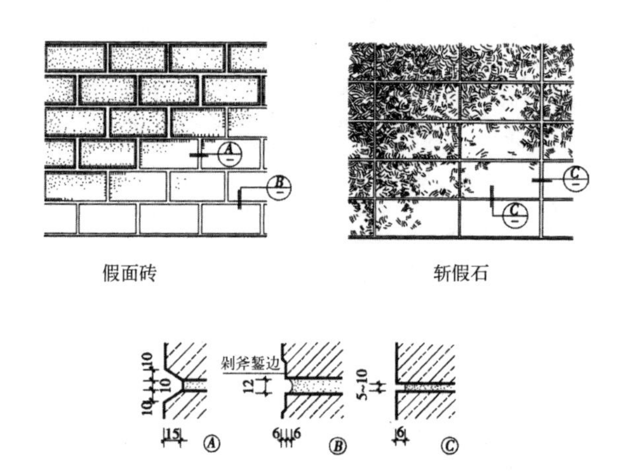

图 4.3-2 装饰抹灰墙柱面的各种效果及其缝隙的构造

装饰抹灰墙柱面的构造做法及应用场合见表 4.3-3。

装饰抹灰墙柱面的构造做法及应用场合表 **表4.3–3**

抹灰名称	层	构造做法	常见应用场所
假面砖	底	水泥砂浆打底1：3，H=12mm 水泥砂浆垫层1：1，H=3mm	民用建筑外墙柱面或内墙局部装饰
	面	水泥：石灰膏：氧化铁黄：氧化铁红：沙子=100：20：（6~8）：2：150（质量比），用铁钩及铁梳做出砖样纹，H=3~4mm	
斩假石	底	水泥砂浆刮素：水泥浆=1：3，一道，H=15mm	公共建筑重点装饰部位
	面	水泥：石渣浆=1：1.25 用剁斧剁斩出类似石材经雕琢的纹理效果，H=10mm	
拉假石	底	水泥砂浆刮素：水泥浆=1：3，一道，H=15mm	中低档公共建筑局部装饰
	面	水泥：石屑浆=1：2 （体积比），H=8~10mm 用锯齿形工具挠刮去面水泥，露出石渣	
水刷石	底	1：3水泥砂浆，H=15mm	外墙重点装饰部位及勒脚装饰工程
	面	水泥：石渣浆=1：（1~1.5），半凝固后刷去表面的水泥浆，H为石渣粒径的2.5倍	
干粘石	底	水泥：砂浆=1：3，H=7~8mm	民用建筑及轻工业建筑外墙饰面
	层	水泥：石灰膏：沙子：108胶=100：50：200：（5~15），H=4~5mm	
喷粘石	底	水泥：砂浆=1：3，H=15mm	民用建筑及轻工业建筑外墙饰面，但勒脚不宜采用
	面	水泥：石灰膏：沙子：108胶=100：50：100：（10~15） 用机械，喷射石渣面层，H=4~5mm	

装饰抹灰是一种效果独特而造价低廉的装饰工艺，在施工过程中只要对表面层作不同的处理，就能形成不同的装饰效果。常见的施工工艺有拉毛饰面、甩毛饰面、喷毛饰面、拉条抹灰、扫毛抹灰、扒拉灰、扒拉石等，具体构造做法及常见应用场所见表 4.3–4。装饰抹灰墙柱面的应用案例见图 4.3–3。

装饰抹灰墙柱面的表面构造表 **表4.3–4**

抹灰名称	层	构造做法	常见应用场所
拉毛	底	水泥：石灰：砂浆打底=1：0.5：4 待底灰六、七成干时刷素水泥浆一道，H=13mm	对音响要求较高的墙柱面
	面	水泥：石灰：砂浆拉毛=1：0.5：1，H视拉毛长度而定	
甩毛	底	水泥：砂浆=1：3，H=13~15mm	建筑的外墙柱面及对音响要求较高的内墙柱面
	面	水泥：砂浆或混合砂浆甩毛=1：3	

续表

抹灰名称	层	构造做法	常见应用场所
喷毛	底	混合砂浆1：1：6，H=12mm	建筑的外墙柱面
	面	水泥：石灰膏：混合砂浆=1：1：6，用喷枪喷两遍	
拉条	底	同一般抹灰	公共建筑门厅、影剧院观众厅墙柱面
	面	水泥：细黄沙纸筋灰：混合砂浆=1：2.5：0.5 用拉条模拉线条成型，H<12mm	
扫毛	底	处理同一般抹灰	公共建筑内墙抹灰或外墙的局部装饰
	面	材料同拉条抹灰，用竹丝扫帚扫出条纹，H=10mm	
扒拉灰	底	水泥混合砂浆1：0.5：3.5或1：0.5：4，H=12mm	建筑外墙柱面
	面	用水泥砂浆或1：0.3：4水泥白灰砂浆罩面，再用钉耙凿去水泥浆皮，H=10~12mm	
扒拉石	底	混合砂浆1：0.5：3.5或水泥白灰砂浆1：0.5：4，H=12mm	建筑外墙柱面
	面	水泥：石渣浆=1：1，用钉耙凿去水泥浆皮，H=10~12mm	

图4.3–3　装饰抹灰墙柱面的应用案例

2. 抹灰类墙柱面材料

抹灰类墙柱面以水泥砂浆、石灰砂浆、混合砂浆、聚合物水泥砂浆等为主要装饰材料，材料要求见表4.3–5。

材料要求表　　**表4.3–5**

序号	材料	要求
1	水泥	宜采用普通水泥或硅酸盐水泥，也可采用矿渣水泥、火山灰水泥、粉煤灰水泥及复合水泥。水泥强度等级宜采用32.5级以上颜色一致、同一批号、同一品种、同一强度等级、同一厂家生产的产品。水泥进厂时需对产品名称、代号、净含量、强度等级、生产许可证编号、生产地址、出厂编号、执行标准、日期等进行检查，同时验收合格证
2	砂	宜采用平均粒径0.35~0.5mm的中砂，在使用前应根据使用要求过筛，筛好后保持洁净

续表

序号	材料	要求
3	石灰膏	石灰膏与水调和后具有凝固时间快、在空气中硬化、硬化时体积不收缩的特性。用块状生石灰淋制时，用筛网过滤，贮存在沉淀池中，使其充分熟化。熟化时间常温一般不少于15d，用于罩面灰时不少于30d，使用时石灰膏内不得含有未熟化的颗粒和其他杂质。在沉淀池中的石灰膏要加以保护，防止其干燥、冻结和污染
4	磨细石灰粉	其细度过0.125mm的方孔筛，累计筛余量不大于13%，使用前用水浸泡使其充分熟化，熟化时间最少不小于3d 浸泡方法：提前备好大容器，均匀地往容器中撒一层生石灰粉、浇一层水，然后再撒一层生石灰粉、再浇一层水，依次进行，当达到容器的2/3时，将容器内放满水，使之熟化
5	纸筋	采用白纸筋或草纸筋施工时，使用前要用水浸透（时间不少于三周），将其捣烂成糊状，并要求洁净、细腻。用于罩面时宜用机械碾磨细腻，也可制成纸浆。要求稻草、麦秆应坚韧、干燥、不含杂质，其长度不得大于30mm，稻草、麦秆应经石灰浆浸泡处理
6	麻刀	必须柔韧干燥、不含杂质，行缝长度一般为10~30mm，用前4~5d敲打松散并用石灰膏调好，也可采用合成纤维
7	界面剂	界面剂应有产品合格证、性能检测报告、使用说明书等质量证明文件，进场后及时进行检验
8	钢板网	钢板网厚度为0.8mm，单个网眼面积不大于400mm^2，表面防锈层良好

3. 抹灰类墙柱面施工

1）基层为砖墙的外墙柱面抹灰施工工艺流程及要点见图4.3–4。

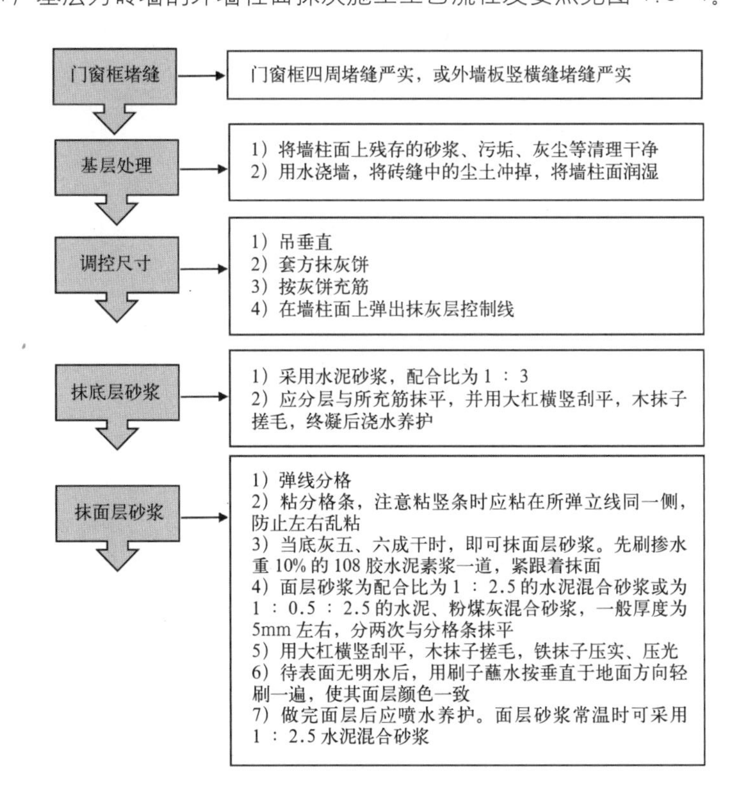

图4.3–4　基层为砖墙的外墙柱面抹灰施工工艺流程及要点图

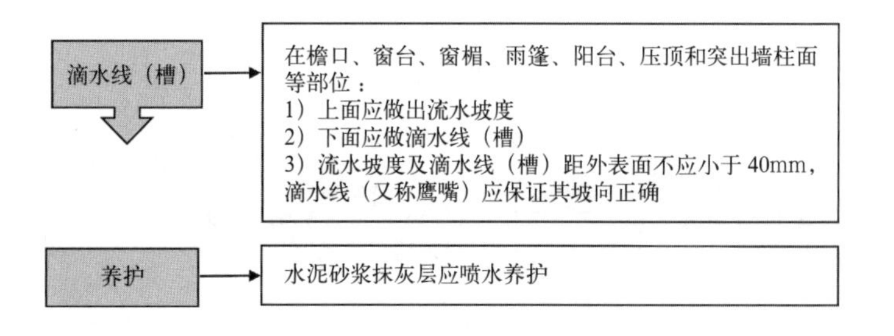

图 4.3–4　基层为砖墙的外墙柱面抹灰施工流程和工艺图（续）

2）基层为混凝土墙板的外墙柱面抹灰施工工艺流程及要点见图 4.3–5。

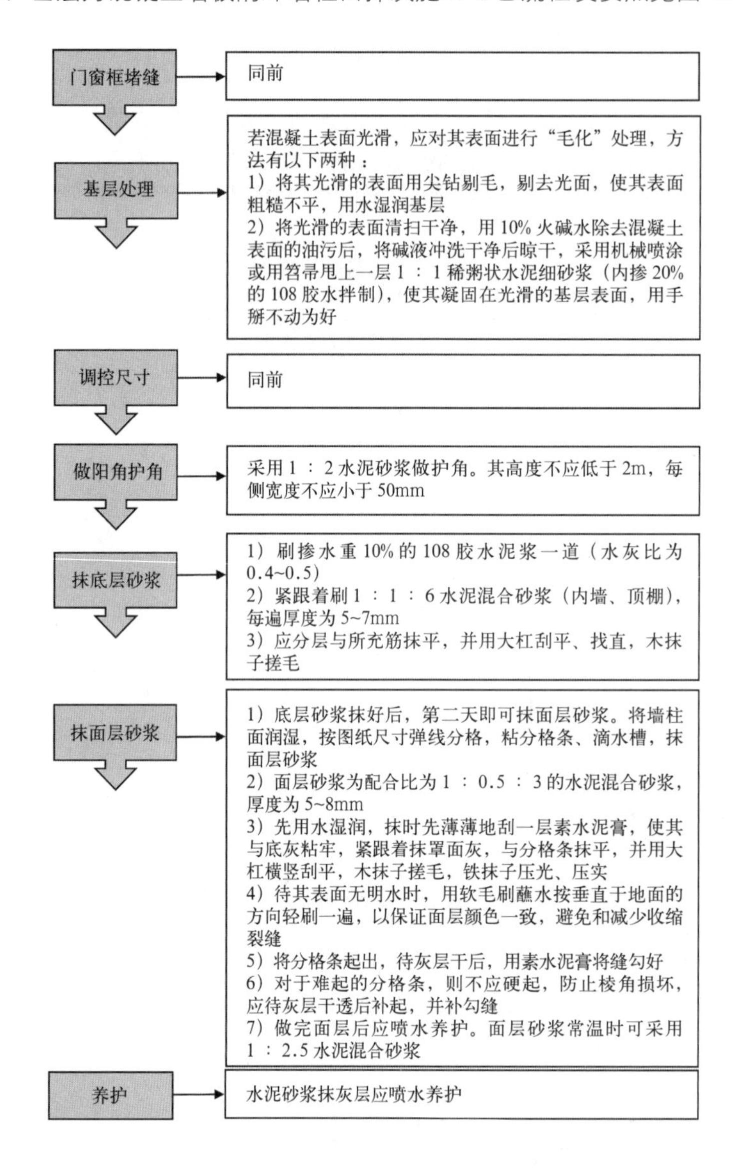

图 4.3–5　基层为混凝土墙板的外墙柱面抹灰施工工艺流程及要点图

4. 抹灰类墙柱面验收

抹灰工程质量验收标准请扫描二维码 4.3–1。

二维码 4.3–1

4.3.2 贴面类墙柱面

贴面类墙柱面是将大小不同的块材通过构造连接镶贴于墙柱体表面形成的饰面。它可分为直接镶贴类和干挂镶贴类。其构造方法差异很大，选用材料和造价也有很大差异。

1. 贴面类墙柱面构造

1）直接镶贴类。直接镶贴类也称湿贴类，主要采用质量轻、面积小的饰面材料，如瓷砖、面砖、陶瓷面砖、玻璃马赛克等，可以直接采用砂浆等粘结材料镶贴。直接镶贴类贴面的构造做法基本相同，但有些饰面材料因其性质的差别，粘贴做法略有不同，见表 4.3–6。

直接镶贴类贴面构造解析表 **表4.3–6**

工序	贴面材料	构造做法	构造图
1	面砖饰面	先在基层上抹15mm厚1：3的水泥砂浆作底灰，分两层抹平即可 粘贴砂浆用1：2.5水泥砂浆或1：0.2：2.5水泥石灰混合砂浆，其厚度不小于10mm，然后在其上贴面砖，并用1：1白色水泥砂浆填缝	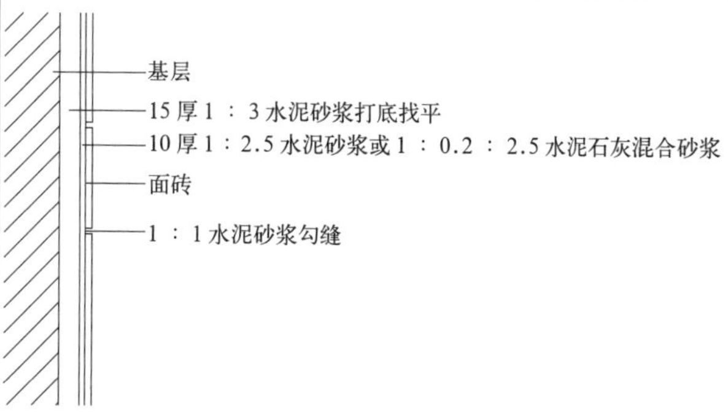 基层 15 厚 1 ：3 水泥砂浆打底找平 10 厚 1：2.5 水泥砂浆或 1 ：0.2 ：2.5 水泥石灰混合砂浆 面砖 1 ：1 水泥砂浆勾缝
2	瓷砖饰面	1：3水泥砂浆打底，厚10~15mm；1：0.1：2.5水泥石灰膏混合砂浆粘贴，厚5~8mm，贴好后用清水将表面擦洗干净，然后用白水泥擦缝	
3	陶瓷锦砖与玻璃锦砖饰面	1：3水泥砂浆打底找平，厚10~15mm；3~4mm厚1：1水泥砂浆粘结层粘贴，陶瓷锦砖与玻璃锦砖饰面背面抹1~2mm厚水泥砂浆，贴好后用清水将表面擦洗干净，然后用同种水泥色浆擦缝	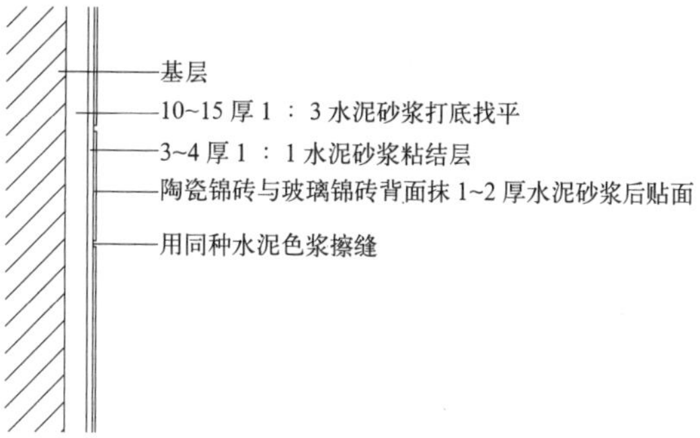 基层 10~15 厚 1 ：3 水泥砂浆打底找平 3~4 厚 1 ：1 水泥砂浆粘结层 陶瓷锦砖与玻璃锦砖背面抹 1~2 厚水泥砂浆后贴面 用同种水泥色浆擦缝
4	人造石材饰面	砂浆粘贴法：人造石材薄板的构造做法比较简单，通常采用1：3水泥砂浆打底，1：0.3：2的水泥石灰混合砂浆或水泥：108胶：水=10：0.5：2.6的108胶水泥浆粘结镶贴板材 聚酯砂浆固定法：聚酯砂浆固定法是先用胶砂比1：（4.5~5）的聚酯砂浆固定板材四角和填满板材之间的缝隙，待聚酯砂浆固化并能起到固定作用以后，再进行灌浆操作	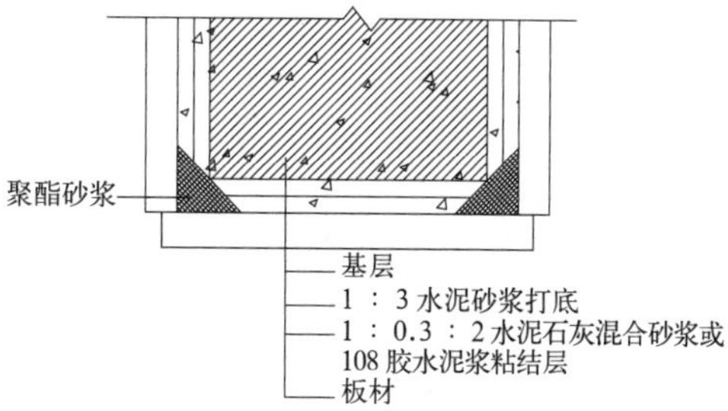 聚酯砂浆 基层 1 ：3 水泥砂浆打底 1 ：0.3 ：2 水泥石灰混合砂浆或108 胶水泥浆粘结层 板材

2）干挂镶贴类。像花岗石、大理石等质量重、面积大的饰面材料必须采用干挂构造，这样才能保证与主体结构的连接强度。具体构造做法见图 4.3–6、图 4.3–7。

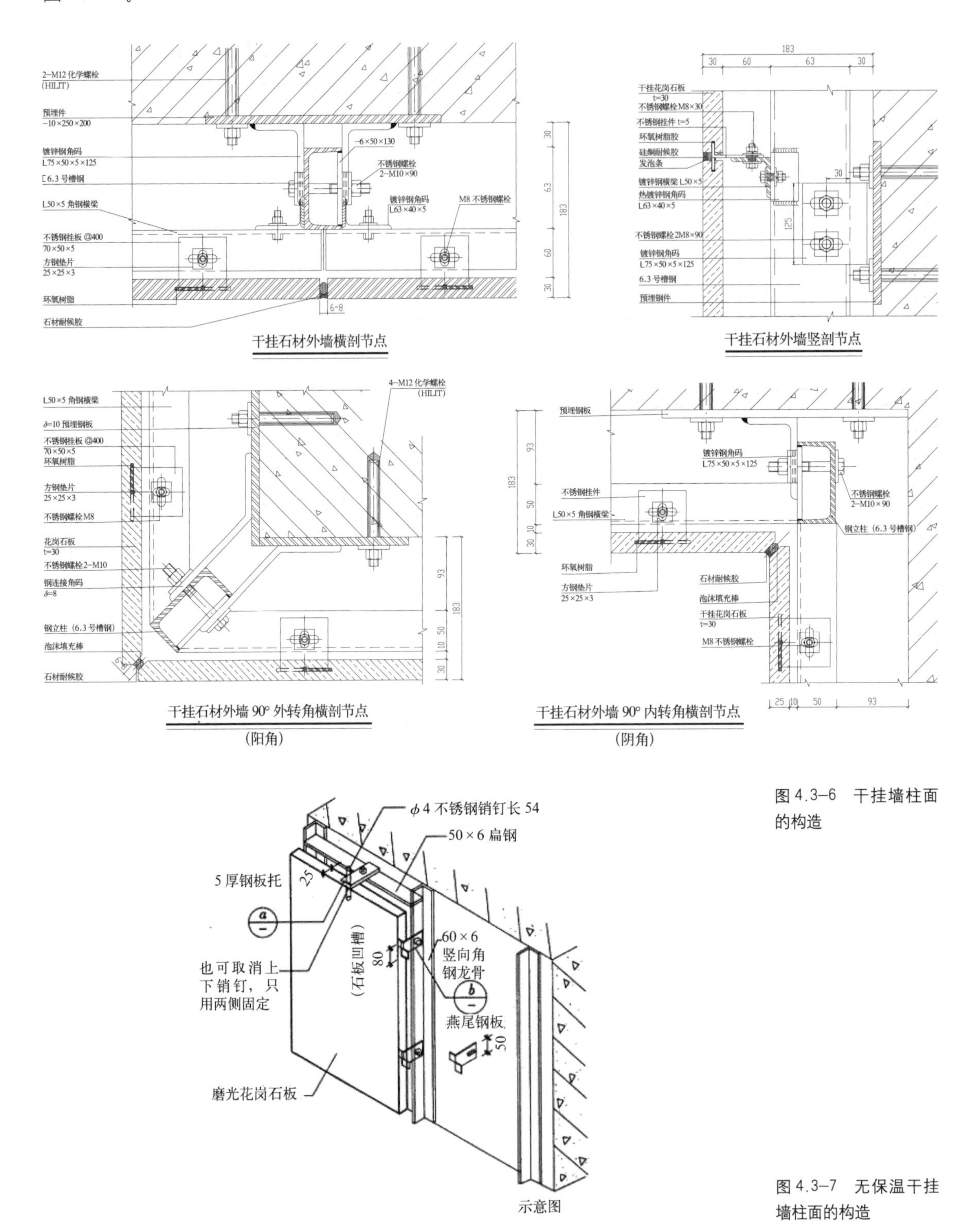

图 4.3–6　干挂墙柱面的构造

图 4.3–7　无保温干挂墙柱面的构造

新型室外装饰板材如千思板和卡索板、铝板、铝塑板等由于强度能够满足要求，也适合干挂构造。干挂构造的施工方法不但快捷，而且结构牢固，建筑自重大大减轻，视觉效果梃拔利落，现代感十足，深受业主和设计师的青睐。近年来在家装中流行的大理石电视背景墙有的就用大理石干挂工艺，应用案例见图 4.3–8。

(a)

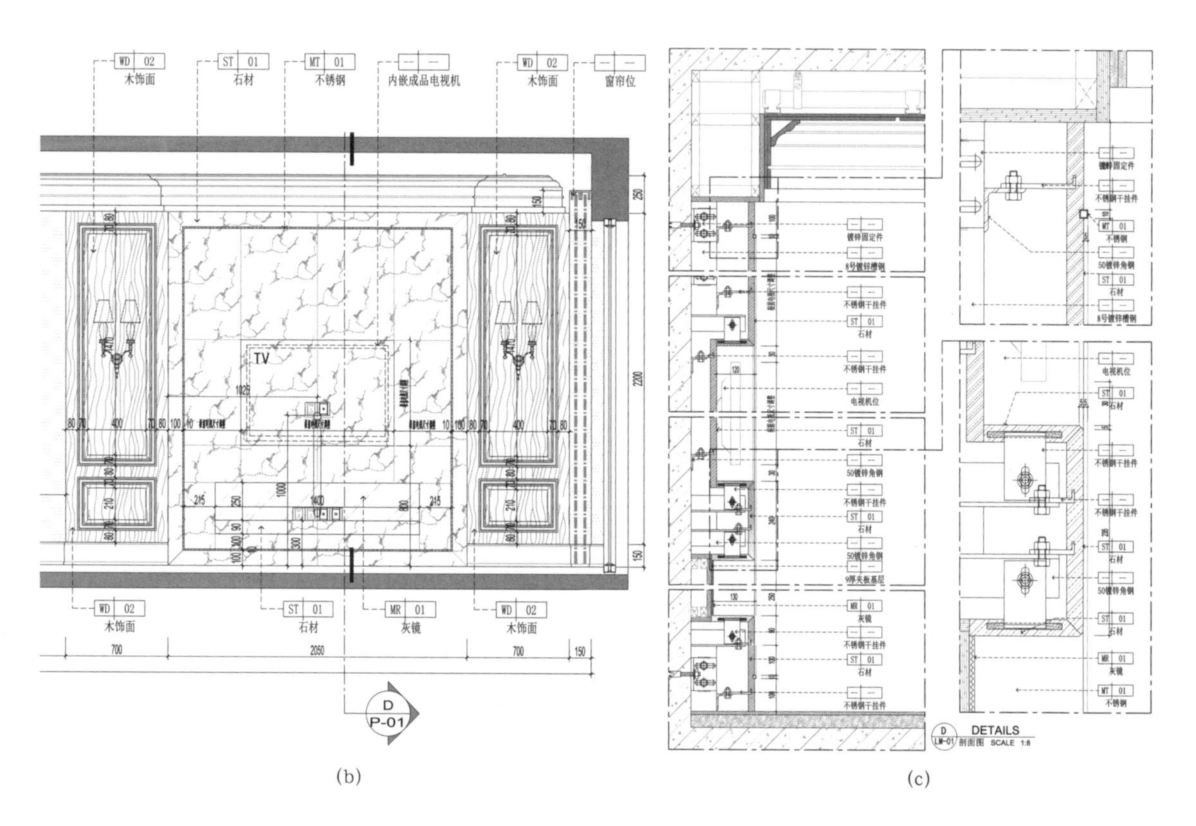

(b)

(c)

图 4.3–8 大理石电视墙干挂构造的应用案例

(a) 效果图；(b) 立面图；(c) 节点大样图

2. 贴面类墙柱面材料

贴面类墙柱面工程常用材料有：陶瓷材料、饰面石材、饰面板材、龙骨材料等，内墙贴面材料要求见表 4.3–7。

材料要求表 **表4.3–7**

序号	材料	要求
1	水泥	水泥采用32.5或42.5级矿渣水泥或普通硅酸盐水泥，应有出厂证明或复验合格证，若出厂日期超过三个月而且水泥已结有小块的不得使用；白水泥应为32.5级以上，并符合设计和规范的质量标准的要求
2	砂子	中砂，粒径为0.35~0.5mm，黄色河砂含泥量不大于3%，颗粒坚硬、干净，无有机杂质，用前过筛，其他应符合规范的质量标准
3	面砖	面砖的表面应光洁、方正、平整、质地坚固，其品种、规格、尺寸、色泽、图案应均匀一致，必须符合设计规定。不得有缺棱、掉角、暗痕和裂纹等缺陷。其性能指标均应符合现行国家标准的规定，釉面砖的吸水率不得大于10%
4	石灰膏	用块状生石灰淋制，必须用孔径3mm×3mm的筛网过滤，并储存在沉淀池中，熟化时间常温下不少于15d，用于罩面灰不少于30d，石灰膏内不得有未熟化的颗粒和其他物质
5	生石灰粉	磨细生石灰粉，其细度应通过4900孔/cm^{2}筛子，用前应用水浸泡，其时间不小于3d
6	粉煤灰	细度过0.08mm筛，筛余量不大于5%；界面剂和矿物颜料按设计要求配比，其质量应符合规范标准

3. 贴面类墙柱面施工

内墙贴面的施工工艺流程及要点见图 4.3–9。

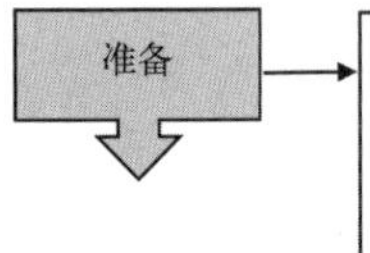

1）找平。在清理干净的墙柱面找平层上，依照室内标准水平线找出地面标高，按贴砖的面积计算纵横皮数，用水平尺找平
2）弹线。弹出釉面砖的水平和垂直控制线
3）排砖。如用阴阳三角镶边时，则将镶边位置预先分配好。纵向不足整块的部分，留在最下一皮与地面连接处
4）设标志块。粘贴饰面砖时，应先贴若干块废饰面砖作为标志块，上下用托线板挂直，作为粘贴厚度的依据，横向每隔 1.5m 左右做一个标志块，用拉线或靠尺校正平整度
5）镶边。在门洞口或阳角处，如用阴三角条镶边时，则应将尺寸留出，先铺贴一侧的墙柱面，并用托线板校正靠直，如无镶边，则应双面挂直

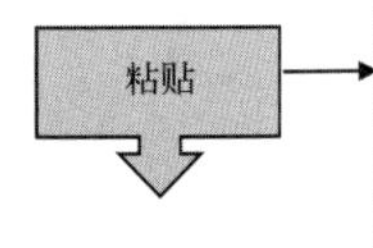

1）靠尺。按地面水平线嵌上一根八字靠尺或直尺，用水平尺校正，作为第一行釉面砖水平方向的依据
2）粘贴。粘贴饰面砖宜从阳角处开始，并由下往上进行。铺贴时应保持与相邻饰面砖的平整。如釉面砖的规格尺寸或几何形状不等时，应在粘贴时随时调整，使缝隙宽窄一致
3）切割。根据所需要的尺寸划痕，用合金钢錾手工切割，折断后在磨石上磨边，也可采用台式无齿锯或电热切割器等切割
4）处理孔洞。如墙柱面留有孔洞，应将釉面砖按孔洞尺寸位置用陶瓷铅笔画好，然后用切砖刀裁切瓷砖，或用胡桃钳将局部钳去

图 4.3–9　内墙贴面的施工工艺流程及要点图

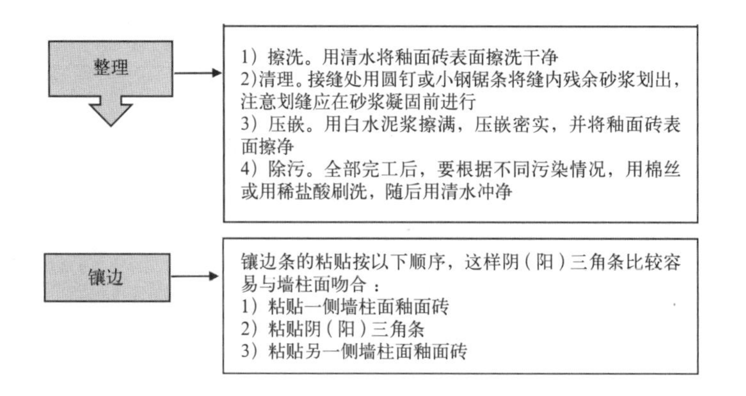

图 4.3–9　内墙贴面的施工工艺流程及要点图（续）

4. 贴面类墙柱面验收

贴面类墙柱面工程质量验收标准请扫描二维码 4.3–2。

二维码 4.3–2

4.3.3　涂刷类墙柱面

涂刷类墙柱面是在墙柱面基层上，经刮腻子处理使墙柱面平整，然后涂刷选定的建筑涂料所形成的一种饰面。图 4.3–10 是北京地铁某站台采用的涂刷类墙面。

图 4.3–10　北京地铁某站台采用的涂刷类墙面

涂刷类饰面优缺点见表 4.3–8。

涂刷类饰面优缺点表　　**表4.3–8**

优点	缺点
1）涂刷类饰面工效高、工期短、材料用量少、自重轻、造价低、维修更新方便 2）涂刷类饰面材料色彩丰富，品种繁多，为建筑装饰设计提供灵活多样的表现手段	1）涂刷类饰面的耐久性略差 2）涂料所形成的涂层薄且平滑，即使采用厚涂料或拉毛做法，也只能形成微弱的小毛面，不能形成凹凸程度较大的粗糙质感表面

所以，涂刷类饰面的装饰作用主要在于改变墙柱面色彩，而不在于改善质感。

1. 涂刷类墙柱面构造

涂刷类墙柱面的涂层构造一般可分为三层，即底层、中间层和面层，详见表 4.3–9。

涂刷类墙柱面构造表 **表4.3–9**

构造	说明	主要功能
底层	在满刮腻子找平的基层上直接涂刷，是整个涂层构造中的底层	1）增加涂层与基层之间的粘结力 2）清理基层表面的灰尘，使部分悬浮的灰尘颗粒固定于基层 3）具有基层封闭剂（封底）的作用，可以防止木脂、水泥砂浆抹灰层中的可溶性盐等物质渗出表面，造成对涂层饰面的破坏
中间层	整个涂层构造中的成型层	1）通过适当的施工工艺，形成具有一定厚度的、均匀饱满的涂层，达到保护基层和形成所需要的装饰效果的目的 2）中间层的质量可以保证涂层的耐久性、耐水性和强度，在某些情况下还对基层起到补强的作用
面层	整个涂层构造中的表面层	1）体现涂层的色彩和光感，提高饰面层的耐久性和耐污染能力 2）面层最少应涂刷两遍，以保证涂层色彩均匀，满足耐久性、耐磨性等方面的要求

2. 涂刷类墙柱面材料

以混凝土及抹灰面乳液涂料为例，其施工工艺材料要求见表 4.3–10。

材料要求表 **表4.3–10**

序号	材料	要求
1	涂料	丙烯酸合成树脂乳液涂料、抗碱封闭底漆，其品种、颜色应符合设计要求，并应有产品合格证和检测报告
2	辅料	成品腻子、石膏、界面剂应有产品合格证，厨房、厕所、浴室必须使用耐水腻子

3. 涂刷类墙柱面施工

涂刷类墙柱面的施工工艺流程及要点见图 4.3–11。

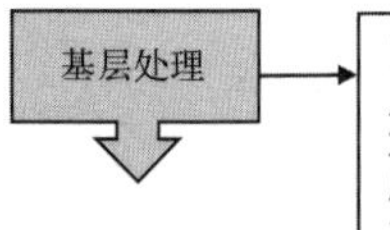

1）新建建筑物的混凝土或抹灰基层表面在涂料涂刷前，应先涂刷抗碱封闭底漆
2）旧墙柱面在涂料涂刷前，应清除疏松的旧装饰层并涂刷界面剂
3）混凝土或抹灰基层涂刷溶剂型涂料时，含水率不得大于 8%；涂刷乳液型涂料时，含水率不得大于 10%。木材基层的含水率不得大于 12%
4）基层腻子应平整、坚实、牢固，无粉化、无起皮、无裂缝；内墙腻子的粘结强度应符合《建筑室内用腻子》JG/T 298—2010 的规定
5）厨房、卫生间、浴室墙柱面必须使用耐水腻子

图 4.3–11 涂刷类墙柱面的施工工艺流程及要点图

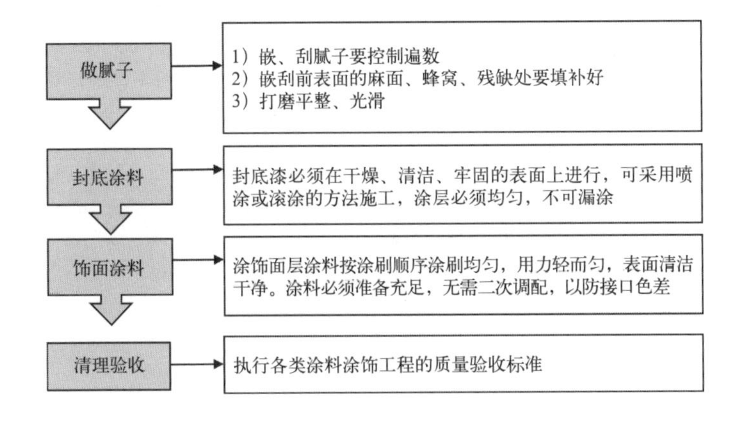

图 4.3–11　涂刷类墙柱面的施工工艺流程及要点图（续）

4. 涂刷类墙柱面验收

涂刷类墙柱面工程质量验收标准请扫描二维码 4.3–3。

二维码 4.3–3

4.3.4　裱糊类墙柱面

裱糊类墙柱面是指用卷材类饰面材料，通过裱糊或铺钉等方式覆盖在墙柱体外表面而形成的一种内墙柱面饰面。

1. 裱糊类墙柱面构造

裱糊类墙柱面的构造是将各种墙（壁）纸、布作为面层，均匀、平整、美观地粘贴在具有一定强度、平整光洁的基层上。如水泥砂浆、混合砂浆、混凝土墙体、石膏板等基层。图 4.3–12 是裱糊壁纸的构造实例，裱糊壁纸经常与镶贴类构造搭配使用。

图 4.3–12　裱糊壁纸的构造实例

2. 裱糊类墙柱面材料

裱糊类墙柱面装饰装修经常使用的饰面卷材有壁纸、壁布、皮革、微薄木等。其材料要求见表 4.3–11。

材料要求表　　表4.3–11

序号	材料	要求
1	壁纸、壁布	品种、规格、图案、颜色应符合设计要求，应有产品合格证和环保及燃烧性能检测报告
2	壁纸、壁布专用胶粘剂、嵌缝腻子、玻璃丝网格布、清漆	应有产品合格证和环保检测报告

3. 裱糊类墙柱面施工

裱糊类墙柱面的施工工艺流程及要点见图 4.3–13。

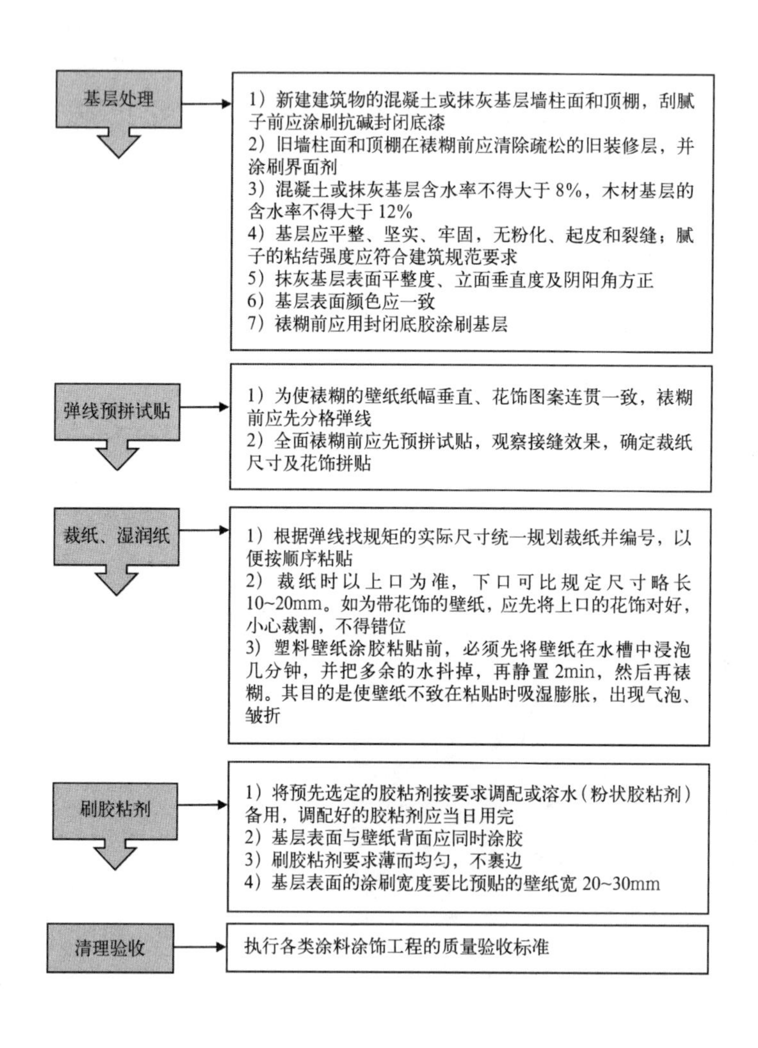

图 4.3–13　裱糊类墙柱面的施工工艺流程及要点图

4. 裱糊类墙柱面验收

裱糊类墙柱面工程质量验收标准请扫描二维码 4.3–4。

二维码 4.3–4

4.3.5 镶板类墙柱面

镶板类墙柱面是指用竹、木及其制品、石膏板、矿棉板、塑料板、玻璃、薄金属板材等材料制成饰面板，通过镶、钉、拼、贴等构造方法构成的墙柱面饰面。这些材料有较好的接触感和可加工性，能让未经装饰的建筑毛坯符合用户的使用要求。所以，在建筑装饰工程中被大量采用。

1. 镶板类墙柱面构造

镶板类墙柱面的构造主要分为骨架、面层两部分。

1）骨架。先在墙内预埋木砖，墙柱面抹底灰，刷热沥青或铺油毡防潮；然后钉双向木墙筋，一般为 400~600mm，视面板规格而定。木筋断面为（20~45）mm× （40~45）mm，也可用细木工板和十二厘板做基层。

2）面层。面层饰面板通过镶、钉、拼、贴等构造方法固定在木筋骨架或墙体基层板上，见图 4.3–14、图 4.3–15。

2. 镶板类墙柱面材料

镶板类墙柱面的主要材料有竹、木及其制品，石膏板、矿棉板、塑料板、玻璃、薄金属板材等。不同的饰面板，因材质不同，可以达到不同的装饰效果。

如采用木条、木板做墙裙、护壁使人感到温暖、亲切、舒适、美观；采用木材还可以按设计需要加工成各种弧面或形体转折，若保持木材原有的纹理和色泽，则更显质朴、高雅；采用经过烤漆、镀锌、电化等处理过的铜、不锈钢等金属薄板饰面，则会使墙体饰面色泽美观，花纹精巧，装饰效果华贵。

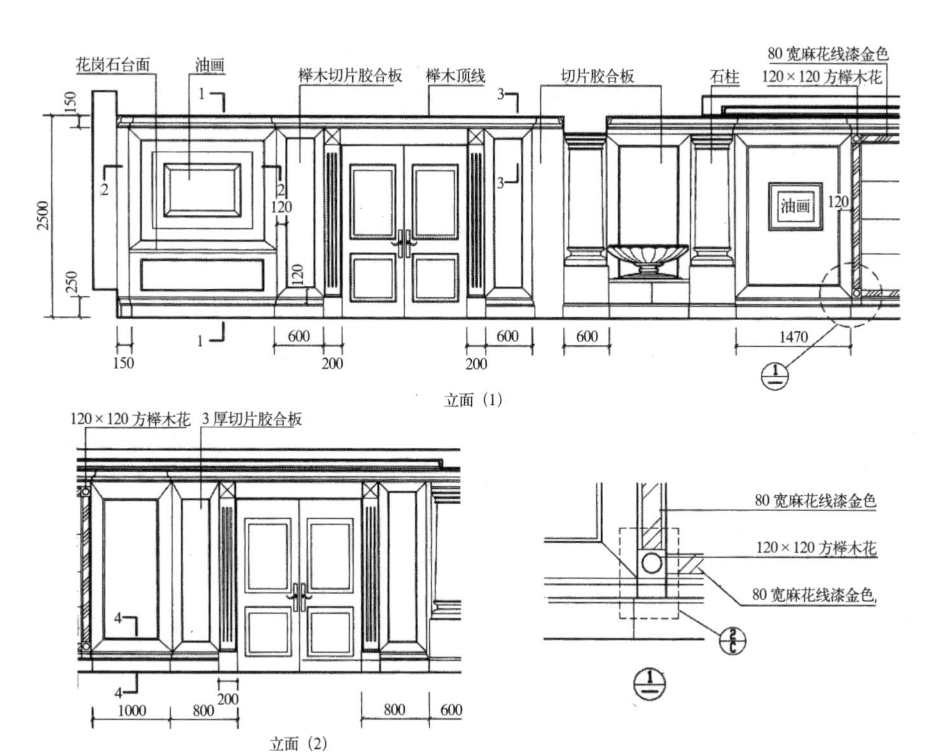

图 4.3–14 镶板类墙柱面基本构造立面图

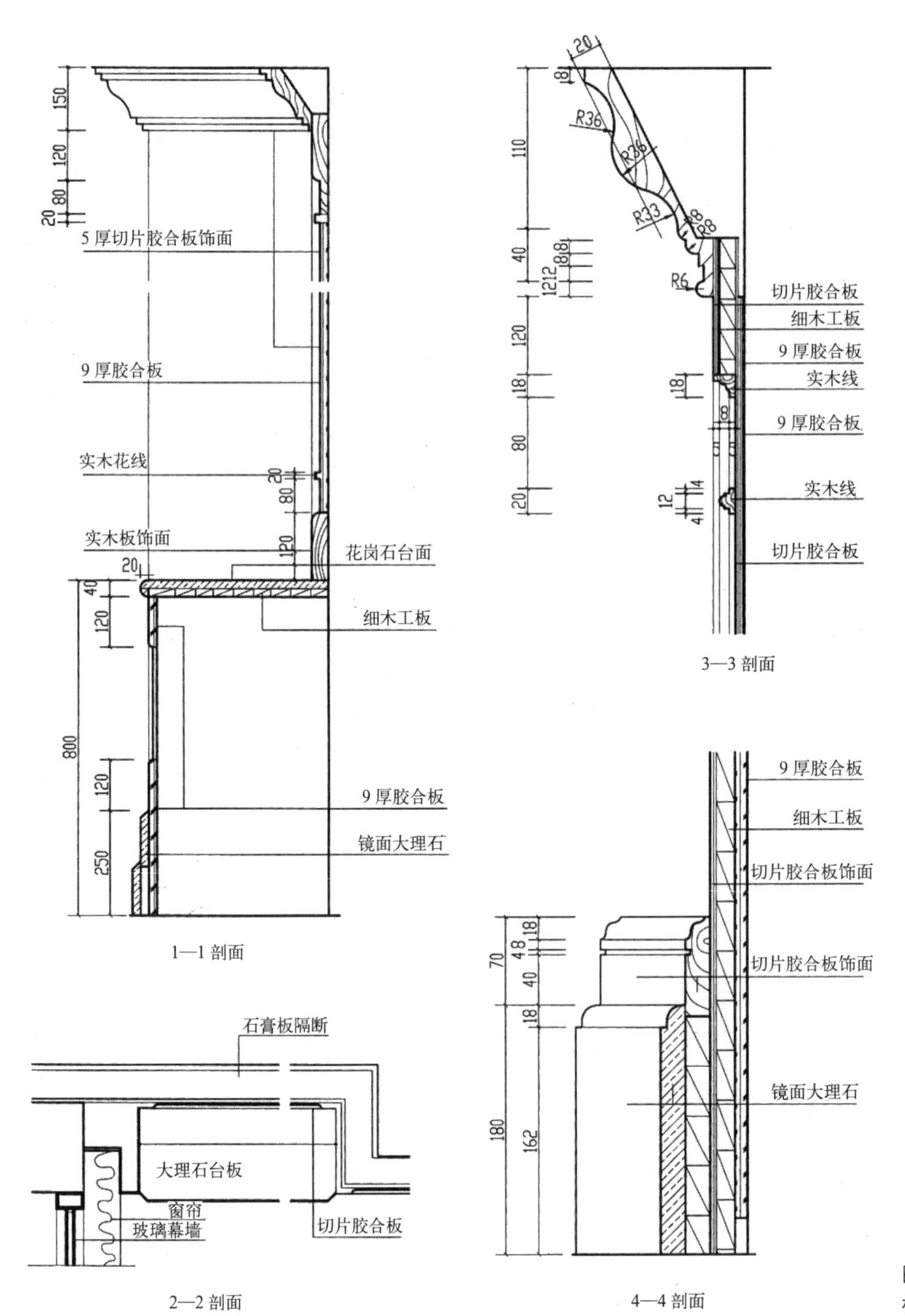

图 4.3–15 镶板类墙柱面基本构造节点图

根据墙体所处环境选择适宜的饰板材料，既有好的视觉效果和心理感受，同时假如其技术措施和构造处理合理，墙体饰面必然具有良好的耐久性。

3. 镶板类墙柱面施工

镶板类施工流程和工艺参考“5 建筑室内木制品工程设计”相关介绍。

4. 镶板类墙柱面验收

镶板类墙柱面工程质量验收标准请扫描二维码 4.3–5。

二维码 4.3–5

4.3.6 软／硬包类墙柱面

软／硬包类墙柱面是室内高级装饰做法之一，具有吸声、保温、质感舒适等特点，适用于室内有吸声要求的会议厅、会议室、多功能厅、录音室、影剧院局部墙柱面等处，也适合家装中的卧室、儿童房等空间，见图 4.3–16。

图 4.3–16　床背景为软／硬包的儿童房

1. 软／硬包类墙柱面构造

软／硬包类墙柱面的构造组成主要有骨架、面层两大部分。

1）骨架。与 4.3.5 节镶板类墙柱面的骨架相同。

2）面层。

（1）直接拼装法。将底层阻燃型胶合板就位，然后将饰面材料包覆矿棉、海绵、泡沫塑料、棕丝、玻璃棉等弹性材料于胶合板上，并用暗钉将其钉在木龙骨上，软／硬包四周用装饰线条收口。这种构造适合没有分割的整块软／硬包施工，见图 4.3–17。

（2）预制拼装法。先按设计尺寸预制软／硬包块。预制软／硬包块是将饰面材料包覆矿棉、海绵、泡沫塑料、棕丝、玻璃棉等弹性材料于一块 5mm 厚的胶合板上，饰面面料应大于胶合板每边 2~4cm，用骑马钉将饰面面料固定在胶合板上。然后再将预制的软／硬包块固定在底层胶合板上。钉完一块，再继续钉下一块，直至全部钉完为止。软／硬包四周用装饰线条收口。这种构造适合有分割线的软／硬包施工，见图 4.3–18。图 4.3–19 是皮革软／硬包类墙面装饰构造做法。图 4.3–20 是直接拼装法软／硬包类墙面装饰构造做法实例。

2. 软／硬包类墙柱面材料

软／硬包类墙柱面的材料主要由底层材料、吸声层材料、面层材料三部分组成，其材料要求见表 4.3–12。

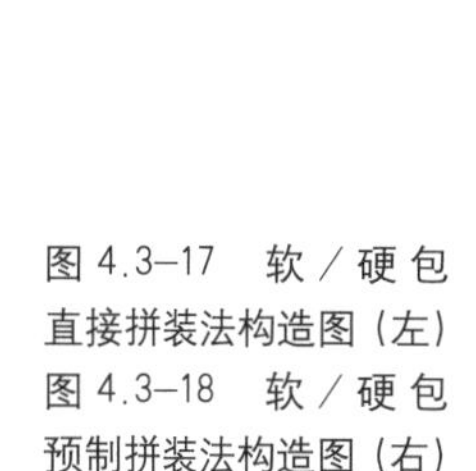

图 4.3–17　软／硬包直接拼装法构造图（左）
图 4.3–18　软／硬包预制拼装法构造图（右）

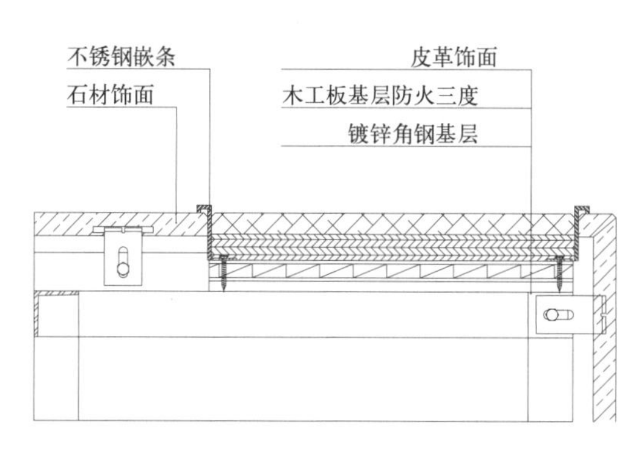

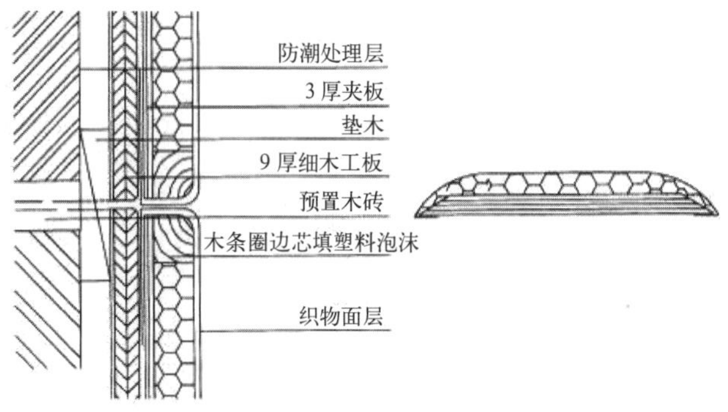

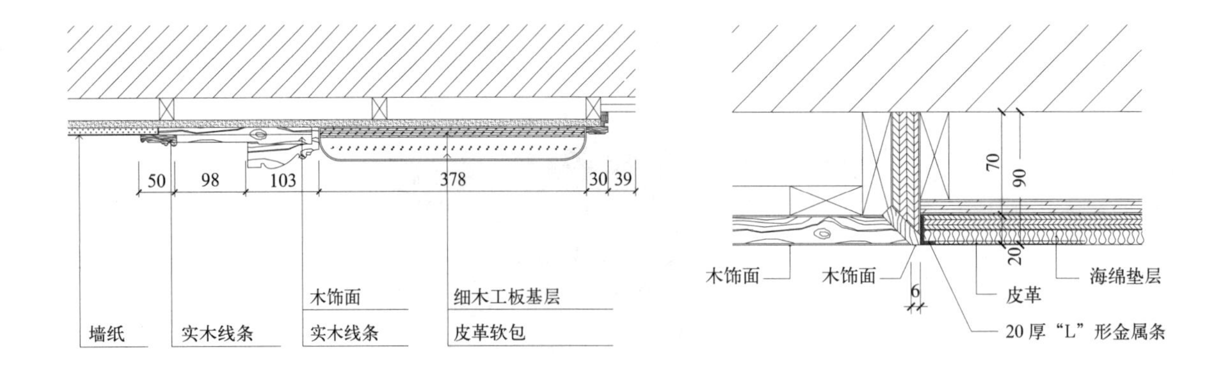

图 4.3–19　皮革软／硬包类墙面装饰构造做法（左）

图 4.3–20　直接拼装法软／硬包类墙面装饰构造做法实例（右）

材料要求表　　**表4.3–12**

序号	材料	要求
1	织物	1）织物的材质、纹理、颜色、图案、幅宽应符合设计要求 2）应有产品合格证和阻燃性能检测报告 3）织物表面不得有明显的跳线、断丝和疵点 4）对本身不具有阻燃或防火性能的织物，必须进行阻燃或防火处理，达到防火规范要求
2	皮革、人造革	1）材质、纹理、颜色、图案、厚度及幅宽应符合设计要求 2）应有产品合格证、性能检测报告应进行阻燃或防火处理
3	内衬材料	1）材质、厚度及燃烧性能等级应符合设计要求，一般采用环保、阻燃型泡沫塑料做内衬 2）应有产品合格证和性能检测报告
4	基层及辅助材料	1）基层龙骨、底板及其他辅助材料的材质、厚度、规格尺寸、型号应符合设计要求 2）设计无要求时，龙骨宜采用不小于20mm×30mm的实木方材，底板宜采用玻镁板、石膏板、环保细木工板或环保多层板等 3）胶、防腐剂、防潮剂等均应满足环保要求 4）各种木制品含水率不大于12%，应有产品合格证和性能检测报告 5）人造板材使用面积超过500m²时应对进场材料做甲醛含量复试

3. 软／硬包类墙柱面施工

软／硬包类墙柱面的施工工艺流程及要点见图 4.3–21。

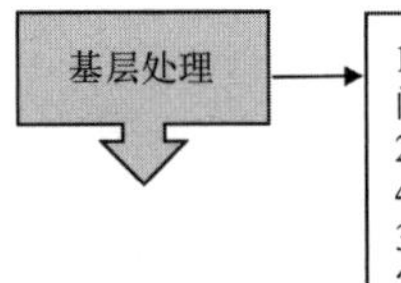

1）弹线。在需做软包的墙面上，按设计要求的纵横龙骨间距进行弹线
2）固定防腐木楔。设计无要求时，龙骨间距控制在400~600mm之间，防腐木楔间距一般为200~300mm
3）防潮处理。墙面为抹灰基层或邻近房间较潮湿时，做完木砖后应对墙面进行防潮处理
4）涂刷底油。软包门扇的基层表面涂刷不少于两道的底油
5)开五金件安装孔。门锁和其他五金件的安装孔全部开好，并经试安装无误
6）拆下五金件。拆下明插销、拉手及门锁等，表面不得有毛刺、钉子或其他尖锐突出物

图 4.3–21　软／硬包类墙柱面的施工工艺流程及要点图

龙骨底板施工

1）在已经设置好的防腐木楔上安装木龙骨，一般固定螺钉长度大于龙骨高度 +40mm。木龙骨贴墙面应先做防腐处理，其他几个面做防火处理。安装龙骨时，一边安装一边用不小于 2m 的靠尺进行调平，龙骨与墙面的间隙用经过防腐处理的方形木楔塞实，木楔间隔应不大于 200mm，龙骨表面平整
2）在木龙骨上铺钉底板，底板宜采用细木工板。钉的长度大于等于底板厚 +20mm。墙体为轻钢龙骨时，可直接将底板用自攻螺钉固定到墙体的轻钢龙骨上，自攻螺钉长度大于等于底板厚 + 墙体面层板 +10mm
3）门扇软包不需做底板，直接进行下道工序

定位弹线

根据设计要求的装饰分格、造型、图案等尺寸，在墙柱面的底板或门扇上弹出定位线

1）预制镶嵌软包时，要根据弹好的定位线进行衬板制作和内衬材料粘贴。衬板按设计要求选材，设计无要求时，应采用不小于 5mm 厚的多层板，按弹好的分格线尺寸进行下料制作
2）制作硬边拼缝预制镶嵌衬板时，在裁好的衬板一面四周钉上木条，木条一般不小于 10mm × 10mm，倒角不小于 5mm × 5mm 圆角。硬边拼缝的内衬材料要按照衬板上所钉木条内侧的实际净尺寸下料，四周与木条之间应吻合、无缝隙，厚度宜高出木条 1~2mm，用环保型胶粘剂平整地粘贴在衬板上
3）制作软边拼缝的镶嵌衬板时，衬板按尺寸裁好即可。软边拼缝的内衬材料按衬板尺寸剪裁下料，四周必须剪裁整齐，与衬板边平齐，最后用环保型胶粘剂平整地粘贴在衬板上
4）衬板做好后应先上墙试装，以确定其尺寸是否准确，分缝是否通直、不错台，木条高度是否一致、平顺，然后取下来在衬板背面编号，并标注安装方向，在正面粘贴内衬材料。内衬材料的材质、厚度按设计要求选用
5）直接铺贴门扇软包时，应待墙面木装修、边框和油漆作业完成，达到交工条件，再按弹好的线对内衬材料进行剪裁下料，直接将内衬材料粘贴在底板或门扇上。铺贴好的内衬材料应表面平整，分缝顺直、整齐

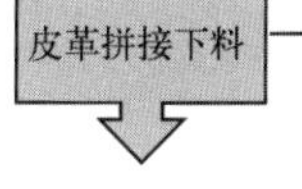

织物和人造革一般不宜进行拼接，采购订货时应考虑设计分格、造型等对幅宽的要求。如果皮革受幅面影响，需要进行拼接下料，拼接时应考虑整体造型，各小块的几何尺寸不宜小于 100~200mm，并使各小块皮革的鬃眼方向保持一致，接缝形式要满足设计要求

1）蒙面施工前，应确定面料的正、反面和纹理方向。一般织物面料的经线应垂直于地面、纬线沿水平方向
2）同一场所应使用同一批面料，并保证纹理方向一致，织物面料应进行拉伸熨烫平整后，再蒙面上墙
3）预制镶嵌衬板蒙面及安装：
（1）蒙面面料有花纹、图案时，应先蒙一块镶嵌衬板作为基准，再按编号将与其相邻的衬板面料对准花纹后进行裁剪
（2）面料裁剪根据衬板尺寸确定，面料的裁剪尺寸 = 衬板的尺寸 +2 × 衬板厚 +2 × 内衬材料厚 +（70~100）mm
（3）织物面料剪裁好以后，要先进行拉伸熨烫，再蒙到衬板已贴好的内衬材料上，从衬板的反面用马钉和胶粘剂固定。面料固定时要先固定上下两边（即织物面料的经线方向），四角叠整规矩后，固定另外两边
（4）蒙好的衬板面料应绷紧、无皱折，纹理平整、拉直，各块衬板的面料绷紧度要一致
（5）最后将包好面料的衬板逐块检查，确认合格后，按衬板的编号进行对号试安装，经试安装确认无误后，用钉、粘结合的方法固定到墙面底板上
4）直接铺贴门扇软包面层施工
（1）按已弹好的分格线、图案和设计造型，确定出面料分缝定位点，把面料按定位尺寸进行剪裁，剪裁时要注意相邻两块面料的花纹和图案应吻合

图 4.3–21 软／硬包类墙柱面的施工工艺流程及要点图（续）

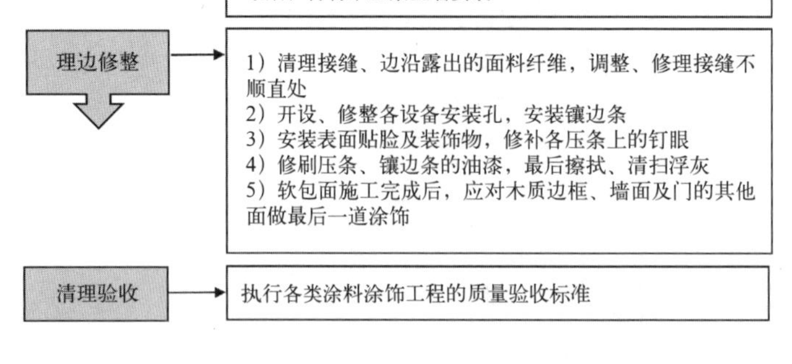

图 4.3–21　软／硬包类墙柱面的施工工艺流程及要点图（续）

4. 软／硬包类墙柱面验收

软／硬包类墙柱面工程质量验收标准请扫描二维码 4.3–6。

二维码 4.3–6

理论学习效果自我检查

1. 简述抹灰类墙柱面的分层构造。
2. 简述装饰抹灰墙柱面的构造及应用场合。
3. 简述瓷砖饰面构造要点，并用草图画出。
4. 画出花岗石或大理石干挂转角构造示意图。
5. 简述涂刷类饰面的优缺点。
6. 用草图画一款镶板类墙柱面构造。
7. 简述基层为砖墙与基层为混凝土墙板的外墙柱面抹灰施工流程和工艺的区别。
8. 简述内墙贴面施工流程和工艺。
9. 简述涂刷类墙柱面施工流程和工艺。
10. 简述裱糊类墙柱面施工流程和工艺。
11. 简述软／硬包类墙柱面施工流程和工艺。

理论实践一体化教学

项目 4.4　建筑室内墙柱面工程设计延伸扩展

在理解墙柱面工程材料、构造、施工基本原理的基础上，针对不同业主、不同工程、不同要求，特别是不同的材料、风格可以派生、扩展各式各样的设计方案。以下列举若干墙柱面工程的延伸与扩展设计，供大家学习参考。

4.4.1 不同的墙体

1. 有混凝土地梁和满挂钢丝网的轻质砖墙体

在基本原理中讲过由于轻质砖吸水性强，因此应在隔墙下部砌筑 2~3 皮实心黏土砖，以加强墙的结构强度。根据这一原理，图 4.4–1 给出了地下同混凝土地梁的构造方案。很显然，这一方案轻质砖墙体的结构强度更优。砂浆抹灰前在轻质砖表面满挂钢丝网，这样的构造可以防止墙体开裂。

2. 装配式镶板木饰面构造墙体

装配式装修在未来会越来越多，工厂化制作，现场装配可以大大提高建筑装饰的环保性，同时大大提高施工效率。因此，开发适合装配式要求的墙体构造一定会受到市场的欢迎。图 4.4–2 用一个简单的五金插片构件就实现了工厂制作成品木饰面、现场安装的要求。

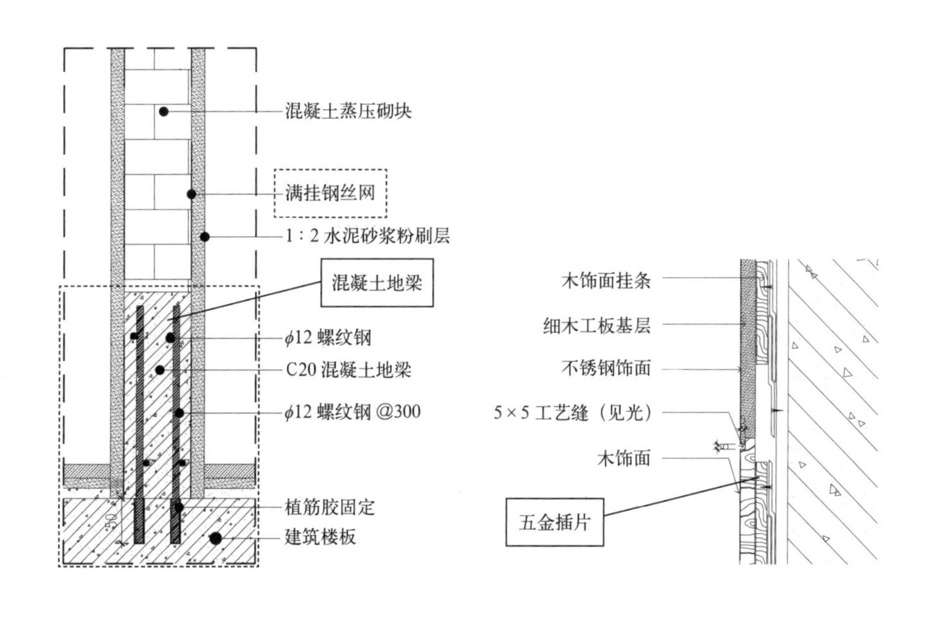

图 4.4–1 地下同混凝土地梁构造（左）
图 4.4–2 工厂制作成品木饰面现场安装构造（右）

图 4.4–3 的装配式木饰面墙体构造与图 4.4–2 的案例有异曲同工之妙。用一个简单的“木挂条”构件，就实现了工厂制作成品木饰面、现场安装的要求。这种施工工艺可以使装修工期大大压缩、现场环保程度大大提高。

图 4.4–4 也是装配式木饰面墙体构造，与图 4.4–3 的构造相比，只是墙体材料有所不同，图 4.4–4 的墙体材料是轻钢龙骨，而图 4.4–3 的墙体材料是混凝土。

图 4.4–5 一面是由卡式龙骨和专用干挂件组合的成品木饰面墙体构造，另一面是具有镜框的银镜饰面板墙体构造。这样的构造均可通过工厂制造、现场安装的模式来进行装修施工。

图 4.4–6 是通过卡式龙骨实现工厂制造、现场安装的镜面镶板式墙体构造。

图 4.4–7 是构造比较复杂的装配式木饰面电视背景墙，同样是工厂制造、

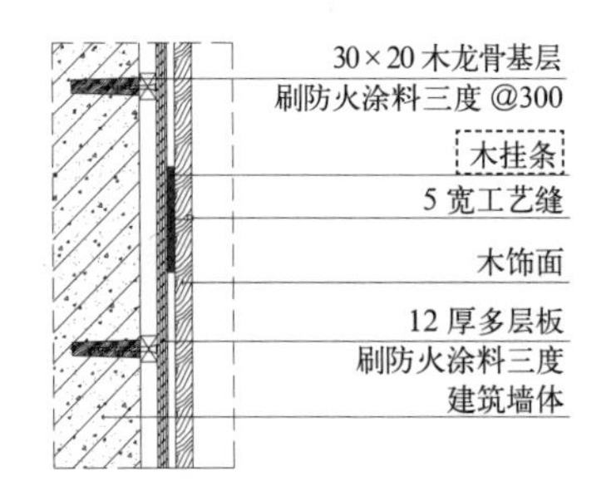

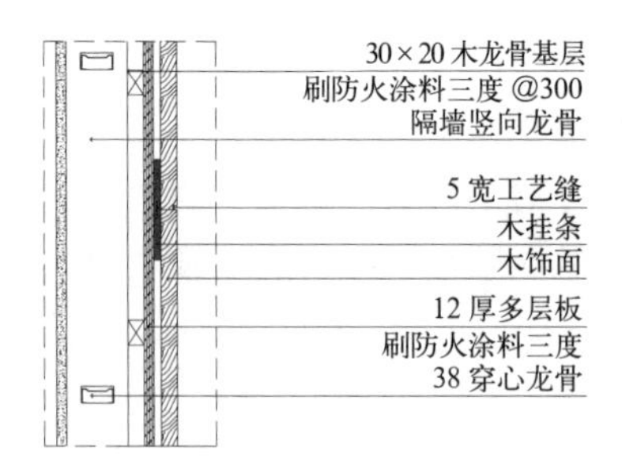

图 4.4–3 装配式木饰面墙体构造（一）（左）
图 4.4–4 装配式木饰面墙体构造（二）（右）

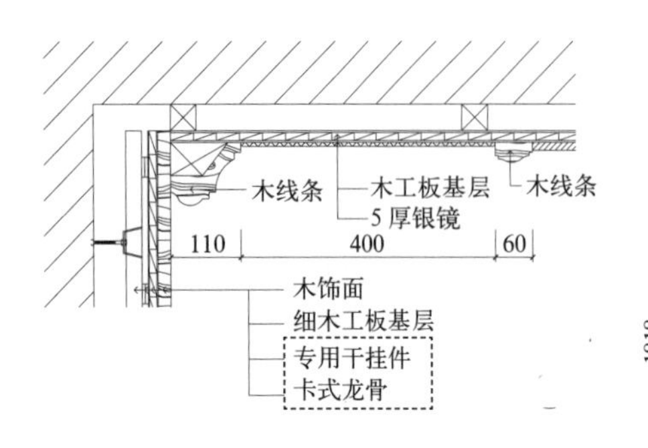

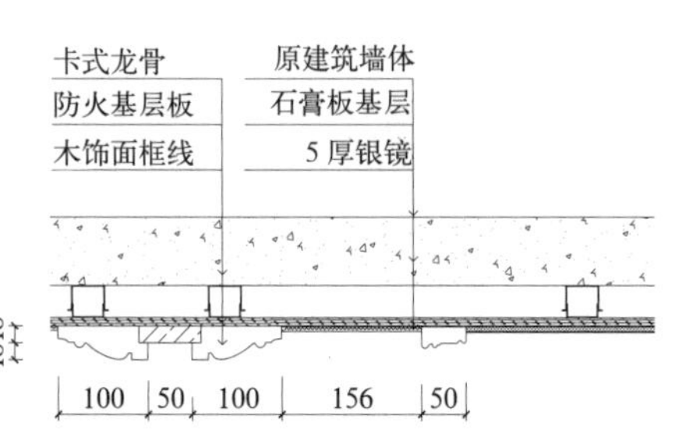

图 4.4–5 墙体构造（左）
图 4.4–6 镜面镶板式墙体构造（右）

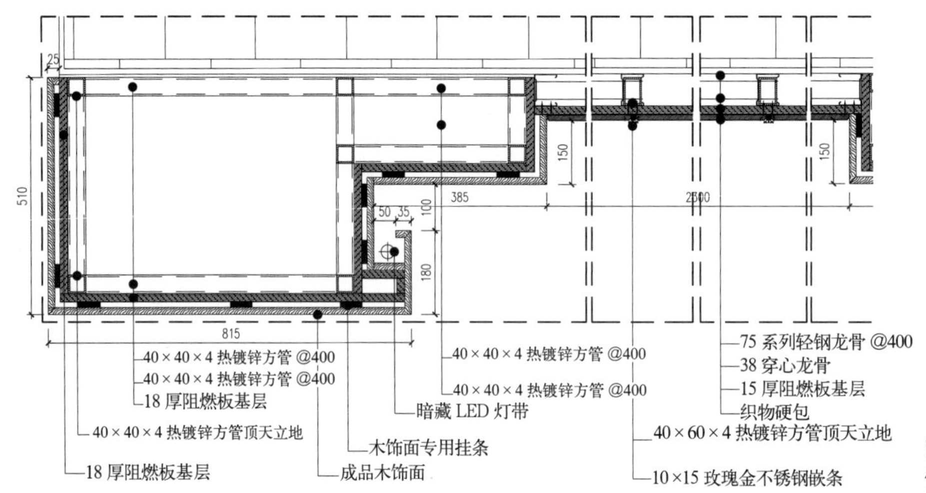

图 4.4–7 装配式木饰面电视背景墙

现场安装。先用热镀锌方管制造构造的电视背景墙骨架，然后用 18mm 厚的阻燃板做基层，配合专用的木饰面五金挂条，就可以轻松安装成品木饰面。

4.4.2 不同的软／硬包构造墙体

1. 干挂石材压边的硬包墙体

图 4.4–8 为干挂石材压边的硬包墙体构造。施工流程首先是硬包施工，然后再进行干挂石材边框的施工。

2. 不锈钢压条压边的墙体

用压条收口是最常见的软／硬包墙体构造。图 4.4–9 就是用不锈钢压条压边的软／硬包墙体构造。

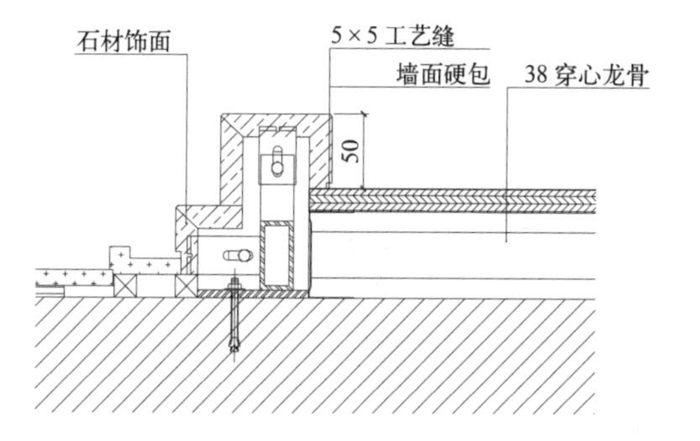

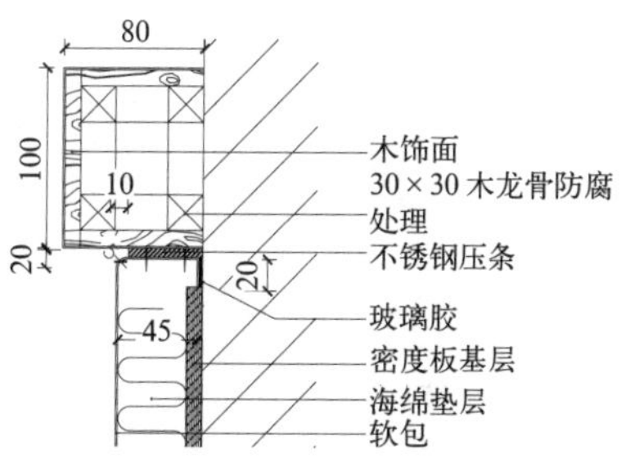

图 4.4–8 硬包墙体构造（左）
图 4.4–9 软／硬包墙体构造（一）（右）

图 4.4–10 是另一种形式的不锈钢压条压边的软／硬包墙体构造。

图 4.4–11 是软硬包通过与不锈钢边框衔接的方法收口的构造。

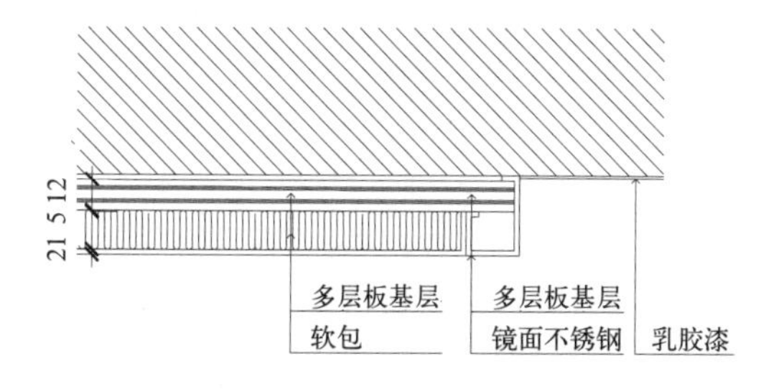

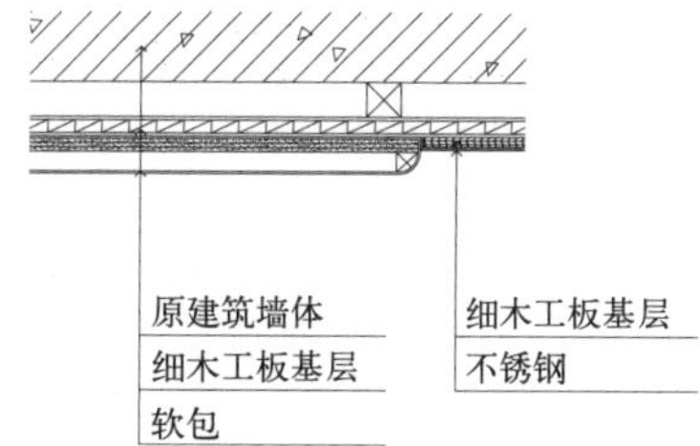

图 4.4–10 软／硬包墙体构造（二）（左）
图 4.4–11 软／硬包墙体构造（三）（右）

3. 石材踢脚线收口的落地板／硬包墙体

图 4.4–12 是基本落地的软／硬包构造，通过石材踢脚线与地面交接。

4. 50 覆面龙骨为骨架密度板基层的软／硬包墙体

图 4.4–13 的硬包施工工艺是以 50 覆面龙骨为骨架，以 9mm 密度板做基层，成品硬包直接通过专用胶粘贴。这种现场施工的方法比较简便、快速。

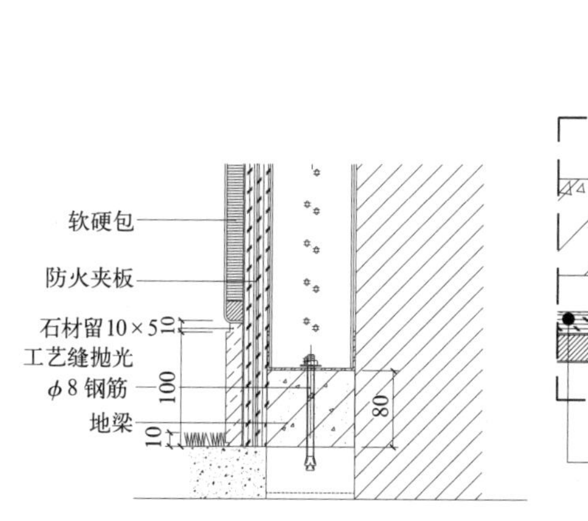

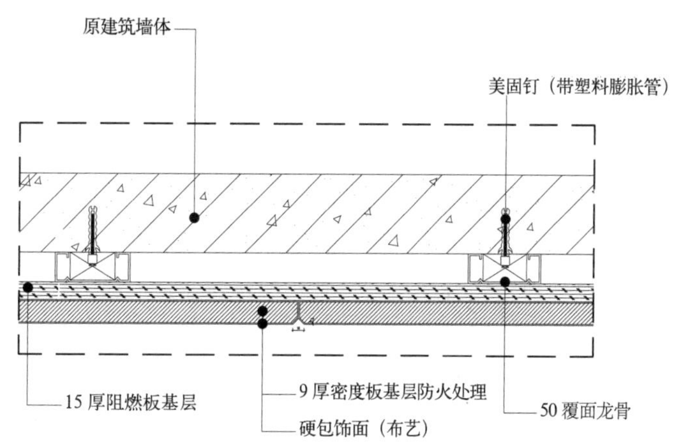

图 4.4–12 软／硬包墙体构造（四）（左）
图 4.4–13 硬包墙体构造（右）

4.4.3 不同基层材料的柱体

1. 方柱

图 4.4–14 是内为混凝土柱子的干挂石材方柱。其施工工艺是先预埋 250mm×150mm×8mm 的镀锌钢板，再安装 8 号镀锌槽钢，然后安装 5 号镀锌角钢作为干挂材料的龙骨。通过不锈钢干挂件固定石材，石材的四个角都要进行 3mm 倒角磨边，使石材不再锋利。

图 4.4–15 是内为钢柱的干挂石材方柱。其构造是在钢柱外先做一个抱箍。其他构造和施工工艺与图 4.4–12 相同。

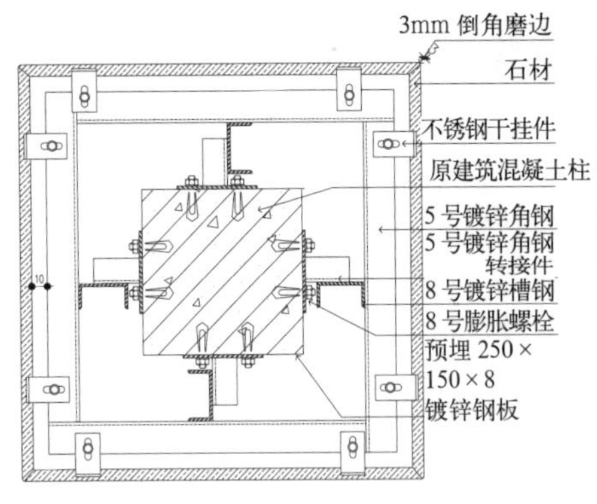

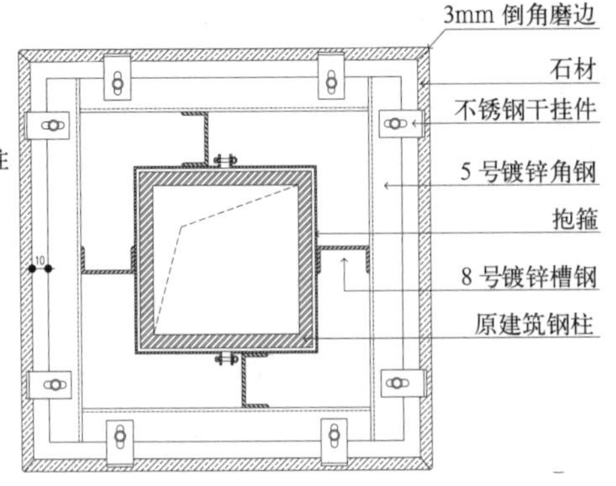

图 4.4–14 干挂石材方柱（内为混凝土柱子）构造（左）

图 4.4–15 干挂石材方柱（内为钢柱）构造（右）

图 4.4–16 是 5mm × 5mm 倒角，这是另外一种形式的柱体（墙体）收口。

2. 圆柱

图 4.4–17 是位于防火分区的内为混凝土圆柱的铝板圆柱。龙骨为 5 号角钢（防锈漆和银粉漆各三度）。铝板通过折弯机弯圆。两侧要做防火卷帘轨道的构造。

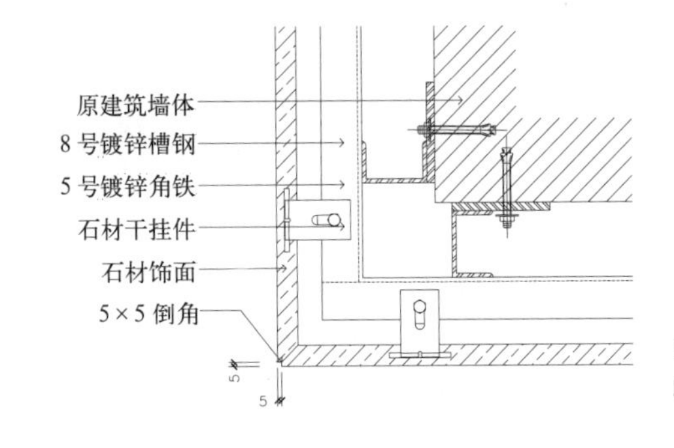

图 4.4–16 柱体（墙体）收口构造

图 4.4–18 是石材异形柱。石材通过石材磨边机加工。内为混凝土方柱，以 40mm × 80mm 的镀锌方管和 5 号镀锌角钢为龙骨，通过干挂工艺成型。毫无疑问，这样的柱子造价非常高，一般用在高端建筑的入口大厅等重要位置，实施案例见图 4.4–19。

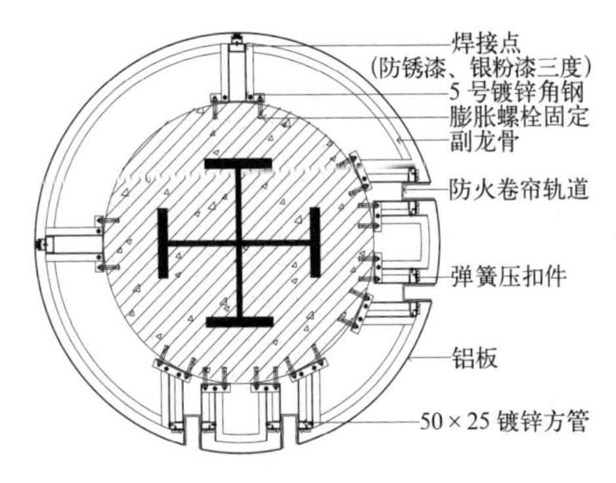

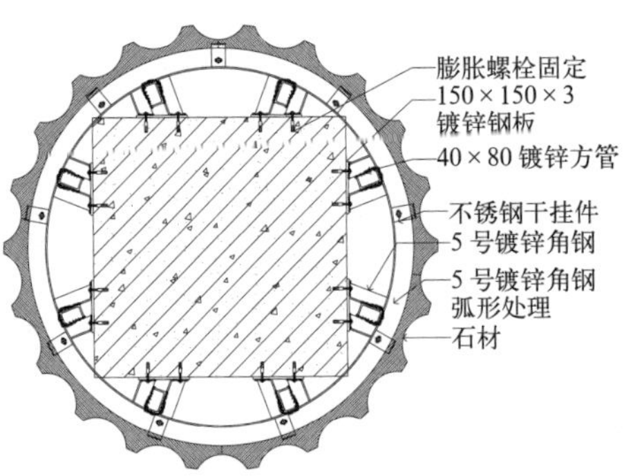

图 4.4–17 铝板圆柱构造（左）

图 4.4–18 石材异形柱构造（右）

通过以上举例我们可以发现，这些墙柱面的延伸扩展设计方案，在通常情况下其基本构造大同小异。但因为材料与风格变化的关系，其构造的细节和施工工艺发生了若干变化。只要我们能理解墙柱面常用的基础构造，明白其材料、构造、施工的基本原理，就可以做出千变万化的设计方案。

图 4.4–19　石材异形柱构造的实施案例

项目 4.5　建筑室内墙柱面工程设计应用案例

建筑室内墙柱面工程设计应用在公装项目或家装项目中，主要体现在方案设计或施工图设计的立面设计图以及相关的节点详图中。

4.5.1　公装案例

1. 立面设计图

立面设计图需要面面俱到，同时要显示界面造型、图面比例和材料及施工工艺要求。除此之外，还要详细标注节点大样的剖切位置和图纸索引编号。从本案例的效果图看，设计风格相当简约，按理只需要画出立面的几条简单的材料分割线条即可。但为了画面的丰富性，设计师用了一些填充的图案。这些填充图案在打印时最好设置为“淡显”，以显示出画面的层次。

1）前台区。前台立面是公司的形象面，展现公司企业文化与特色。公司的设计风格是现代简约，用材单一、界面简洁，立面设计语言非常简练、清爽；色彩统一、明快。前台区立面索引图见图 4.5–1，前台区效果图见图 4.5–2，高清效果图扫描二维码 4.5–1 查看。前台区 C 立面图见图 4.5–3，其他高清立面设计图可扫描二维码 4.5–2 查看。

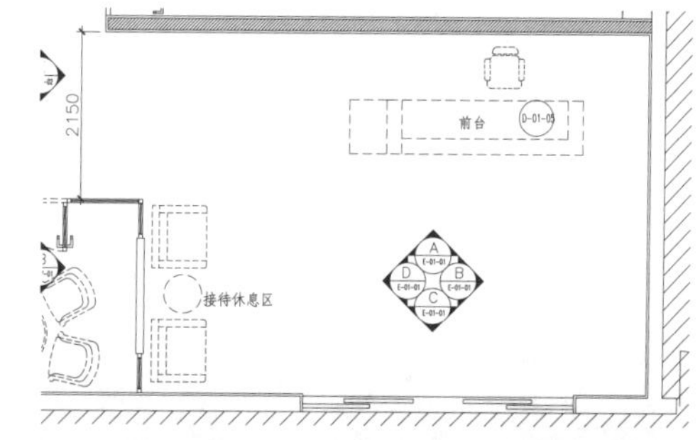

二维码 4.5–1

图 4.5–1　前台区立面索引图（上）
图 4.5–2　前台区效果图（下）

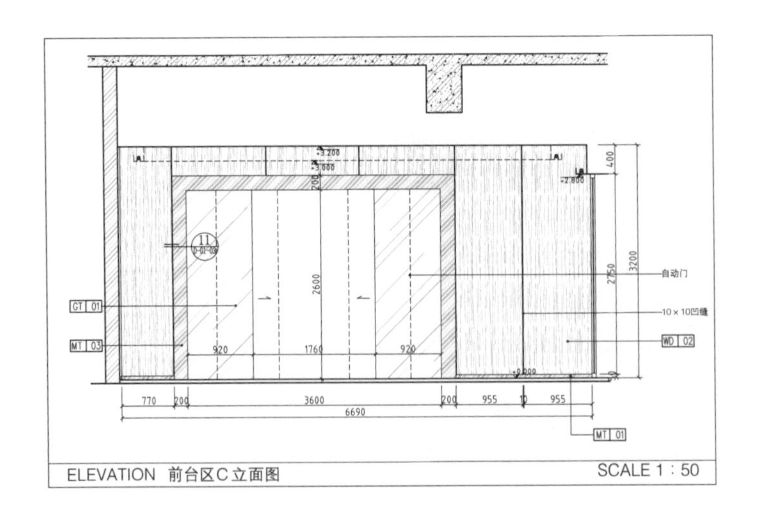

二维码 4.5–2

图 4.5–3 前台区 C 立面图

2）开放办公区。开放办公区立面索引图见图 4.5–4，开放办公区效果图见图 4.5–5，高清效果图扫描二维码 4.5–3 查看。从平面索引看，是个开放大空间，由 12 个工位加一个主管工位组成，大小空间组合，设计相当紧凑。开放办公区 D 立面是由玻璃幕墙和木质镶板式墙体组合，窗下、墙上为大理石界面，见图 4.5–6，其他高清立面设计图可扫描二维码 4.5–4、二维码 4.5–5 查看。

二维码 4.5–3

二维码 4.5–4

二维码 4.5–5

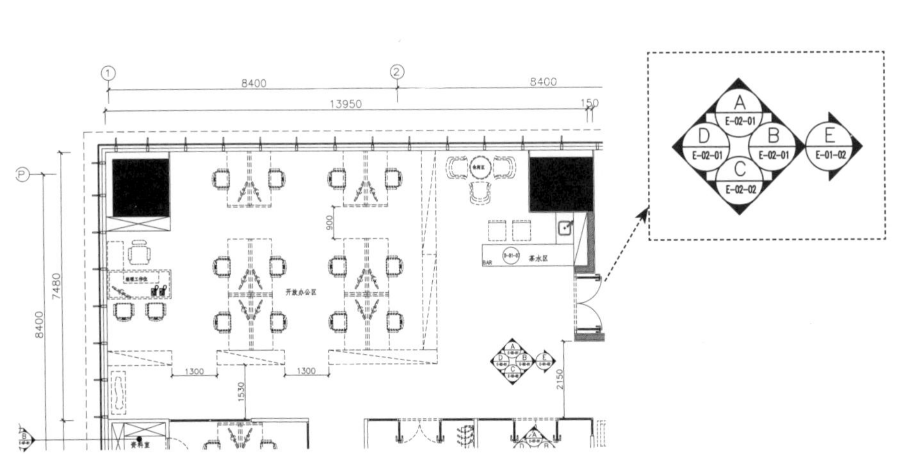

图 4.5–4 开放办公区立面索引图

图 4.5–5 开放办公区效果图

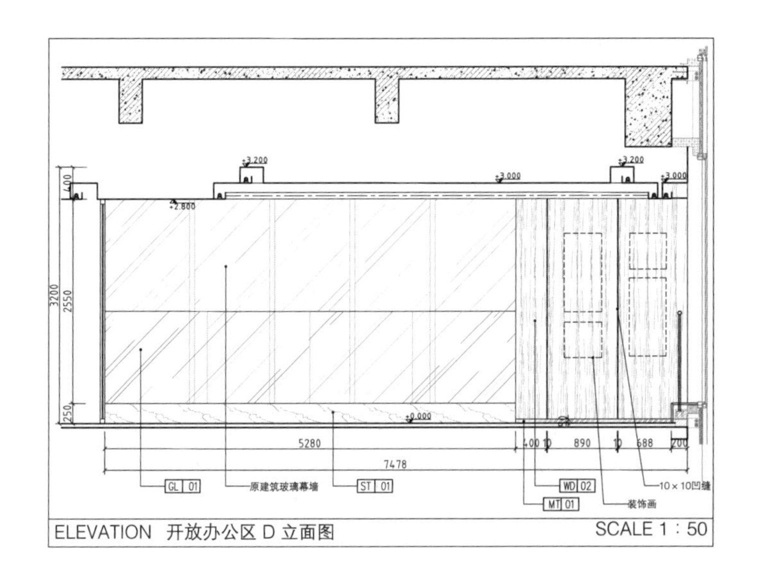

图 4.5–6　开放办公区 D 立面图

3）通道区。由两侧隔墙围合而成，通道区立面索引图见图 4.5–7。图 4.5–8 是通道的重点——双开玻璃门，设计相当简约大方。其他高清立面设计图可扫描二维码 4.5–6 查看。

二维码 4.5–6

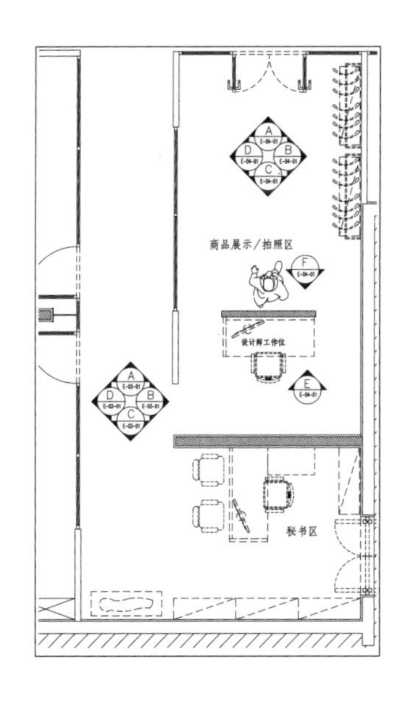

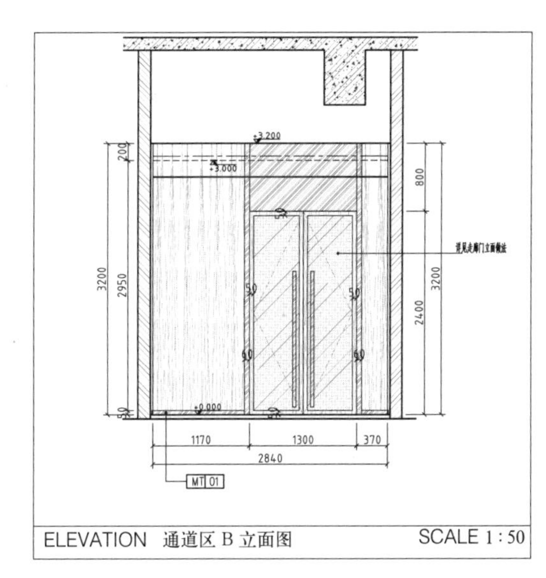

图 4.5–7　通道区立面索引图（左）
图 4.5–8　通道区 B 立面图（右）

4）商品展示区。商品展示区立面索引图见图 4.5–9，商品展示区 B 立面见图 4.5–10，是一个展示货架。其他高清立面设计图可扫描二维码 4.5–7 查看。

5）总经理办公室。总经理办公室立面索引图见图 4.5–11，总经理办公室 B 立面图见图 4.5–12，是由玻璃隔墙和木质镶板隔墙组合，延续了公司整体的设计风格。其他高清立面设计图可扫描二维码 4.5–8 查看。

二维码 4.5–7

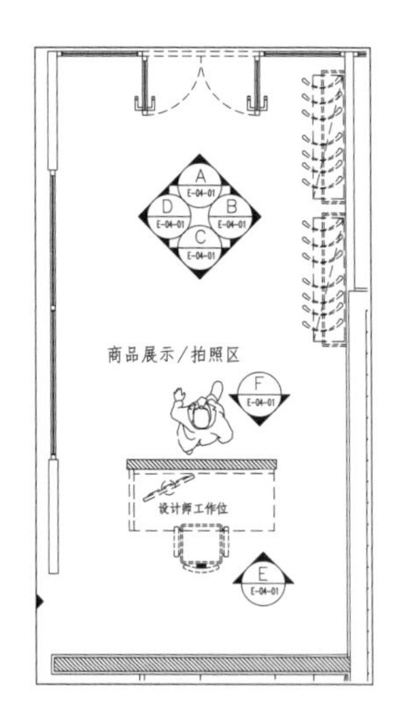

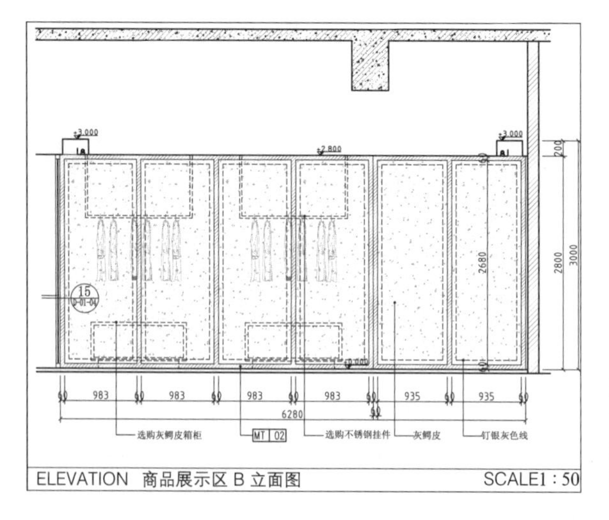

图 4.5–9 商品展示区立面索引图（左）
图 4.5–10 商品展示区 B 立面图（右）

二维码 4.5–8

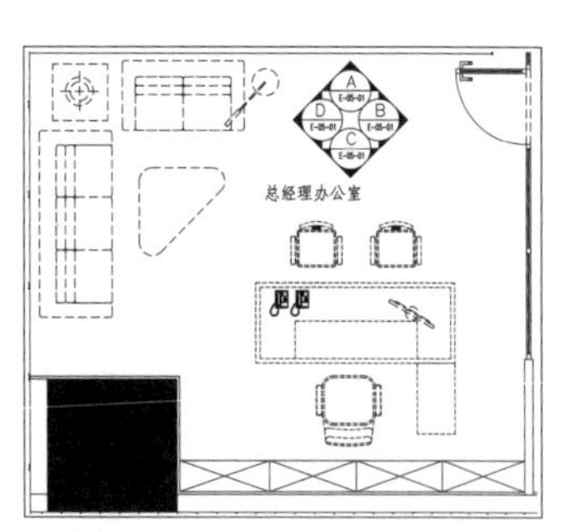

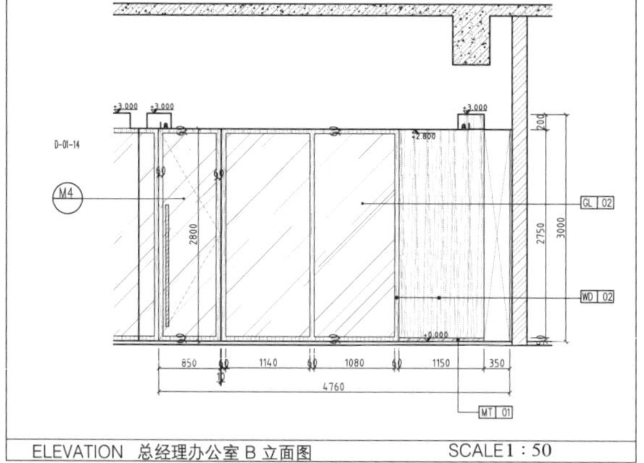

图 4.5–11 总经理办公室立面索引图（左）
图 4.5–12 总经理办公室 B 立面图（右）

6）资料室 / 洽谈区。资料室立面索引图见图 4.5–13，资料室 A 立面图见图 4.5–14，是资料室的资料柜设计。其他高清立面设计图可扫描二维码 4.5–9 查看。洽谈区立面索引图见图 4.5–15，洽谈区 A 立面图见图 4.5–16，是由玻璃隔墙和玻璃双开门组合。其他高清立面设计图可扫描二维码 4.5–10 查看。

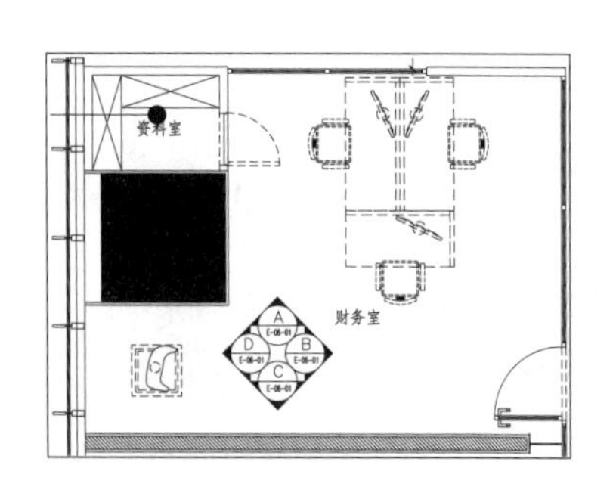

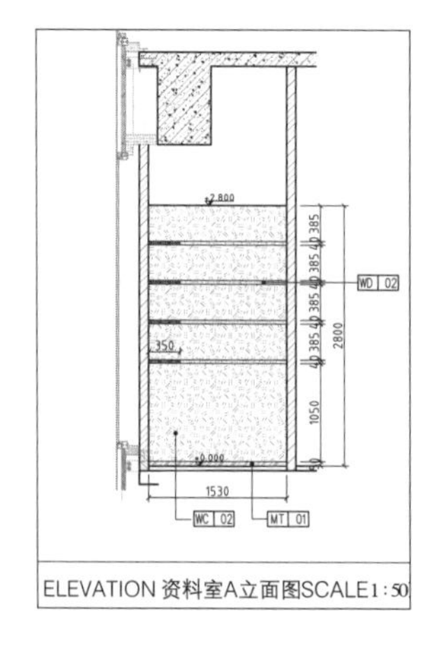

二维码 4.5–9

图 4.5–13 资料室立面索引图（左）
图 4.5–14 资料室 A 立面图（右）

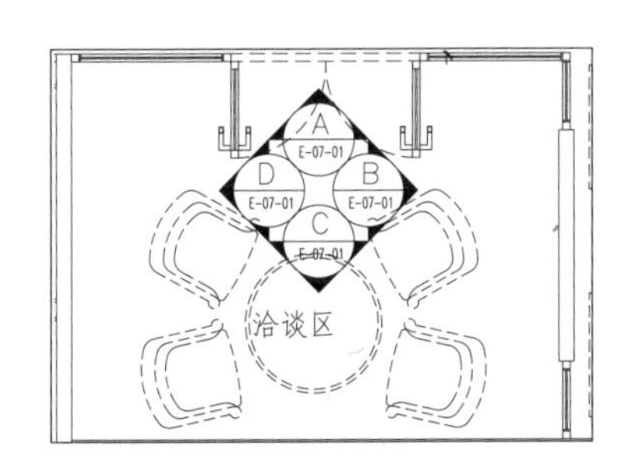

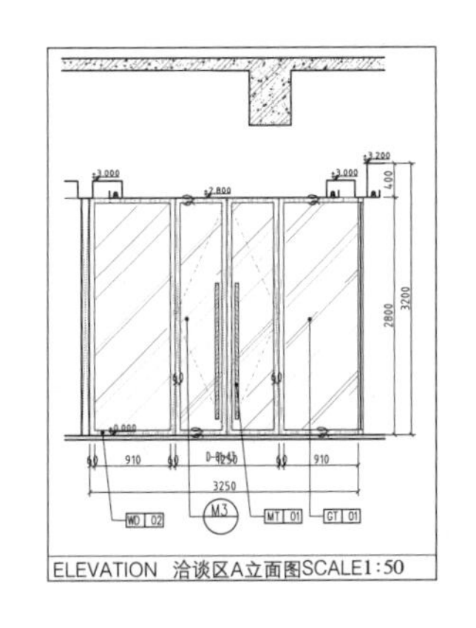

二维码 4.5–10

图 4.5–15 洽谈区立面索引图（左）
图 4.5–16 洽谈区 A 立面图（右）

7）会议室。会议室立面索引图见图 4.5–17，会议室 D 立面图见图 4.5–18，设计语言相当简洁。其他高清立面设计图可扫描二维码 4.5–11 查看。

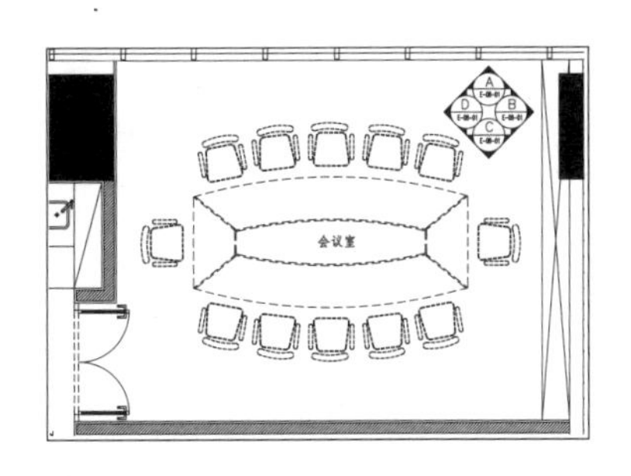

注：立面图中所索引的门窗将在细部工程的课题中展开。

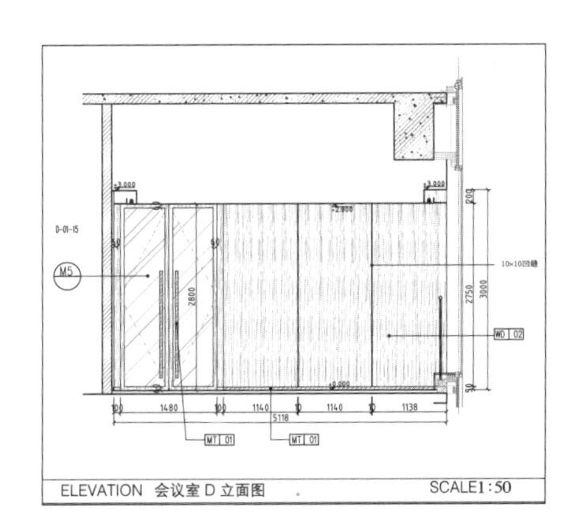

二维码 4.5–11

图 4.5–17 会议室立面索引图（左）
图 4.5–18 会议室 D 立面图（右）

2. 立面图中引出的详图

1）立面图中的门立面详图。玻璃门是这个设计的重点，所以设计细节必须交代清楚。前台门、沙发背景 12、13 节点大样图见图 4.5–19。

图 4.5–19 前台门、沙发背景 12、13 节点大样图

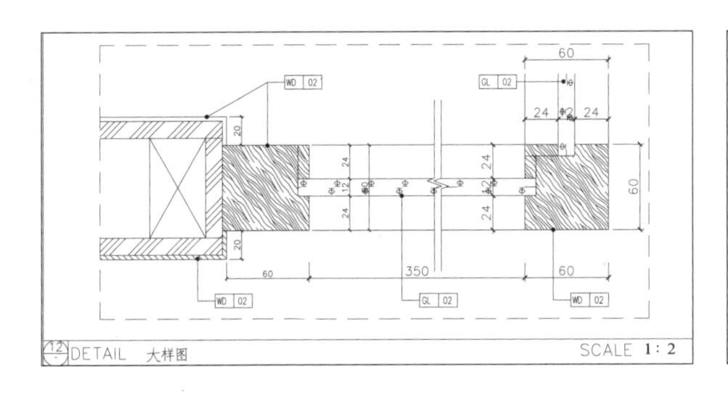

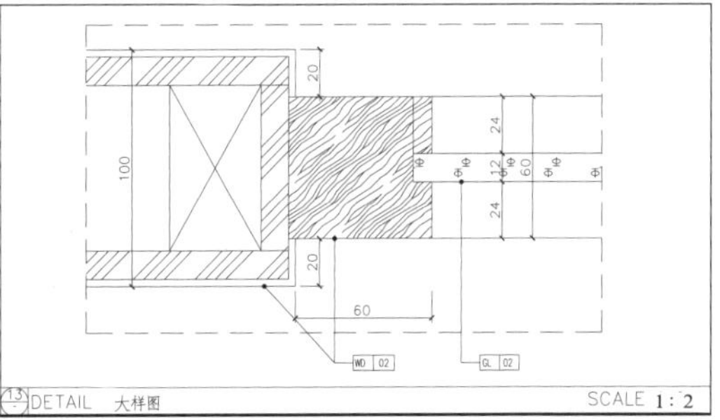

2）其他从立面引出的详图。商品区立面 15、16 节点大样图见图 4.5–20。其他立面图中引出的详图：开放办公区 16 节点大样图、开放办公区 18 节点大样图、总经理办公室节点大样图、财务室 10 节点大样图扫描二维码 4.5–12 查看。

二维码 4.5–12

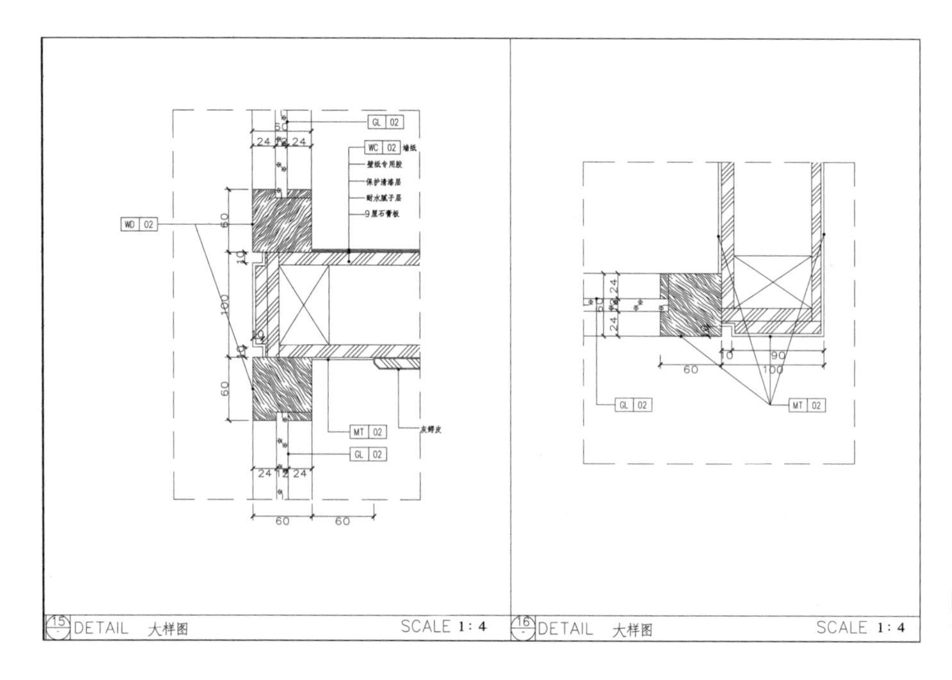

图 4.5–20　商品区立面 15、16 节点大样图

3. 立面设计材料清单

立面设计材料清单见图 4.5–21。

Ⅲ.Metal——（MT）金属				
MT–01	镜面本色不锈钢		各空间	未注明厚度均为1.5mm厚度
MT–02	雾化黑色不锈钢		各空间	未注明厚度均为1.5mm厚度
MT–03	拉丝面不锈钢		各空间	未注明厚度均为1.5mm厚度
Ⅳ.Wood——（WD）木饰面				
WD–01	白色烤漆板		小户型办公室	表面木皮0.6mm厚
WD–02	黑鳄木饰面		大户型办公室	表面木皮0.6mm厚
WD–03	尼斯木饰面		大户型办公室	表面木皮0.6mm厚
WD–04	橡木地板		大户型办公室	表面木皮0.6mm厚
Ⅵ.Wall cloth——（WC）墙纸				
WC–01	墙纸01		大户型办公室	详见施工图
Ⅶ.Glass——（GL）玻璃				
GL–01	钢化清玻璃		墙面	12mm，如有特殊要求详见施工图
GL–02	晶格玻璃		大户型办公室	12mm，如有特殊要求详见施工图

图 4.5–21　立面设计材料清单

4. 立面设计施工说明

它是立面图和详图的技术信息补充。重点说明墙纸与木作部分的施工工艺以及技术标准，因为这是整个设计的重点，见图 4.5–22。

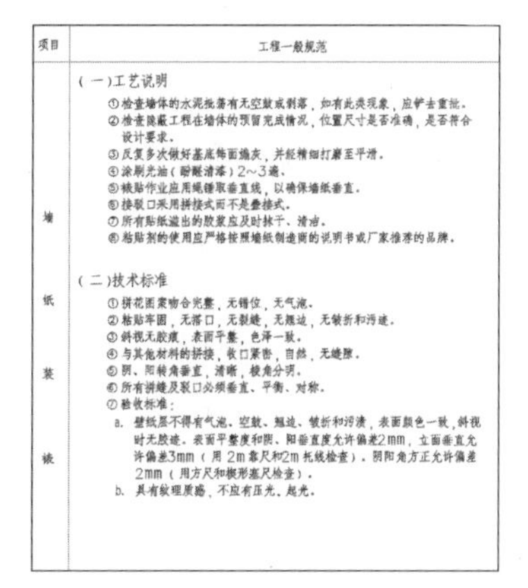

项目	工程一般规范
墙纸装裱	（一）工艺说明 ①检查墙体的水泥批荡有无空鼓或剥落，如有此类现象，应铲去重批。 ②检查隐蔽工程在墙体的预留完成情况，位置尺寸是否准确，是否符合设计要求。 ③反复多次做好基底饰面腻灰，并经精细打磨至平滑。 ④涂刷光油（酚醛清漆）2～3遍。 ⑤裱贴作业应用绳锤取垂直线，以确保墙纸垂直。 ⑥接驳口采用拼接式而不是叠接式。 ⑦所有贴纸溢出的胶浆应及时抹干、清洁。 ⑧粘贴剂的使用应严格按照墙纸制造商的说明书或厂家推荐的品牌。 （二）技术标准 ①拼花图案吻合完整，无错位，无气泡。 ②粘贴牢固，无搭口，无裂缝，无翘边，无皱折和污迹。 ③斜视无胶痕，表面平整，色泽一致。 ④与其他材料的拼接，收口紧密，自然，无缝隙。 ⑤阴、阳转角垂直，清晰，棱角分明。 ⑥所有拼缝及裂口必须垂直、平衡、对称。 ⑦验收标准： a. 壁纸层不得有气泡、空鼓、翘边、皱折和污渍，表面颜色一致，斜视时无胶迹。表面平整度和阴、阳垂直度允许偏差2mm，立面垂直允许偏差3mm（用2m靠尺和2m托线检查）。阴阳角方正允许偏差2mm（用方尺和楔形塞尺检查）。 b. 具有纹理质感，不应有压光、起光。

(a)

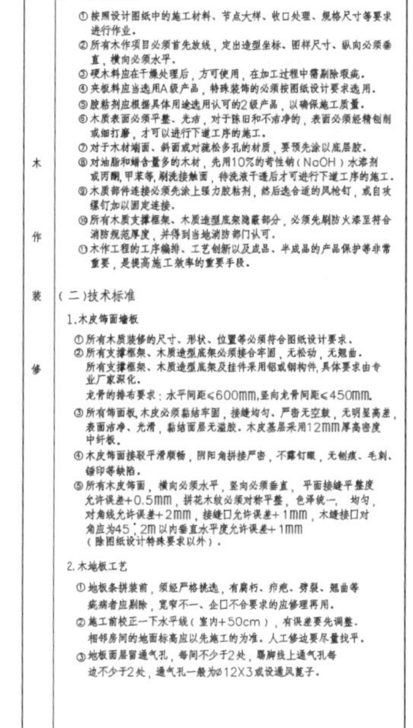

项目	工程一般规范
木作装修	（一）工艺说明 ①按照设计图纸中的施工材料、节点大样、收口处理、规格尺寸等要求进行作业。 ②所有木作项目必须首先放线，定出造型坐标、图样尺寸、纵向必须垂直，横向必须水平。 ③硬木料应在干燥处理后，方可使用，在加工过程中需剔除瑕疵。 ④夹板料应当选用A级产品，特殊装饰的必须按图纸设计要求选用。 ⑤胶粘剂应根据具体用途选用认可的2级产品，以确保施工质量。 ⑥木质表面必须平整、光洁，对于陈旧和不洁净的，表面必须经精刨削或细打磨，才可以进行下道工序的施工。 ⑦对于木材端面、斜面或对疏松多孔的材质，要预先涂以底层胶。 ⑧对油脂和蜡含量多的木材，先用10%的苛性钠（NaOH）水溶剂或丙酮，甲苯等，刷洗接触面，待洗液干透后才可进行下道工序的施工。 ⑨木质部件连接必须先涂上强力胶粘剂，然后选合适的风枪钉，或自攻螺钉加以固定连接。 ⑩所有木质支撑框架、木质造型底架隐蔽部分，必须先刷防火漆至符合消防规范厚度，并得到当地消防部门认可。 ①木作工程的工序编排、工艺创新以及成品、半成品的产品保护等非常重要，是提高施工效率的重要手段。 （二）技术标准 1.木皮饰面墙板 ①所有木质装修的尺寸、形状、位置等必须符合图纸设计要求。 ②所有支撑框架、木质造型底架必须接合牢固，无松动，无翘曲。 所有支撑框架、木质造型底架及挂件采用铝或钢构件，具体要求由专业厂家深化。 龙骨的排布要求：水平间距≤600mm，竖向龙骨间距≤450mm。 ③所有饰面板，木皮必须黏结牢固，接缝均匀、严密无空鼓，无明显高差，表面洁净、光滑，黏结面层无溢胶。木皮基层采用12mm厚高密度中纤板。 ④木皮饰面接驳平滑顺畅，阴阳角拼接严密，不露钉眼，无刨痕、毛刺、锤印等缺陷。 ⑤所有木皮饰面，横向必须水平，竖向必须垂直，平面接缝平整度允许误差+0.5mm，拼花木纹必须对称平整，色泽统一，均匀，对角线允许误差+2mm，接缝口允许误差+1mm，木缝接口对角应为45°，2m以内垂直水平度允许误差+1mm（除图纸设计特殊要求以外）。 2.木地板工艺 ①地板条拼装前，须经严格挑选，有腐朽、疖疤、劈裂、翘曲等疵病者应剔除，宽窄不一、企口不合要求的应修理再用。 ②施工前校正一下水平线（室内+50cm），有误差要先调整。相邻房间的地面标高应以先施工的为准。人工修边要尽量找平。 ③地板面层留通气孔，每间不少于2处，踢脚线上通气孔每边不少于2处，通气孔一般为ø12X3或设通风篦子。

(b)

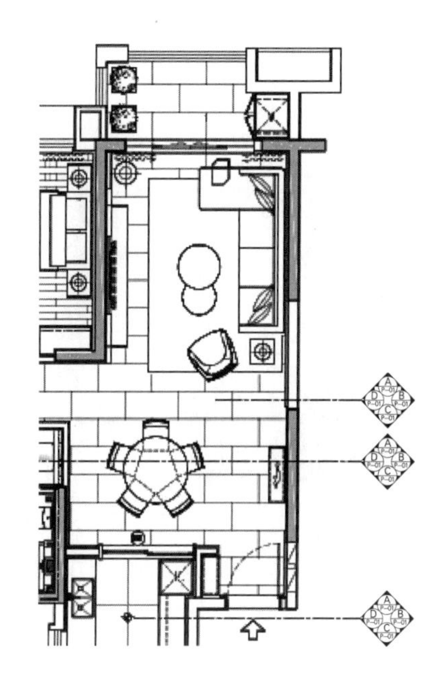

图 4.5-22　墙纸及木作工程一般规范（左）

图 4.5-23　客、餐厅立面索引图（右）

二维码 4.5-13

4.5.2　家装案例

1. 立面设计图

根据平面图的指引，按重要程度先后排序：客厅、餐厅、主卧＋主卫、次卧＋次卫、儿童房、厨房分别画出各个空间东南西北立面图。

1）客厅、餐厅。客、餐厅立面索引图见图 4.5-23，客、餐厅 A、B 立面图见图 4.5-24，C、D 立面图扫描二维码 4.5-13 查看。

2）主卧。主卧立面索引图见图 4.5-25，主卧 C、D 立面图见图 4.5-26，A、B 立面图扫描二维码 4.5-14 查看。

二维码 4.5-14

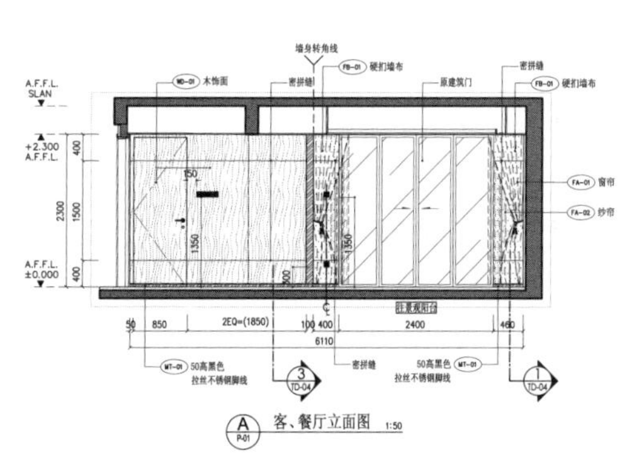

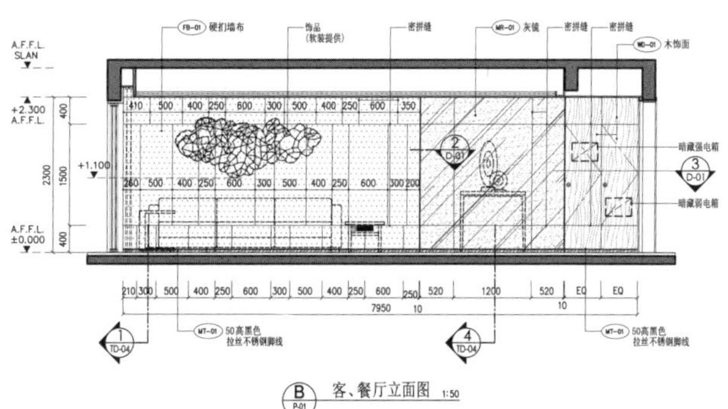

图 4.5-24　客、餐厅 A、B 立面图

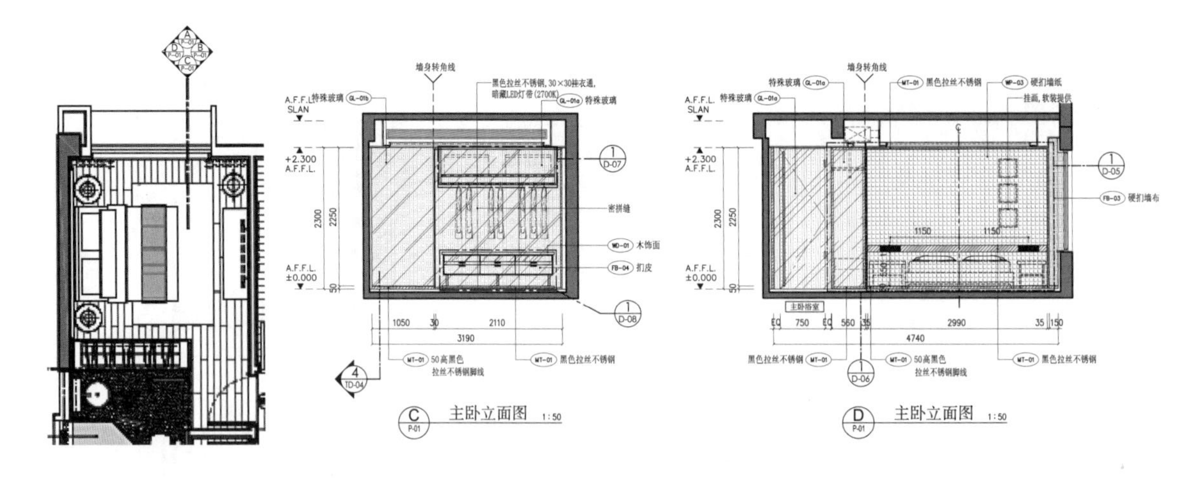

3）主卫。主卫立面索引图见图 4.5–27，主卫 C、D 立面图见图 4.5–28，A、B、E 立面图扫描二维码 4.5–15 查看。

图 4.5–25　主卧立面索引图（左）

图 4.5–26　主卧 C、D 立面图（右）

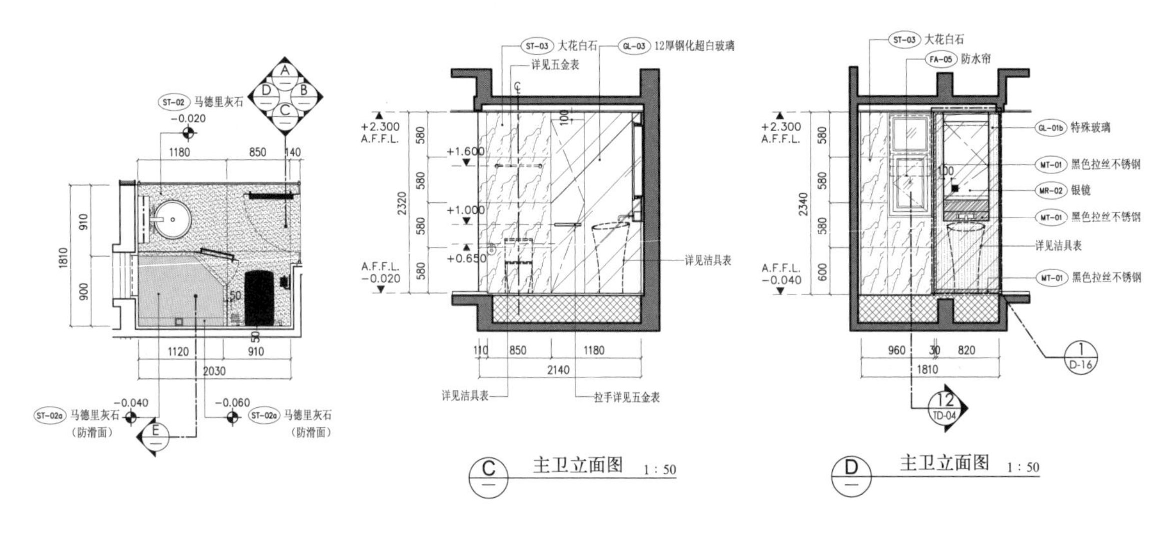

图 4.5–27　主卫立面索引图（左）

图 4.5–28　主卫 C、D 立面图（右）

二维码 4.5–15

二维码 4.5–16

4）次卧。次卧立面索引图见图 4.5–29，次卧 A、B 立面图见图 4.5–30，C、D 立面图扫描二维码 4.5–16 查看。

5）次卫。次卫立面索引图见图 4.5–31，次卫 A、B 立面图见图 4.5–32，C、D、E 立面图扫描二维码 4.5–17 查看。

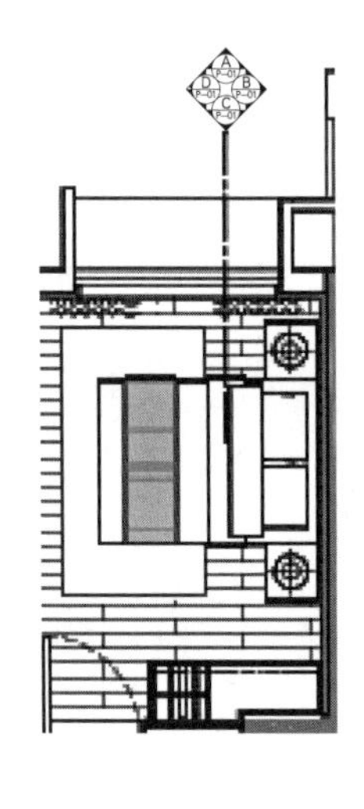

图 4.5–29　次卧立面索引图

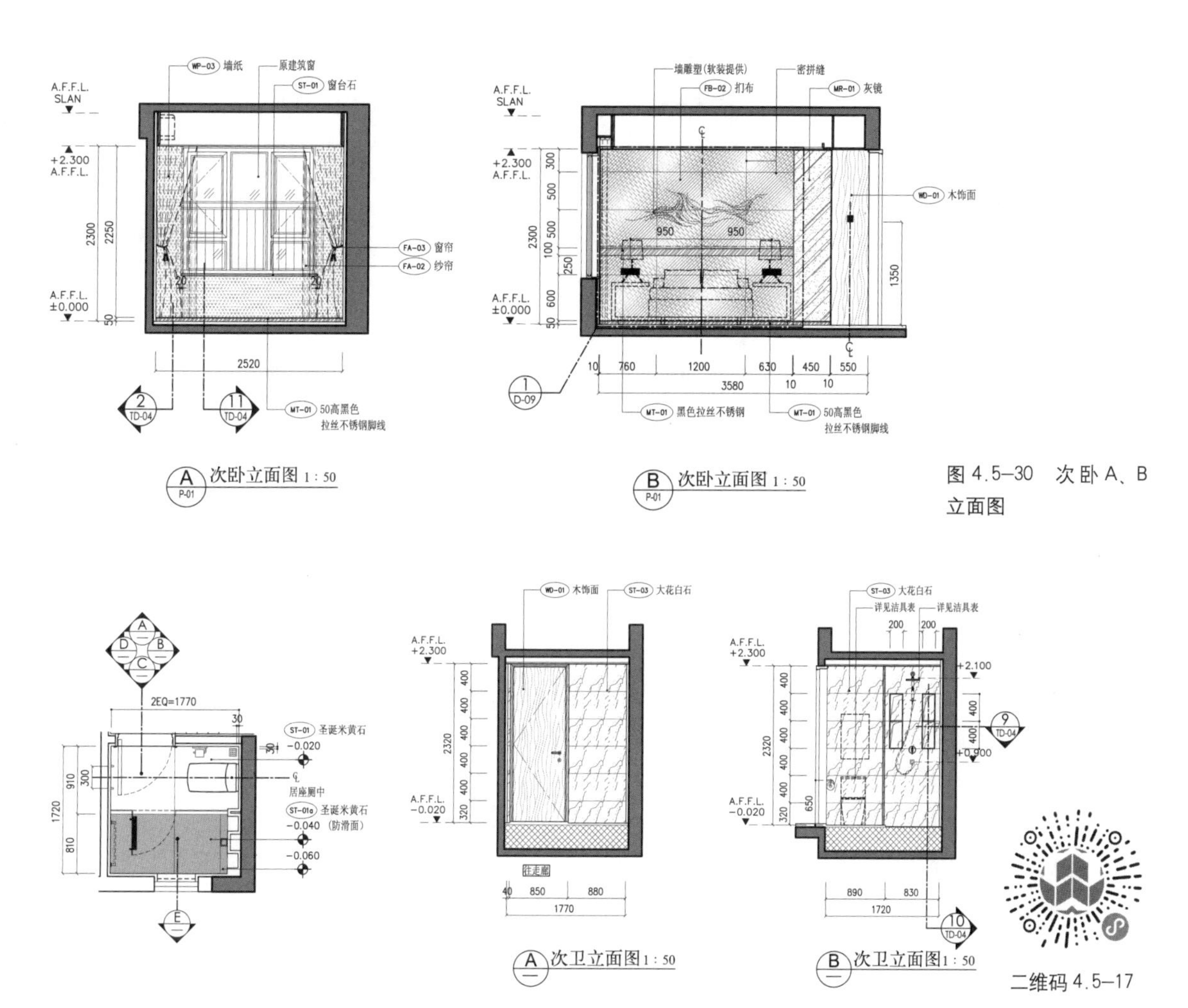

图 4.5–30 次卧 A、B 立面图

二维码 4.5–17

图 4.5–31 次卫立面索引图（左）

图 4.5–32 次卫 A、B 立面图（右）

6）儿童房。儿童房立面索引图见图 4.5–33，儿童房 C、D 立面图见图 4.5–34，A、B 立面图扫描二维码 4.5–18 查看。

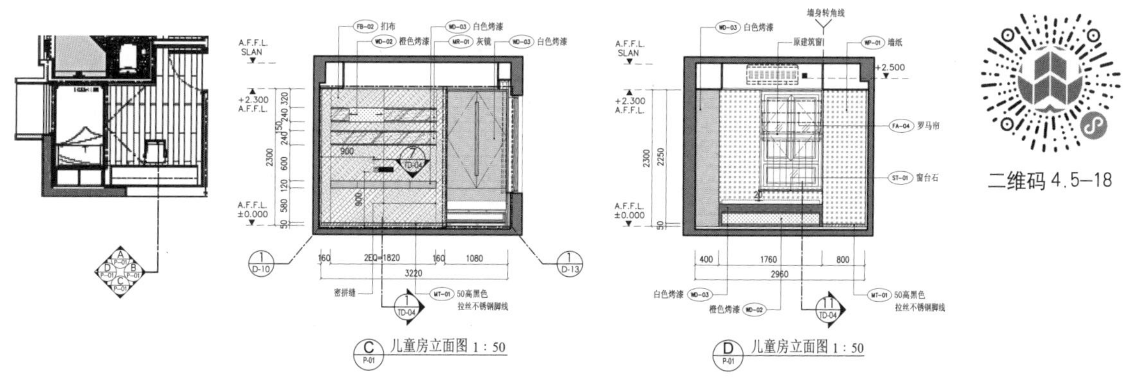

二维码 4.5–18

图 4.5–33 儿童房立面索引图（左）

图 4.5–34 儿童房 C、D 立面图（右）

7）厨房。厨房立面索引图见图 4.5–35，厨房 C、D 立面图见图 4.5–36，A、B 立面图扫描二维码 4.5–19 查看。

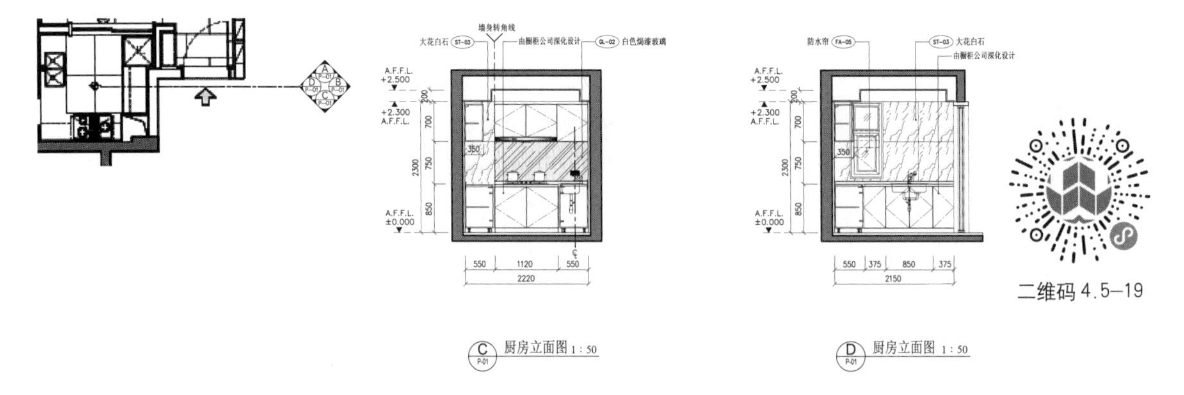

二维码 4.5–19

图 4.5–35 厨房立面索引图（左）
图 4.5–36 厨房 C、D 立面图（右）

2. 节点详图

好的设计案例，立面图都画得很全面，而且主要部位、各个细节都会引出详尽的详图、剖面图和节点大样图，标注详细的造型、材料、构造、尺寸、工艺。这样才可以让施工人员准确理解设计师的设计意图，最终完美地做出设计师设想的设计效果。本案例非常深入具体地体现了什么是好的施工图，什么是深入的施工图。

1）客、餐厅详图。客、餐厅是设计的重点，本案例客厅具有特殊设计的墙身装饰，设计师在立面图的基础上通过详图、剖面图的形式，进一步深入细致地表现了设计细节。

客厅的电视墙是重中之重，设计师在图 4.5–37 客厅电视背景大样图上用一个详图和 A、B 两个横竖剖面图，全方位详细展示了设计细节。在电视柜的收口部位，用 D02–a 和 D02–b 索引出两个节点大样图，进一步解读设计细节。

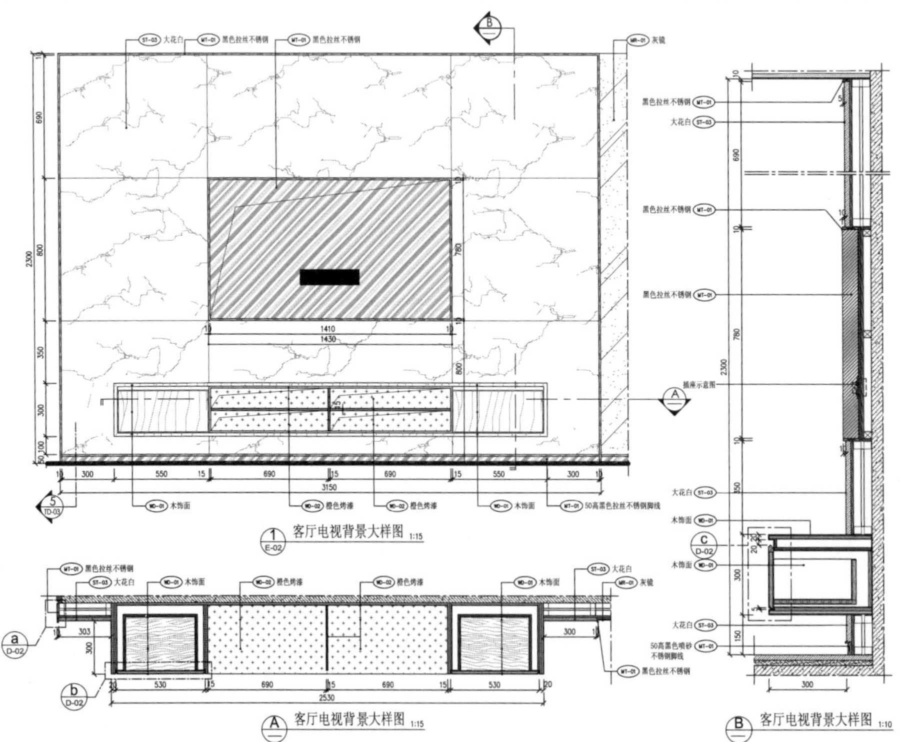

图 4.5–37 客厅电视背景大样图

图 4.5–38 ①号节点图表现了特殊的墙身设计，此图不但造型、材料、构造、尺寸均非常具体，而且还进一步引出了一个横剖面图。③号节点图包含一个弱电箱前面柜体的剖面图和图 4.5–37 中 D02–a、D02–b 索引出的两个节点大样图。

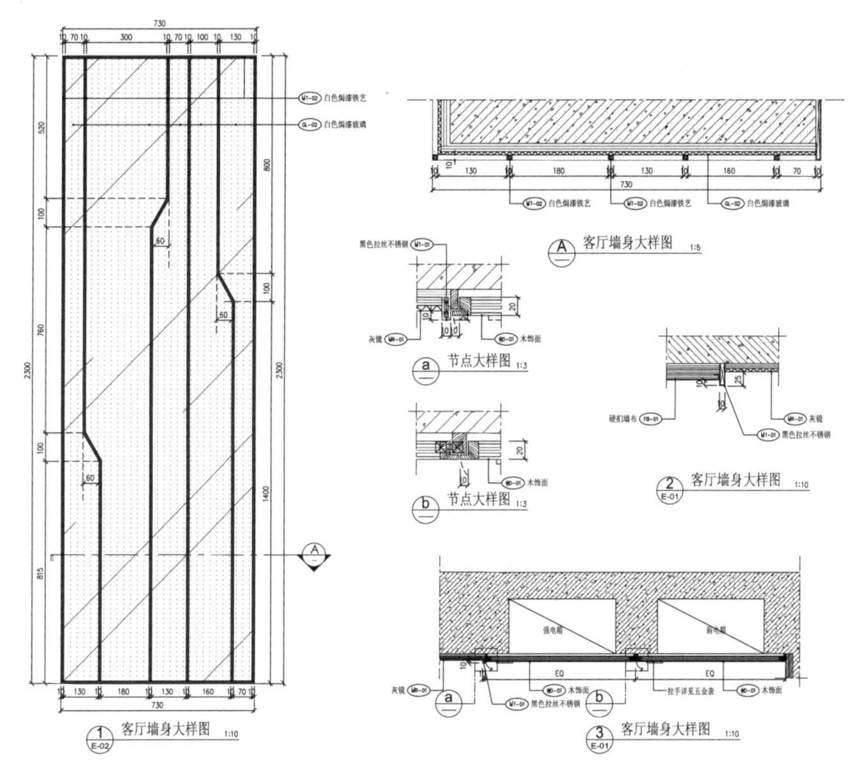

图 4.5–38　客厅墙身大样图（一）

图 4.5–39 为客厅墙身大样图。客、餐厅需要表现的内容较多，大家可以扫描二维码 4.5–20 进一步查看其他细节。

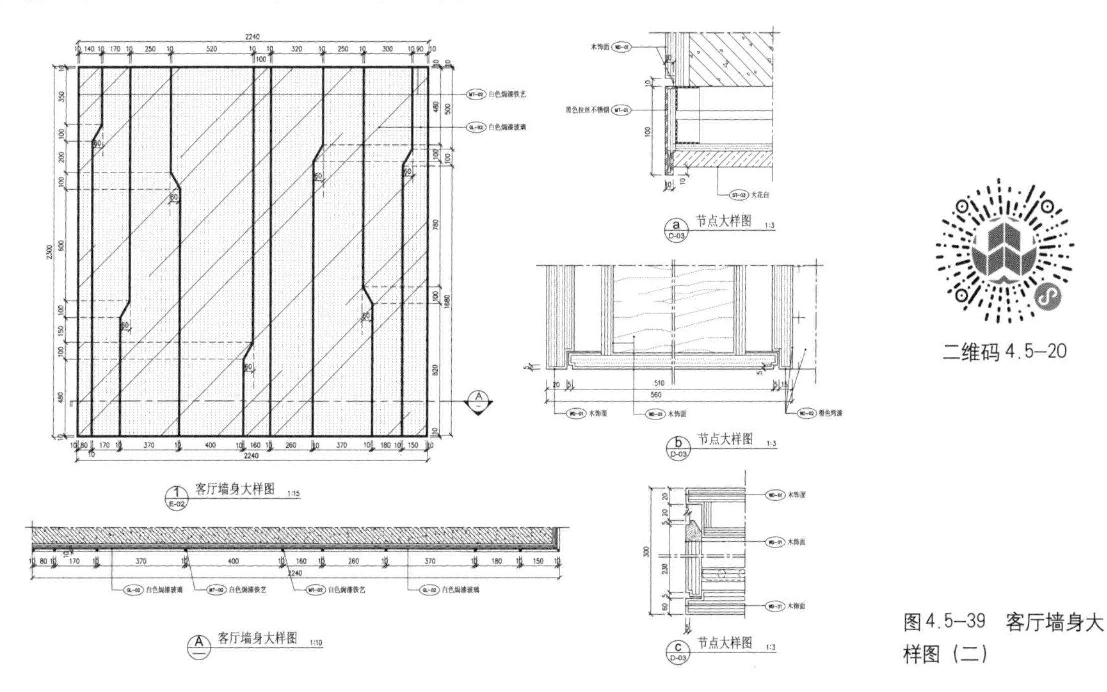

二维码 4.5–20

图 4.5–39　客厅墙身大样图（二）

特别说明在立面图中引出的 TD–04，表现了 12 个墙身节点，见图 4.5–40。这里仅展示了部分节点大样图，其他节点大样图可扫描二维码 4.5–21 查看。可以说通过这些图纸，客、餐厅的所有细节表现得非常充分。

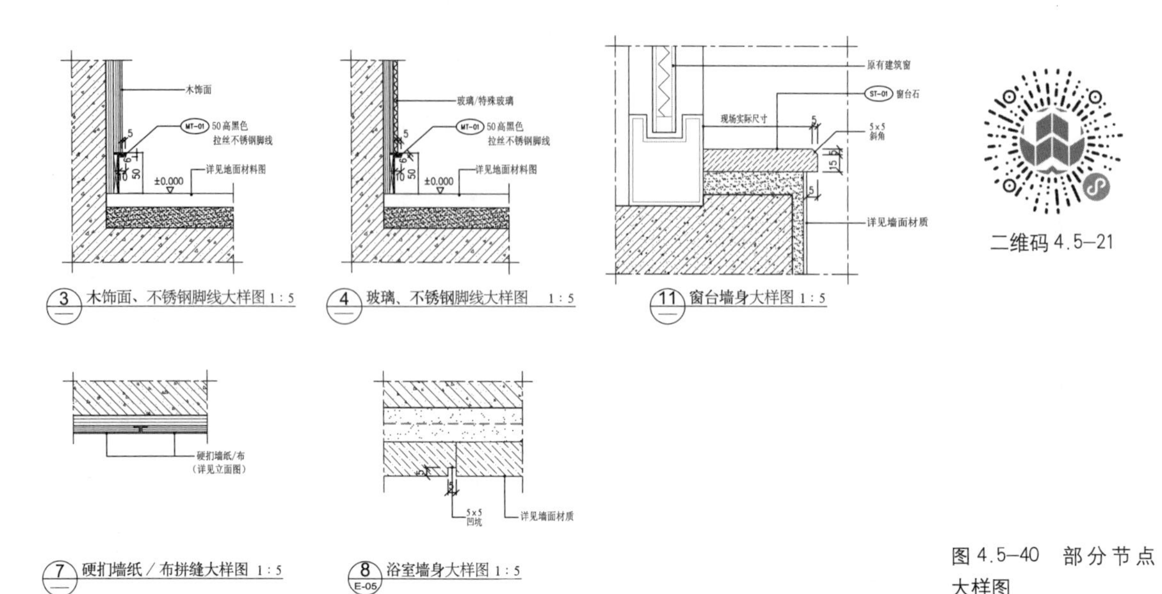

二维码 4.5–21

图 4.5–40　部分节点大样图

2）主卧详图。主卧的床背景也是重点，设计师在图 4.5–41 中用一个详图和 A、B 两个横竖剖面图，全方位详细展示了设计细节。剖面图的剖切点要选得合理，要能反映出重要的设计细节。卧室内隔断装饰的细节也用一个详图和 A、B 两个横竖剖面图表现，见图 4.5–42。

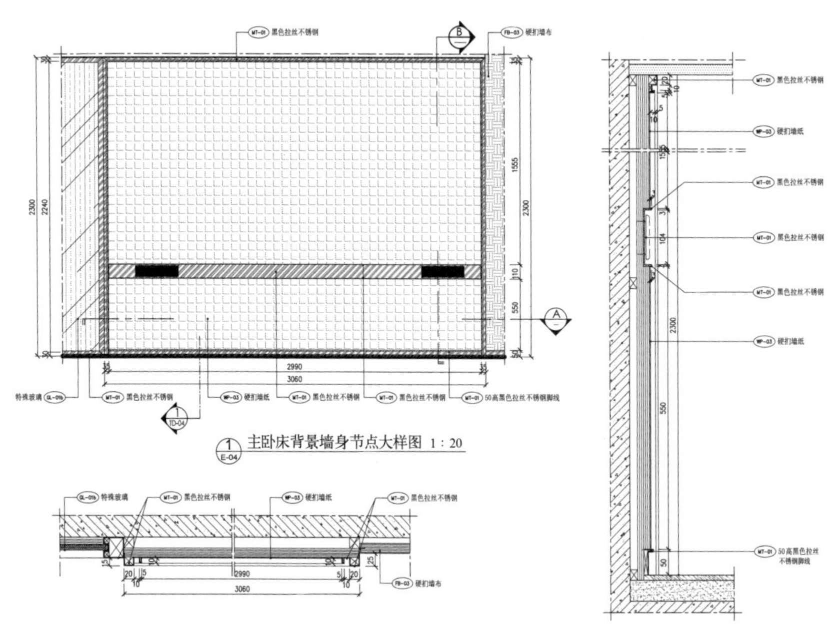

图 4.5–41　主卧床背景墙身节点大样图（一）

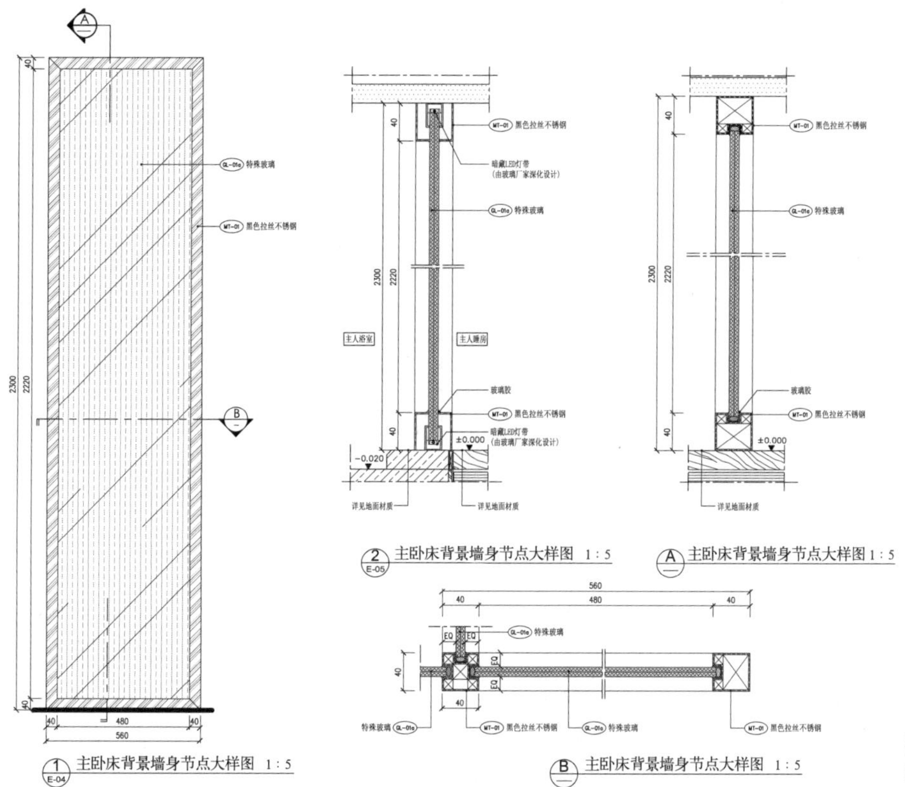

图 4.5–42　主卧床背景墙身节点大样图（二）

3）次卧详图。不论主卧、次卧，床背景都是详图表现的重点。一般是由一个整体的床背景详图，外加两个横竖剖面图组成，见图 4.5–43。

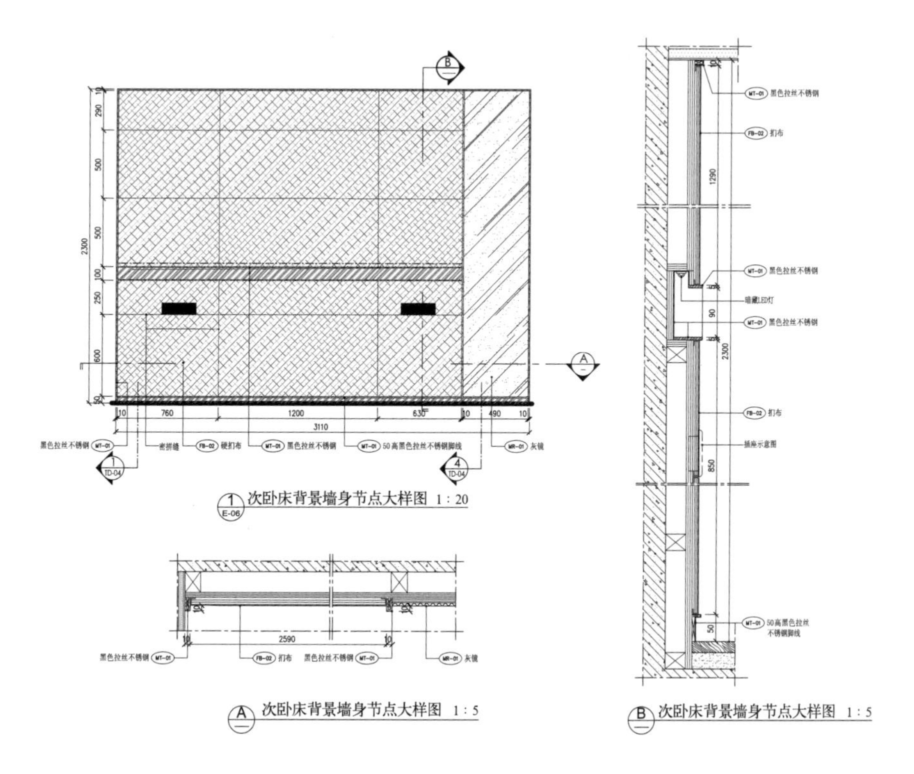

图 4.5–43　次卧床背景墙身节点大样图

4）儿童房详图。儿童房学习区的书桌和书架是这个设计的重点，这是一个连体的设计。设计师用一个详图和一个竖剖面图就把设计构造表达清楚了。另外，在书桌的抽屉部位加一个节点大样图，见图 4.5–44。

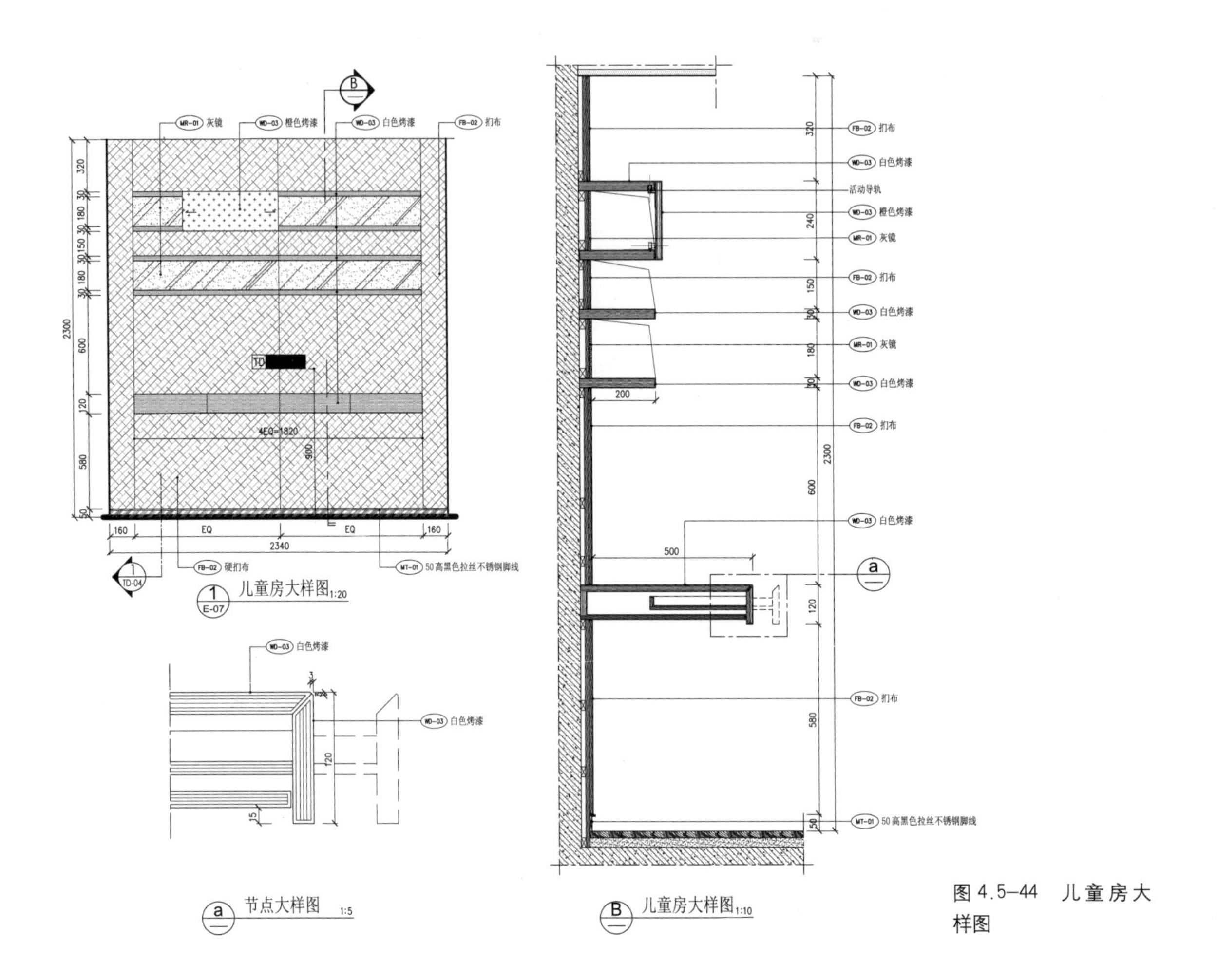

图 4.5–44　儿童房大样图

3. 立面设计材料清单

立面图详图需要配套一个物料表，说明图纸中的物料代号、名称、使用部位、型号规格以及详细的供应商信息。按这个清单，采购设计师选定的工程物料。墙体物料清单见图 4.5–45。

4. 立面设计施工说明

略。

MATERIAL SCHEDULE 物料明细表

PROJECT 项目名称：某住宅项目 C–1 户型　　PROJECT REF. 项目档案：D16224

CODE 代号	DESCRIPTION 内容	LOCATION 位置	MODEL 型号	SUPPLIER 供应商
PT-01	白色乳胶漆	见图	ICI白色乳胶漆	承建商
PT-02	白色防潮乳胶漆	见图	ICI白色防潮乳胶漆	承建商
PT-03	黑色防潮乳胶漆	风口	ICI黑色防潮乳胶漆	承建商
WD-01	木饰面	见图	见样板	承建商
WD-02	橙色烤漆	见图	见样板	承建商
WD-03	白色烤漆	见图	见样板	承建商
MT-01	黑色拉丝不锈钢	见图	进口304钢，要求镜面反射效果不变形（块面：1.5mm厚，线条：1.2mm厚，背面均需开V槽折角）	某电梯装饰工程有限公司
MT-02	白色焗漆铁艺	餐厅		承建商
MR-01	灰镜	见图	除特别说明外，厚度均6mm	承建商
MR-02	银镜	见图	除特别说明外，厚度均6mm	承建商
GL-01a	特殊玻璃	主人睡房、主人浴室	样板和型号后补	某玻璃实业有限公司
GL-01b	特殊玻璃	主人睡房、主人浴室	YG16051306	某玻璃实业有限公司
GL-02	白色焗漆玻璃	餐厅	YG11080525	某玻璃实业有限公司
GL-03	超白钢化玻璃	见图	除特别说明，厚度均12mm	承建商
WP-01	墙纸	儿童房	RAND 6539-201 chamois	某贸易有限公司
WP-02	墙纸	主人睡房主幅	30520	某贸易有限公司
WP-03	墙纸	睡房	ASL-148082 Fresco	某贸易有限公司
FB-01	扪布	客厅沙发背幅	Madini 074W1505c	某品牌供应商
FB-02	扪布	儿童房书桌墙身、睡房床头背幅	C0802-8	某布艺有限公司
FB-03	扪布	主人睡房	Spectra 5157-802	某贸易有限公司
FB-04	扪皮	主人衣柜	CLEB 068L1511	某品牌供应商
FA-01	窗帘	客厅	OM02-J04	某装饰材料有限公司
FA-02	纱帘	客厅、房间	Karsu 84W13021c	某品牌供应商
FA-03	窗帘	主人睡房、睡房	Kalay 004W1518a	某品牌供应商
FA-04	罗马帘	儿童房	OM27-E02	某装饰材料有限公司
FA-05	防水帘	浴室、厨房	CBF1001	某装饰材料有限公司

图 4.5–45　墙体物料清单

实践教学

项目 4.6　建筑室内墙柱面工程设计实训

P4–1　墙柱面工程材料认知部分实训内容与要求

调查本地材料市场的墙柱面材料，重点了解 10 款市场上受消费者欢迎的面砖材料的品牌、品种、规格、特点、价格，制作面砖品牌看板。（获取实训任务书电子活页请扫描二维码 4.6–1）

二维码 4.6–1（下载）

墙柱面材料——面砖材料调研及看板制作项目任务书

任务编号	P4–1
学习单元	墙柱面工程
任务名称	墙柱面材料调研——制作面砖品牌看板
任务要求	调查本地材料市场的墙柱面材料，重点了解10款市场上受消费者欢迎的面砖材料的品牌、品种、规格、特点、价格
实训目的	为建筑装饰设计和施工收集当前流行的市场材料信息，为后续设计与施工提供第一手资讯
行动描述	1.参观当地大型的装饰材料市场，全面了解各类墙柱面装饰材料 2.重点了解10款受消费者欢迎的面砖材料的品牌、品种、规格、特点、价格 3.将收集的素材整理成内容简明、可以向客户介绍的材料看板
工作岗位	本工作属于工程部、设计部、材料部，岗位为施工员、设计员、材料员
工作过程	到建筑装饰材料市场进行实地考察，了解面砖材料的市场行情，特别是内墙和外墙两大墙柱面的贴面材料。做到能够熟悉本地知名面砖品牌、识别面砖品种，为装修设计选材和施工管理的材料选购质量鉴别打下基础 1.选择材料市场 2.与店方沟通，请技术人员讲解面砖品种和特点 3.收集面砖宣传资料 4.实际丈量不同的面砖规格，做好数据记录 5.整理素材 6.制作一款受消费者欢迎的面砖品牌、品种、规格、特点、价格的看板
工作对象	建筑装饰市场材料商店的面砖材料
工作工具	记录本、合页纸、笔、相机、卷尺等
工作方法	1.熟悉材料商店的整体环境 2.征得店方同意 3.详细了解面砖的品牌和种类 4.确定一种品牌进行深入了解 5.拍摄选定面砖品种的数码照片 6.收集相应的资料 注意：尽量选择材料商店比较空闲的时间，不能影响材料商店的正常营业
工作团队	1.事先准备。做好礼仪、形象、交流、资料、工具等准备工作 2.选择调查地点 3.分组。4~6人为一组，选一名组长，每人选择一个品牌的面砖进行市场调研。然后小组讨论，确定一款面砖品牌进行材料看板的制作

____________市（区、县）面砖市场调研报告（编写提纲）

调研团队成员	
调研地点	
调研时间	
调研过程简述	
调研品牌	
品牌介绍	

续表

品种1		
品种名称		材料照片
面砖规格		
面砖特点		
价格范围		
品种2~n（以下按需扩展）		
品种名称		材料照片
面砖规格		
面砖特点		
价格范围		

面砖市场调研报告实训考核内容、方法及成绩评定标准

系列	考核内容	考核方法	要求达到的水平	指标	小组评分	教师评分
对基本知识的理解	对面砖材料的理论检索和对市场信息的捕捉能力	资料编写的正确程度	预先了解面砖的材料属性	30		
		市场信息了解的全面程度	预先了解本地的市场信息	10		
实际工作能力	在校外实训室，实际动手操作，完成调研过程	各种素材展示	选择、比较市场材料的能力	8		
			拍摄清晰材料照片的能力	8		
			综合分析材料属性的能力	8		
			书写分析调研报告的能力	8		
			设计编排调研报告的能力	8		
职业关键能力	团队精神和组织能力	个人和团队评分相结合	计划的周密性	5		
			人员调配的合理性	5		
书面沟通能力	调研结果评估	看板集中展示	外墙或某墙柱面面砖资讯完整、美观	10		
任务完成的整体水平				100		

P4-2　墙柱面工程构造设计部分实训内容与要求

通过设计能力实训理解墙柱面工程的材料与构造。（以下 3 选 1）（获取实训任务书电子活页请扫描二维码 4.6-2）

二维码 4.6-2
（下载）

1）采用轻钢龙骨纸面石膏板的隔墙将某办公室分成两间，请画出轻钢龙骨纸面石膏板隔墙的施工图，要求有节点构造草图。

2）将图 4.6–1 中的装饰柱还原成构造节点图。

图 4.6–1　某宾馆大堂的装饰柱

3）为某卧室设计一软包类装饰装修墙柱面，并画出装饰装修构造节点图。

墙柱面构造设计实训项目任务书

任务编号	P4–2
学习单元	墙柱面工程
任务名称	实训题目（____）：________________________
具体任务（3选1，把选定题目的〇涂黑）	〇 1）采用轻钢龙骨纸面石膏板的隔墙将某办公室分成两间，请画出轻钢龙骨纸面石膏板隔墙的施工图，要求有节点构造草图 〇 2）将图4.6–1中的装饰柱还原成构造节点图 〇 3）为某卧室设计一软包类装饰装修墙柱面，并画出装饰装修构造节点图
实训目的	理解墙柱面构造原理
行动描述	1.了解所设计墙柱面的使用要求及使用档次 2.设计出结构牢固、工艺简洁、造型美观的墙柱面 3.设计图符合国家制图标准
工作岗位	本工作属于设计部，岗位为设计员
工作过程	1.到现场实地考察，或查找相关资料理解所设计构造的使用要求及使用档次 2.画出构思草图和结构分析图 3.分别画出平面、立面、主要节点大样图 4.标注材料与尺寸 5.编写设计说明 6.填写设计图图框要求内容并签字
工作工具	笔、纸、电脑
工作方法	1.查找资料、征询要求 2.明确设计要求 3.熟悉制图标准和线型要求 4.构思草图可采用发散性思维，设计多款方案，然后选择最佳方案进行深入设计 5.结构设计追求最简洁、最牢固的效果 6.图面表达尽量做到美观、清晰

墙柱面构造设计实训考核内容、方法及成绩评定标准

考核内容	评价	指标	自我评分	教师评分
设计合理美观	材料选择符合使用要求	20		
	工艺简洁、构造合理、结构牢固	20		
	造型美观	20		
设计符合规范	线形正确、符合规范	10		
	构图美观、布局合理	10		
	表达清晰、标注全面	10		
图面效果	图面整洁	5		
设计时间	按时完成任务	5		
任务完成的整体水平		100		

P4–3 墙柱面工程施工操作部分实训内容与要求

根据学校的实训条件，选择抹灰类、贴面类、涂刷类、裱糊类、镶板类、软／硬包类墙柱面中的任意一款，观摩其材料、构造、施工流程、质检要求，编制墙柱面工程施工工艺。（获取实训任务书电子活页请扫描二维码 4.6–3）

二维码 4.6–3
（下载）

________墙柱面施工训练项目任务书

任务编号	P4–3
学习领域	墙柱面工程
任务名称	观摩一款墙柱面施工流程，并编制施工工艺
任务要求	根据学校实训条件，在抹灰类、贴面类、涂刷类、裱糊类、镶板类、软/硬包类中选择其中一种编制施工工艺（6选1）
实训要求	认真观摩校内实训室中抹灰类、贴面类、涂刷类、裱糊类、镶板类、软/硬包类墙柱面任意一款的施工流程，参考教材相关内容编制墙柱面施工工艺
行动描述	学生先整体查看校内墙柱面施工实训室。然后选择其中一个施工流程，就材料、构造、施工流程、质检要求进行仔细查看分析，再结合教材相关内容编写施工工艺。实训完成以后，学生进行自评，教师进行点评
工作岗位	本工作属于工程部，岗位为施工员
工作过程	先观察分析，后编写施工流程和施工工艺
工作要求	观察分析要仔细，编写施工流程和施工工艺要符合逻辑
工作工具	记录本、合页纸等
工作团队	1.分组。6~10人为一组，选一名项目组长，确定任务 2.各位成员根据分工，分头进行各项工作
工作方法	1.项目组长制订计划，制订工作流程，为各位成员分配任务 2.整体观察校内墙柱面工程部分的实训室 3.查看相关墙柱面工程的设计图纸 4.分析工程材料 5.分析施工流程 6.查看国家或地方工程验收标准 7.编写施工工艺 8.项目组长主导进行实训评估和总结 9.指导教师核查实训情况，并进行点评

________墙柱面施工工艺编写（编写提纲）

一、实训团队组成

团队成员	姓名	主要任务
项目组长		
见习设计员		
见习材料员		
见习施工员		
其他成员		

二、实训计划

工作任务	完成时间	工作要求

三、实训方案

1. 整体观察校内墙柱面工程部分的实训室
2. 查看相关墙柱面工程的设计图纸
3. 分析工程材料
4. 分析施工流程
5. 查看国家或地方工程验收标准
6. 编写施工工艺
7. 进行工作总结
8. 实训考核成绩评定

________墙柱面施工工艺编写实训考核内容、方法及成绩评定标准

系列	考核内容	考核方法	要求达到的水平	指标	小组评分	教师评分
对基本知识的理解	对某墙柱面的理论掌握	某墙柱面的材料	能明确某墙柱面的材料要求	10		
		某墙柱面的构造	能理解某墙柱面的典型构造	10		
		某墙柱面的施工	正确理解某墙柱面的施工流程和工艺要求	10		
实际工作能力	在校内实训室，进行实际动手操作，完成相关任务	检测各项能力	材料分析能力	10		
			构造分析能力	10		
			施工流程把握能力	10		
			质量检验标准查阅能力	10		
			施工工艺编制能力	10		
职业关键能力	团队精神和组织能力	个人和团队评分相结合	计划的周密性	10		
			人员调配的合理性	10		
任务完成的整体水平				100		

建筑室内木制品工程设计

★教学内容

项目 5.0 建筑室内木制品工程设计课程素质培养

● 理论教学

项目 5.1 建筑室内木制品工程设计基本概念

项目 5.2 建筑室内木制品工程设计基础材料

项目 5.3 建筑室内木制品工程设计基本原理

● 理论实践一体化教学

项目 5.4 建筑室内木制品工程设计延伸扩展

项目 5.5 建筑室内木制品工程设计应用案例

● 实践教学

项目 5.6 建筑室内木制品工程设计实训

★教学目标

职业素质目标

1. 能正确树立职业诚信意识
2. 能正确树立职业安全意识

知识目标

1. 能正确理解建筑室内木制品工程的基本概念、分类、功能
2. 能基本了解建筑室内木制品工程设计涉及的基本装饰材料
3. 能正确理解建筑室内木制品工程设计基础构造的设计原理
4. 能正确理解建筑室内木制品工程构造设计施工的工作流程

技术技能目标

1. 能正确绘制建筑室内木制品工程设计基础构造的节点详图
2. 能基本了解建筑室内木制品工程设计基础构造的施工工艺
3. 能派生扩展建筑室内木制品工程设计基础构造的现实应用
4. 能初步完成建筑室内木制品铺装图，详细标注相关技术细节
5. 能初步完成建筑室内木制品布置图和构造详图的技术交底

专业素养目标

1. 养成科学严谨的建筑室内木制品工程设计思维
2. 养成能按工作流程解决建筑室内木制品工程问题的素养

项目 5.0　建筑室内木制品工程设计课程素质培养

素质目标：能正确树立职业诚信意识

素质主题：建筑装饰从业人员要以诚为本赢得客户的认可

素质案例：不讲职业诚信，用杂木冒充红木家具，获取暴利，被拆穿！

老李事业有成，2021 年在省城买了一套大平层住宅。他对红木家具情有独钟，一心想要在新居配置一套红木家具。为他装修的项目经理唐先生向他推荐了一套红木沙发，外加茶几、边柜。唐经理说这套家具是专门做红木家具的厂家生产的，材质是名贵的“酸枝木”，款式是家具中经典的明式款式。老李一看，对这套家具非常喜欢，加之出于对唐经理的信任，就爽快地花费数十万元买了下来，陈设在家中客厅。

后来，老李听古玩专家在节目中聊起，有一种叫“红贵宝”的假红木，市场俗称“非洲酸枝”，简称“酸枝”“非酸”。一些商家在标签上只写“酸枝”，误导消费者认为是红木中酸枝类的名贵红木。他起了疑心，就想方设法请专家鉴定，结果这套所谓的“酸枝木”果然是这种叫“红贵宝”的假红木。“红贵宝”的材性很稳定，有些色彩以及纹理也都相当漂亮，但它不是国标红木，价格远远低于真正的红酸枝。

老李大呼上当，立马找到唐经理与其理论。唐经理自知理亏，就推脱是厂家欺骗了他，并联系厂家让老李退了货。但从此，唐经理就失去了老李这个客户，并面临后续追责。

这件事情说明，不讲诚信和职业道德，最终会害人害己。

在红木家具领域冒充红木的情况主要有三种。一是用非红木树种木材来冒充红木制作家具。二是将假红木掺杂到真红木家具中。一般手段是主要部件或面上部件用真红木，次要部件、背面或内部构件用假红木代替。三是利用红木树种的边材，市场上称“白边”或“白标”，经染色或着色等处理，以假乱真。

职业警示：建筑装饰从业人员要秉持职业诚信和职业道德，赢得客户的认可。不讲诚信，不讲道德，以假乱真的行为终有一天会被拆穿，甚至面临法律制裁！

素质实践：在网络上搜索，红木家具领域冒充红木的情况主要有哪几种？

素质目标：能正确树立职业安全意识

素质主题：建筑装饰从业人员要时刻坚守安全底线

素质案例：不按操作规程使用电动工具，极易发生安全事故！

学徒小郑在木家具施工中，没有听从师傅“严禁手持小木块用电刨操作，必须使用夹具或其他工具固定工件后再操作”的告诫，以为自己能控制好，偷懒，省去安装夹具的工序，手持小木块用电刨刨光。操作中一声异响，刀卡了一下，木块倒退，右手无名指被电刨打了一下，小郑的手指当即受伤。

工地的同事立马陪小郑去医院诊治，医生说要立刻进行手指缝合手术。

这次惨痛的事故对小郑影响很大，从此再也不敢违反安全操作规程进行施工作业。

职业警示：建筑装饰从业人员一定要树立职业安全意识，在使用各类装修电动工具时，严格按照安全操作规程进行操作。操作时不能偷懒，须用夹具或其他工具固定工件后才能进行操作。任何时候不得靠近能伤人的刀刃，一定要佩戴防割手套、眼罩、面罩、口罩等防护用具。

素质实践：阅读 3~5 个施工机具的说明书，详细了解施工机具的安全使用要求。

理论教学

项目 5.1 建筑室内木制品工程设计基本概念

5.1.1 室内木制品工程设计的基本概念

1. 室内木制品工程设计

在室内设计工程中的木制品工程设计，是指以木材为基本材料的装饰构件，如木隔断、木家具、木墙柱面、木吊顶、木地面、木楼梯、建筑细部木作的设计。

2. 室内木制品工程设计的相关成果

在建筑室内设计中，木隔断、木家具、木墙柱面、木吊顶、木地面、木楼梯、建筑细部木作等木制品工程设计在平面图、立面图和相关的节点大样图中均会涉及，但重要的木制品会以单独的三视图和节点详图呈现。

5.1.2 室内木制品工程的分类

1. 室内木制品工程分类

室内木制品工程可从四个方面进行分类，详见图 5.1–1 室内木制品工程分类图。

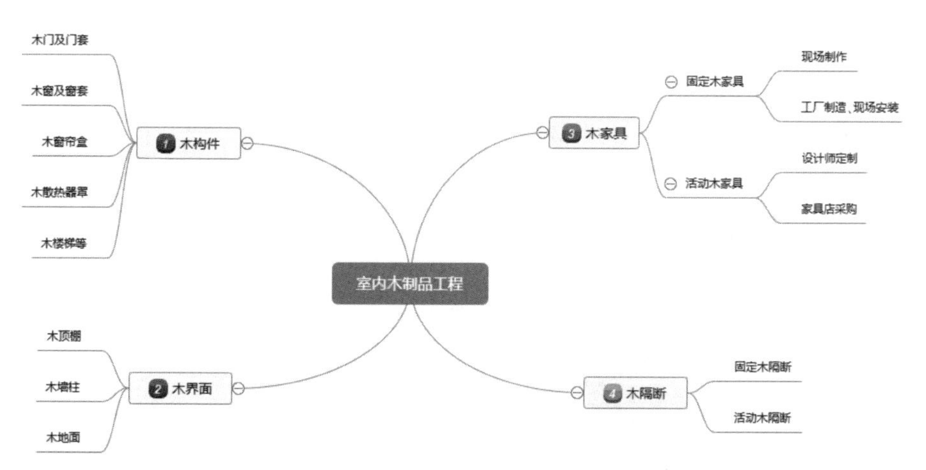

图 5.1–1 室内木制品工程分类图

2. 室内木制品工程的功能

1）分隔空间。木制品在建筑装饰工程设计和实际建筑空间中能起到限定室内空间、丰富空间形象的作用。特别是木隔墙，既能作为隔墙和隔断参与空间的分割，从空间上限制人的活动范围，又能运用通透的设计创造出富有层次的内部空间效果。

2）行动辅助。木制品中的各种家具用来支撑人的各种活动，同时为人的各种活动提供方便。或坐或睡、或支或撑、或架或展、或吊或挂、或储或藏，没有家具的辅助，人的各种活动就很难完成。室内木制品工程示例见图 5.1–2。

图 5.1–2　室内木制品工程示例

3）美化环境。木制品是建筑空间中的“内脏”，像木墙面、木吊顶、木地面及木质的服务台、酒吧台、酒柜、固定家具等一般都处于室内空间的重要位置，更是日常各项业务活动的辅助用具。因此，良好的木制品装饰效果对室内整体环境的艺术感觉影响极大，有的还直接决定室内的风格、格调和室内的整体审美效果。

5.1.3 室内木制品的连接构造

1. 木制品构件的连接对象

1）木制品各构件之间的连接。

2）木制品构件与安置基体的连接，如木制品与墙柱体、屋顶、楼地板、楼梯之间的连接。

2. 木制品构件的连接方式

1）永久连接。通常采用钉子、粘胶等物或采用特殊的榫合构造，使木制品与建筑构件之间形成完全固定的刚性连接。

2）铰接连接。通常采用铰链、锁件等物，将木制品与杆件之间作一个或两个方向的固定连接，并使构件可绕一个或两个方向进行轴转动。

3）装卸连接。通常采用扣件、活动铰链等连接，将木制品与杆件作有限制的固定连接，并按需要随时拆卸构件，又可重新安装。

3. 木制品构件的连接介质

1）钉结合。根据连接件材质的不同，可分为铁钉结合、木螺钉结合、竹钉结合和螺栓结合等。正确地掌握这些结合方式，对提高木装饰工程的质量和工效有很大意义。采用螺纹钉、枪钉、蚊钉、螺钉时，与板边距离应不小于 15mm，螺钉间距以 150~170mm 为宜。均匀布置，并与板面垂直。钉头嵌入石膏板的深度以 0.5~1mm 为宜，应涂刷防锈涂料，并用石膏腻子抹平。

2）胶结合。它是用黏性大的粘结材料把木结构的各构件牢固地粘接在一起。胶结合的原理是：胶接材料通过木纹之间的空隙，均匀地分布在木材表面，并部分渗入木质里层。凝固后，使两块木料表面的纤维紧密地胶接在一起。木材胶合工艺能把短料接长、窄料接宽、薄料加厚，能进行装饰贴面和榫接，修补损缺的木构件。胶合后的木制品连接紧密、牢固，强度不亚于钉、榫结合。胶结合的木构件外形美观，不留加工痕迹，还可防止木料崩裂。

3）五金件结合。五金件包括合页类五金（图 5.1–3）、活动连接类五金、固定连接类五金、拉手类五金、锁类五金、吊挂类五金等，品种很多，可以根据各类制品的连接及安装要求来具体确定。

4）榫结合。通过木料之间榫头和榫孔的相互穿插配合，形成雌雄对应、榫合紧密的木结构。榫结合具有结合稳固、形式多样、外表美观等优点，是木构件结合与连接方式中技术难度最高的一种。榫合构造的类型见图 5.1–4。

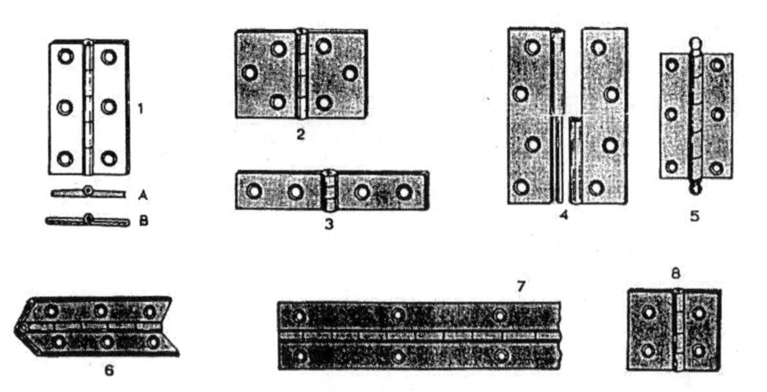

对接铰链

编号	型式	说明
1	标准黄铜铰　A. 冷拉型 B. 压花型	一般用途
2	背折铰	宽片，用于桌叶
3	长条铰	—
4	摘挂铰	用于不时需取下的门，而不用拆卸
5	松轴铰、球顶铰	必须取走门，脱离框架，带铰链或接头突起
6	止动铰	开 90°，用于箱子等
7	钢琴铰	用于支承长的连续件，带钻孔及埋头或未钻孔
8	钟合铰	铰链一片较大，用于突出的门

图 5.1–3　合页类五金

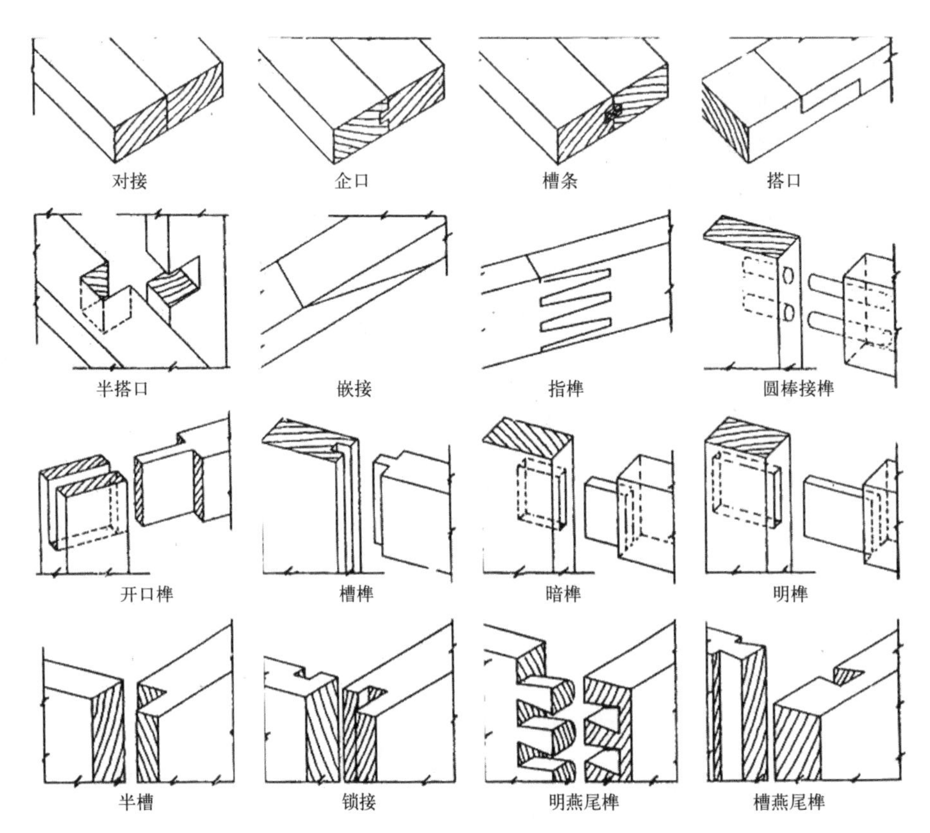

图 5.1–4　榫合构造的类型图

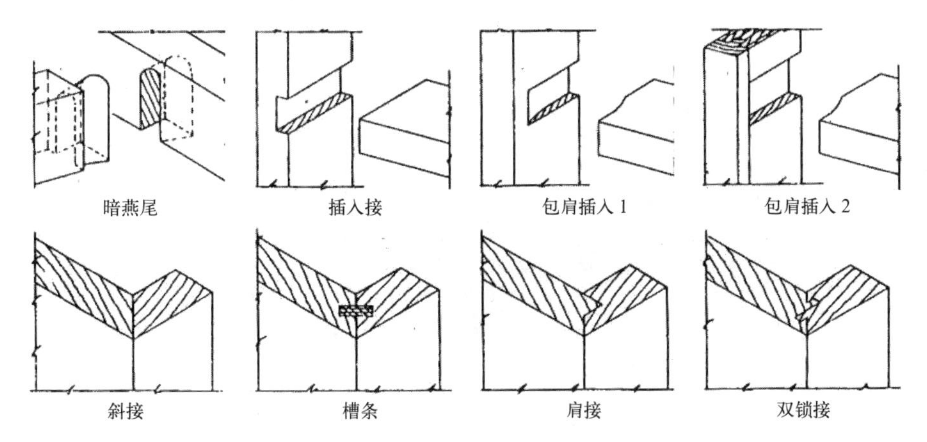

图 5.1–4 榫合构造的类型图（续）

理论学习效果自我检查

1. 简述室内木制品工程的概念。
2. 用草图画出室内木制品工程的分类图。
3. 简述室内木制品工程的功能。
4. 简述木制品工程构件的连接方式。

项目 5.2 建筑室内木制品工程设计基础材料

5.2.1 木制品工程基础材料

1. 大芯板（细木工板）

大芯板用木板拼接而成，两面胶粘一层或三层单板，其构造如图 5.2–1 所示。按结构不同有木板条胶拼、芯板条胶拼两种；按表面加工状况有一面砂光、两面砂光和不砂光三种；按所使用的胶合剂不同，有 1 类胶细木工板、2 类胶细木工板两种。

1）主要性能。密度不应小于 0.44~0.59g/cm^3。质地坚硬、吸声、隔热。含水率规定值为 10%±1%。

2）主要颜色。木本色。

3）主要用途。家具及各类界面装修的基层板。

4）主要规格。2440mm×1220mm×H、2000mm×1000mm×H, H=24mm、22mm、20mm、18mm、16mm、14mm、12mm、10mm。

2. 指接板

指接板俗称集成板、集成材、指接材，也就是将经过深加工处理的实木小块像"手指头"一样拼接而成的板材，由于木板间采用锯齿状接口，类似两手手指交叉对接，故称指接板（图 5.2–2）。

1）主要性能。优点：由于实木接板的连接处较少，用胶量也较少，环保系数相对较高；易加工，可切割、钻孔、锯加工和成型加工。缺点：易

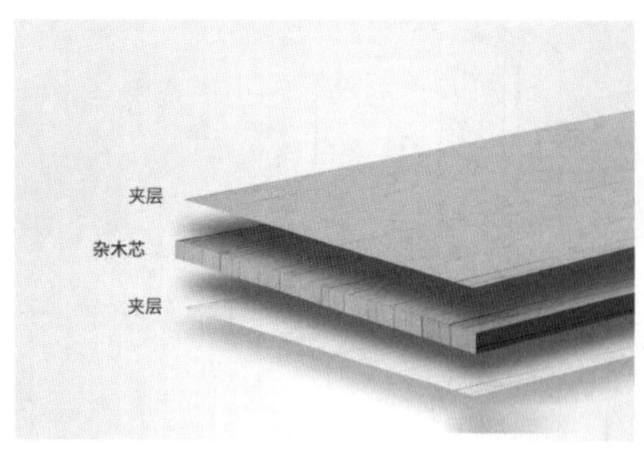

图 5.2–1　大芯板（细木工板）的构造（左）
图 5.2–2　指接板（右）

变形、开裂；好的实木指接板品质有保证但成本较高；有的存在疤眼，影响美观。

2）主要品种。各种原木，如松木、樟木、杉木、榉木、柳桉等，各种指接板显示为木本色。

3）主要用途。家具及各类界面装修的基层板，有些也直接作饰面板。

4）主要规格。2440mm × 1220mm × H、2000mm × 1000mm × H, H=24mm、22mm、20mm、18mm、16mm、14mm、12mm、10mm。

3. 密度板（MDF）

密度板（Medium Density Fiberboard）全称为密度纤维板，是将板皮、木块、树皮、刨花等废料或其他植物纤维（如稻草、芦苇、麦秸等）经过破碎、浸泡、研磨成木浆，热压成型的人造板材（图 5.2–3）。按其密度可分为高密度纤维板、中密度纤维板和低密度纤维板。其中中密度纤维板的名义密度范围在 650~800kg/m^3。

1）主要性能。高密度纤维板密度不应小于 0.8g/cm^3，强度高，物质构造均匀，质地坚密，吸水性和吸湿率低，不易干缩和变形，可代替木板使用。含水率规定值按特等、一等、二等、三等分别为 15%、20%、30%、35%。中密度纤维板密度为 0.4~0.8g/cm^3，按外观质量分为特级品、一级品、二级品三个等级。表面光滑，材质细密，性能稳定。

2）主要颜色，木本色。

3）主要用途。家具及各界面装饰构造基层板。

4）主要规格。高密度纤维板：2440mm × 1220mm × H，H=2.5mm、3mm、4.5mm；中密度纤维板：1830mm × 1220mm × H、2440mm × 1220mm × H，H=10mm、15mm、18mm、21mm、24mm。

4. 刨花板

刨花板是以木材加工的剩余物，如刨花片、木屑或短小木料刨制的木丝为原料，经过加工处理，拌以胶料，加压制成（图 5.2–4）。

1）主要性能。密度轻级为 0.3g/cm^3，中级为 0.4~0.8g/cm^3，重级为 0.8~1.2g/cm^3。具有质量轻、强度低、隔声、保温、耐久、防虫等特点。含水率规定值为 9%±4%。

图 5.2–3　密度板（左）
图 5.2–4　刨花板（右上角）和不同厚度的木夹板（右）

2）主要颜色。木本色。

3）主要用途。家具及各界面装饰构造基层板。

4）主要规格。1830mm × 122mm × H、2440mm × 1220mm × H，H=24mm、22mm、20mm、18mm、16mm。

5. 胶合板

图 5.2–5　胶合板

胶合板即木夹板（图 5.2–5），其是将原木旋切成木薄片，经干燥处理后用胶粘剂以与各层纤维相垂直的方向黏合，热压制成的板材。其可用作基层板，如地板、隔板、衬板等。胶合板各种厚度都有，如俗称的 12 厘板、9 厘板、5 厘板、3 厘板。

1）主要性能。板材幅面大，易于加工。板材纵横向强度均匀，适用性强。板面平整、收缩小，避免了木材开裂、翘曲等缺陷。板材厚度按需要选择，木材利用率较高。含水率一、二类为 6%~14%，三、四类为 8%~16%。

2）主要颜色。木本色。

3）主要用途。家具及各界面装饰构造基层板，四类不同的胶合板有不同的用途。

（1）耐气候、耐沸水胶合板（NQF）。耐久性好，能适应户外自然气候的变化，可在户外使用。

（2）耐水胶合板（NS）。耐冷水浸泡，耐短时间热水浸泡。

（3）耐潮胶合板（NC）。短期耐水，宜在室内使用。

（4）不耐水胶合板（BNC）。不能在潮湿环境中使用。

4）主要规格。2440mm × 1220mm × H、2000mm × 1000mm × H，H=12mm、9mm、5mm、3mm、2.5mm、2mm、1.8mm。

5.2.2　木制品工程饰面材料

1. 原木

原木即自然树木，是大自然的馈赠。不同的原木具有不同的外观色彩、纹理和物化性质。其珍贵与否主要看树木的生长周期和存世数量。生长周期越长、存世数量越少就越珍贵。

1）主要性能。图 5.2–6 展示了原木的基本结构和三个切面。

原木的基本结构：

(1) 年轮。在横切面上有一圈一圈的木质层，这些呈同心圆的圈叫年轮。生长在温带或寒带的树木，通常一年长一圈，年轮有宽有窄，它与树木的品种、生长条件有密切的关系。在建筑装饰工程中，通常可根据年轮的宽窄来估计木材的强度大小，如水曲柳，随着年轮的加宽其强度增加。一般来说，年轮密而均匀的木材，其质地较好。

(2) 边材。通常把树材中靠近树皮、材色较浅且含水率较大的部分称为边材。

(3) 心材。把在髓心周围、材色较深且含水率较小的部分称为心材。心材和边材的强度相差不大，但心材的耐腐蚀性较优。

(4) 髓心。位于树干中央，常呈褐色或淡褐色，质软而强度低，故实际利用价值不大。

(5) 木髓线。在横切面上可以看到许多颜色较浅的细条纹，一般把这些呈辐射状的线叫木髓线，也叫木射线。木材干燥时，常沿木髓线开裂。

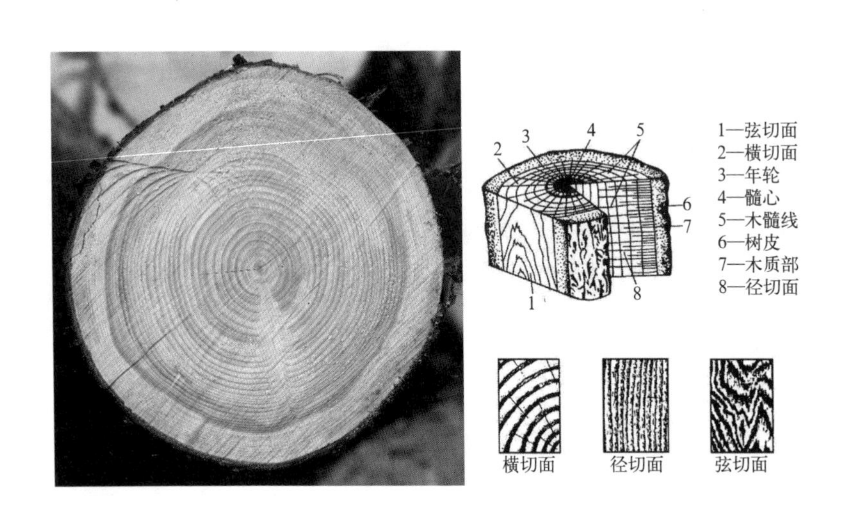

图 5.2–6　木材结构示意图

原木三个切面的属性见表 5.2–1。

原木切面属性表　　**表5.2–1**

切面	状态	特性	用途
横切面	横切面是识别木材最重要的切面，横切面上年轮呈同心圆状	硬度大、耐磨损，但易折断、难刨削	宜作菜墩
径切面	径切面上年轮呈条状，相互平行	板材收缩小，不易翘曲，木纹挺直	宜作地板、家具
弦切面	弦切面上年轮呈“V”字形花纹	纹理美观，易翘曲变形	宜作桶板和木船用板

2）主要品种。原木有多种分类方法：按树种形状进行分类，一般分为针叶树材和阔叶树材；按树种木材产地分类，一般分为国产木材和进口木材；按树种木材价值分类，一般分为名贵木材和普通木材；按树种木材质地分类，一般分为软材和硬材。具体见表 5.2–2。

自然树种分类表 **表5.2–2**

分类法	属性	特点	常见树种举例
形状	针叶树材	叶为针状，平行叶脉，多为四季常绿；树干梃直高大，纹理平顺，材质均匀，易得大材；材质软，易于加工，易干燥，开裂和变形较小，俗称“软木”，适合作结构用材	红松、落叶松、云杉、冷杉、铁杉、水杉、柏木等
	阔叶树材	树叶宽大，呈大大小小的片状，刚状叶脉，大多为落叶树，树干不如针叶树梃直，材质较硬，纹理色泽美观，俗称“硬木”，适合作装修用材	榉木、核桃楸、水曲柳、柞木、樟木、柚木、椴木、楠木、榆木、花梨木、紫檀等
产地	进口木材	拉丁美洲树种最多，其次是北美。东南亚是我国传统的高档木材进口地。近几十年来，从美洲进口的木材数量呈迅速增长趋势	重蚁木、李叶苏木、鲍迪豆、落腺豆、尚氏象耳豆、黄砂君子木、香脂木豆、大叶桃花心木、紫芯苏木等
	国产木材（三大林区）	1）东北林区指大兴安岭、小兴安岭和长白山，是我国最大的森林区。这里林区绵延几千里，形成一片树海	东北林区以耐寒的针叶树最多，有红松、兴安落叶松、黄花松等，也有属于阔叶树的白桦、水曲柳等
		2）西南林区主要包括四川、云南和西藏三省区交界处的横断山区，以及西藏东南部的喜马拉雅山南坡等地区。这里山峰高耸，河谷幽深，山脚和山顶高差悬殊，气候也随着高度变化，可谓“一山有四季”	西南林区山下生长着常绿阔叶树，山腰上是落叶阔叶树，再往上就是针叶树。有云杉、冷杉、高山栎、云南松等，还有珍贵的柚木、紫檀、樟木等
		3）南方林区位于秦岭、淮河以南，云贵高原以东的广大地区，这里气候温暖、雨量充沛，植物生长条件良好，盛产名贵的药材和香料	南方林区树木种类很多，以杉木和马尾松为主，还有我国特有的竹木。南方林区南部还有橡胶林、肉桂林、八角林、桉树经济林等
价值	普通木材	通常指那些生长期短、材轻质软的树种	松木类、杉木类等
	名贵木材	通常指生长期长、硬度强度俱佳、材质致密、纹理美观、切面光滑的树种	花梨木、柚木、紫檀、乌木等
质地/颜色	硬材/红木	即为通常说的红木，包括五属八类。“五属”即紫檀属、黄檀属、柿属、豆属及铁刀木属。“八类”即紫檀木类、花梨木类、香枝木类、黑酸枝木类、红酸枝木类、乌木类、条纹乌木类和鸡翅木类	紫檀木、花梨木、鸡翅木、铁梨木、乌木、酸枝木等
	软材/白木	即为通常说的白木，多为非硬性木材，木质软	榉木、楠木、桦木、黄杨木、南柏、樟木、梓木、杉木、松木、桐木、椿木、银杏、苦楝木、木荷、麻栎、椴木、枫木等

就原木的外观、材质而言，主要从以下 6 个方面进行判断：

（1）材色。木材的颜色简称材色。不同树种的木材，材色各不相同。有的云杉青白如霜，有的乌木漆黑如墨，黄杨则浅黄如玉，柏木橘黄似橙。材色是识别木材的一个标志，但材色的鉴别宜以新锯割的切面为准。这是因为木材长久暴露在空气和阳光中，材色会发生变化。例如，将柳桉木长久地放在阳光下，其材色就会变白。即使是同块木材，其颜色也有层次变化。

（2）光泽。木材的光泽是木材表面对光线吸收和反射的结果。不同树种的木材对光的吸收和反射能力是不同的。因此，木材所呈现的光泽也有强有弱，一般硬材比软材更具光泽。如椴木和杨木在材色上比较接近，但椴木的纵向切面常呈现出绢丝般的光泽。

（3）纹理。木材的纹理也叫木纹。因年轮、木射线、节疤等要素的影响，在木材切面上呈现出不同的纹理。一般可分为直纹理、斜纹理和乱纹理。木材的纹理与树种及切削方式有关。直纹理的木材强度较大，宜加工；斜纹理和乱纹理的木材强度差异大，难以加工，特别是乱纹理的木材，表面易起毛刺，不光洁。

（4）气味。木材的气味不仅有助于识别木材，而且还有实际使用价值。如樟木的气味可以杀菌防蛀，常用来做箱柜、衣柜。不同的树材气味也各不相同。如松木含有松脂气味，樟木含有樟脑气味，檀木含有芳香气味，楸木略有煤油气味。

（5）重量和硬度。木材的重量与木材的软硬具有一致性。通常同体积的木材越重，其硬度也就越高。木材的硬度因树种而异，同一树材不同切面的硬度也各不相同。

（6）自然缺陷。对建筑装饰施工有影响的木材自然缺陷主要有木节、斜纹和偏心、裂纹、腐朽和虫害等。

①木节。木节是树木上的分枝在生长过程中隐生在树干内的枝条基部。按断面形状，木节可分为圆形节、条状节和掌状节三种，见图 5.2–7。木节是树木生长过程中的一种正常现象，但它破坏了木材的均匀性和力学性能，增加了加工难度，不宜用于榫头、榫孔结构。在现代建筑装饰设计中，为了增加室内装修和家具的自然美，强调返璞归真的效果，常把木节裸露出来，以表现木材的质感。

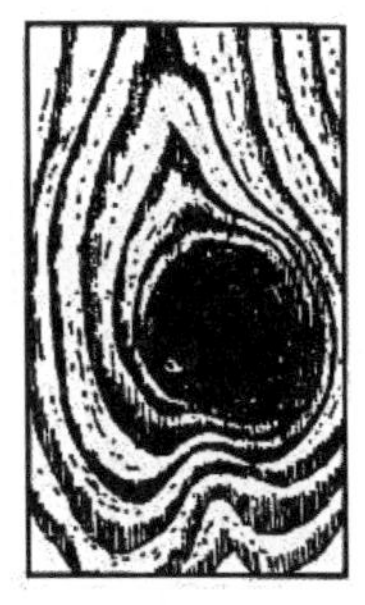
圆形节

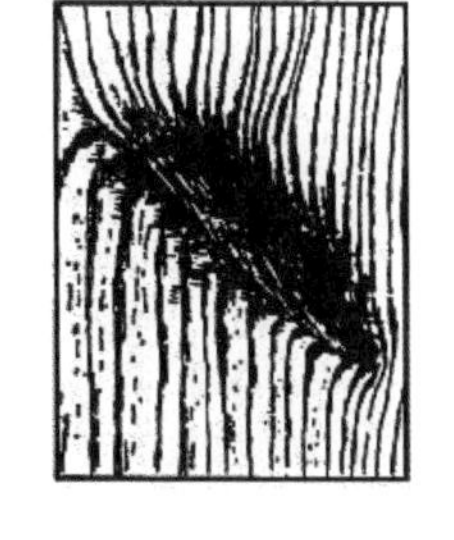
条状节

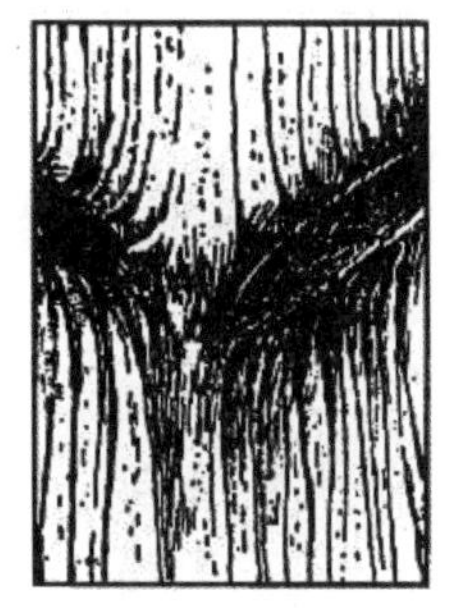
掌状节

图 5.2–7　三种木节

②斜纹和偏心。它易使木材开裂和发生翘曲，降低木材的强度和硬度。

③裂纹。树木在生长期间或伐倒后，由于受到外力及温度、湿度变化的影响，木材纤维之间发生脱离，形成裂纹。裂纹会破坏木材的完整性，降低木材强度，影响出材等级。

④腐朽和虫害。它们是木材最严重的自然缺陷之一。木材腐朽的特征明显，容易识别，腐朽不仅会使木材改变材色，还会使木材的组织结构变得松软、脆弱，强度明显下降，从而使木材失去使用价值。虫害也是常见的木材自然缺陷。

3）主要用途。一般木材可用于界面构造或家具的基层材料，比较珍贵的木材主要用于实木家具，珍贵的木材主要用于工艺品和高端家具。

4）主要规格。原木规格参见《原木材积表》GB/T 4814—2013 和《原条材积表》LY/T 1293—2022。

2. 微薄木

微薄木是采用珍贵树种，见表 5.2–3、表 5.2–4，经精密旋切，制成厚度为 0.1~1mm 的薄木切片，以胶合板、纤维板、刨花板为基材，采用先进胶粘工艺和胶粘剂，经热压制成的一种装饰板材。

各种漂亮的原木木纹（一） **表5.2–3**

各种漂亮的原木木纹（二） 表5.2-4

1）主要性能。此种板材表面保持了各种名贵木材的天然纹理，细腻优美，真实感和立体感强，具有自然美的特点。

2）主要品种。柚木、水曲柳、榉木、黑胡桃木、花梨木等。

3）主要用途。家具表层贴面。微薄木作为一种表面装饰材料，必须粘贴在具有一定厚度和一定强度的基层上，不宜单独使用。

4）主要规格。1220mm×2440mm×（0.1~1）mm。

3. 木夹板

木夹板是以胶合板为基材，采用先进胶粘工艺和胶粘剂，将微薄木热压在胶合板表面而制成的一种装饰板材，见图5.2–8。

1）主要性能。理化性能与胶合板相同，但外观质量则与微薄木相似。

2）主要颜色。各种木材纹样原本色。

3）主要用途。家具和界面装饰的饰面板。木纹优美的木夹板应用案例见图5.2–9~图5.2–12。

图5.2–8　木夹板

图 5.2–9　木纹优美的木夹板应用案例（一）(左)
图 5.2–10　木纹优美的木夹板应用案例（二）(右)

图 5.2–11　木纹优美的木夹板应用案例（三）(左)
图 5.2–12　木纹优美的木夹板应用案例（四）(右)

4）主要规格。2440mm × 1220mm ×（3、5、9、12）mm。

4. 多层实木板

多层实木板是以纵横交错排列的三层或多层胶合板为基材，表面以优质实木贴皮或科技木为面料，经冷压、热压、砂光、养生等数道工序制作而成的装饰板材（图 5.2–13）。

1）主要性能。具有变形小、强度大、内在质量好（割锯后孔洞小、不分层）、平整度好等优点。可生产 5~40mm 不同厚度，具有自然真实木质的纹理及手感。在生产过程中使用自制的优质环保胶，使产品的甲醛释放量达到国家标准的要求，绿色环保。

2）主要品种。多层实木板的品种以表层饰面板的材料品种来决定。表层饰面板主要有两种：一是三聚氰胺面板（图 5.2–14），二是烤瓷镜面板。产品

图 5.2–13 多层实木板(左)
图 5.2–14 表面为三聚氰胺的多层实木板(右)

达到 E1 级环保检测标准，具有抗菌、防霉、防水、耐酸碱、抗污染、易清洗、无漆味等特点，原板平整不变形。

3）主要用途。若表面没有压制微薄木或其他人工饰面板，则作基层板用；若表面压制了微薄木或其他人工饰面板，则可直接用于饰面板，如柜子的侧板和面板。

4）主要规格。1220mm × 2440mm ×（3、5、6、9、12、15、18）mm。

5. 木质装饰线

木质装饰线即装饰木线条，它是室内造型设计时经常使用的重要材料，见图 5.2–15、图 5.2–16。同时，它也是非常实用的功能性材料。它能在室内起到不同界面、材料、肌理、色彩等要素的过渡和协调作用，可利用角线将两个相邻面的差别材料、肌理、色彩自然地搭配起来，有的还能通过角线的安装弥补室内界面土建施工的质量缺陷等。

1）主要性能。在技术指标上，实木线条、指接材线条使用前的含水率应不小于 7%，且不大于当地的平衡含水率。人造板线条使用前的含水率应符合相应的人造板标准要求。

图 5.2–15 木质装饰线的品种(左)
图 5.2–16 木质雕刻装饰线的品种举例(右)

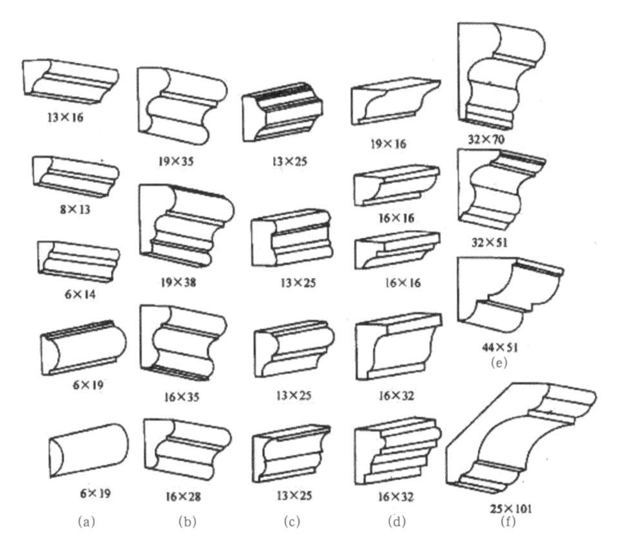

常用木线条的外形及尺寸(mm)
(a) 压边线；(b) 封边线；(c) 装饰线；(d) 小压角线；(e) 大压角线；(f) 天花角线

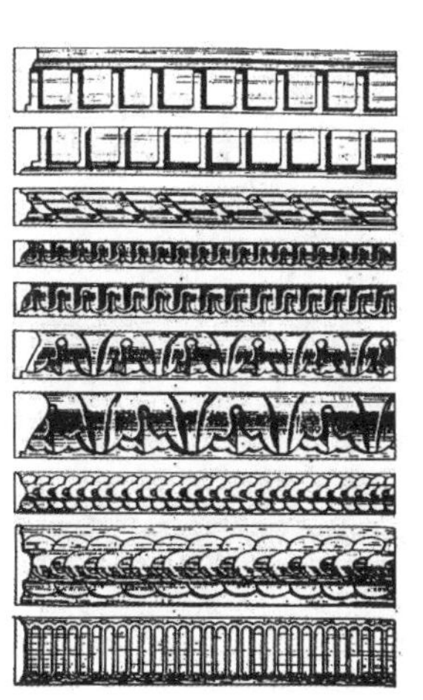

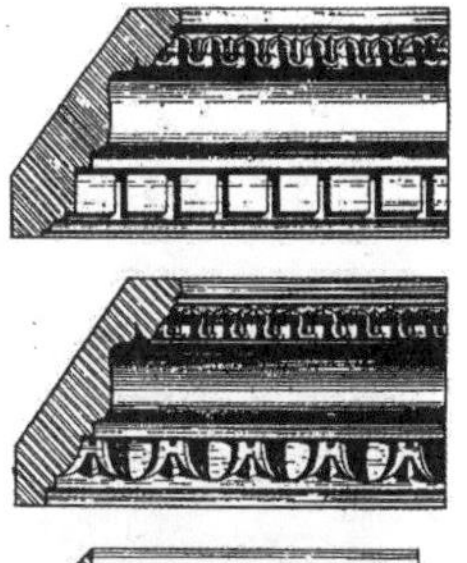

2）主要品种。木质装饰线的类型和品种见表 5.2–5。

木质装饰线的类型和品种表　　　　**表5.2–5**

分类方法	主要品种
材质	硬质杂木线、水曲柳线、山樟木线、胡桃木线、柚木线等
功能	压边线、柱角线、压角线、墙角线、墙腰线、覆盖线、封边线、镜框线等
外形	半圆线、直角线、斜角线等
款式	外凸式、内凹式、凸凹结合式、嵌槽式、雕刻式

3）主要用途。一般用于顶棚、墙面装饰及家具制作等装饰工程的平面相接处、分界面、层次面、对接面的衔接、收边、造型等。木质装饰线的用途见表 5.2–6。

木质装饰线的用途表　　　　**表5.2–6**

用途	说明
顶棚线	顶棚上不同层次面交接处的封边、顶棚上各不同料面对接处的封口、顶棚平面上的造型线、顶棚上设备的封边
顶棚角线	顶棚与墙面、柱面交接处的封口
墙面线	墙面上不同层次面交接处的封边、墙面上各不同材面对接处的封口、墙裙压边、踢脚板压边、设备的封边与装饰边、墙饰面材料压线、墙面装饰造型线、造型体、装饰隔墙、屏风上的收口线和装饰线以及各种家具上的收边线、装饰线
门线	门不同层次面交接处的封边、各不同材面对接处的封口、饰面材料压线、门面装饰造型线等

4）主要规格。规格众多，可以定制。

6. 科技木

科技木即木塑复合材料，是国内外近年来蓬勃兴起的一种新型复合材料，指利用聚乙烯、聚丙烯和聚氯乙烯等代替通常的树脂胶粘剂，与超过 35%~70% 以上的木粉 稻壳，秸秆等废植物纤维混合制成的新的木质材料，见图 5.2–17。表 5.2–7 是国外部分国家研制的不同品种的科技木。

国外部分国家研制的不同品种的科技木表　　　　**表5.2–7**

品种分类	材料说明
化学木材	日本东京某公司研制成功一种可注塑成型的化学木材。它由环氧树脂聚氨酯和添加剂配合而成，在液态可注塑成型，因而容易形成制品形状。该木材的物理、化学特性和技术指标与天然木材一样，可对其进行锯、刨、钉等加工，成本只有天然木材的25%左右
原子木材	美国研制成的原子木材是将木料、塑胶混合，再经过加工处理制成。由于经塑胶强化的木材比天然木材的花纹和色泽更美观，并容易锯、钉和打磨，用普通木工工具就可以对其进行加工

续表

品种分类	材料说明
阻燃木材	日本科研专家成功研制了一种不会燃烧的木材。它是在抗火材料中添加了无机盐，并把木材浸入含有钡离子和磷酸离子的溶液中，达到使木材防腐、防白蚁的目的。用其制成的床、家具、顶棚板等不会被火烧着
增强木材	美国科研人员发明了一种陶瓷增强木材。它是将木材浸入四乙氧醛硅中，待吸足后放入500℃的固化炉中，使木材细胞内的水分蒸发。该木材既保留了木材纹理，又可接受着色，硬度和强度大大高于原有木材
复合木材	日本建材与化工行业联合开发出一种PVC硬质高泡复合木材。它的主要原料为聚氯乙烯，并加入适量的耐燃剂，使木材具有防火功能。该木材的结构为单位独立发泡体，具有不连续、不传导、不传透等特性，可发挥隔热、防火、耐用等特点，其可取代天然木材，用作房屋壁板、隔间板、顶棚板等装饰材料
彩色木材	匈牙利一家公司研制出一种彩色木材。它是用特殊处理法将色彩渗透到木材内部的一种新式材料，锯开就可呈现彩虹般的色彩，因而不需要再上色。这种木材适用于制造日用品及家具等
人造木材	英国科研人员开发出一种用聚苯乙烯废塑料制造出的人造木材。这种新型人造木材的主要成分为85%的聚苯乙烯废塑料，4%的加固剂、滑石粉以及黏合剂等9种添加剂，其外观、强度及耐用性等均可与松木相媲美
合成木材	日本一家木材公司采用木屑和树脂制成一种合成木材，它既有天然木材的质感，又有树脂的可塑性，其特点是防水性强、便于加工、不易变形、防蛀性能好，是建筑装饰装修和制作家具的优质材料

1）主要性能。科技木为热塑性树脂材料，其密度及静曲强度等物理性能均优于天然木材。与天然木材相比，几乎不弯曲、不开裂、不扭曲。其密度可人为控制，产品稳定性能良好且防腐防蛀、防水防潮，易于加工，经久耐用。同时，还可以根据不同的需求加工成不同的幅面尺寸，克服了天然木径级的局限性。

2）主要颜色。咖啡色、柚木色、红木色等。

3）主要用途。剧场隔声板、露台等户外地板、阳台、浴室、阳光房等。科技木应用案例见图 5.2–18。

4）主要规格。4000mm × 135mm × 25mm。

图 5.2–17　不同规格和颜色的科技木（左）
图 5.2–18　科技木应用案例（右）

理论学习效果自我检查

1. 简述大芯板（细木工板）材料的基本构造和主要规格。

2. 什么是指接板？为什么叫指接板？

3. 高密度纤维板和中密度纤维板有什么区别？

4. 胶合板是怎样加工而成的？简述它的主要性能和主要用途。

5. 简述原木的基本结构和它的三个切面的状态与特征。

6. 什么是硬材（红木）？什么是软材（白木）？至少分别列举5个常见树种。

7. 简述原木外观材质的判断方法。

8. 什么是微薄木？它的主要用途是什么？

9. 什么是多层实木板？它的主要性能是什么？

10. 简述木质装饰线的类型、品种及用途。

11. 简述科技木的主要性能和用途。

项目5.3 建筑室内木制品工程设计基本原理

5.3.1 橱柜的构造、材料、施工

1. 橱柜的构造

1）固定橱柜的构造。固定橱柜是建筑装饰装修现场施工中工程量很大的一项施工内容，常见的表现形式有入墙柜、固定柜台等。下面列举这两类木家具的常见构造。

（1）入墙柜。入墙柜的构造主要有两类：一是与建筑相依，二是与建筑相嵌。它与活动的框式家具相比，结构形式基本相同。不同的地方有两点：一是家具的部分外表面被建筑物遮挡，因此不需要采用高档饰面板，只要采用基层板即可；二是在家具与建筑的连接部位需要用一根贴缝的装饰木线条收口，从而达到“天衣无缝”的目测效果。图5.3–1是一款入墙柜的典型构造和细部构造节点图。

图5.3–2不是入墙柜，而是与墙体连成一体的固定家具。所以要将它与墙板一起做整体设计。图示截取了一个局部图，全图请扫描二维码5.3–1查看。

（2）固定柜台。银行柜台、报关柜台等出于安全的要求，要与地面紧密连接，因此是不可搬动的固定家具。这类木家具构造的关键在于它与地面的连接。图5.3–3给出了一种典型的连接构造实例。

当采用混凝土或砌砖方式设置基础骨架时，可在其面层直接镶贴大理石或花岗石饰面板。

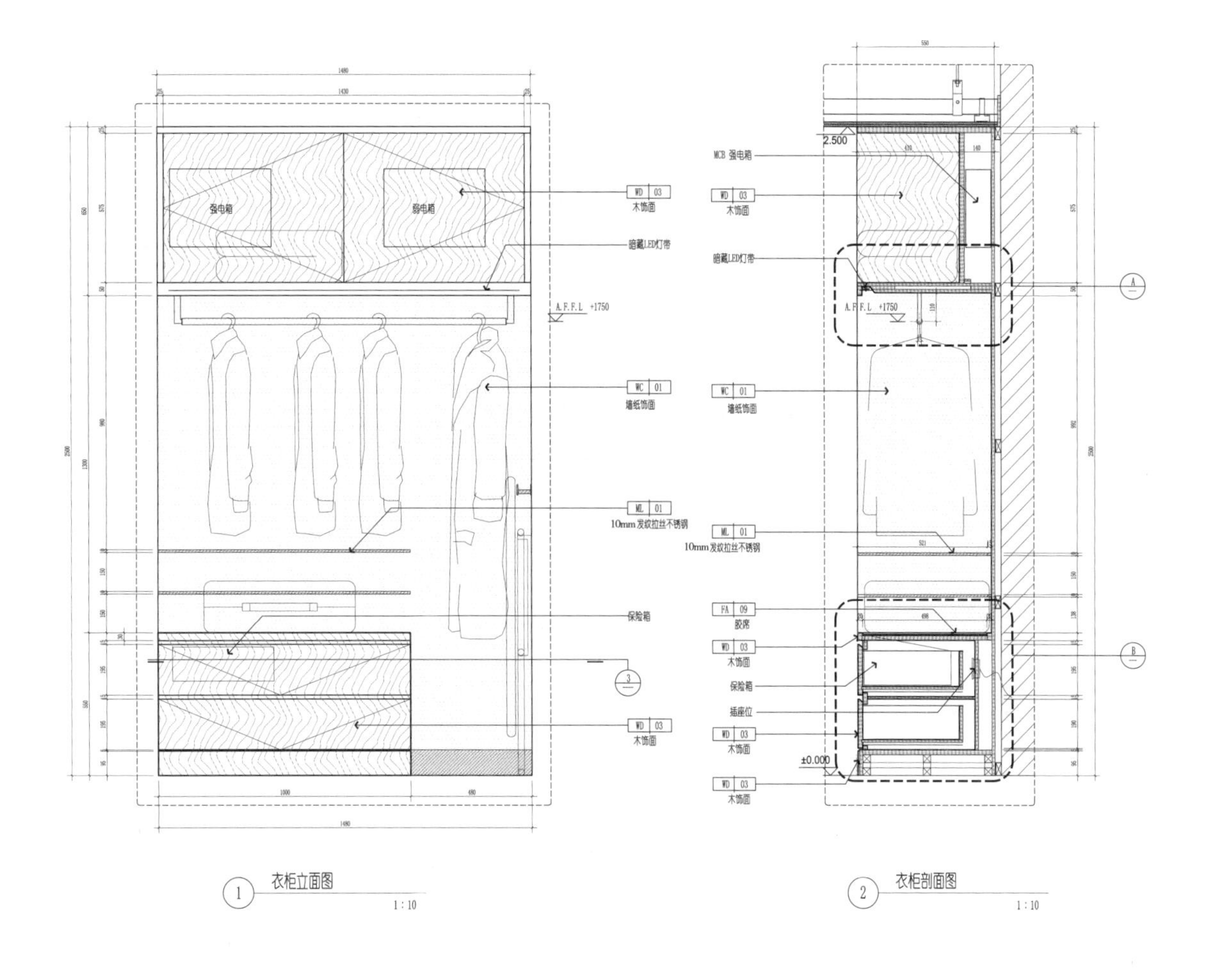

图 5.3–1 入墙柜的典型构造和细部构造节点图

①与木结构结合。应在相关结合部位预埋防腐木块，并用素水泥浆将该面抹平修整，使木块平面与水泥面一样平。

②与金属管件结合。在其侧面与之连接时也应预埋连接件，或将金属管件先直接埋入骨架中。

图 5.3–4 是某公司接待柜的构造实例，柜台与建筑的连接采用的是混凝土或砖砌骨架连接构造。

图 5.3–5 是售楼处模型展示台节点大样图。模型展示台一般是固定的，但不需要与地面连接，所以按一般的展台来设计。其他高清图扫描二维码 5.3–2 查看。

2）活动橱柜的构造。小体量的活动家具一般都由成品家具厂选购。建筑装饰装修工程中的活动橱柜一般指体量比较大的搬动不方便的橱柜。这类橱柜除了不需要与建筑固定连接，其他构造和制作工艺与固定家具无异。下面列举了几款工程中常见的典型橱柜的构造。一般的构造规律都是用木挡或细木工板等基层材料做框架造型，然后再用各类饰面板将与人接触的部位进行饰面装饰。

二维码 5.3–1

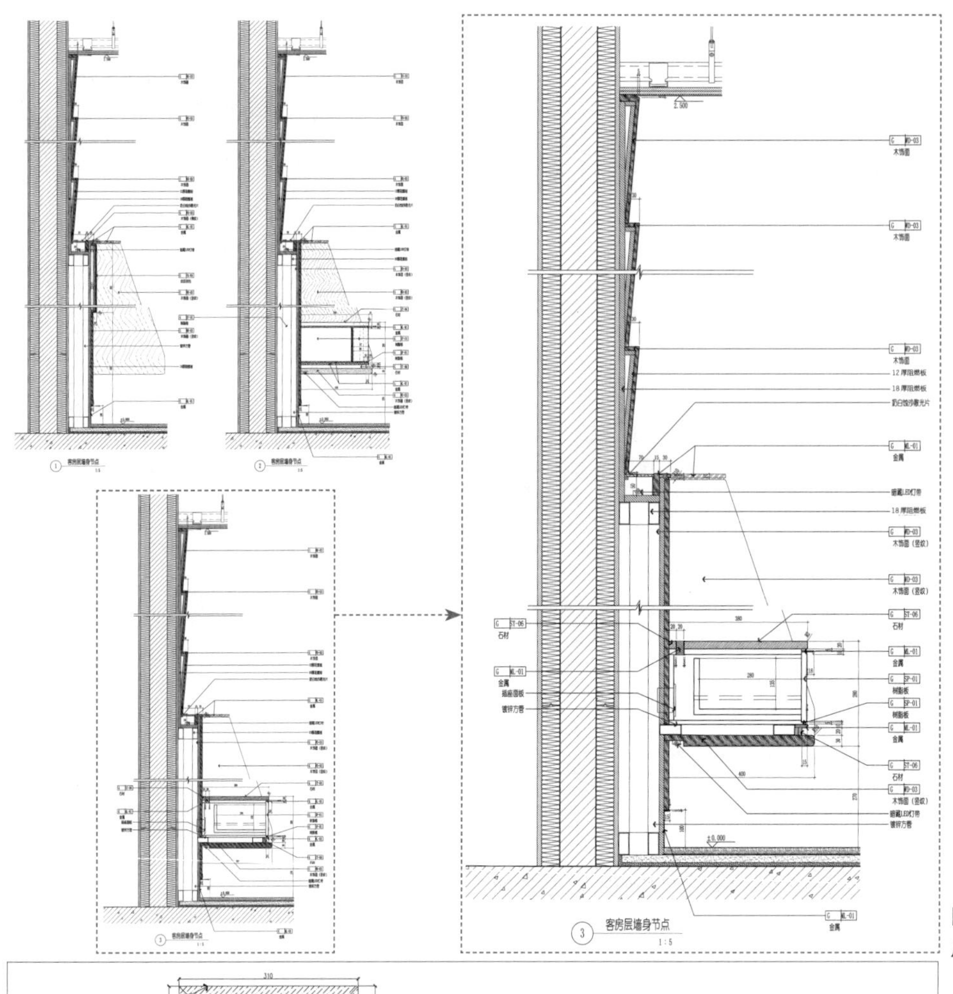

图 5.3–2　与墙体连成一体的固定家具

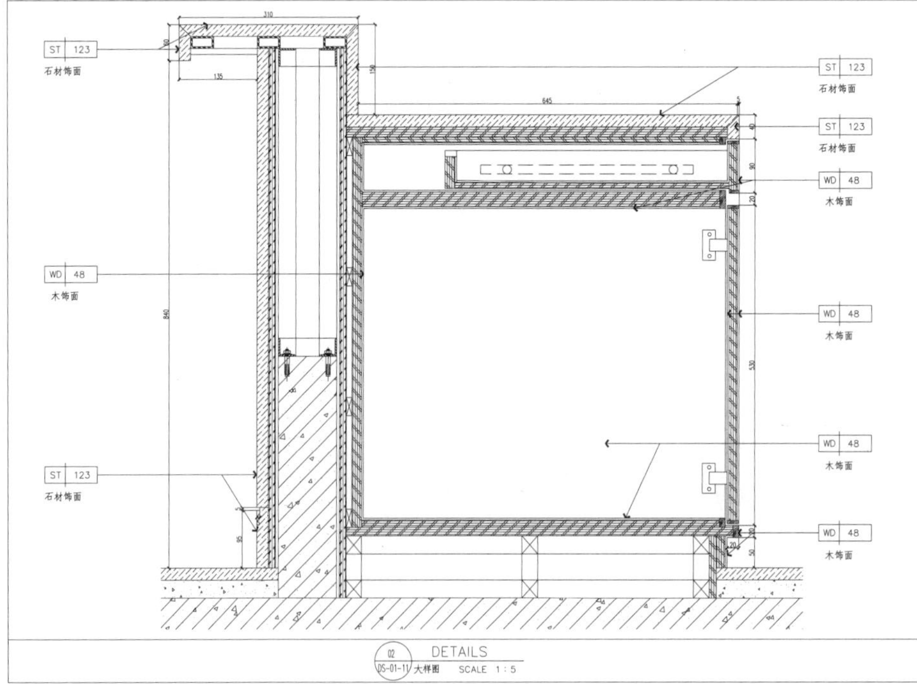

图 5.3–3　固定柜台混凝土或砖砌骨架连接构造

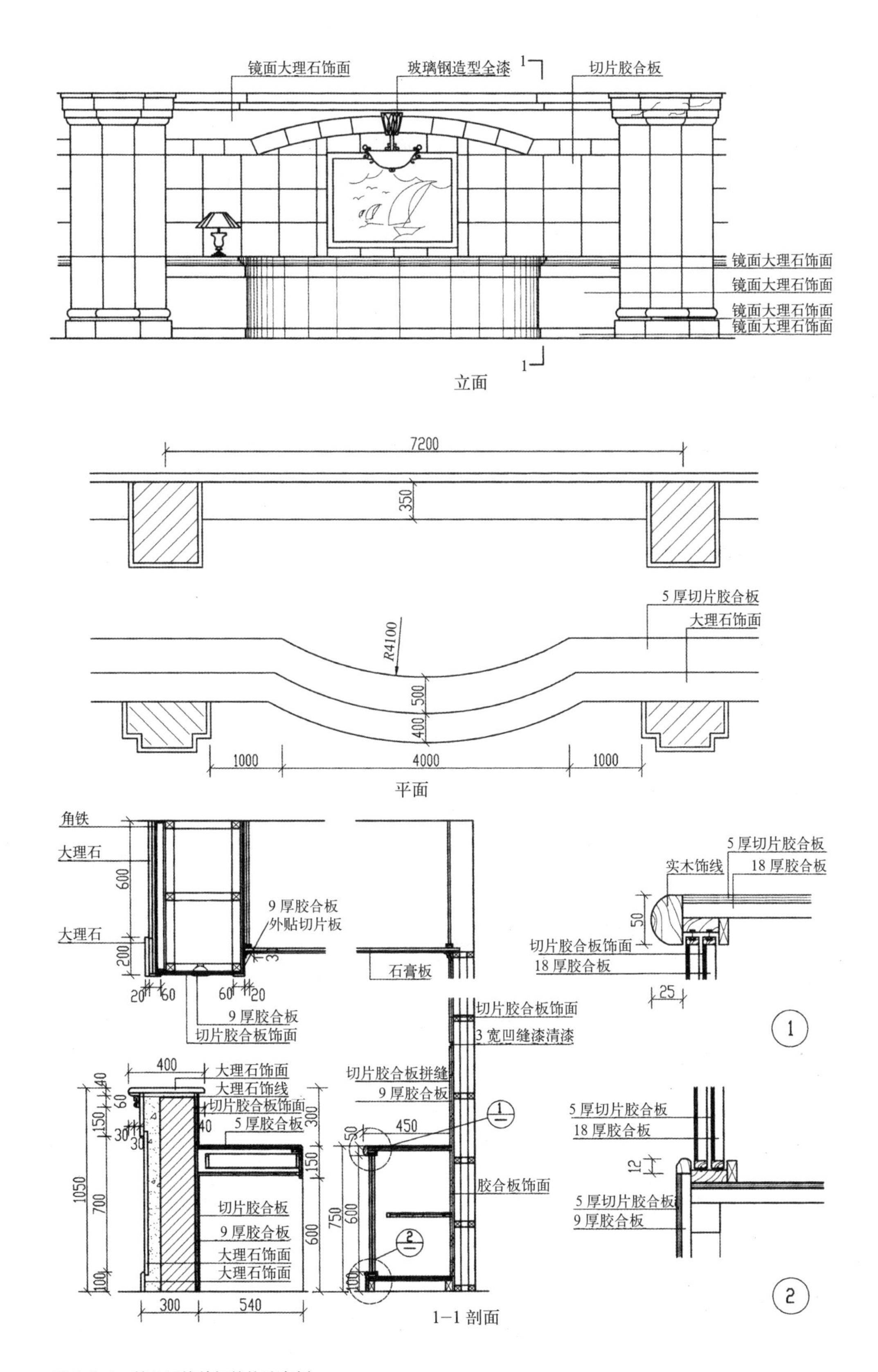

图5.3-4 某公司接待柜的构造实例

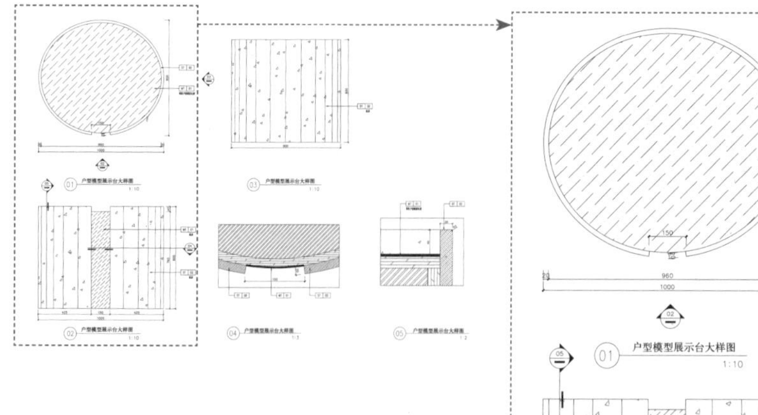

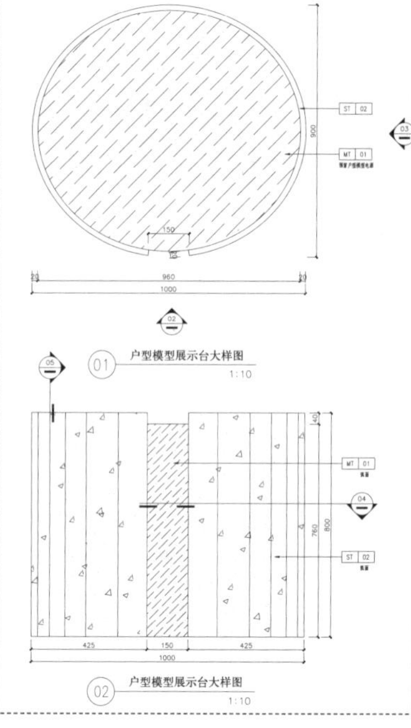

二维码 5.3–2

图 5.3–6 是一款比较复杂的宾馆接待柜，它需要用 6 个视图才能表达清楚。这里仅展示 1 个立面图和 1 个节点图，其他高清图扫描二维码 5.3–3、二维码 5.3–4 查看。

图 5.3–5　售楼处模型展示台节点大样图

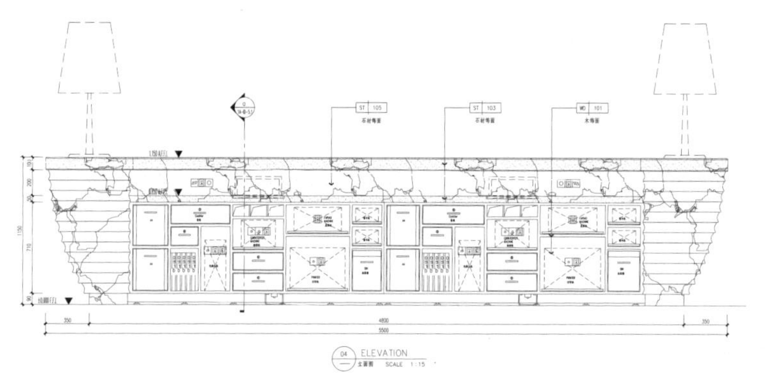

二维码 5.3–3

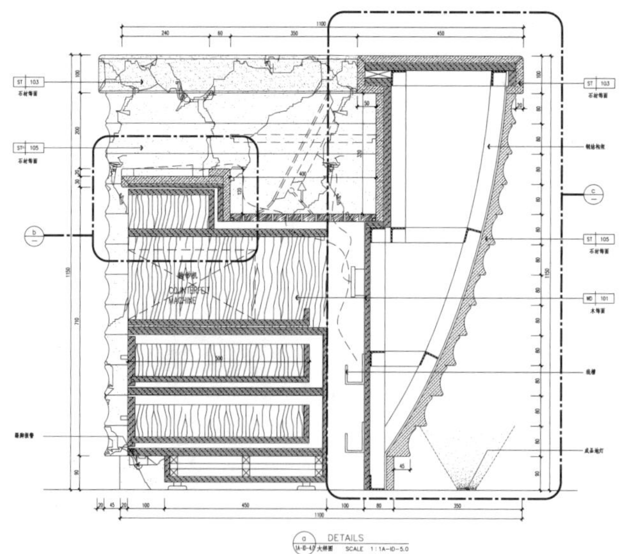

二维码 5.3–4

图 5.3–6　宾馆接待柜立面图和节点图

另一款公司接待柜见图 5.3–7，属于异形造型，需要 5 个视图才能表达清楚完整的造型。这里仅展示图 5.3–7 这 1 个节点图，高清全图扫描二维码 5.3–5 查看。

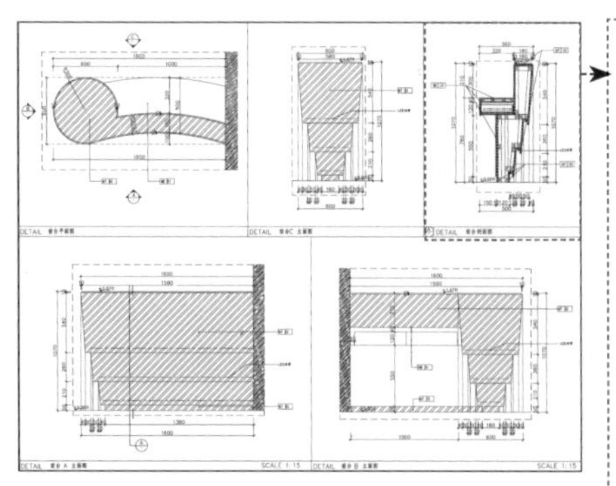

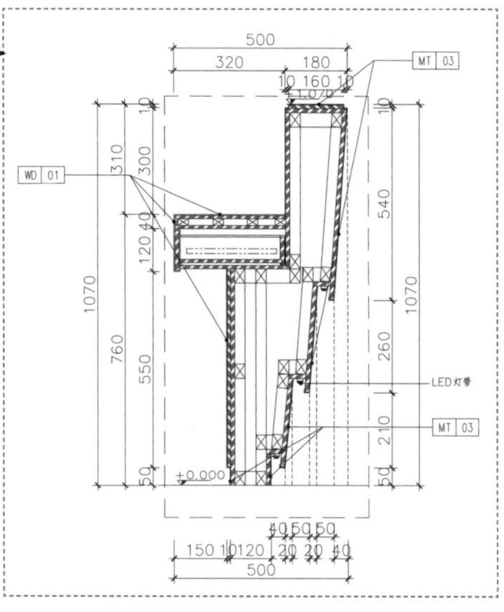

二维码 5.3–5

图 5.3–7　公司接待柜

2. 橱柜的材料

橱柜的制作材料主要包括各种木材、木材制品以及必不可少的五金材料，也会涉及少量玻璃、有机玻璃、石材、防腐剂、胶粘剂、气钉、钉子等辅助材料。材料要求见表 5.3–1。

材料要求表　　**表5.3–1**

序号	材料	要求	备注
1	常用材料，如木材、胶合板、纤维板、金属包箱、金属框包箱、硬质PVC塑料等	均应符合设计要求，并有产品合格证书和环保、燃烧性能等级检测报告。其中木材含水率不大于12%。人造板使用面积超过500m^{2}时应做甲醛含量复试	由厂家加工的壁橱、吊柜的成品和半成品应符合设计要求，并应有产品合格证书和环保、燃烧性能等级检测报告
2	玻璃、有机玻璃	应有产品合格证书	
3	五金配件、合页、插销、拉手、锁、木螺钉	应有产品合格证书	
4	其他材料，如防腐剂、胶粘剂、气钉、钉子等	应有产品合格证书，其中防腐剂、胶粘剂应有环保检测报告	

3. 橱柜的施工

1）固定木家具的施工工艺流程及要点见图 5.3–8。

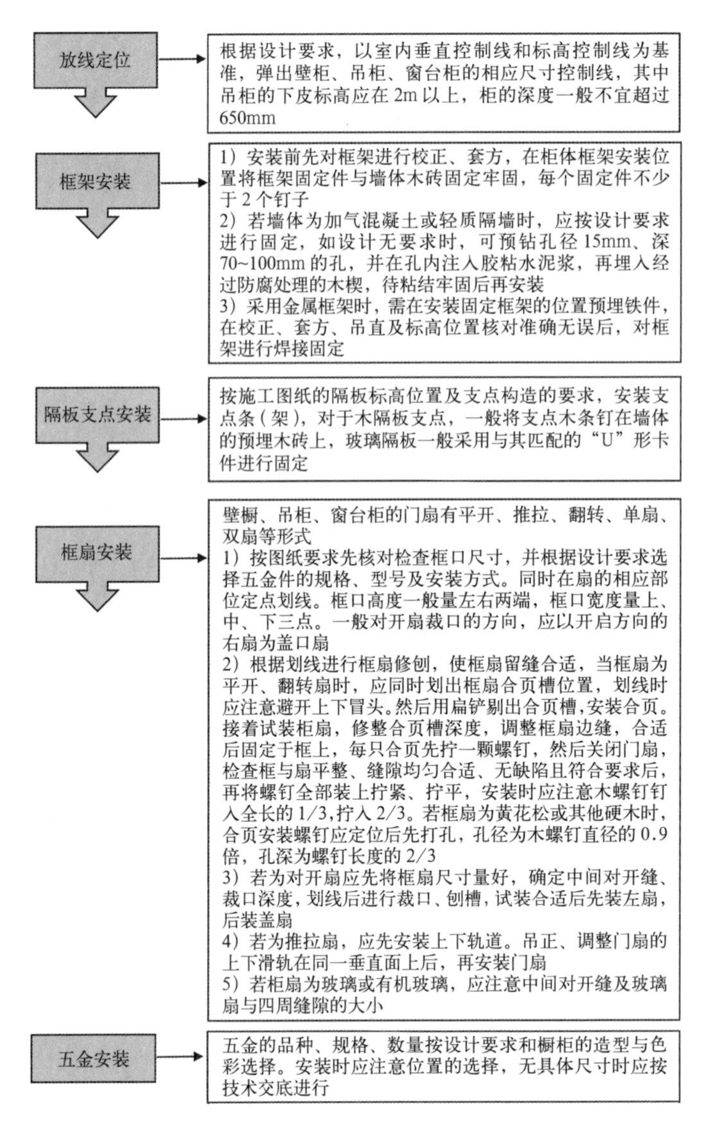

图5.3–8　固定木家具的施工工艺流程及要点图

2）活动木家具的施工工艺流程及要点见图5.3–9。

3）橱柜工程饰面的施工工艺流程及要点见图5.3–10。当橱柜中涉及不同材料的饰面施工时，应注意安装程序的合理安排，它关系到装饰整体性和最终的装饰质量。

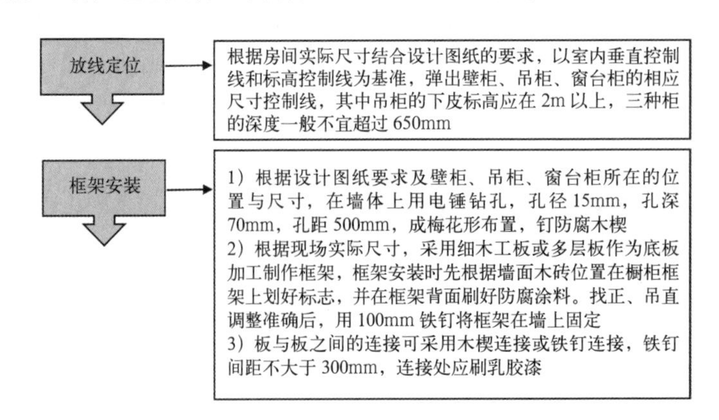

图5.3–9　活动木家具的施工工艺流程及要点图

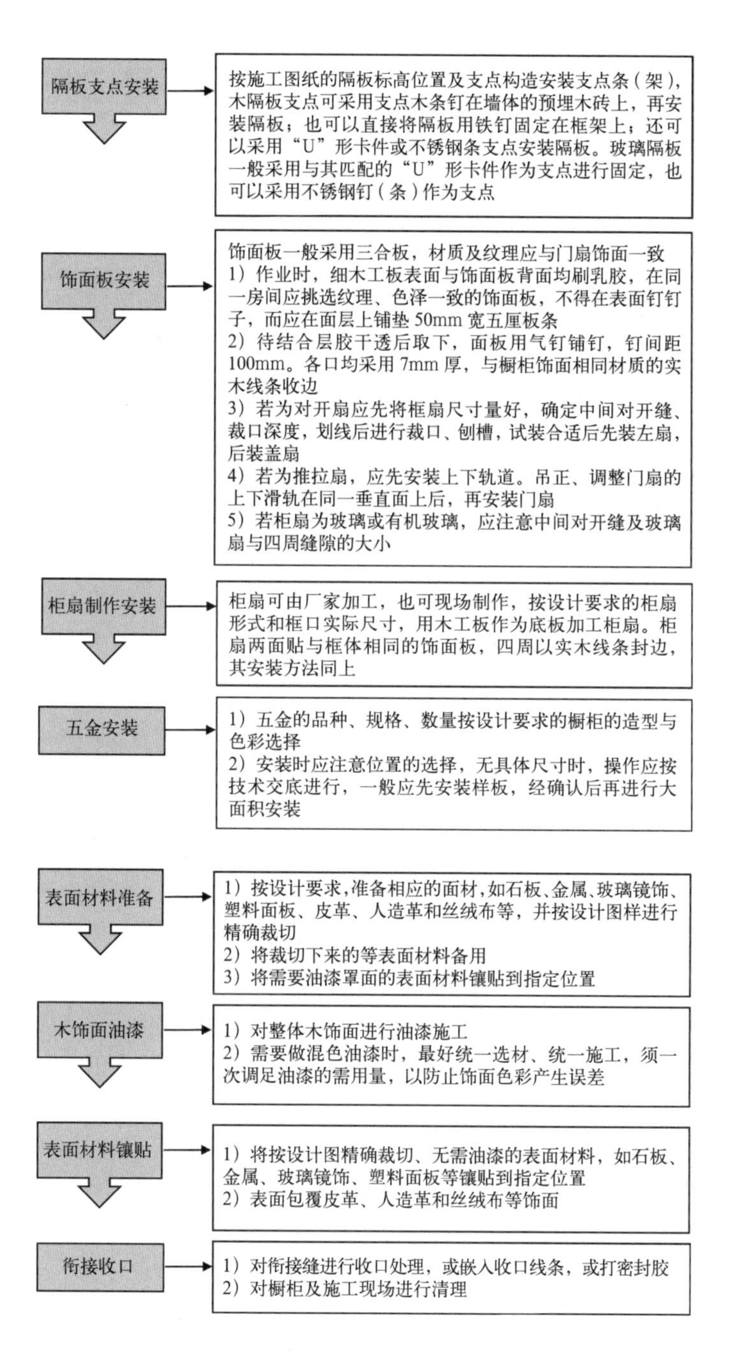

图 5.3–9　活动木家具的施工工艺流程及要点图（续）

图 5.3–10　橱柜工程饰面的施工工艺流程及要点图

4）橱柜工程是大量使用胶合板的工程，胶合板的施工工艺流程及要点见图 5.3–11。

5）微薄木装饰板又名薄木皮装饰板，是将薄木皮复合于胶合板或其他人造板上加工而成。

微薄木装饰板有一般及拼花两种。旋切者纹理均系弦向，花纹粗、变化多端，但表面裂纹较大。刨切者纹理排列有序、色泽统一，表面裂纹易于拼接。这种装饰木纹逼真，真实感强，美观大方，施工方便。图 5.3–12 为微薄木装饰板一些典型的木纹拼接方式。

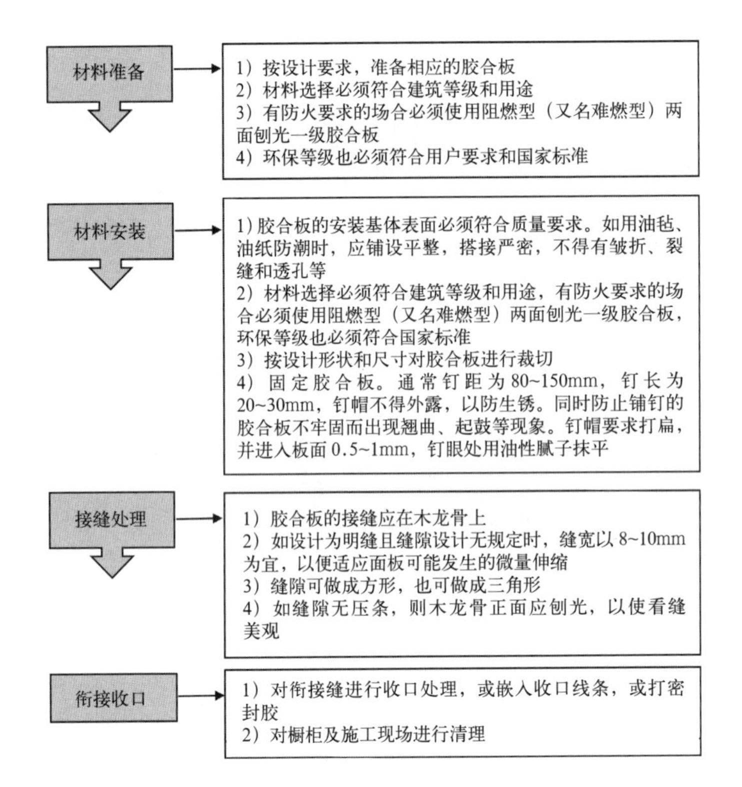

图 5.3–11　胶合板的施工工艺流程及要点图

图 5.3–12　微薄木装饰板一些典型的木纹拼接方式

微薄木装饰板的施工工艺流程及要点见图 5.3–13。

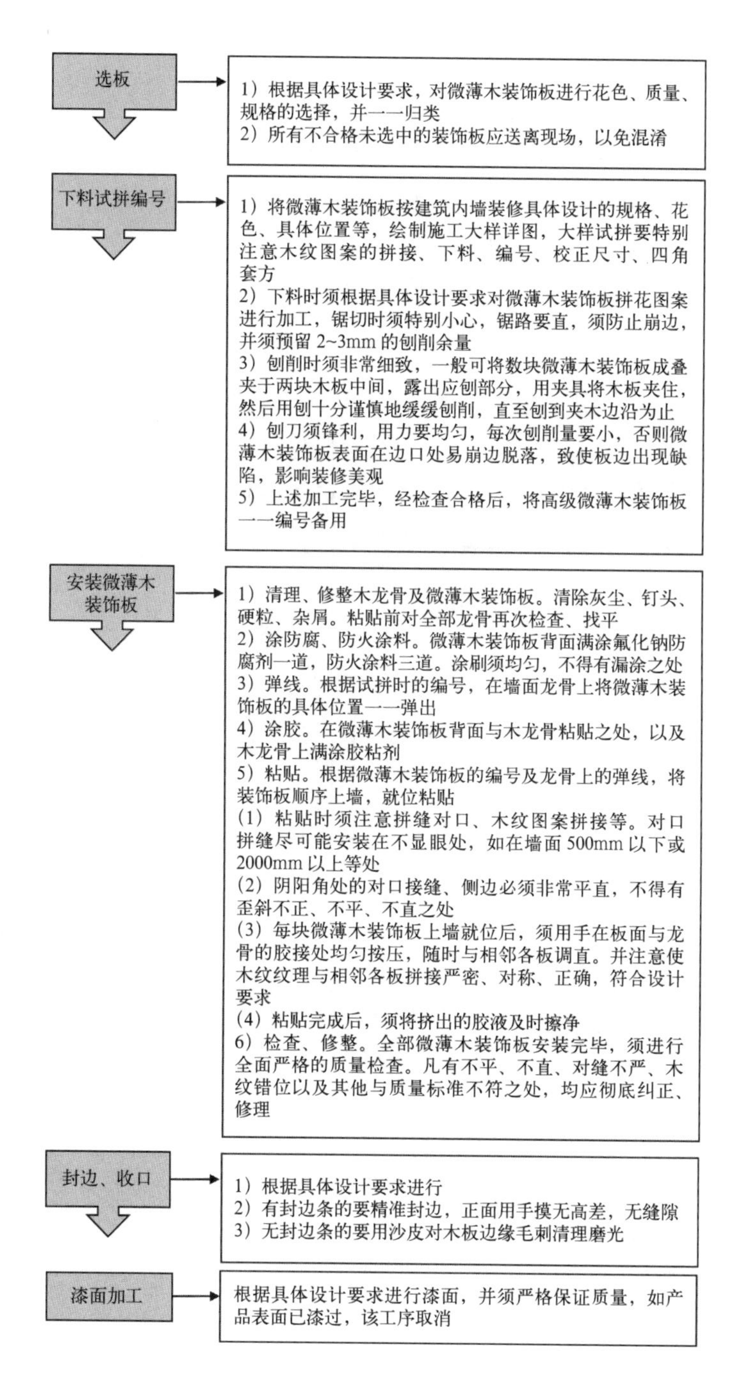

图5.3–13 微薄木装饰板的施工工艺流程及要点图

5.3.2 木隔断构造／材料／施工

木隔断是各类建筑室内空间设计中常见的空间构造，在组织空间、分隔空间、丰富空间上有很大作用。

1. 木隔断构造

木隔断的构造形式很多，从功能来分有固定式隔断和活动式隔断；从形式来分有推拉式隔断、折叠式隔断、帷幕式隔断及门罩屏风式隔断；从风格来分主要有中式和西式两类，其构造形式也有一些不同。

1）中式木隔断。中式木隔断有屏风、门罩等表现形式，图 5.3–14 便是中式门罩类木隔断的典型构造。一般采用框架构造，即由木方构成隔断的主框架，然后再在框架分隔的空间里制作装饰构造。框架主要采用榫合连接方式。中式传统门罩隔断的做法非常讲究，如江浙地区有的采用一根藤、卡子花和小插入的工艺，要耗费大量的人工，精美无比。现在一般都是通过在隔断的中式框架内镶嵌电脑雕刻的花板组合而成，大大缩短了建造工时，降低了造价。

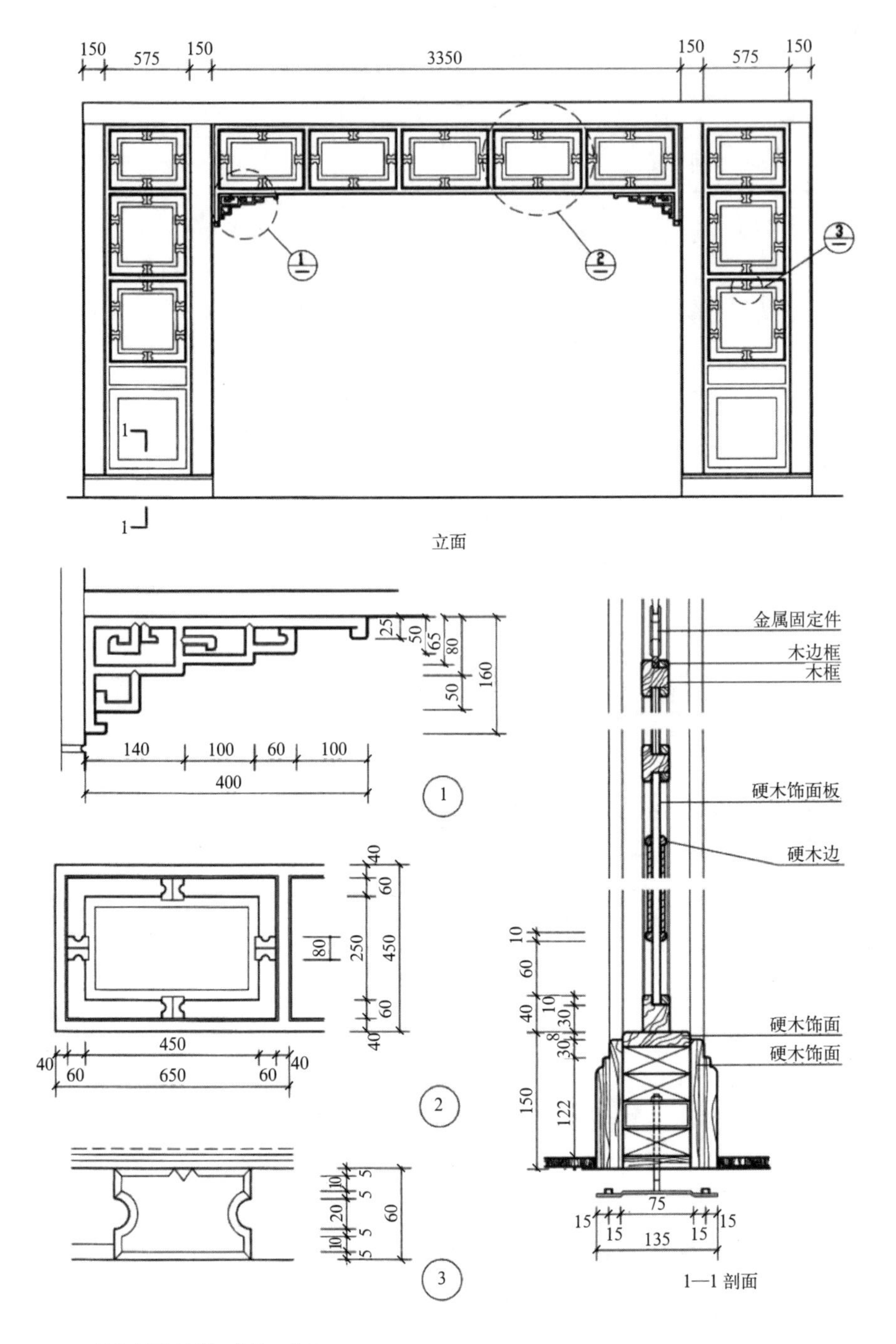

图 5.3–14　中式门罩类木隔断的典型构造

图 5.3–15 为中式木隔断的构造变化和细部花饰板。

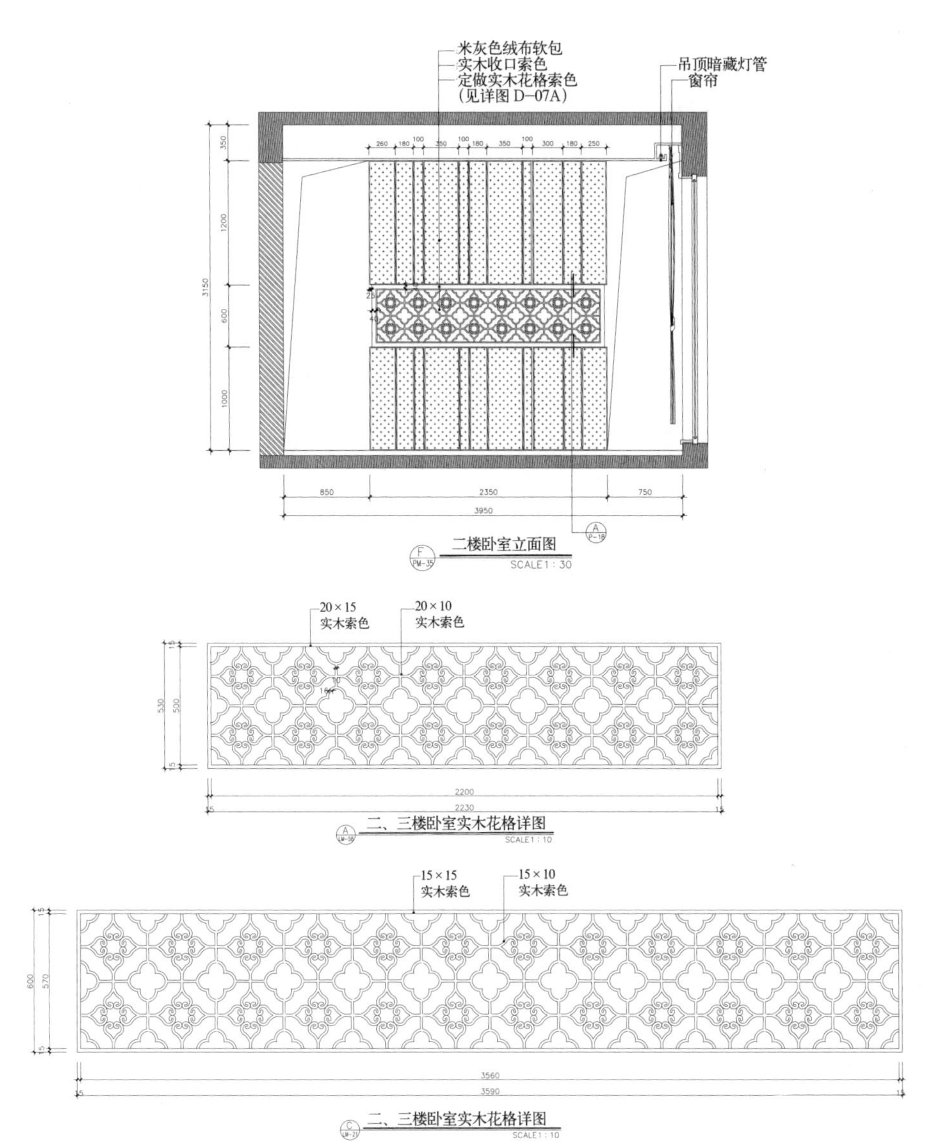

图 5.3–15 中式木隔断的构造变化和细部花饰板

由于受流行风潮的影响，新中式风格非常受欢迎，在现代建筑装饰中采用传统中式隔断的形式越来越多。传统的中式隔断图案复杂、做工繁复，但视觉效果好、文化意味浓、风格特征鲜明。悠久的中国文化产生了大量的优秀传统图案，各个朝代也有不同的风格。设计师要对此进行专题研究，掌握各个时代不同的文化特征，以便应用在有不同文化要求的场合。

2）西式木隔断。现代西式木隔断往往是传统西式木隔断的简化，它们是现代建筑装饰常见的空间构件。许多现代西式木隔断还与灯具及其他装饰材料，如玻璃、金属等组合在一起，形成迷人的外观效果。

西式木隔断一般采用两段式或三段式，见图 5.3–16。下部一般是起稳定作用的底脚，中部则是隔断的柜体，柜体一般也有凹凸的图案作装饰，

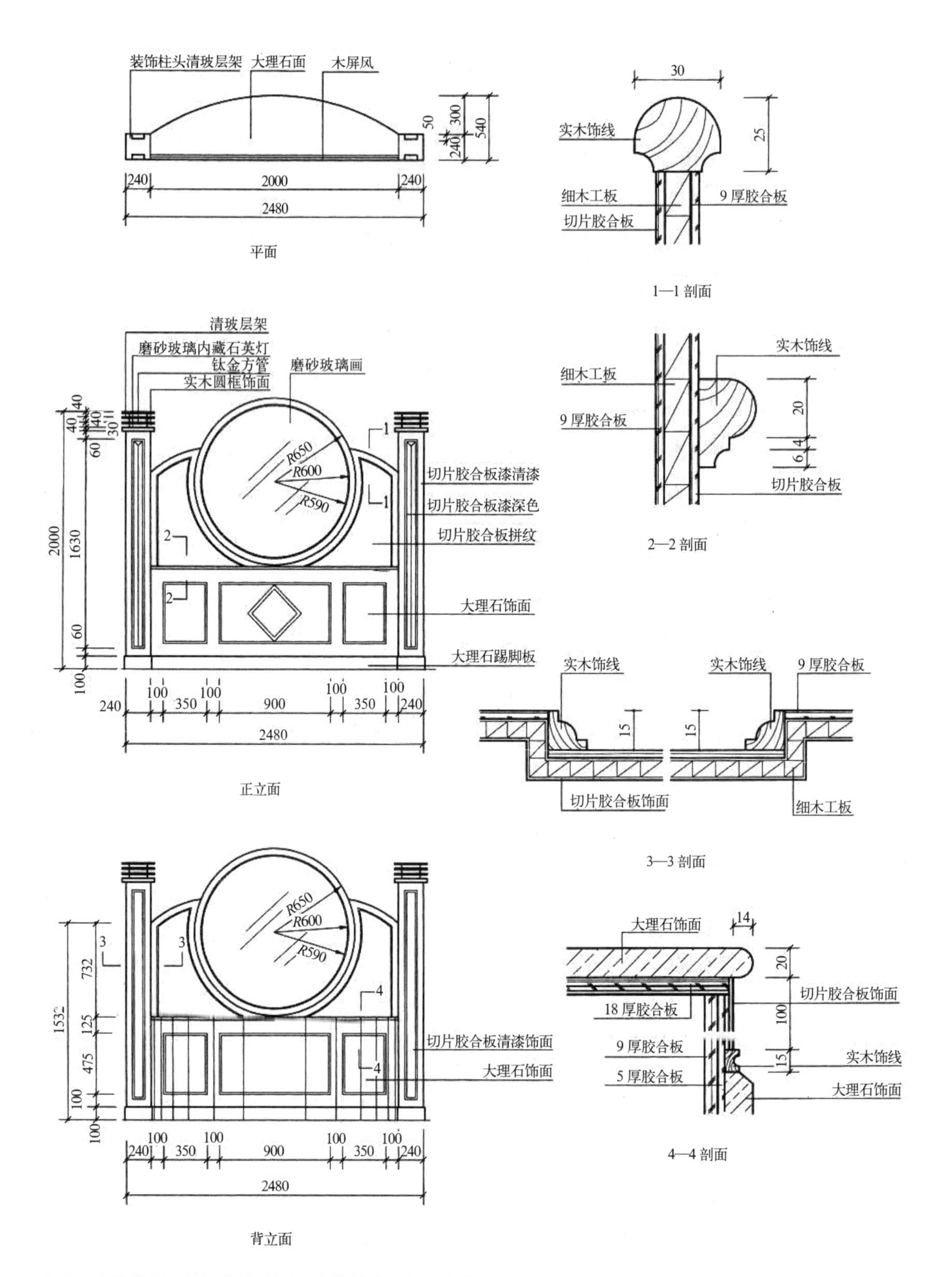

上部则是装饰手段丰富的各种装饰构造，往往是玻璃、金属等材料交相辉映，具有很好的装饰效果。图 5.3–17 是比较典型的现代西式木隔断的构造形式。

图 5.3–16　西式木隔断的典型构造

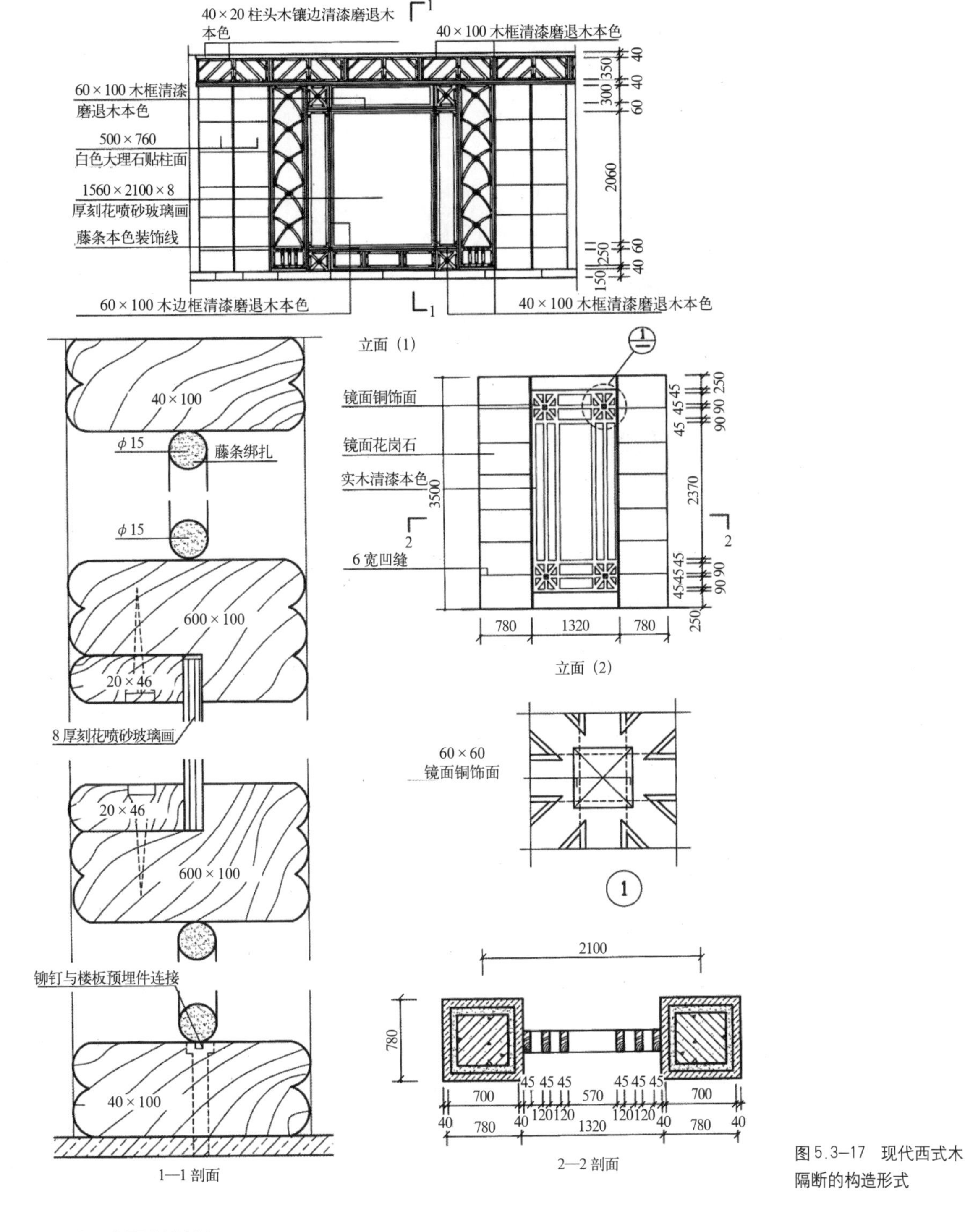

图 5.3–17　现代西式木隔断的构造形式

2. 木隔断材料

木隔断的材料与橱柜相似。

3. 木隔断施工

木隔断的施工工艺流程及要点见图 5.3–18。

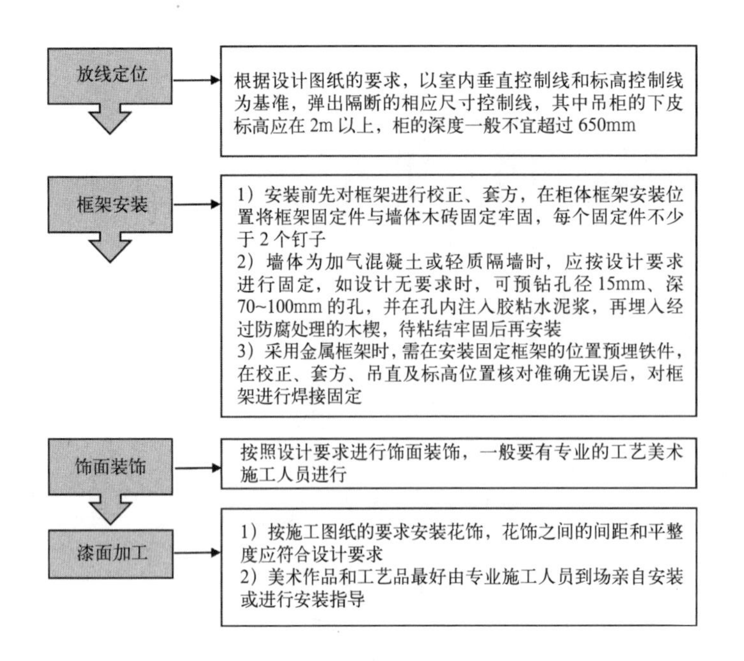

图 5.3–18　木隔断的施工工艺流程及要点图

5.3.3　木门／窗套

门窗一般由建筑师选型，专门厂家制作，土建施工时已经完成。室内设计师一般只需对门、窗套进行设计。

1. 木门／窗套构造

在建筑室内设计工程中，门套和窗套的施工是通常所说的硬装修或基础装修的内容之一，几乎所有工程都有这项施工内容。这些硬装修的典型构造是先用基层板做底，装饰面板做饰面，并用装饰线条收口。

图 5.3–19 是十分常见的单开门及门套的典型构造，这种门一般需要正反两个视图和横竖两个剖面图才能把造型和内部构造表达清楚。高清全图请扫描二维码 5.3–6 查看。

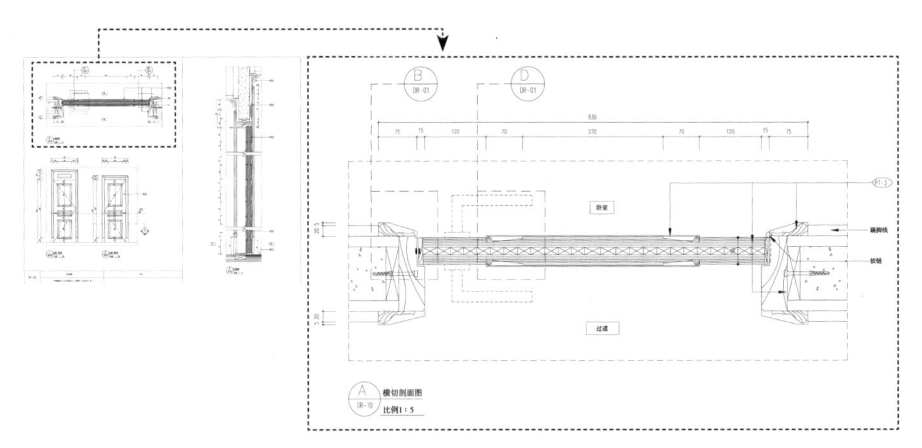

二维码 5.3–6

图 5.3–19　单开门及门套的典型构造

图 5.3–20 是双开玻璃门及门套的典型构造。由于玻璃门是正反相同的，所以只要三个详图就可以表达清楚了。高清全图请扫描二维码 5.3–7 查看。

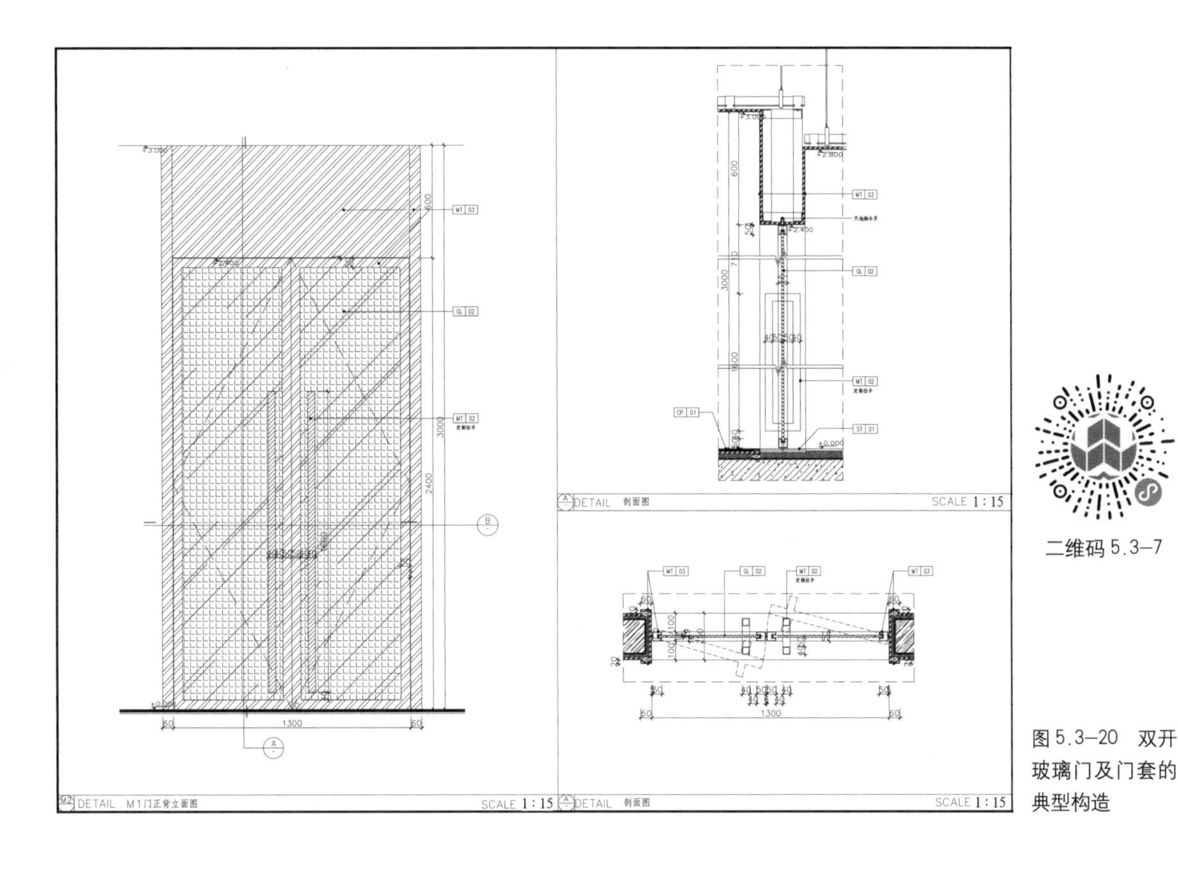

二维码 5.3–7

图 5.3–20 双开玻璃门及门套的典型构造

图 5.3–21 是不锈钢门套，门套的框架是镀锌方管，基层板是阻燃木夹板。

图 5.3–22 是两款带有防蚊纱窗的窗套侧板构造。窗的底座是云石，房间内侧窗台板直接用定制的木线条，外侧窗台板需要考虑防水。

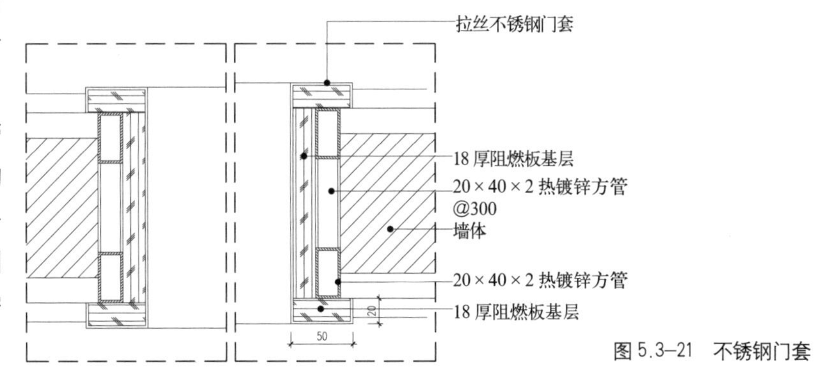

图 5.3–21 不锈钢门套

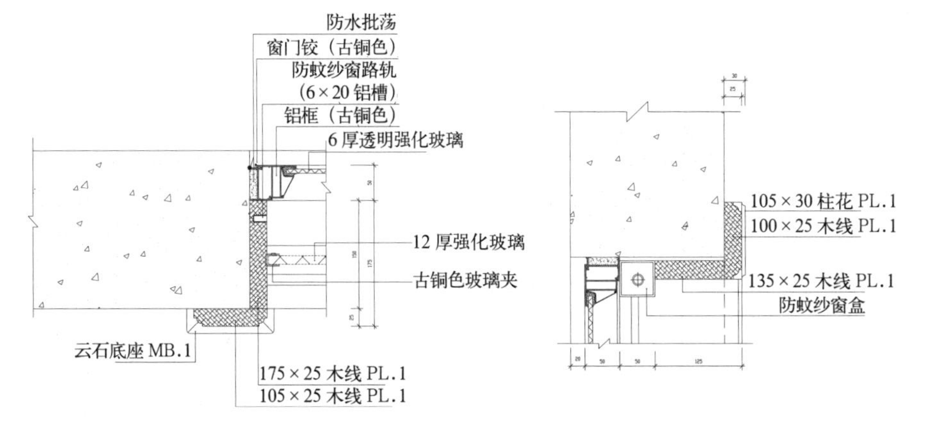

图 5.3–22 窗套侧板构造

图 5.3–23 是窗台板构造。

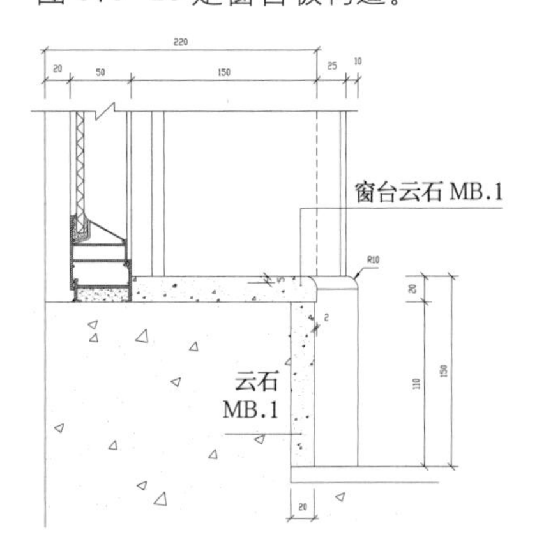

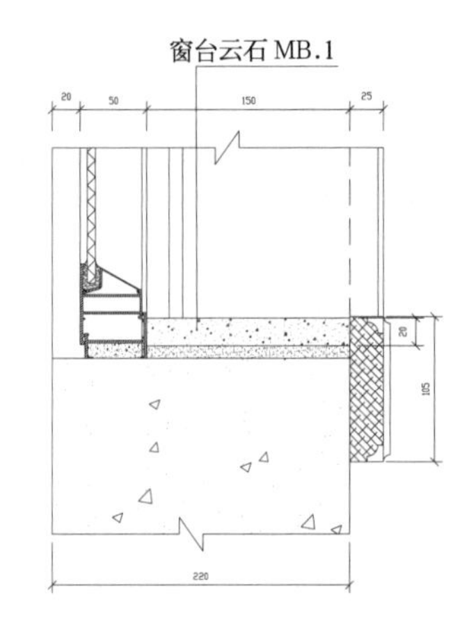

图 5.3–23 窗台板构造

2. 木门／窗套材料

木门／窗套工程材料要求见表 5.3–2。

材料要求表 **表5.3–2**

序号	材料	要求
1	木龙骨	一般采用红、白松，含水率不大于12%，不得有腐朽、节疤、劈裂、扭曲等
2	底层板	一般采用细木工板或密度板，含水率不得超过12%。板厚应符合设计要求，甲醛含量应符合室内环境污染物限值要求，人造板材使用面积超过500m^{2}时应做甲醛含量复试。板面不得有凹凸、劈裂等缺陷，应有产品合格证、环保及燃烧性能检测报告
3	面层板	一般采用三合板（胶合板），含水率不超过12%，甲醛释放量不大于0.12mg/m^3。颜色均匀一致，花纹顺直一致，不得有黑斑、黑点、污痕、裂缝、爆皮等，应有产品合格证、环保及燃烧性能检测报告
4	门、窗套木线	一般采用半成品，规格形状应符合设计图纸，含水率不超过12%，花纹纹理顺直，颜色均匀，不得有节疤、黑斑、黑点、裂缝等
5	其他材料	一般包括气钉、胶粘剂、防火涂料、防腐涂料、木螺钉等，其中胶粘剂、防火、防腐涂料必须有产品合格证及性能检测报告

3. 木门／窗套施工

木门／窗套的施工工艺流程及要点见图 5.3–24。

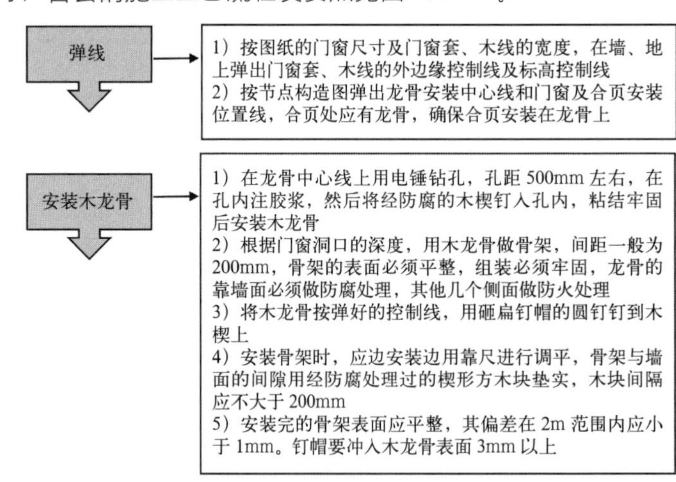

图 5.3–24 木门／窗套的施工工艺流程及要点图

安装底板 →

1）门窗套筒子板的底板通常用细木工板预制成左、右、上三块
2）若筒子板上带门框，必须按设计断面留出贴面板尺寸后做出铲口
3）安装前，应先在底板背面弹出骨架的位置线，并在底板背面骨架的空间处刷防火涂料，骨架与底板的结合处涂刷乳胶
4）用木螺钉或气钉将底板钉到木龙骨上。一般钉间距为150mm，钉帽要钉入底板表面1mm以上。也可以在底板与墙面之间不加木龙骨，直接将底板钉在木砖上，底板与墙体之间的空隙采用发泡胶塞实
5）若采用成品门、窗套可不加龙骨、底板，直接与墙体固定

安装面板 →

1）安装面板前，必须对面板的颜色、花纹进行挑选，同一房间面板的颜色、花纹必须一致
2）底板的平整度、垂直度和各角的方正度符合要求后，在底板上和面板背面满刷乳胶，乳胶必须涂刷均匀
3）将面板黏贴在底板上。在面板上铺垫50mm宽五厘板条，用气钉临时压紧固定，待结合面乳胶干透约48h后取下
4）面板也可采用蚊钉直接铺钉，钉间距一般为100mm
5）门套过高、面板需要拼接时一般接缝放在门与亮子间的横梁中心，留10mm的铲口，避免安装合页时损伤门套木线

图5.3–24 木门／窗套的施工工艺流程及要点图（续）

5.3.4 窗帘盒

只要有窗，多数都要设计窗帘盒（图5.3–25、图5.3–26）。

1. 窗帘盒构造

窗帘盒有明暗之分。

1）明窗帘盒是单独的一个装饰构件，由顶板、侧板、面板和窗帘轨道组成。

2）暗窗帘盒是与吊顶部分结合在一起的，又有内藏式和外接式之分。

（1）内藏式窗帘盒。其主要形式是在窗顶部位的吊顶处做出一条凹槽，在槽内装好窗帘轨。作为含在吊顶内的窗帘盒，与吊顶施工一起做好。

（2）外接式窗帘盒。其是在吊顶平面上做出一条贯通墙面长度的遮挡板，在遮挡板内的吊顶平面上装好窗帘轨。遮挡板可采用木构架双包镶，并把底边

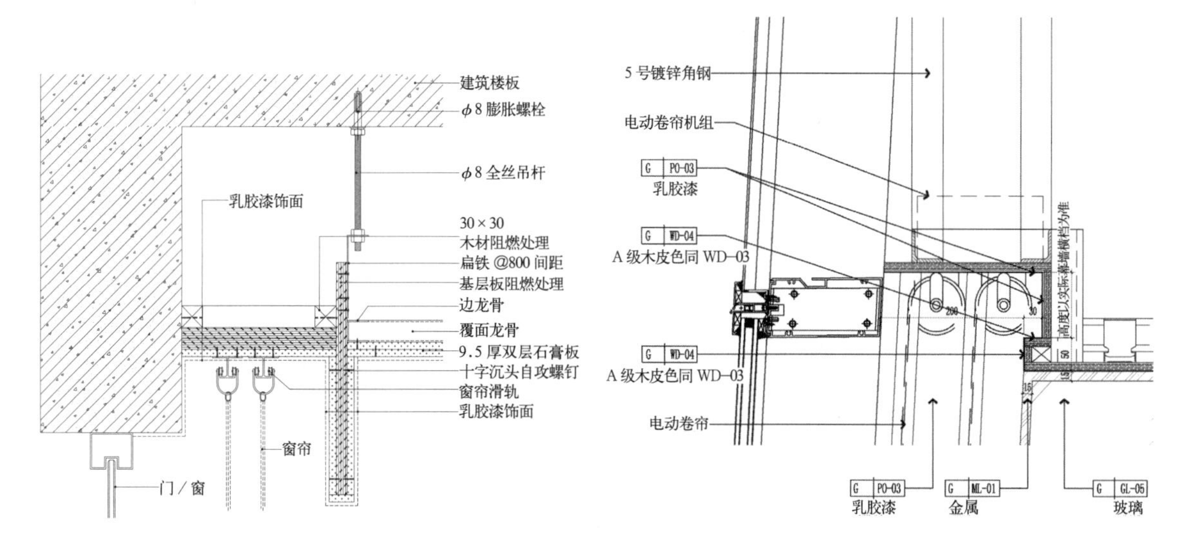

图5.3–25 窗帘盒（左）
图5.3–26 电动卷帘窗帘盒（右）

做封板边处理。遮挡板与顶棚交接线要用棚角线压住。遮挡板可采用射钉固定，也可采用预埋木楔、圆钉固定，或采用膨胀螺栓固定。

窗帘轨道有单、双和三轨道之分。

单体窗帘盒一般先安装轨道。暗窗帘盒在安装轨道时，轨道应保持在一条直线上。

轨道形式有“工”字形、槽形和圆杆形三种。“工”字形窗帘轨道是用与其配套的固定爪来安装，安装时先将固定爪套入“工”字形窗帘轨道上，每米窗帘轨道有三个固定爪安装在墙面上或窗帘盒的木结构上。

槽形窗帘轨道的安装，先用 5.5mm 的钻头在槽形轨道的底面打出小孔，再用螺钉穿过小孔，将槽形轨道固定在窗帘盒内的顶棚上。

2. 窗帘盒材料

木窗帘盒的材料同门窗套，参见相关内容。

3. 窗帘盒施工

窗帘盒的施工工艺流程及要点见图 5.3–27。

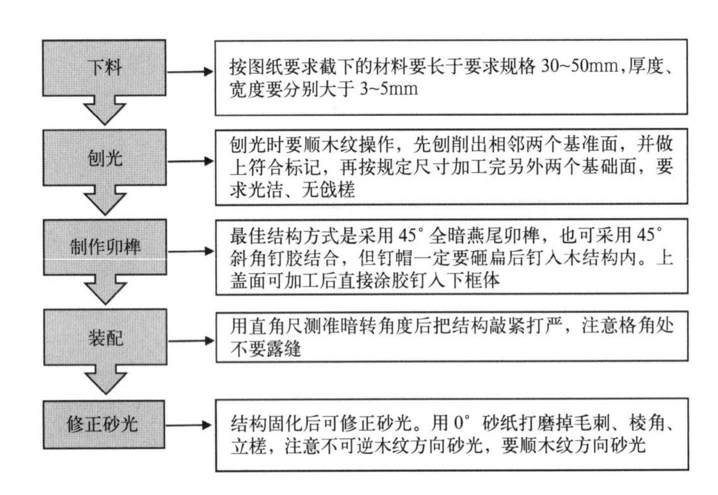

图 5.3–27　窗帘盒的施工工艺流程及要点图

5.3.5　木制品工程验收

木制品工程验收标准详见二维码 5.3–8。

理论学习效果自我检查

1. 简述入墙柜的构造类型。
2. 简述橱柜的材料要求。
3. 简述固定木家具施工流程和工艺。
4. 画出固定木家具构造图。
5. 简述微薄木装饰板施工流程和工艺。
6. 用草图画一款中式或西式木隔断的构造。
7. 简述中西式木隔断的区别。
8. 简述木隔断施工流程和工艺。

二维码 5.3–8

9. 简述木门／窗套工程材料要求。

10. 简述木门／窗套施工流程和工艺。

11. 简述窗帘盒的制作流程和工艺。

理论实践一体化教学

项目 5.4　建筑室内木制品工程设计延伸扩展

5.4.1　固定家具

1. 与护壁板（镶板墙体）一体的固定家具

有一类固定家具是与镶板墙体连接的。这种家具往往出现在有护壁板的传统风格的设计中。

图 5.4–1、图 5.4–2 是两款镶板墙与家具浑然一体的设计。线条围合疏密有致，视觉效果十分整体。

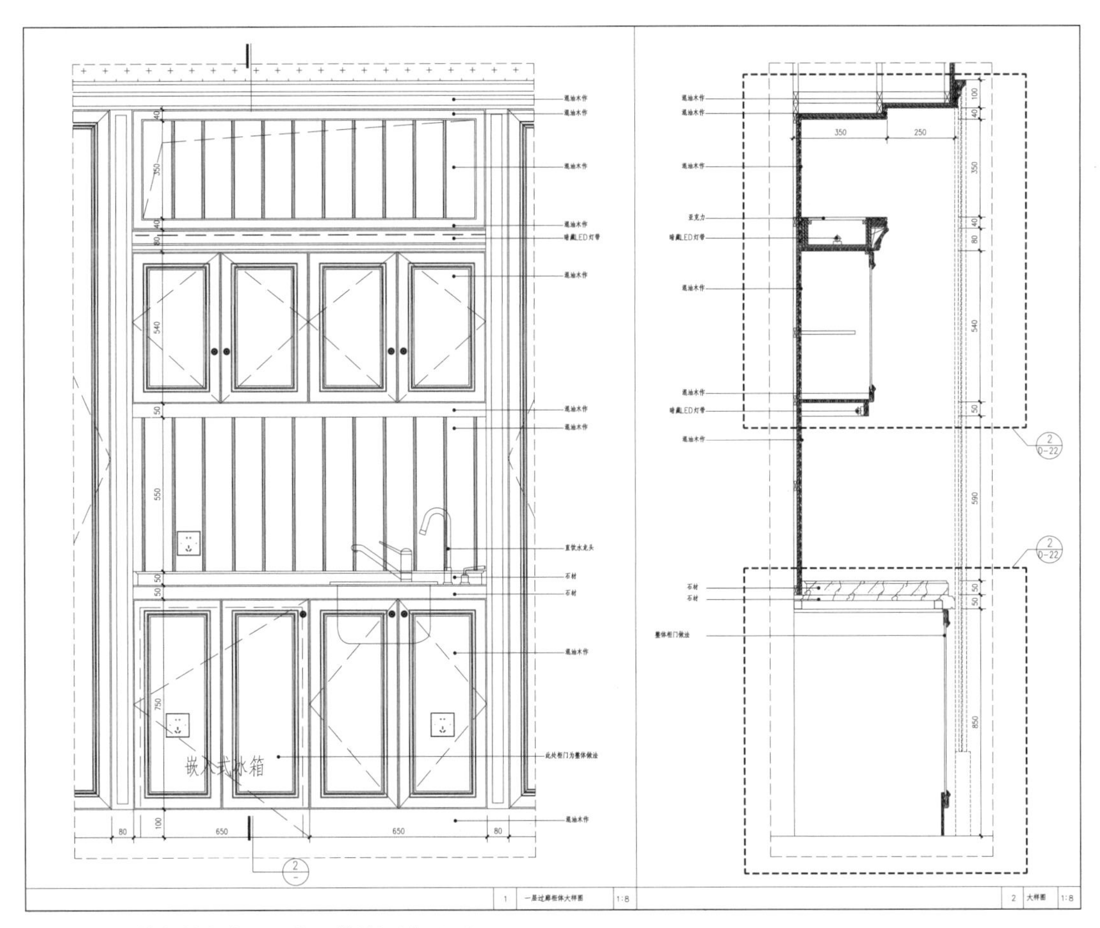

图 5.4–1　镶板墙与家具浑然一体的设计（一）

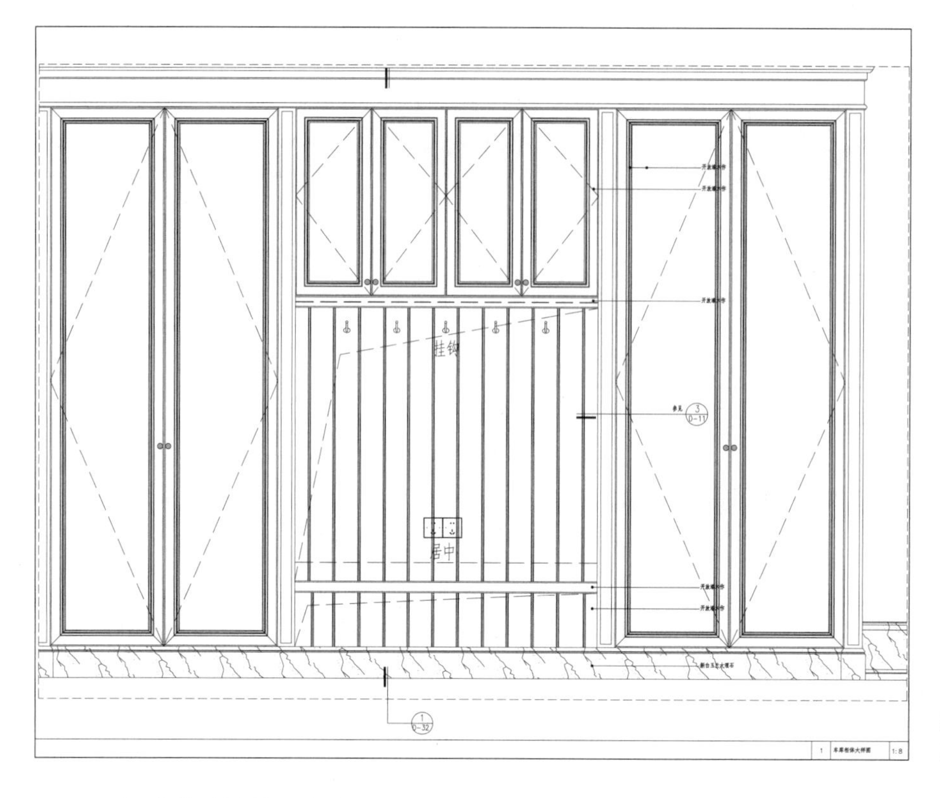

图 5.4–2 镶板墙与家具浑然一体的设计（二）

2. 与墙体连接的固定家具

图 5.4–3 是暗藏在墙体中的固定家具。家具的表面是与墙体同样风格的墙面造型，家具的门与抽屉的线条与墙体石材的界面造型完全一致，所以不仔

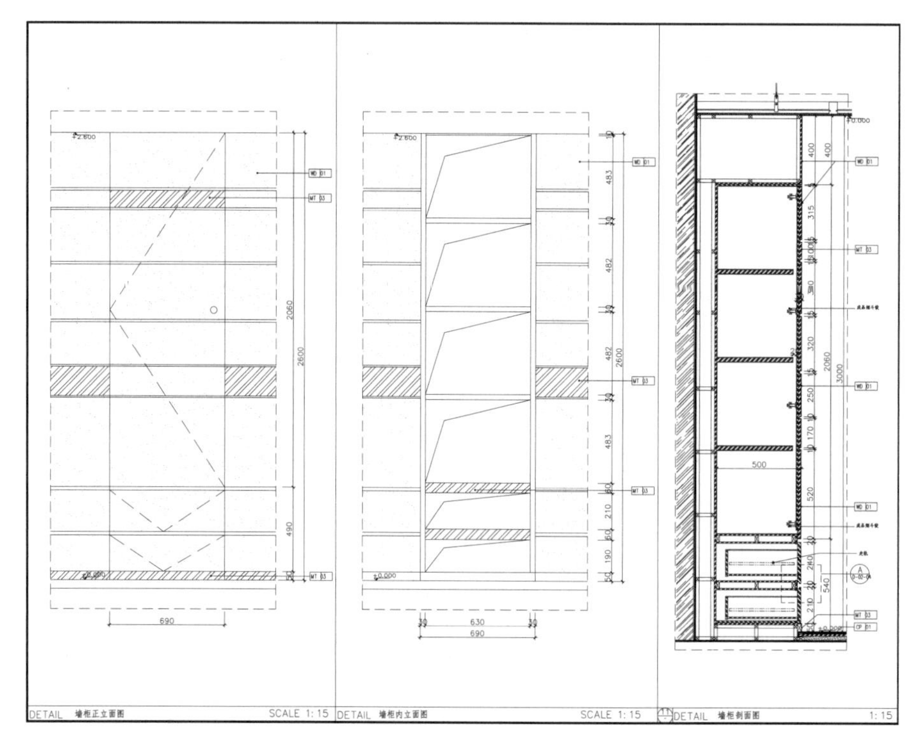

图 5.4–3 暗藏在墙体中的固定家具

细看完全看不出其中有暗藏的柜子。与墙体结合的固定家具的其他要求就是要横平竖直。本案例立面图与剖面图布局在同一张图面上，所以很容易被施工人员理解。

5.4.2 多种材料结合的复合家具

在许多办公大楼一层大堂一般都有一张接待柜，如图 5.4–4 所示，而这样的大堂接待柜往往是由多种材料复合而成的。图例采用的是金镶玉大理石与木材饰面板两种主材。外表材料几乎都是金镶玉大理石，而内侧的工作人员登记台部分则采用木饰面，家具的框架用的是木龙骨和多层板，见图 5.4–5、图 5.4–6。

图 5.4–7 是某售楼处模型展示台三视图与剖面图，其支撑框架是木龙骨，表面材料是以石材为主的复合材料。

图 5.4–4 办公大楼大堂平面图

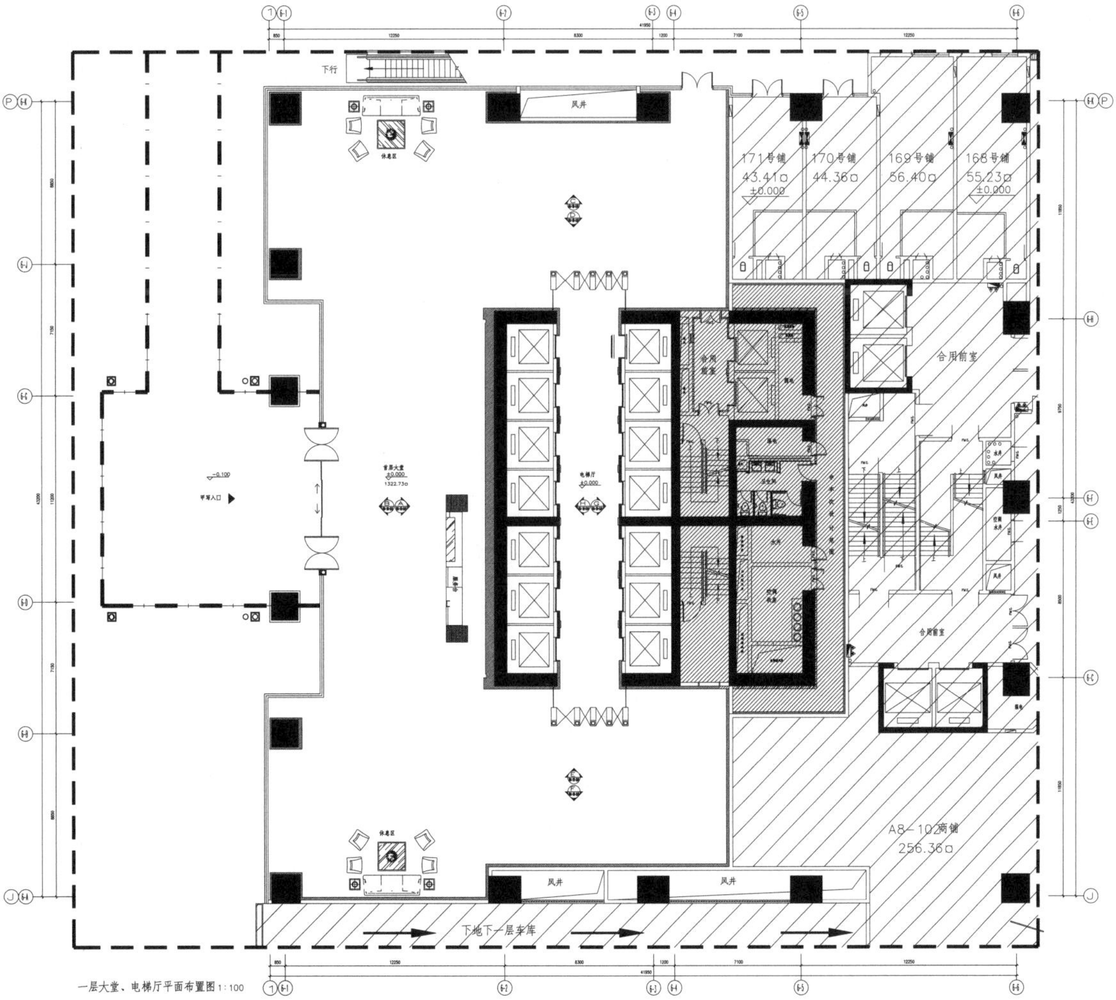

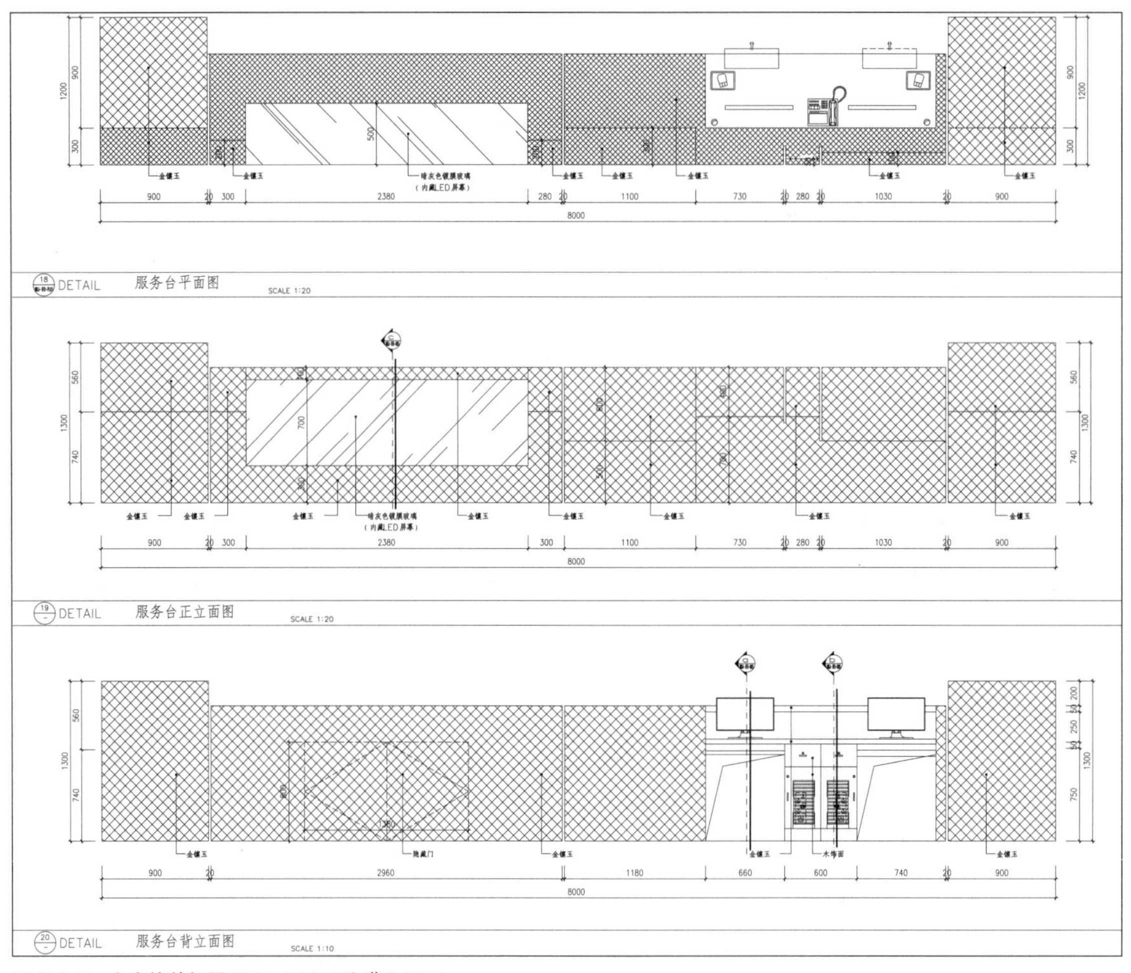

图 5.4–5　大堂接待柜平面图、正立面和背立面图

5.4.3　门窗和门窗套

1. 门和门套

1）木门和门套。高档酒店的门除了材料要求高以外，在使用上也有比较高的隔声和防火要求。所以在门的底部要贴一条具有防火功能和隔声功能的胶条，见图 5.4–8。

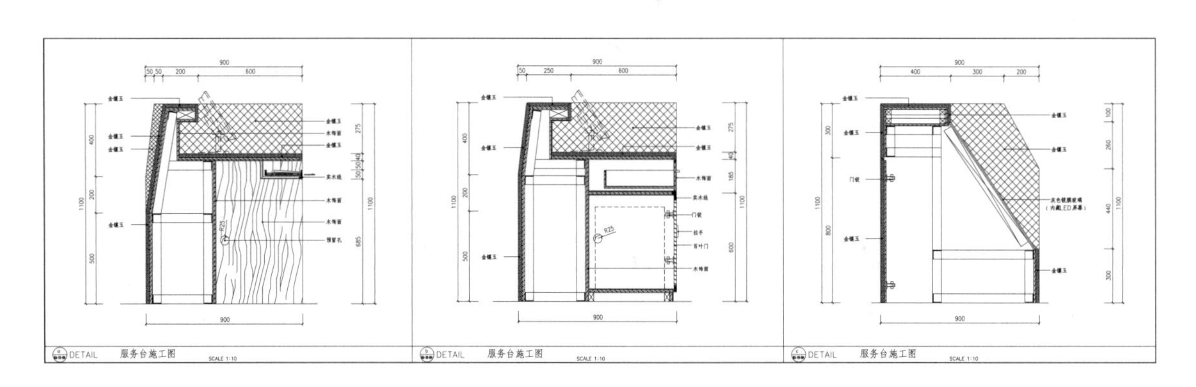

图 5.4–6　大堂接待柜三个不同部位的剖面图

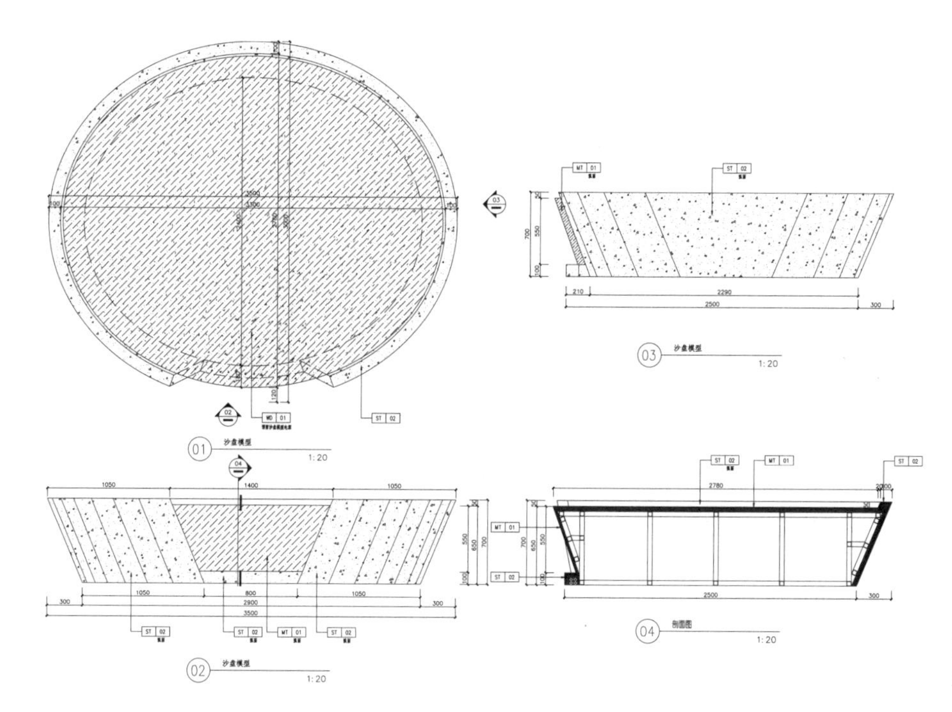

图 5.4–7　售楼处模型展示台三视图与剖面图

图 5.4–8　木门及门套

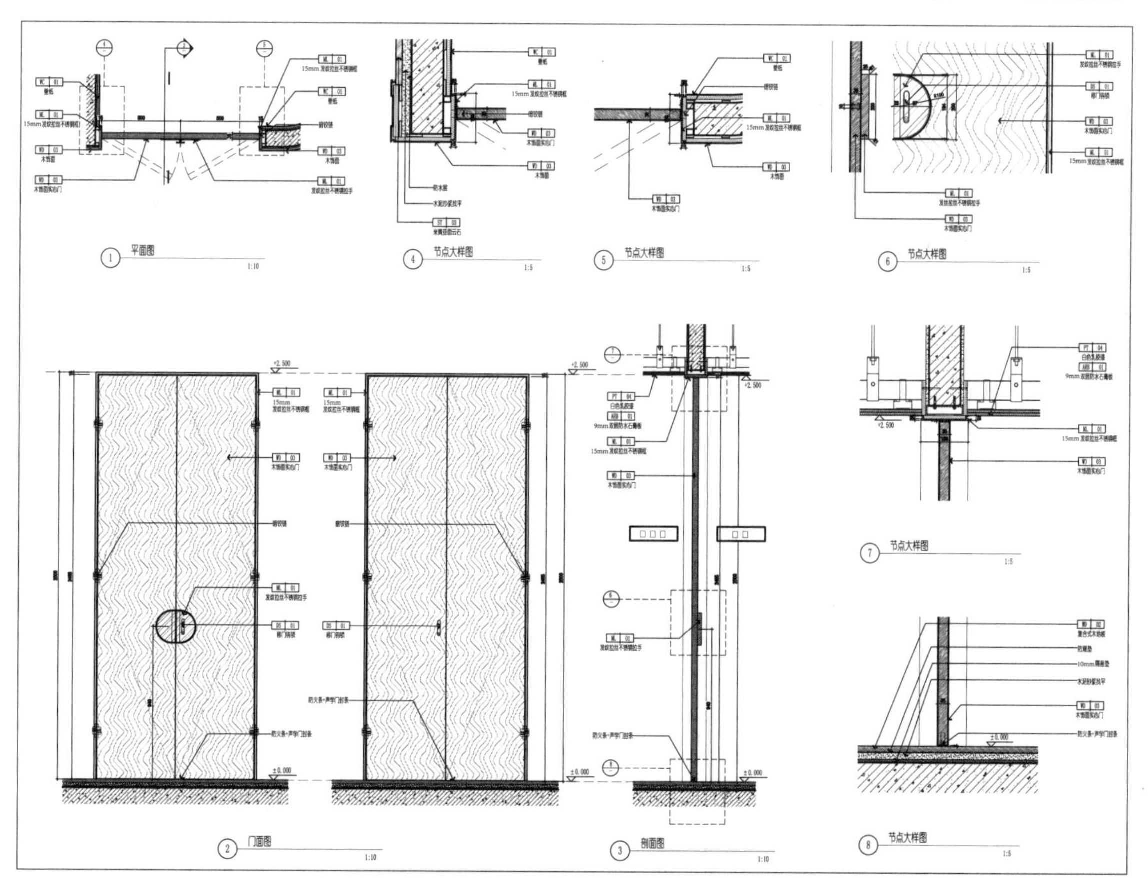

2）玻璃门和门套。高档酒店的门很多都采用复合材料：木饰面结合玻璃和不同表面效果的金属贴面，如发纹拉丝不锈钢包边，具体构造见图 5.4–9。

3）客房门和门套。图 5.4–10 是高档酒店的客房门及门套的构造。这类房门一般都用电子门锁，除了显示房间号外，还有其他显示功能，如免打扰等。另外防火隔声功能也不可缺少，门套顶部还有光带做氛围照明，构造设计较为复杂。

4）隐藏式电视柜门和门套。图 5.4–11 是酒店的隐藏式电视柜门及门套的构造。为了追求视觉风格的统一和设计格调，需要把电视机隐藏起来。只有在需要使用电视机时才打开移门，这种构造设计现在比较流行。

5）办公室玻璃双开门和门套。图 5.4–12 是一款办公室玻璃双开门及门套的构造。相对于高档酒店，这样的构造就比较简单了，但该有的细节一点也不少。这种门的构造的应用范围还是相当广泛的。

2. 窗和窗套

与多数门都有门套一样，多数窗也都有窗套。窗套的构造要注意内外有别。室外部分一般由建筑师决定，室内部分才是室内设计的内容。要重视窗台板的细节设计，图 5.4–13 的设计就比较讲究。

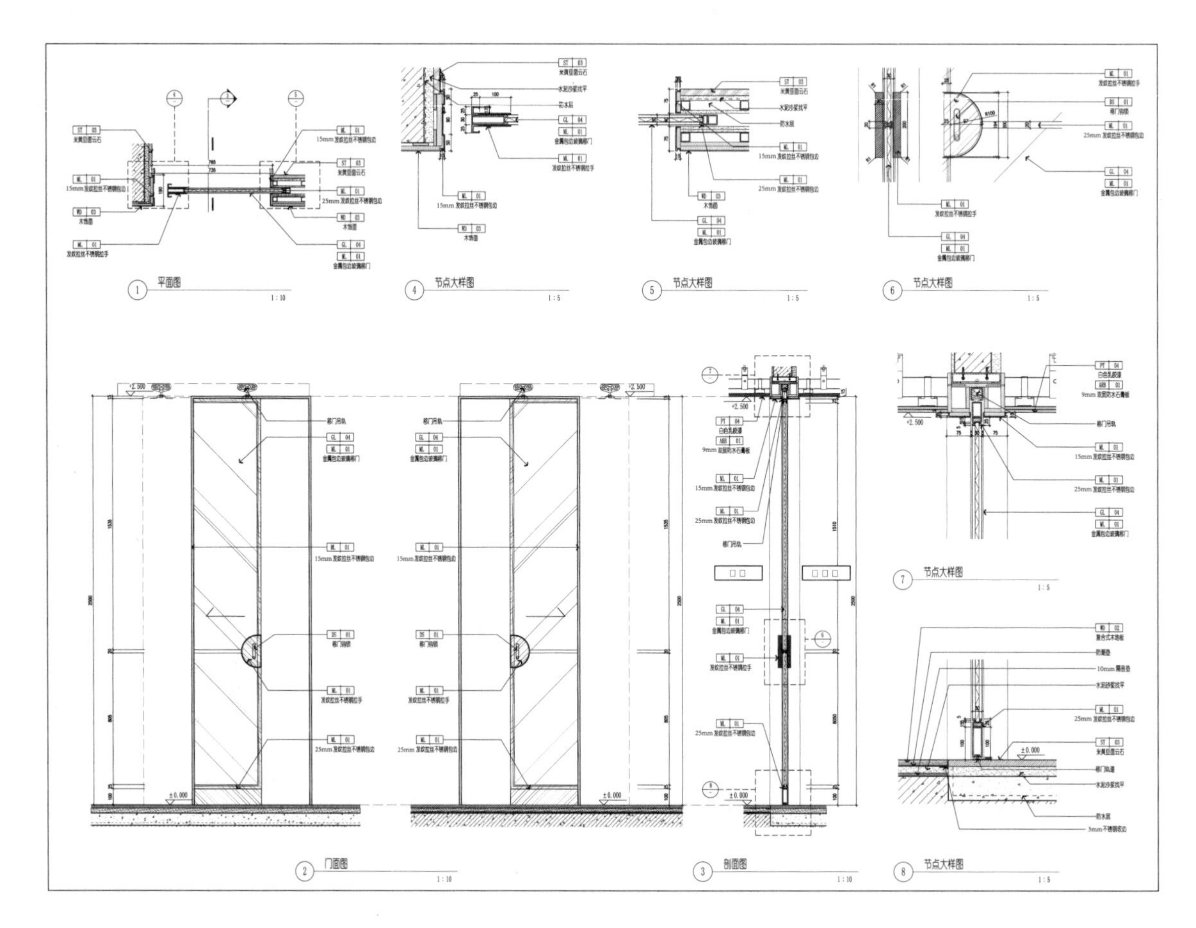

图 5.4–9　玻璃门及门套

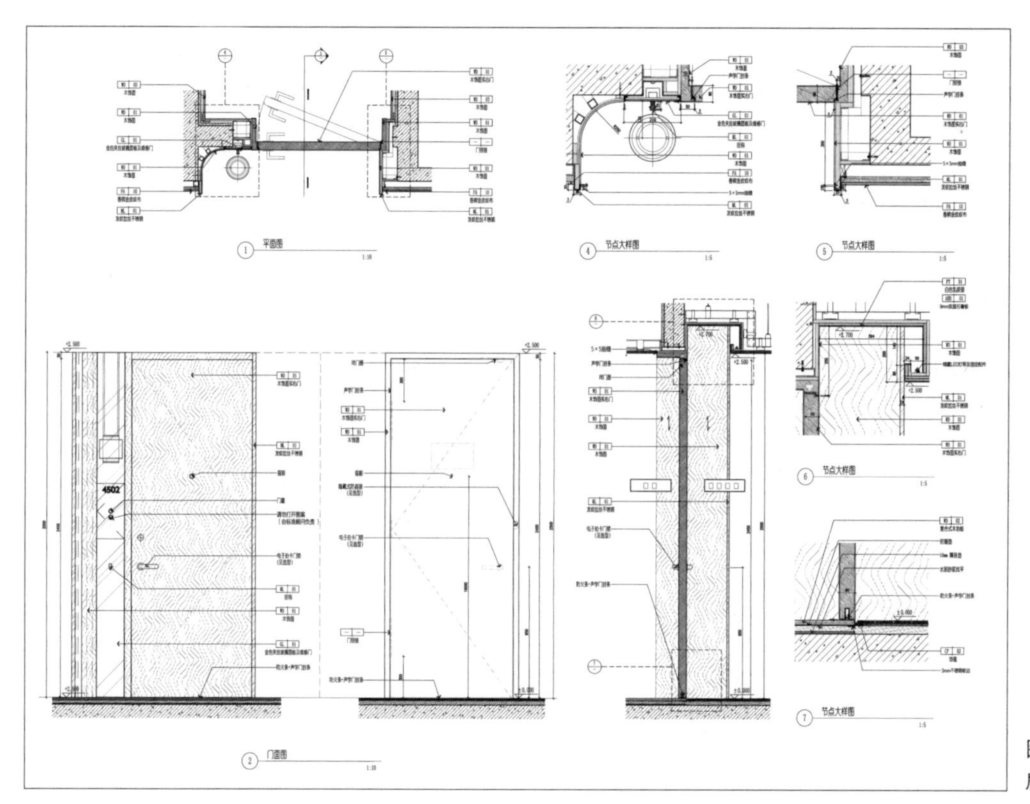

图 5.4–10　客房门及门套

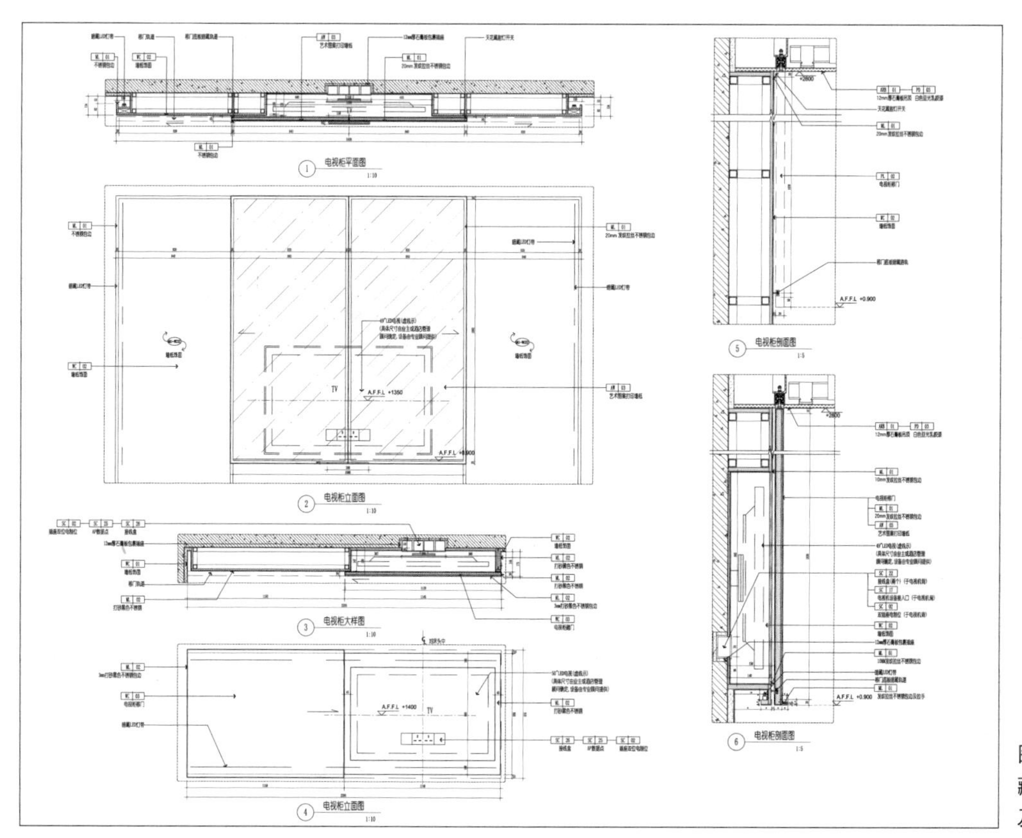

图 5.4–11　隐藏式电视柜门及门套

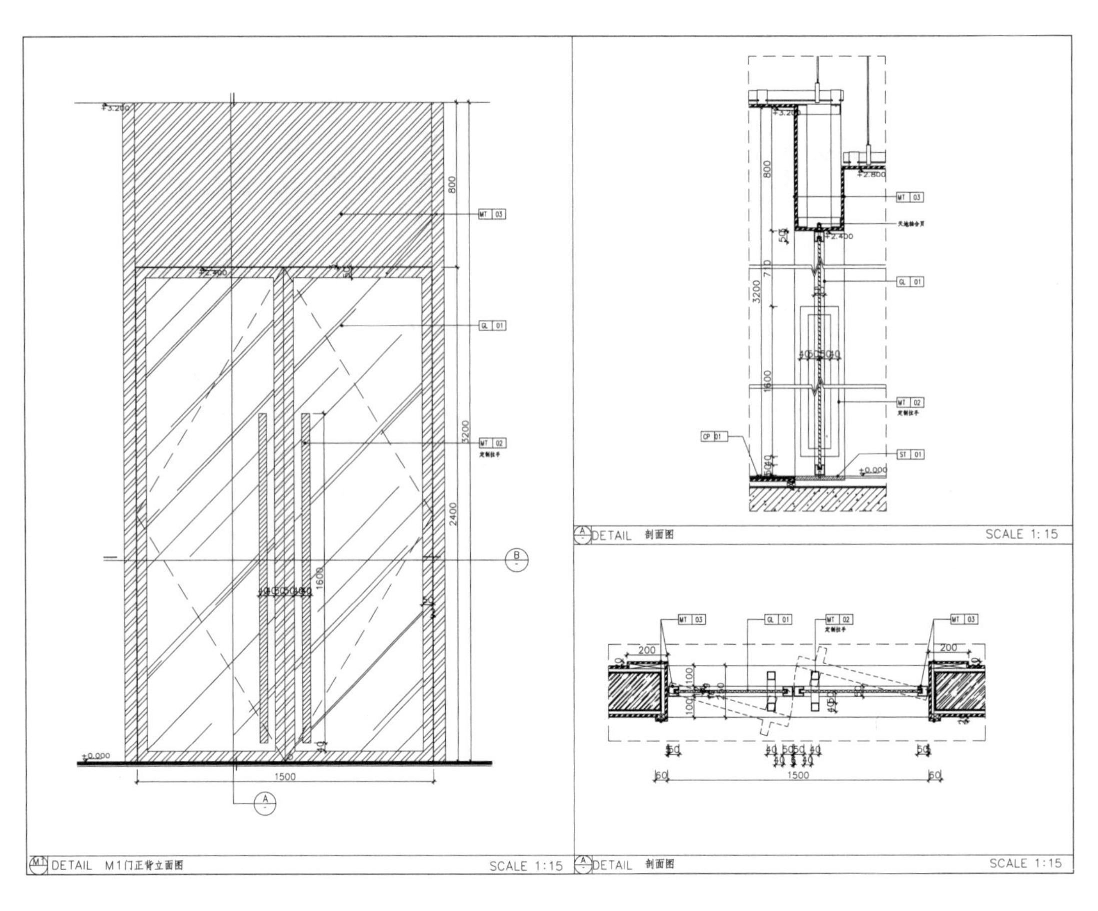

图 5.4–12 办公室玻璃双开门及门套

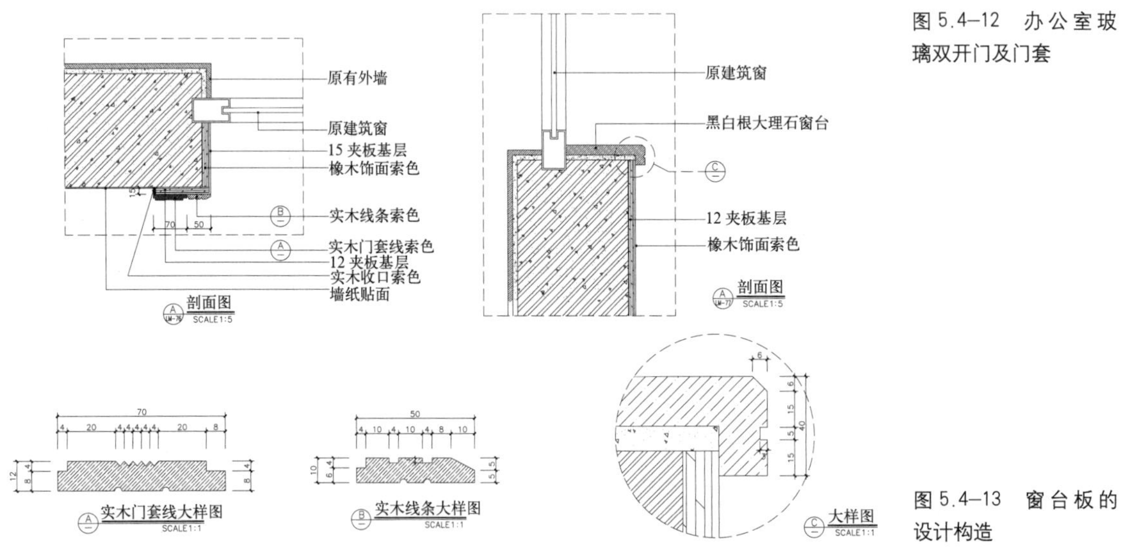

图 5.4–13 窗台板的设计构造

5.4.4 隔断

1. 具有隔断功能的镂空门

图 5.4–14 是具有隔断功能的门，因此采用镂空设计，视线是可以穿透的。这样的门在设计上相当于隔断，构造的重点是隔断的图案纹样。

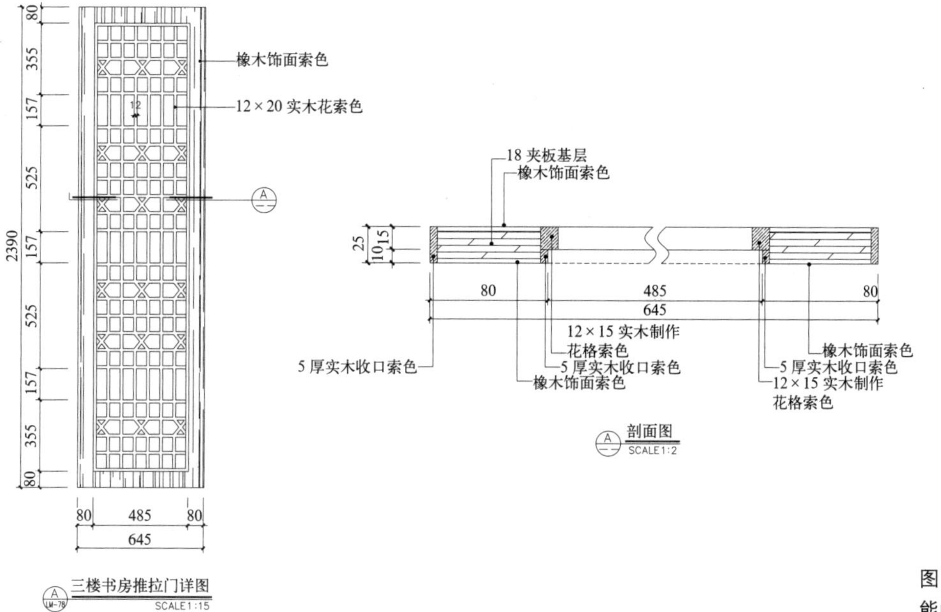

图 5.4–14　具有隔断功能的门（一）

图 5.4–15 同样是具有隔断功能的门，其中一款是移门。

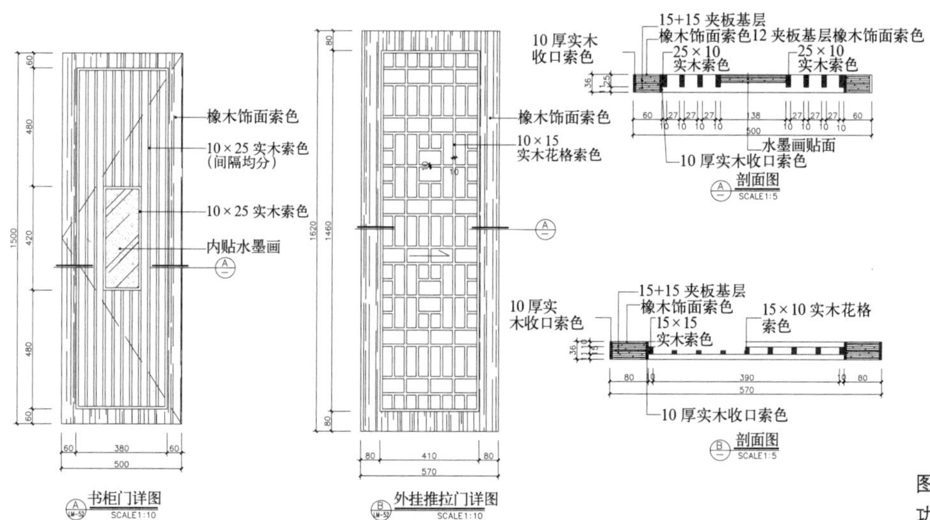

图 5.4–15　具有隔断功能的门（二）

2. 具有隔断功能的屏风

图 5.4–16 是一款屏风的构造，从整体来看与上两款的门并没有多大区别。

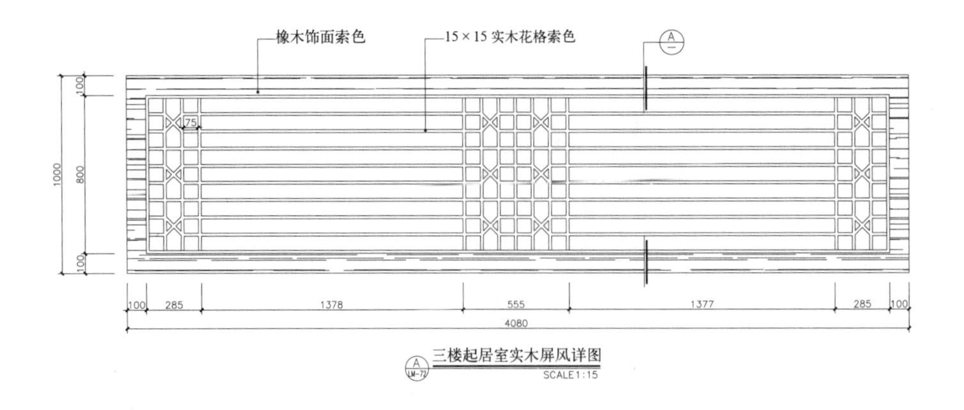

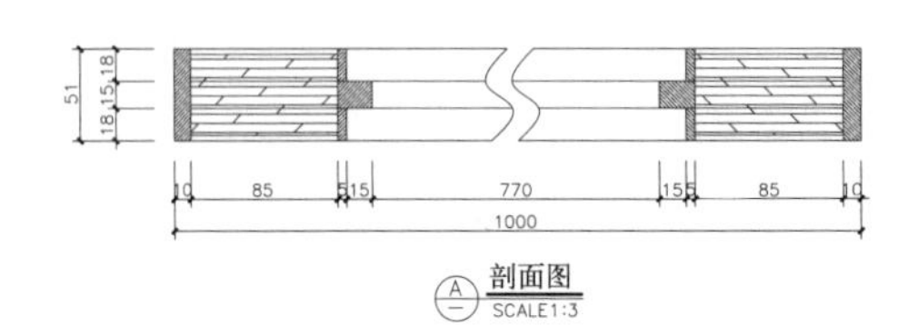

图 5.4–16 具有隔断功能的屏风（一）

图 5.4–17 的屏风采用了比较复杂的材料，但其基本框架还是一样的。

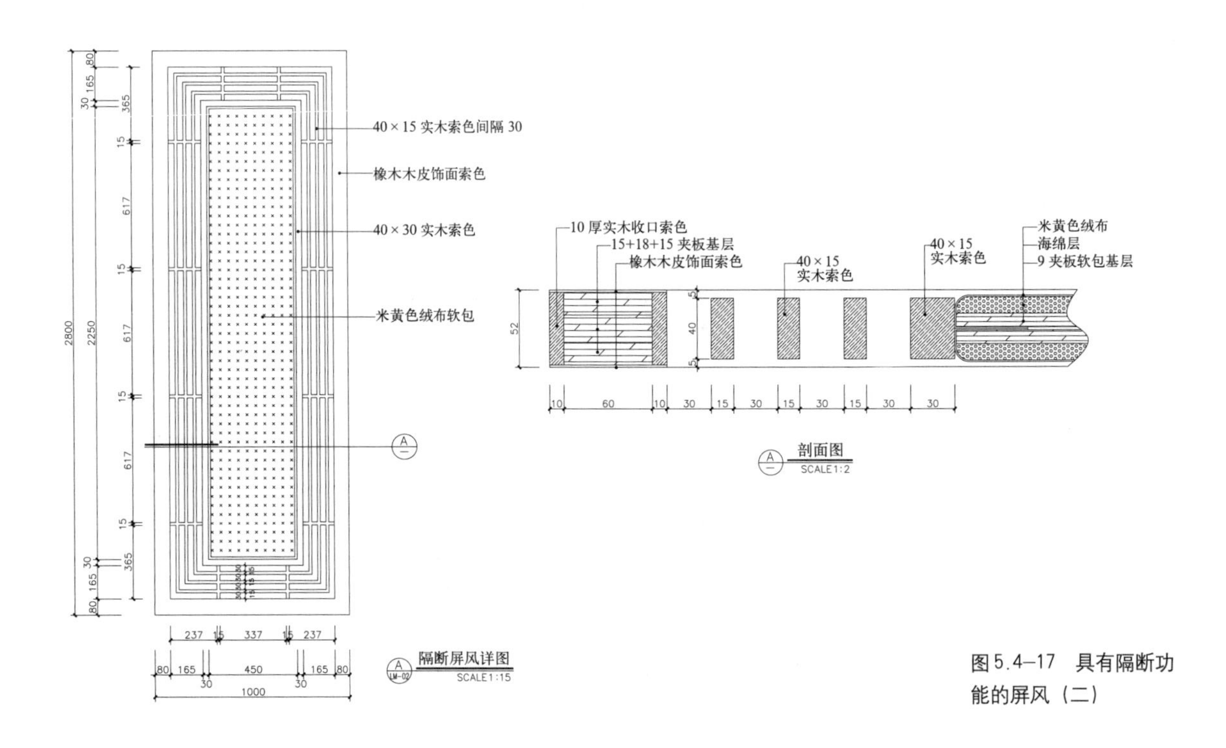

图 5.4–17 具有隔断功能的屏风（二）

3. 具有隔断功能的花隔

图 5.4–18 是冰裂纹纹样构造的花隔。冰裂纹在传统建筑上常见，其寓意和外观为很多国人所喜爱。

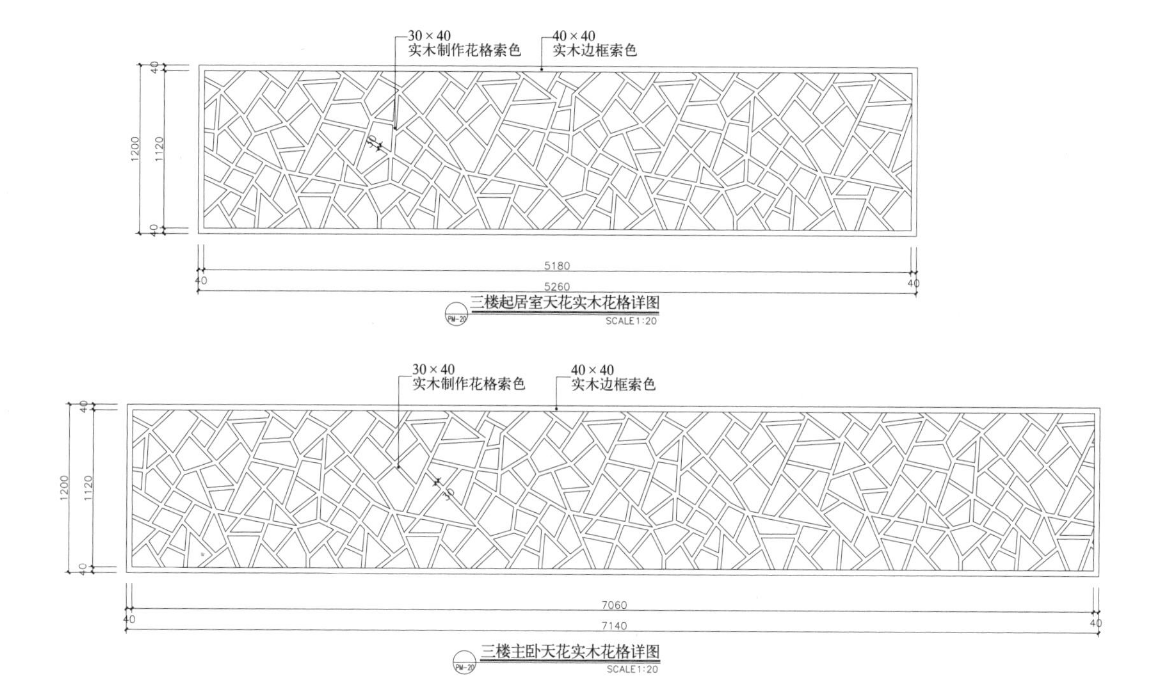

图5.4–18　冰裂纹纹样构造的花格

通过以上举例我们可以发现，这些木制品工程的延伸扩展设计方案在通常情况下其基本构造大同小异。但因为材料与风格变化的关系，其构造的细节和施工工艺发生了若干变化。只要我们能理解木制品一些常用的基础构造，明白其材料、构造、施工的基本原理，就可以做出千变万化的设计方案。

项目5.5　建筑室内木制品工程设计应用案例

5.5.1　公装案例

1. 家具设计图

家具设计图也需要“面面俱到”，不但要显示各视图界面造型、图面比例和材料及施工工艺要求，还要详细交代储存空间内部分割和隔板位置，并且需要详细标注好节点大样的剖切位置和图纸索引编号。

本案例属现代简约风格，为了画面的丰富性，设计师在立面简单材料分割线条的基础上采用了一些纹理填充，打印时这些纹理可设置为“淡显”，以显示出画面的层次。

1）前台设计图。看似简单，其实需要画出六个视图和两个剖面图才能显示其真实的构造。图5.5–1是前台效果图，图5.5–2是前台全视图（①前

图5.5–1　前台效果图

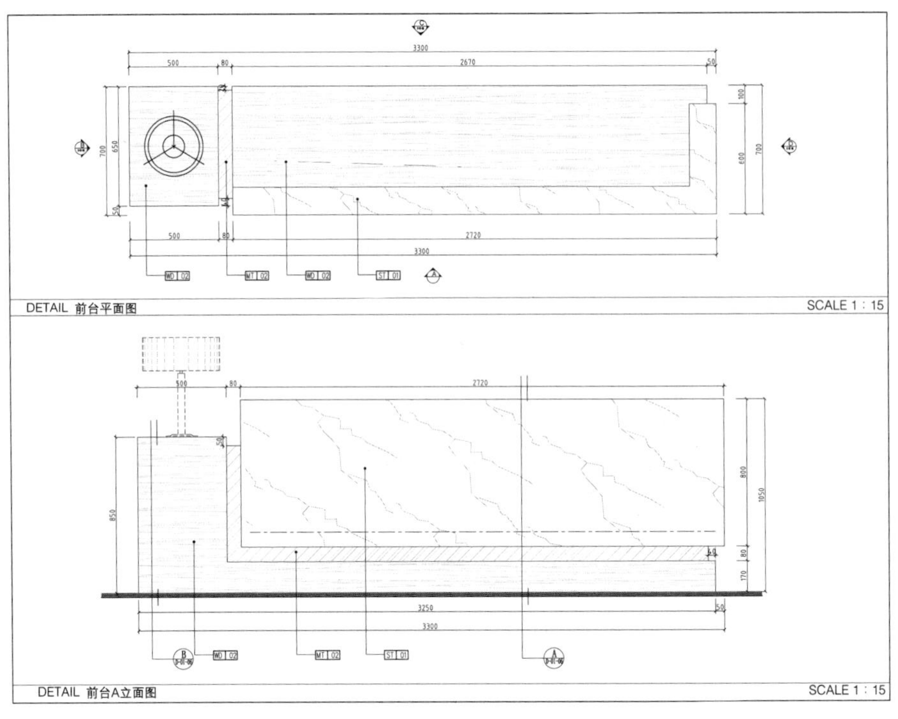

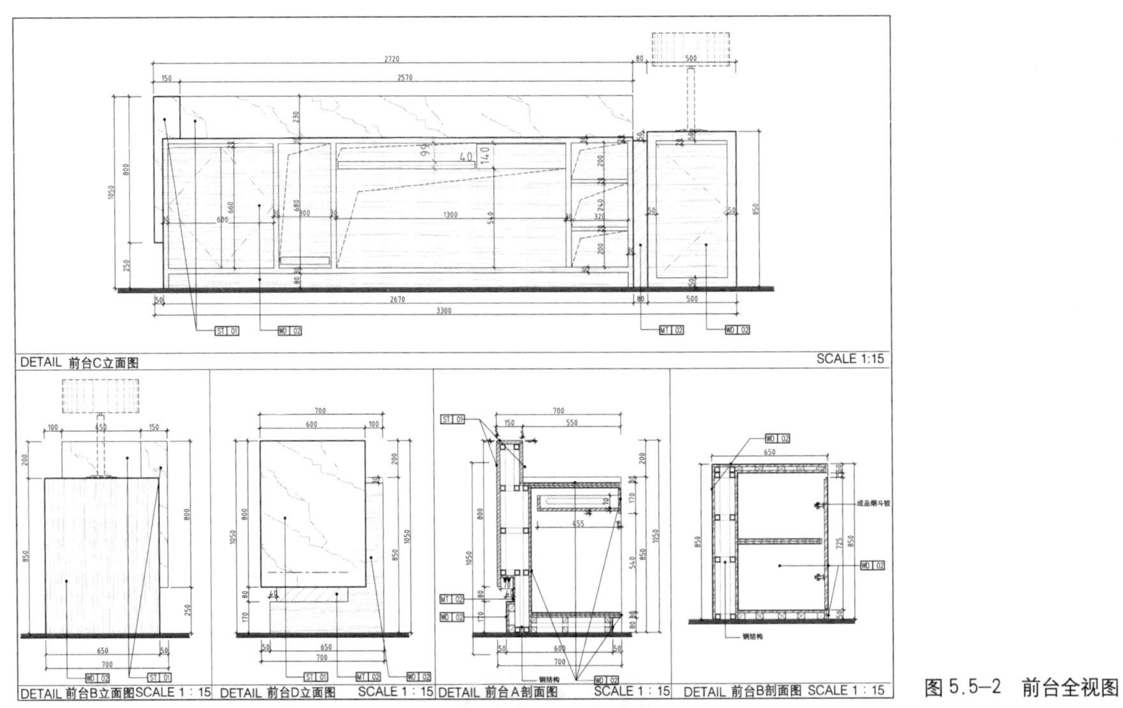

图 5.5–2 前台全视图

台平面图、②前台 A 立面图、③前台 C 立面图、④前台 B 立面图、⑤前台 D 立面图、⑥前台 A 剖面图、⑦前台 B 剖面图）。

2）吧台全视图。图 5.5–3 是吧台全视图，也需要多个视图才能反映真实构造。

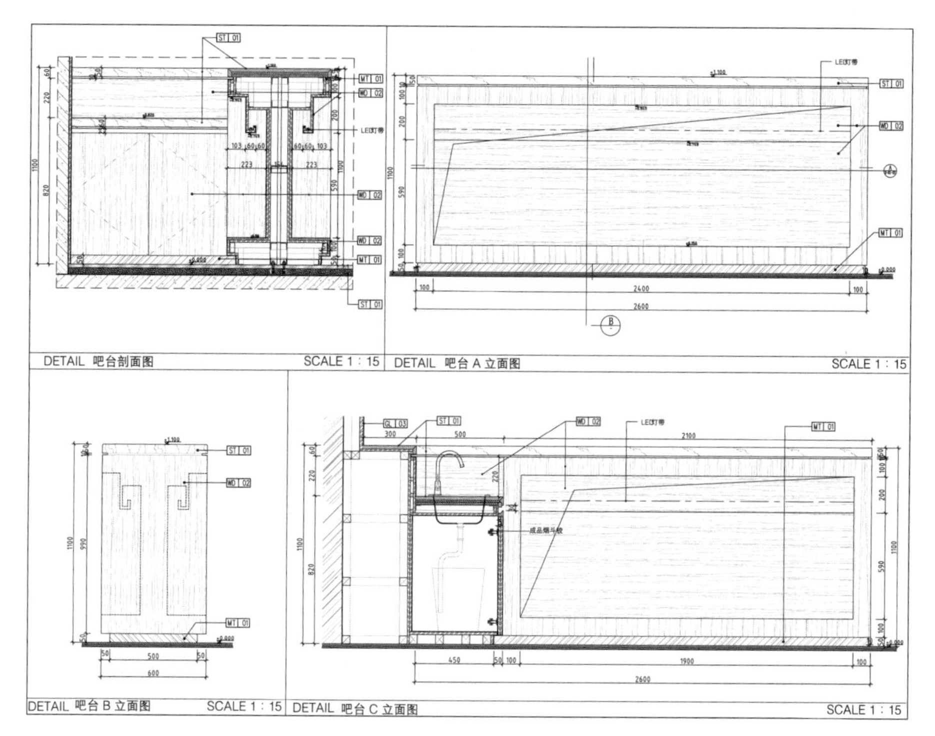

图 5.5–3 吧台全视图

3）墙柜设计图。墙柜是固定家具，只需要画出正面和纵横剖面图即可。图 5.5–4 为墙柜一内立面图和剖面图，图 5.5–5 为墙柜二内立面图和侧剖面图。

比较复杂的柜子需要画出纵横剖面图，案例中墙柜二补充了一个横剖面图，见图 5.5–6。

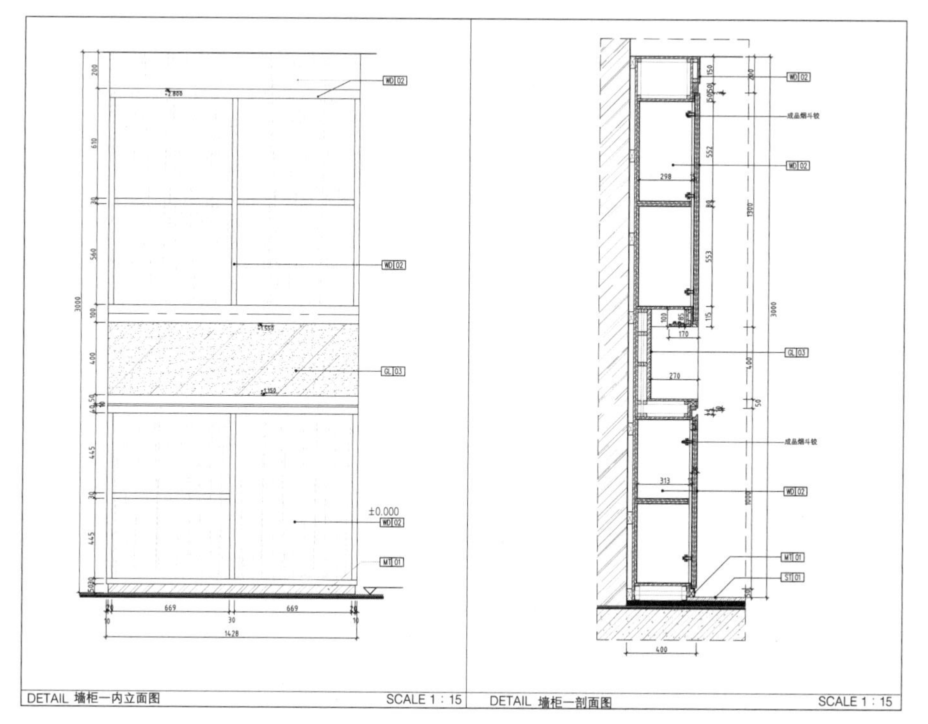

图 5.5–4 墙柜一内立面图和剖面图

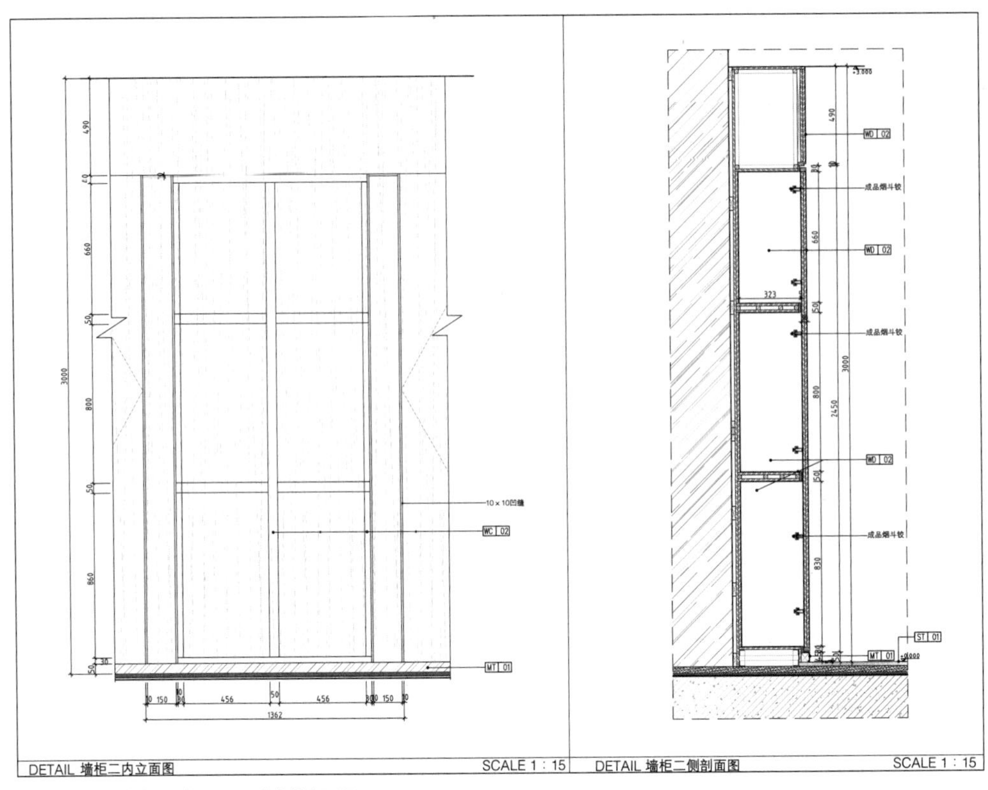

图 5.5–5　墙柜二内立面图和侧剖面图

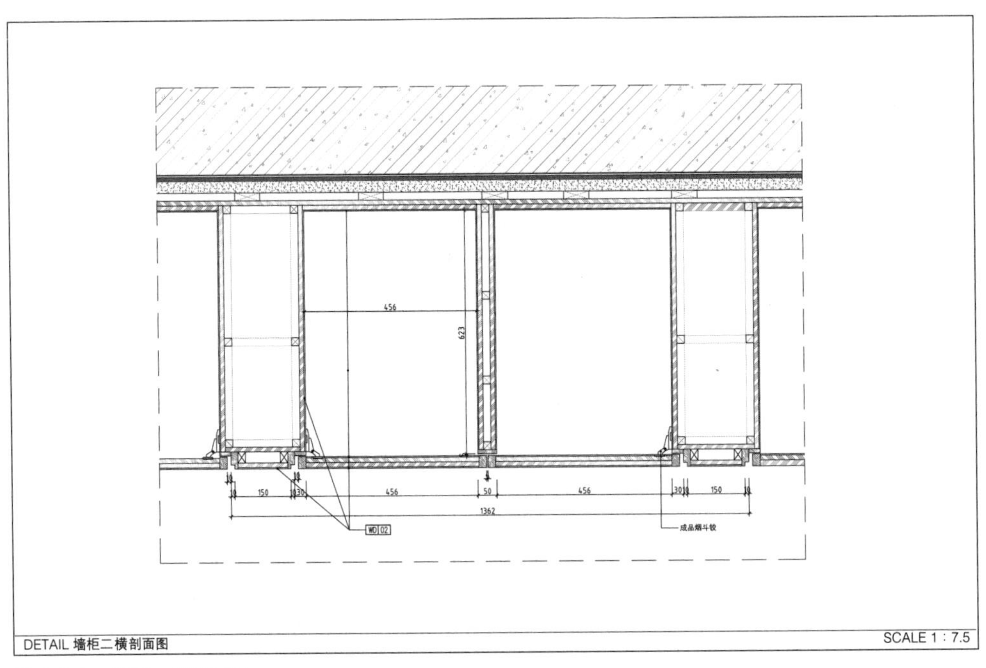

图 5.5–6　墙柜二横剖面图

2. 立面设计材料清单

立面设计材料清单见图 5.5–7。

Ⅲ.Metal——（MT）金属				
MT-01	镜面本色不锈钢		各空间	未注明厚度均为1.5mm
MT-02	雾化黑色不锈钢		各空间	未注明厚度均为1.5mm
MT-03	拉丝面不锈钢		各空间	未注明厚度均为1.5mm
Ⅳ.Wood——（WD）木饰面				
WD-01	白色烤漆板		小户型办公室	表面木皮0.6mm厚
WD-02	黑鳄木饰面		大户型办公室	表面木皮0.6mm厚
WD-03	尼斯木饰面		大户型办公室	表面木皮0.6mm厚
WD-04	橡木地板		大户型办公室	表面木皮0.6mm厚
Ⅵ.Wall cloth——（WC）墙纸				
WC-01	墙纸01		大户型办公室	详见施工图
Ⅶ.Glass——（GL）玻璃				
GL-01	钢化清玻璃		墙面	12mm，如有特殊要求详见施工图
GL-02	晶格玻璃		大户型办公室	12mm，如有特殊要求详见施工图

图 5.5-7　立面设计材料清单

3. 立面设计施工说明

立面设计施工说明相关内容参见图 4.5-22。

5.5.2　家装案例

1. 客厅家具

图 5.5-8 是客厅柜体正视立面图（左）、客厅柜体剖面图（中）和几个节点大样图（右）。

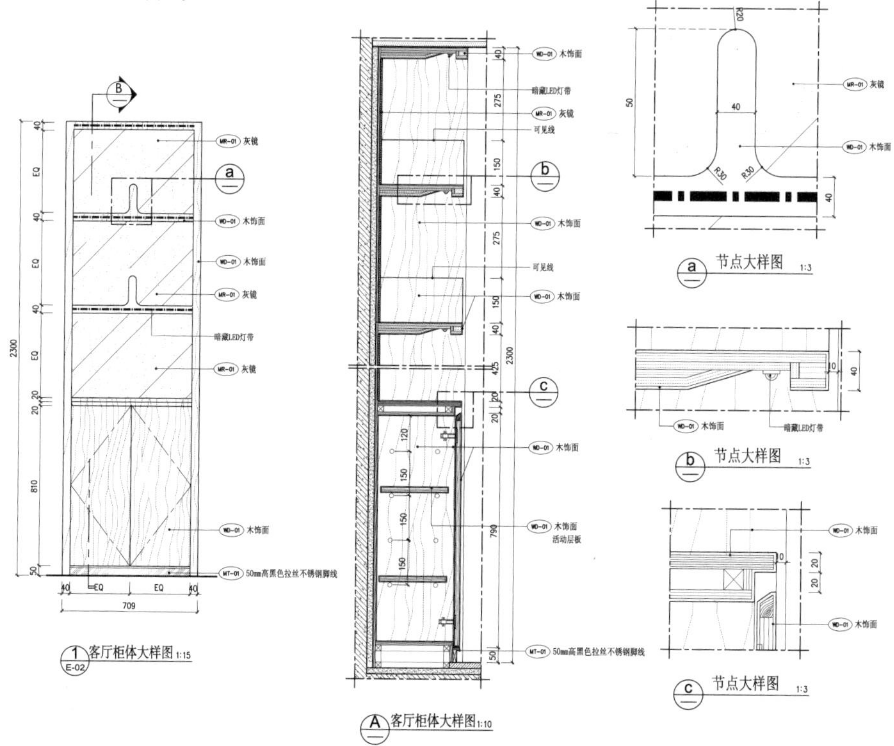

图 5.5-8　客厅柜体大样图及节点大样图

2. 主卧家具

图 5.5–9、图 5.5–10 是主卧家具设计图。

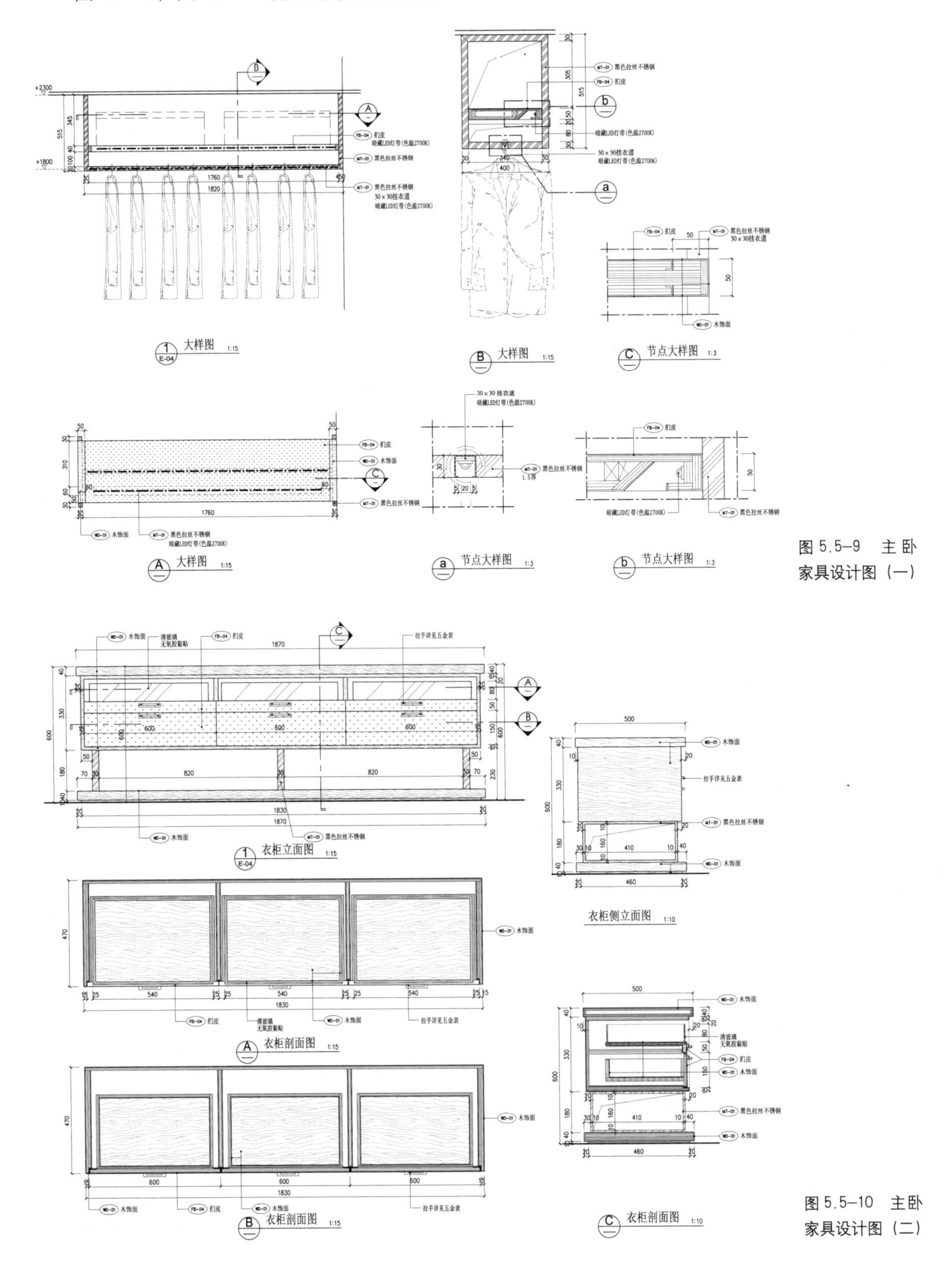

图 5.5–9 主卧家具设计图（一）

图 5.5–10 主卧家具设计图（二）

3. 其他房间家具

二维码 5.5-1

次卧、客房、儿童房的柜类家具其实都大同小异。图 5.5-11 是次卧家具设计图。扫描二维码 5.5-1 查看客房家具设计图。扫描二维码 5.5-2 查看儿童房家具设计图。图 5.5-12 是儿童房床设计图。

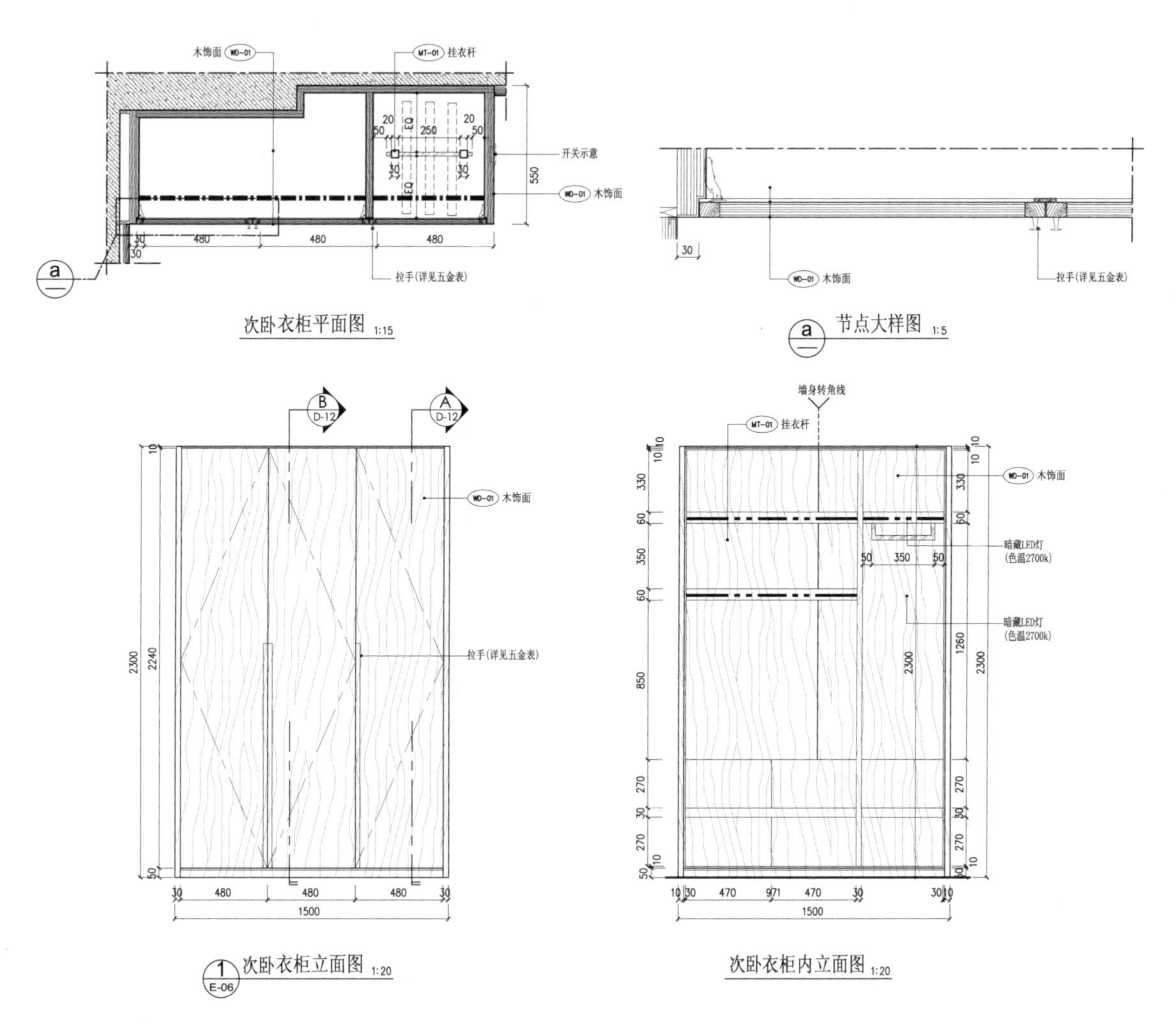

图 5.5-11　次卧家具设计图

4. 主卫家具

二维码 5.5-2

卫生间的柜体结构相对复杂，而且还要与给水排水、洁具等其他设备配合，所以需要重点设计。图 5.5-13 是主卫盥洗台详图，图 5.5-14~ 图 5.5-16 是主卫墙身节点大样图。

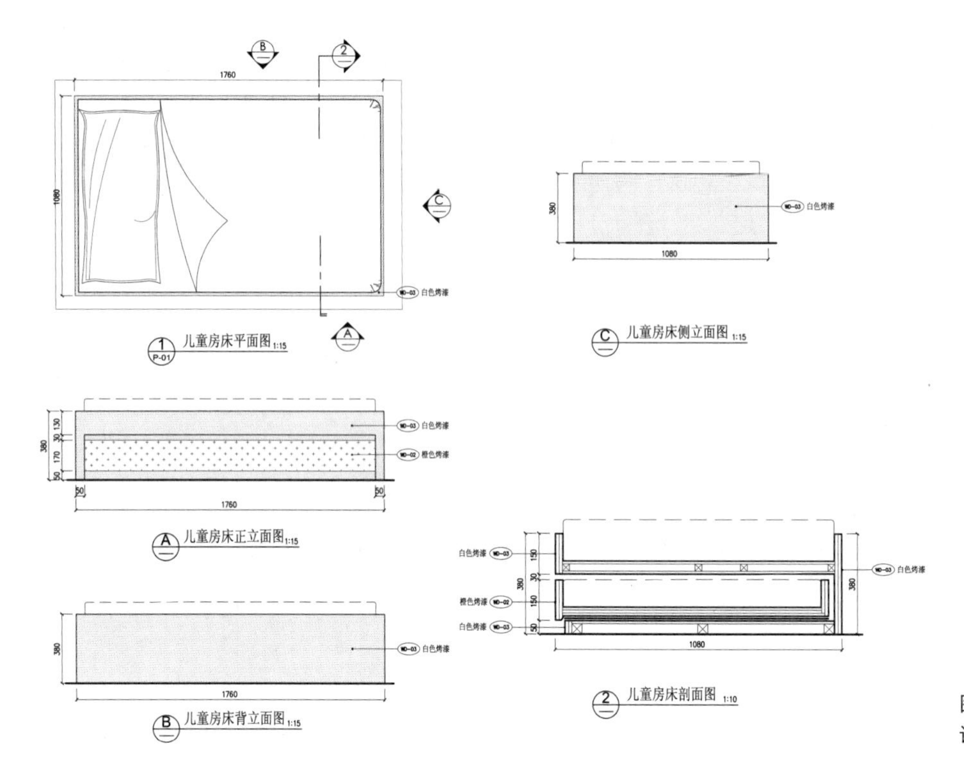

图 5.5–12 儿童房床设计图

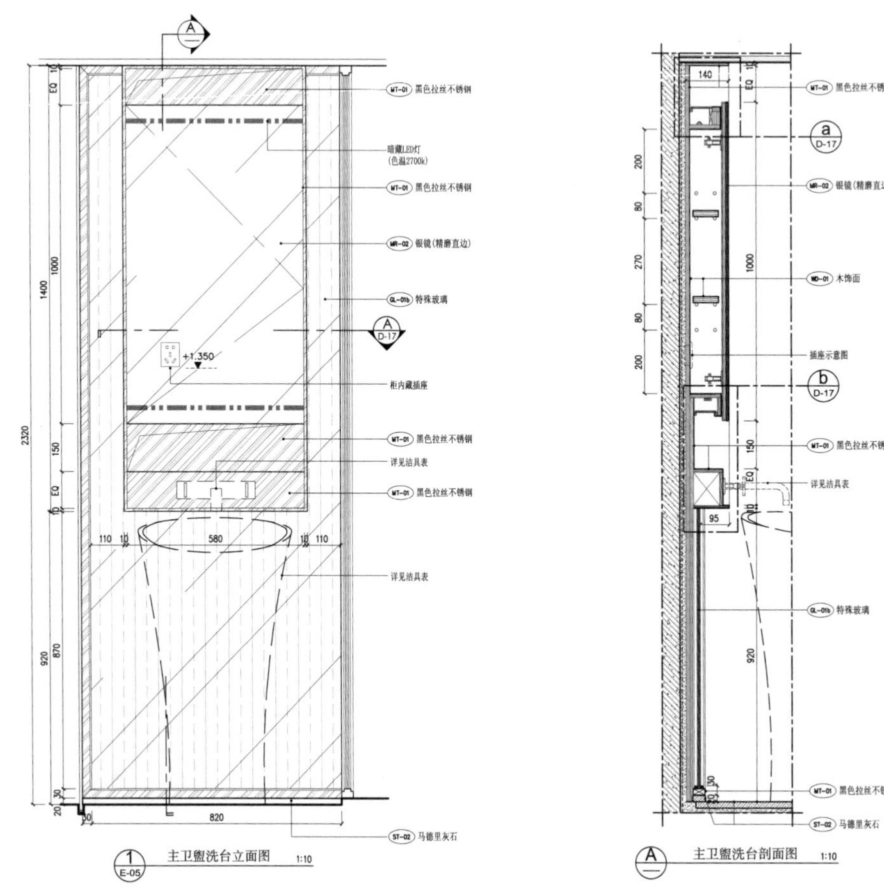

图 5.5–13 主卫盥洗台详图

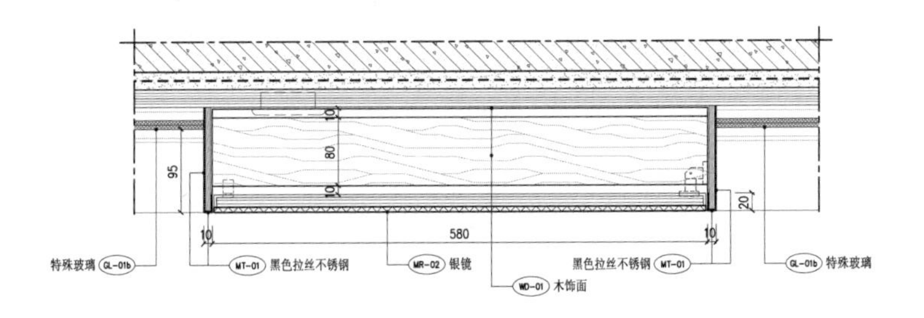

A D-17 主卫盥洗台剖面图 1:15

图5.5–13 主卫盥洗台详图（续）

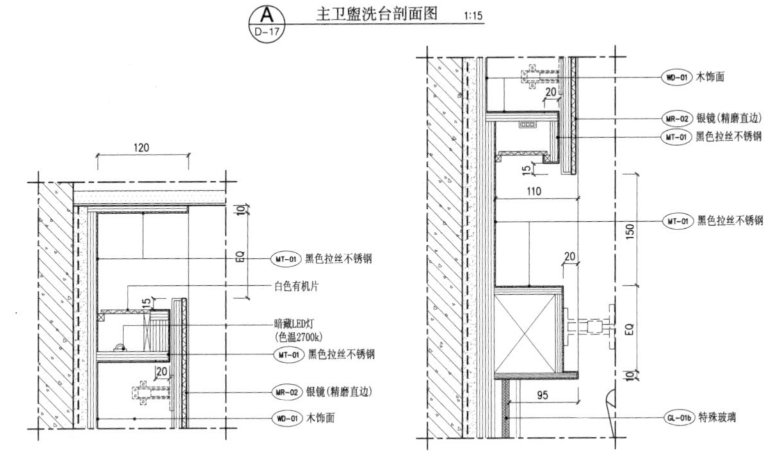

a D-17 节点大样图 1:5

b D-17 节点大样图 1:5

图5.5–14 主卫墙身节点大样图（一）

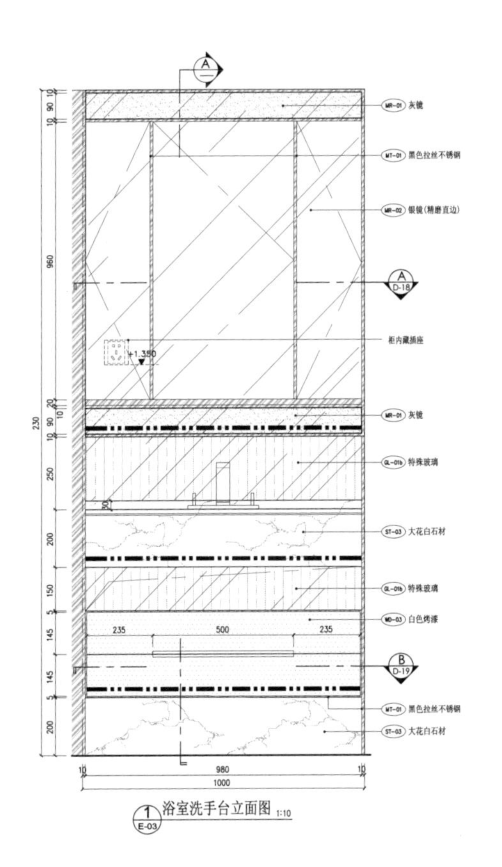

1 E-03 浴室洗手台立面图 1:10

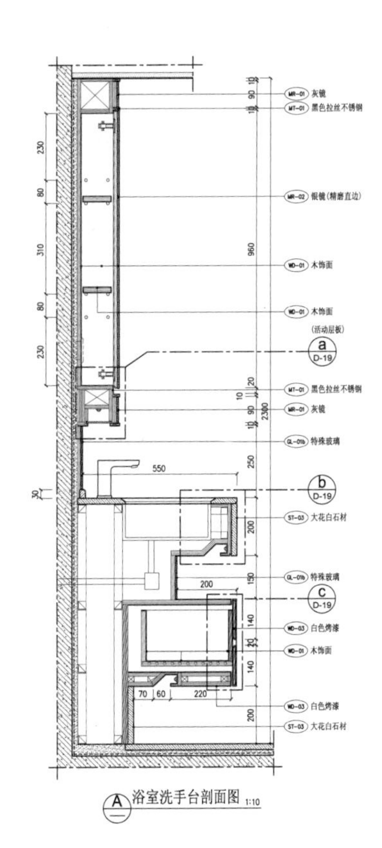

A 浴室洗手台剖面图 1:10

图5.5–15 主卫墙身节点大样图（二）

扫描二维码 5.5-3 查看另一个盥洗台工程设计案例，加深对盥洗台构造及设计图的理解。

二维码 5.5-3

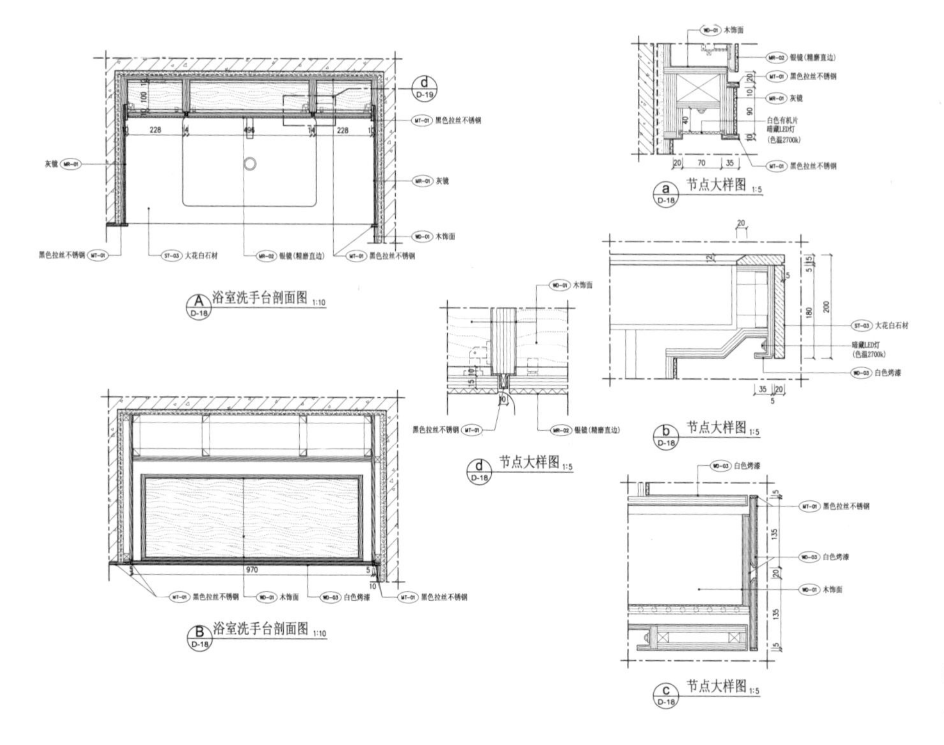

图 5.5-16 主卫墙身节点大样图（三）

实践教学

二维码 5.6-1
（下载）

项目 5.6 建筑室内木制品工程设计实训

P5-1 木制品工程材料认知部分实训内容与要求

调查本地材料市场的木制品材料，重点了解一个知名品牌中 10 款市场上受消费者欢迎的饰面木夹板的品种、规格、特点、价格，制作饰面木夹板品牌看板。（获取实训任务书电子活页请扫描二维码 5.6-1）

饰面木夹板材料调研及看板制作项目任务书

任务编号	P5-1
学习单元	木制品工程
任务名称	木制品材料调研——制作饰面木夹板品牌看板
任务要求	调查本地材料市场的木制品材料，重点了解一个知名品牌中10款市场上受消费者欢迎的饰面木夹板的品种、规格、特点、价格
实训目的	为建筑室内设计和施工收集当前流行的市场材料信息，为后续设计与施工提供第一手资讯

续表

行动描述	1.参观当地大型的装饰材料市场，全面了解各类木制品装饰材料 2.重点了解10款市场上受消费者欢迎的饰面木夹板的品牌、品种、规格、特点、价格 3.将收集的素材整理成内容简明、可以向客户介绍的材料看板
工作岗位	本工作属于工程部、设计部、材料部，岗位为施工员、设计员、材料员
工作过程	到建筑装饰材料市场进行实地考察，了解饰面木夹板的市场行情，为装修设计选材和施工管理的材料选购质量鉴别打下基础 1.选择材料市场 2.与店方沟通，请技术人员讲解饰面木夹板品种和特点 3.收集饰面木夹板宣传资料 4.实际丈量不同的饰面木夹板规格，做好数据记录 5.整理素材 6.编写一个知名品牌中10款受消费者欢迎的饰面木夹板的品种、规格、特点、价格的看板
工作对象	建筑装饰市场材料商店的饰面木夹板材料
工作工具	记录本、合页纸、笔、相机、卷尺等
工作方法	1.熟悉材料商店整体环境 2.征得店方同意 3.详细了解饰面木夹板的品牌和种类 4.确定一种品牌进行深入了解 5.拍摄选定饰面木夹板品种的数码照片 6.收集相应的资料 注意：尽量选择材料商店比较空闲的时间，不能影响材料商店的正常营业
工作团队	1.事先准备。做好礼仪、形象、交流、资料、工具等准备工作 2.选择调查地点 3.分组。4~6人为一组，选一名组长，每人选择一个品牌的饰面木夹板进行市场调研。然后小组讨论，确定一个饰面木夹板品牌进行材料看板的制作

__________市（区、县）饰面木夹板市场调研报告（提纲）

调研团队成员	
调研地点	
调研时间	
调研过程简述	
调研品牌	
品牌介绍	

<table>
<tr><td colspan="3">品种1</td></tr>
<tr><td>品种名称</td><td></td><td rowspan="4">材料照片</td></tr>
<tr><td>材料规格</td><td></td></tr>
<tr><td>材料特点</td><td></td></tr>
<tr><td>价格范围</td><td></td></tr>
</table>

续表

品种2~n（以下按需扩展）		
品种名称		材料照片
材料规格		
材料特点		
价格范围		

饰面木夹板市场调研实训考核内容、方法及成绩评定标准

系列	考核内容	考核方法	要求达到的水平	指标	小组评分	教师评分
对基本知识的理解	对木制品材料的理论检索和对市场信息的捕捉能力	资料编写的正确程度	预先了解木制品的材料属性	30		
		市场信息了解的全面程度	预先了解本地的市场信息	10		
实际工作能力	在校外实训室，实际动手操作，完成调研过程	各种素材展示	选择、比较市场材料的能力	8		
			拍摄清晰材料照片的能力	8		
			综合分析材料属性的能力	8		
			书写分析调研报告的能力	8		
			设计编排调研报告的能力	8		
职业关键能力	团队精神和组织能力	个人和团队评分相结合	计划的周密性	5		
			人员调配的合理性	5		
书面沟通能力	调研结果评估	看板集中展示	饰面木夹板资讯完整、美观	10		
任务完成的整体水平				100		

P5-2 木制品工程构造设计部分实训内容与要求

通过设计能力实训，理解木制品工程的材料与构造（以下 3 选 1）。（获取实训任务书电子活页请扫描二维码 5.6-2）

1）到某商场仔细观察一款固定木家具，并用草图画出它的具体构造。

2）设计一款旅游公司的木质接待柜，并画出制作大样图。

3）设计一款中式木隔断，并画出制作大样图。

二维码 5.6-2（下载）

木制品工程构造设计实训项目任务书

任务编号	P5–2
学习单元	木制品工程
任务名称	实训题目（____）：________________________________
具体任务 （3选1，把选定题目的○涂黑）	○ 1）到某商场仔细观察一款固定木家具，并用草图画出它的具体构造 ○ 2）设计一款旅游公司的木质接待柜，并画出制作大样图 ○ 3）设计一款中式木隔断，并画出制作大样图
实训目的	理解木制品构造原理
行动描述	1.了解所设计木制品的使用要求及使用档次 2.设计出结构牢固、工艺简洁、造型美观的木制品 3.设计图符合国家制图标准
工作岗位	本工作属于设计部，岗位为设计员
工作过程	1.到现场实地考察，或查找相关资料理解所设计木构造的使用要求及使用档次 2.画出构思草图和结构分析图 3.分别画出平面、立面、主要节点大样图 4.标注材料与尺寸 5.编写设计说明 6.填写设计图图框要求内容并签字
工作工具	笔、纸、电脑
工作方法	1.查找资料、征询要求 2.明确设计要求 3.熟悉制图标准和线型要求 4.构思草图可采用发散性思维，设计多款方案，然后选择最佳方案进行深入设计 5.结构设计追求最简洁、最牢固的效果 6.图面表达尽量做到美观、清晰

木制品工程构造设计实训项目考核内容、方法及成绩评定标准

考核内容	评价	指标	自我评分	教师评分
设计合理美观	材料选择符合使用要求	20		
	构造设计工艺简洁、构造合理、结构牢固	20		
	造型美观	20		
设计符合规范	线型正确、符合规范	10		
	构图美观、布局合理	10		
	表达清晰、标注全面	10		
图面效果	图面整洁	5		
设计时间	按时完成任务	5		
任务完成的整体水平		100		

P5-3　木制品工程施工操作部分实训内容与要求

根据学校的实训条件，选择橱柜、木隔断、木门／窗套、窗帘盒等木制品中的任意一款，观摩其材料、构造、施工流程、质检要求，编制一款木制品工程的施工工艺。（获取实训任务书电子活页请扫描二维码 5.6-3）

二维码 5.6-3
（下载）

__________木制品施工训练项目任务书

任务编号	P5-3
学习领域	木制品工程
任务名称	观摩一款木制品施工流程，并编制施工工艺
任务要求	根据学校实训条件，在橱柜、木隔断、木门/窗套、窗帘盒中选择其中一种编制施工工艺（4选1）
实训要求	认真观摩校内实训室中橱柜、木隔断、木门/窗套、窗帘盒木制品中任意一款的施工流程，参考教材相关内容编制一款木制品施工工艺
行动描述	学生先整体查看校内木制品施工实训室。然后选择其中一款，就材料、构造、施工流程、质检要求进行仔细查看分析，再结合教材相关内容编写施工工艺。实训完成以后，学生进行自评，教师进行点评
工作岗位	本工作属于工程部，岗位为施工员
工作过程	先观察分析，后编写施工流程和施工工艺
工作要求	观察分析要仔细，编写施工流程和施工工艺要符合逻辑
工作工具	记录本、合页纸等
工作团队	1.分组。6~10人为一组，选一名项目组长，确定任务 2.各位成员根据分工，分头进行各项工作
工作方法	1.项目组长制订计划，制订工作流程，为各位成员分配任务 2.整体观察校内木制品工程部分的实训室 3.查看相关木制品工程的设计图纸 4.分析工程材料 5.分析施工流程 6.查看国家或地方工程验收标准 7.编写施工工艺 8.项目组长主导进行实训评估和总结 9.指导教师核查实训情况，并进行点评

__________木制品施工工艺编写（编写提纲）

一、实训团队组成

团队成员	姓名	主要任务
项目组长		
见习设计员		
见习材料员		
见习施工员		
其他成员		

二、实训计划

工作任务	完成时间	工作要求

三、实训方案

1. 整体观察校内木制品工程部分的实训室
2. 查看相关木制品工程的设计图纸
3. 分析工程材料
4. 分析施工流程
5. 查看国家或地方工程验收标准
6. 编写施工工艺
7. 进行工作总结
8. 实训考核成绩评定

四、编写施工工艺

1. 画出设计草图
2. 制作材料要求表

材料要求表

序号	材料	要求
1		
2		
3		
4		

3. 编制施工流程图和施工工艺

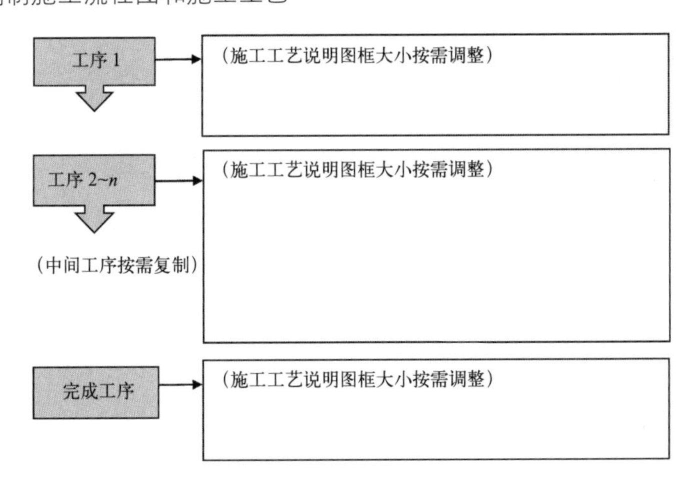

4. 查看国家或地方工程验收标准

________木制品施工工艺编写实训考核内容、方法及成绩评定标准

系列	考核内容	考核方法	要求达到的水平	指标	小组评分	教师评分
对基本知识的理解	对木制品的理论掌握	木制品的材料	能明确某木制品的材料要求	10		
		木制品的构造	能理解某木制品的典型构造	10		
		木制品的施工	正确理解某木制品的施工流程和工艺要求	10		
实际工作能力	在校内实训室，进行实际动手操作，完成相关任务	检测各项能力	材料分析能力	10		
			构造分析能力	10		
			施工流程把握能力	10		
			质量检验标准查阅能力	10		
			施工工艺编制能力	10		
职业关键能力	团队精神和组织能力	个人和团队评分相结合	计划的周密性	10		
			人员调配的合理性	10		
任务完成的整体水平				100		

参考文献

[1] 刘志宏．石材应用手册[M]．南京：江苏科学技术出版社，2013．

[2] 刘超英．建筑室内设计专业学业指导[M]．北京：中国建筑工业出版社，2019．

[3] 刘超英．建筑装饰装修材料·构造·施工[M].2版．北京：中国建筑工业出版社，2015．

引用企业设计案例：

[1] 上海现代建筑装饰环境设计研究院有限公司．重庆来福士广场洲际酒店客房．2017.8．

[2] 广州集美设计工程公司SD设计中心．佛山南海万达广场甲级写字楼．2013.5．

[3] 梁志天设计咨询（深圳）有限公司广州分公司．中山雅居乐富华西04住区住宅项目C–1户型．2016.5．

[4] 深圳市帝凯室内设计有限公司．襄樊山顶别墅装饰工程．2009.11．

[5] 金螳螂设计研究总院．标准图集汇编（JDL–02）2013修订版．2013．

[6] 金螳螂设计研究总院技术管理部．轻钢龙骨纸面石膏板隔墙设计说明和施工注意事项总说明（JDL–03）．2013．

[7] DAYAN ASSOCIATES INC INTERIOP DESIGN．昆山国润13号楼C户型．2013.5．

[8] KRIS LIN ARCHITECTURE INTERIOR DESIGN．上海珠江铂世·外滩界售楼处精装修施．2018.10．

[9] 北京居其美业室内设计有限公司．上海玫瑰园198别墅项目．2015.11．

[10] 达观建筑室内设计事务所．上海珠江吴淞路售楼处．2015.11．

后 记

本教材编写团队组建体现了“产教融合”“校企结合”的特色，团队中既有职业教育领域著名的资深教授，也有实战经验丰富的企业一线专家。副主编均为高校专业主任或二级学院领导，编委均为高校一线双师型骨干教师；编写团队组建还体现了“1+X 课赛证融合”的特色，团队成员多为职业院校技能大赛国赛①/省赛②获奖选手的教练。

主编由 1~4 届全国土建学科建筑与规划类专业教学指导委员会资深委员，原宁波工程学院“风华学者”，国家职业本科试点学校、浙江省双高专业群建设学校浙江广厦建设职业技术大学（以下简称浙广建大）专业带头人、江苏／山西／四川省赛专家组组长刘超英教授担任（申报住房城乡建设部土建类学科专业“十三五”规划教材选题、策划课程和大纲、组织编写团队、编写教学内容与教学目标、课程素质培养、项目 1）。教材主审由上海城建职业学院建筑与环境艺术学院孙耀龙担任。实训项目主审由浙江深美装饰工程有限公司浙东分公司刘忠华担任。

副主编由国赛教练、山西工程科技职业大学金薇（项目 4），省赛教练、国家双高校金华职业技术学院郑育春（项目 3），国赛教练、浙广建大艺术设计学院韩文松（项目 5），国家双高校山西职业技术学院刘雁宁（项目 2）担任。

编委由国家双高校宁波职业技术学院杨赪（项目 3 实践教学），丽水职业技术学院钟光华（项目 5 实践教学），国赛裁判、省赛教练、江苏城乡建设职业学院秦丽（项目 2 实践教学），国赛教练、湖南城建职业技术学院邹海鹰（项目 4 实践教学），省赛教练、浙广建大肖备（实训任务书电子活页），省赛教练、浙广建大邹志兵（章节测验题库）担任。

编者

① 全国职业院校技能大赛“建筑装饰应用技能”赛项。
② 浙江省职业院校技能大赛“建筑装饰应用技能”赛项。